SOLIDWORKS数字化智能设计

主　编　金　杰　李荣华　严海军
参　编　谷佳宾　董向前　石　岩　冯　欣

机械工业出版社

本书根据数字化和智能化设计的需求，除介绍 SOLIDWORKS 软件的草图、特征、零件以及装配体模块的基础功能之外，重点讲述在数字化和智能化方面的功能和扩展，以及在运动仿真、有限元仿真、MBD、PDM 方面的应用，最后以常用的设计产品为例进行流程分析，综合串讲本书相关重点知识，重在技能与实例相结合。

本书配套教学资源齐全（包括实例模型、电子课件、操作视频），可作为机械专业本科生、研究生的教材，也可作为 SOLIDWORKS 初、中级爱好者的进阶参考资料。

图书在版编目（CIP）数据

SOLIDWORKS 数字化智能设计 / 金杰，李荣华，严海军主编 . —北京：机械工业出版社，2023.10（2025.1 重印）
ISBN 978-7-111-73612-7

Ⅰ . ① S…　Ⅱ . ①金… ②李… ③严…　Ⅲ . ①机械设计 – 计算机辅助设计 – 应用软件　Ⅳ . ① TH122

中国国家版本馆 CIP 数据核字（2023）第 142626 号

机械工业出版社（北京市百万庄大街 22 号　邮政编码 100037）
策划编辑：张雁茹　　　　责任编辑：张雁茹　杨　璇
责任校对：梁　园　张　薇　　封面设计：张　静
责任印制：刘　媛
涿州市京南印刷厂印刷
2025 年 1 月第 1 版第 3 次印刷
184mm × 260mm · 18.25 印张 · 441 千字
标准书号：ISBN 978-7-111-73612-7
定价：59.80 元

电话服务　　　　　　　　网络服务
客服电话：010-88361066　机　工　官　网：www.cmpbook.com
　　　　　010-88379833　机　工　官　博：weibo.com/cmp1952
　　　　　010-68326294　金　　书　　网：www.golden-book.com
封底无防伪标均为盗版　机工教育服务网：www.cmpedu.com

序

进入21世纪以来，新一轮信息技术革命正在引领制造业驶入崭新的发展空间。在“中国制造2025”的大背景下，新一轮科技革命和产业变革正在孕育兴起，其中，以3D设计、大数据、云计算、移动互联网、虚拟现实、物联网、3D打印等为标志的新一代信息技术革命，被视为新一轮科技和产业革命的核心与方向。作为集新一代信息技术革命成果大成的3D数字化智能设计技术，给我国制造业产业发展尤其是设计创新带来了深刻影响。

新一代的设计手段包括3D可视化、物理特性、实时互动、工况仿真、数字孪生、环境验证等整合的研发环境，而这些研发手段的基础是数字化设计，通过数字化设计能加速企业内部知识的累积与传承，加速产品的设计流程，同时数字化设计的结果也作为后续一系列设计手段的基础支撑，数字化样机、跨专业协同、智能化设计、数据管理等均以数字化为载体。在经济发展的新浪潮之下，数字化设计与智能化设计将发挥更为重要的引导作用，引领整个行业的数字化转型与发展，这也使得学校需要紧跟技术和行业发展趋势，针对学生和技术使用者进行系统培养与训练。

设计环节在产品生命周期中对成本、市场等有着决定性作用，设计直接决定了产品的定位与走向。随着数字孪生技术、数字化样机和智能设计等技术方案方法的成熟，对提升产品溢价起到了巨大作用，是打通全产业链的关键。如何在设计之初就对资源进行合理整合配置变得至关重要。本教材梳理了设计过程所涉及的常用要素，以案例为承载讲解关联知识点，可使学生较全面地学习设计所需的技能，扫除设计中的技能性障碍，将更多的时间精力用于设计中。

未来二三十年是中国实现创新发展、强基提质、增效升级、绿色低碳、由大转强的关键时期，智能设计将成为撬动产业链升级互联的支点。借助数字化智能设计平台，让设计从数字化到智能化再到智慧化，让设计更聪明一些，是新时代设计师的重要任务。

本教材以数字化智能设计为主题，融合了设计中的各类关联工具，希望读者不仅可以从中学到软件的操作方法，更重要的是可以学到设计的基本理念，并将这些理念融入后续课程的学习中。

中国工程院院士

机械科学研究总院副总工程师

前　言

SOLIDWORKS 是一款基于 Windows 操作系统的专业的三维机械设计软件，以其优异的性能、易用性和创新性，极大地提高了机械工程师的工作效率和设计质量，是三维机械设计领域的首选系统之一。

本教材以数字化智能设计为主线，较全面地讲解了设计过程中常用的各种工具，其不仅仅是一本建模教材，更重要的是学习者能从中学到较完整的设计过程，而非限于三维模型的创建。

本教材从草图、特征、零件、装配、运动仿真、有限元分析、MBD、PDM 八个方面进行讲解，力求贴近企业实际应用需求，使得学生学过本教材后进入企业能快速融入企业设计环境，减少由学生到工程师的过渡时间。各部分主要内容如下：

1）草图。重点讲解提高绘制效率的功能，如自动捕捉、智能关联、智能尺寸等。

2）特征。从设计、效率角度讲解特征的创建，如智能特征、全局变量、方程式、配置等。

3）零件。讲解智能零件的创建、添加，库零件的创建等。

4）装配。讲解智能扣件、装配体特征、干涉检查、Top-down 数字化智能设计方法、材料明细表的自动化生成等。

5）运动仿真。加入运动仿真的讲解，使得建模过程脱离单一的模型创建，通过运动仿真，使得运动结构中的问题在设计初期就得到验证，与机械专业的结构设计知识有着较好的关联，是智能化设计的重要环节。

6）有限元分析。虚拟仿真是当下设计不可或缺的应用，通过分析可以验证设计的符合性、合理性。该模块的加入使得学生能在三维学习的初期就形成设计验证一体化的观念，对今后专业知识的学习有一定的前置优势。

7）MBD。MBD 是实现无纸化设计过程非常重要的环节，以往书籍中该内容介绍较少，对于学生理解企业设计信息化是不利的，该模块的学习将使学生对无纸化智能设计有一个初步的认识。

8）PDM。不懂管理的设计人员只能单打独斗，无法形成团体效应。随着企业管理系统应用的普及，本教材中加入了 PDM 知识，可使学生了解设计管理知识，进入企业后能快速融入设计集体，这也是企业在新形势下对人才的实际需求。

本教材最后通过贴近企业实际的案例将以上内容进行了贯穿讲解，结合智能化的特点讲述了 SOLIDWORKS 相关功能在智能化方面的进展和应用。

由于本教材所包含的知识体系较多，限于整体篇幅，对于具体功能的参数不做详细介绍，如需了解相关知识，可参考机械工业出版社出版的《SOLIDWORKS 参数化建模教程》（ISBN：978-7-111-68573-9）等相关教材。

企业实际应用场景众多，本教材案例涉及范围有限，在学习过程中，可以调研专业相关或就业相关的设计案例，并以其为练习的实例，以便灵活利用本教材所讲解的设计与操作思路，为成为设计工程师提供知识储备。专业的设计工具能有效提升设计效率，降低出错率，希望大家从本教材中学到的不仅仅是一种软件的操作技能，更多的是一种设计的理念，并形成规范设计的观念。

本教材中的操作过程力求通过简短的语言与更多的软件截图相结合的方式进行描述，使讲解思路变得更为直观、通俗易懂，引领读者进一步了解智能设计的基本方法，切实帮助读者提高软件使用水平与设计能力。教材中的所有实例模型及电子课件均可在机械工业出版社教育服务网（http://www.cmpedu.com/）下载，也可添加微信 13218787308 索取相关资料。另外，本教材配套操作视频，扫描书中二维码即可免费观看。

本教材由清华大学与北京交通大学的老师主导组织编写，金杰负责章节规划和统稿。第 1~3 章由金杰编写，第 4、5 章由李荣华编写，第 6 章由谷佳宾编写，第 7 章由董向前编写，第 8 章由石岩编写，第 9 章由冯欣编写，书中案例由严海军校对验证并录制视频。

本教材以 SOLIDWORKS 2022 为蓝本，如使用不同版本的软件，在实际操作过程中会有所出入，操作时请加以注意。本教材在编写过程中得到了北京众联亿诚科技有限公司、无锡涵泽科技有限公司的大力支持，在此表示感谢。本教材是以智能化设计为主线的一种尝试，书中疏漏与不足之处在所难免，恳请读者与专家批评指正，有任何意见与建议可发邮件至 js.yhj@126.com 联系。读者也可加入 QQ 群（群号：481318620）进行交流和学习。

编者

目　录

第 1 章 SOLIDWORKS 与数字化智能设计

| 学习目标 |

1. 了解 CAD 的起源。
2. 理解智能设计的概念。
3. 熟悉 SOLIDWORKS 的基本操作环境。
4. 理解软件与智能设计的关系。
5. 了解智能设计的应用场景。

1.1 数字化智能设计

1.1.1 设计手段的变革过程

在现代图学成形之前，设计通过“图”进行表达，我国早在《世本》中就有着关于图的记载，其中的《作篇》为可考的制作（设计）之创始，而中国古代的图泛指图像、图片、图样、设计图等。图 1-1 所示为《天工开物》中的插图，通过图形象地表达“硃研”的结构设计与工作原理。此时的设计只表达了基本结构，最终实物如何，完全取决于制作人员的水平与经验。

“没有规矩，不成方圆”，其中的规、矩与现代的绘图工具接近，在各类古代画卷中均可看到其形象，如图 1-2 所示伏羲女娲图中就有着较清晰的图示，这也是设计表达最基本的工具。

1795 年法国数学家加斯帕尔 · 蒙日（Gaspard Monge）创建的《画法几何学》奠定了工程制图的数学基础，使得设计手段有了统一表达方法，对于设计有着深远的意义。现代设计表达手段均离不开这套基础理论。

我国设计表达的规范化形成于清同治年间，李鸿章有书“每造一器，必绘其图式，详说其意法，由浅入深，由成法以求变化”。为更好地传播、学习先进的科学技术，徐寿父子翻译了《器象显真》，这是我国第一部系统、完整地介绍西方机械制图的译著。图 1-3 所示为该书中关于齿轮的画法插图，其出现标志着我国工程设计迈向了一个新的历史时期，是近代当之无愧的科学技术先驱。

传统的设计手段是通过二维图样对设计进行表达交流，对于复杂的设计工程工作量巨大，且设计周期长、效率低下，设计是否满足要求则完全凭借经验或是通过实物样机进行验证，这又使得设计成本相当高昂。随着计算机的出现与应用发展，给设计领域带来了全新的设计工具——CAD（Computer Aided Design，计算机辅助设计）。CAD 可以说是制造业信息化发展的一个缩影，是现代制造业不可缺少的基本工具。20 世纪 60 年代初，计算机图形学成为一门专门的学科并日渐成熟，同时交互技术、分层存储的数据结构等新思想不断提出，为 CAD 的应用和发展提供了理论基础。这个时期的 CAD 更多的是作为绘图板的替代工具出现，CAD 的概念还处于计算机“辅助绘图”（Computer Aided Drawing/Drafting）的阶段，还远远没有达到“辅助设计”的阶段。图 1-4 所示为早期的 CAD 系统。

图 1-1 《天工开物》中的插图

图 1-2 伏羲女娲图中的规、矩

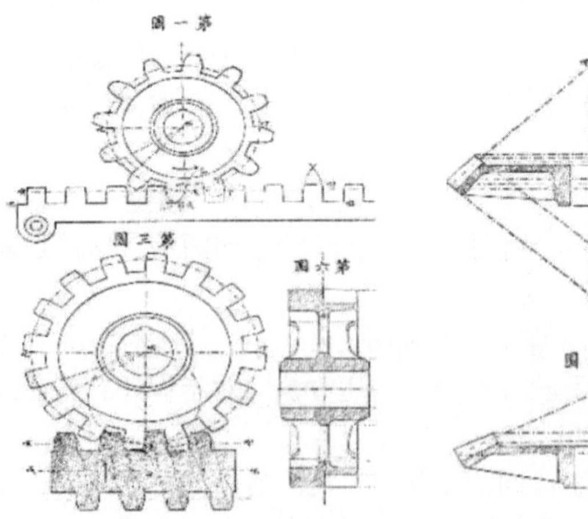

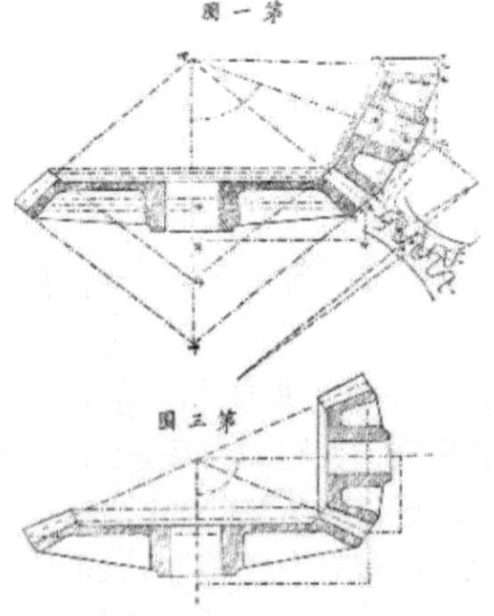

图 1-3 《器象显真》插图

初期的 CAD 的二维与三维并没有完全区分，三维建模方式也是以曲线、曲面方式呈现。直到 20 世纪 60 年代末，随着实体造型概念的推出，三维 CAD 开始与二维 CAD 分开发展，并由此衍生出 CAE（Computer Aided Engineering）、CAM（Computer Aided Manufacturing）等关联系统。现代的智能化设计也有了发展的基础。

现在普及的三维 CAD 均以 Windows 平台下的参数化实体建模为主要形式。无论是欧美还是中国，制造业的信息化进程大多是从 CAD 开始起步的；很多企业的高层管理者，就是从 CAD 上看到了信息化在企业当中的巨大价值，才决心在企业信息化上投入大量的人力和物力。

图 1-4　早期的 CAD 系统

1.1.2　数字化智能设计的要素

无论是何种信息来源，大多宣扬 3D 设计所带来的技术优势，以及这些优势如何显著提高设计效率。但在我们刚开始学习《机械制图》之类的基础课程时，接触三维软件后大多会有疑问：二维中一条线不合理可以很容易将其删除，但三维却不行，需要找到这条线所处的特征，还要考虑删除后给其他特征所带来的影响，显然会带来更多的修改时间周期。

图 1-5a 所示为二维视图，图 1-5b 所示为三维模型。在没有看到三维模型之前试想一下将二维视图完全看懂需要多长时间？模型再复杂些呢？车间生产人员又需要多长时间呢？

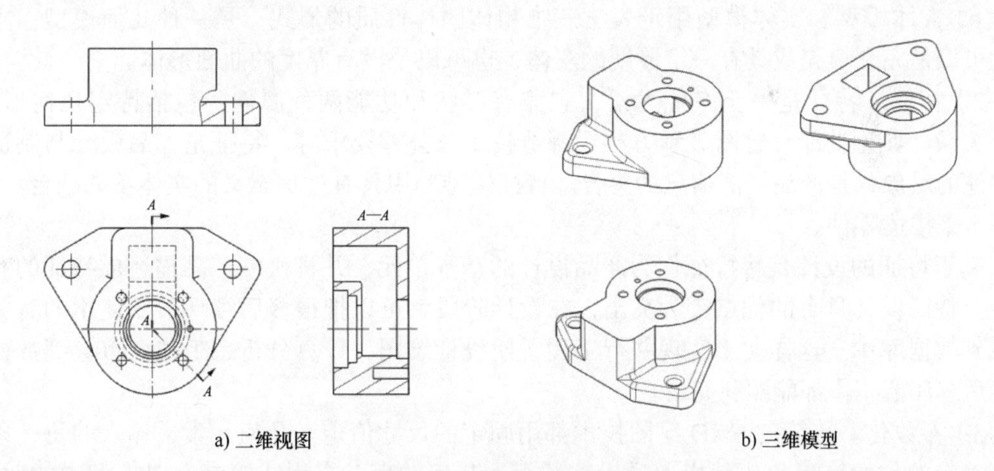

a) 二维视图　　b) 三维模型

图 1-5　二维与三维对比

如果进一步问该设计有多重、强度是否满足、对环境影响如何这些问题呢？二维表达时是不是一脸问号？如果说数字化是从二维 CAD 开始的，那么智能化则是从三维 CAD 开始的。

现代设计中如何缩短设计周期、简化制造过程、改善整个企业内产品设计信息沟通从而加快产品上市速度、降低设计费用、加速设计变更、提高产品质量是企业设计环节最注重的指标。

创建三维参数化实体模型还可以使用大量的关联集成工具，如 CAE、CAM、DFM、MBD、3DP 等二维表达所无法使用的工具集。图 1-6 所示为液压钳的设计，为减少样机成本，在设计阶段进行钳爪强度的验证，则在三维建模完成后可直接通过 CAE 工具进行分析。

数字化智能设计正是将以上这些工具有效地融合，再通过 PDM 进行统一管理、协调所形成的有机系统，使得整个设计都能通过全数字化传达，能有效提升设计效率、减少设计成本、提升设计的有效性。正是这些显而易见的原因，现在三维智能设计已广泛应用于航空航天、车辆、船舶、能源、工业设备、消费品、电子电器、医疗、建筑等各行各业。

图 1-6　液压钳的设计

1.2　软件模块与数字化智能设计的关系

1.2.1　三维软件的基本概念

市面上大多数三维软件均属于实体造型的参数化三维建模软件，那么什么是特征？什么是参数化？本节将介绍这些基本概念。

1）实体模型。实体模型用于表达三维物体固体性质的形式，是一种几何模型，主观视觉可以是完全填充或具有一定厚度的实体，也可以是没有厚度的曲面形体。

2）特征。特征是一个专业术语，它兼有形状和功能两种属性，包括特定几何形状、拓扑关系、典型功能、绘图表示方法、制造技术和公差要求等。特征是产品设计与制造者最关注的对象，是产品局部信息的集合。特征模型利用具有过程意义的实体（如凸台、孔、槽等）来描述零件。

基于特征的设计是将特征作为产品设计的基本单元，并将机械产品描述成特征的有机集合。特征设计具有的优点较为突出，在设计阶段就可以把很多后续环节要使用的有关信息放到数据库中。这样便于实现并行工程，使设计绘图、计算分析、工艺性审查到数控加工等后续环节工作都能顺利完成。

3）参数化。传统的 CAD 绘图技术都用固定的尺寸值定义几何元素，输入的每一条线都有确定的位置。参数化是指通过尺寸约束、几何约束、方程式等参数对模型中的对象，如草图、特征、零件、装配等进行定义并规定之间的相互关系，以达到设计要求的一种方法。参数化并非伴随三维而生的，早期的三维软件并非参数化，只是三维空间的线、面的简单堆叠，各对象之间并没有拓扑关系。现在参数化已是三维软件的基本要素，所以了解参数化就变得相当重要了。

4）约束。约束是限定几何对象的尺寸或位置的数值或表达式，如线的中点与坐标原点重合、某一线段标注的长度尺寸、参数之间设置的方程式关系等。

5）文件转换格式。由于不同三维软件所保存文件的格式不尽相同，为了保证这些软件间的文件能互相打开、准确传输，有关组织制定了标准交换文件格式，较为常见的有 IGES、X_T、stl、stp 等格式。

6）相关性。相关性是指零件、装配体、工程图、分析模型间的内在关系，这种关系能够保证模型和图样始终保持一致性。

1.2.2　三维软件的价值

1）加速产品设计。三维实体建模系统能提供更快、更有效的产品设计方法。现在主流三维软件均是以参数化为基础，一旦创建了三维模型，则可以方便地生成工程图、分析模型、管理对象等，且保证其关联性。

2）快速更改设计。对设计的更改经常会影响到多个关联信息，包括关联装配体、工程图、材料明细表（BOM）、分析结果等，这个更新过程本身就很容易出错。在二维中进行设计更改通常需要进行逐一更改并检查，这是个非常耗时且烦琐的过程。相反，对三维实体模型进行更改要简单快捷得多。实体建模系统提供双向关联性，它保证模型的所有元素都是相互关联的。更改三维模型时，所做的更改会自动反映在所有相关内容上。

3）最大限度地利用模型数据的价值。通过三维软件进行设计时，在设计仍为数字形态时即可对其进行分析和测试，这将会大大节省原型开发的成本，而且可以为工程师提供快速反复修改和优化设计的方法，而无须担心由于时间延迟或原型开发成本过高而打乱生产计划和增加预算。三维产品数据的另一特点是这些数据可以向下游传递，用于文档编制和装配管理等。

4）万能模型。一旦模型创建后，与产品设计有关的所有人均可访问该产品数据。无论相关人员是需要模具、工程图、草图、夹具、NC 程序、材料明细表，还是需要用于销售和市场营销工作的渲染图像，所有这些数据均包含在一个实体模型中，可以满足整个企业的需要。三维模型极大地简化了与设计团队的其他成员（设计师、销售和市场营销人员、物料资源计划人员、工艺工程师、客户以及供应链合作伙伴）之间有关设计意图的交流。

5）获得更好的视图。如果一幅图片胜过千言万语，那么一个三维模型就可以抵得上千百张二维工程图。简而言之，实体模型远比表示相同设计的一组二维静态工程图更易于理解，工程师和非专业人员都可以很容易正确理解设计意图。通过在三维中直观显示零件和装配体，工程师在制造零件之前就可以在设计过程的初期评估配合和公差问题。此外，用户可以使用实体建模工具轻松地在设计周期的初期创建逼真渲染的产品模型。正是如此，市场人员可在新产品仍处于概念设计阶段时评估客户的相关意见。为了让产品可视化效果更加完善，许多实体建模工具还提供动画功能，以使产品数据活动起来（即使还没有实际的产品），从而帮助进行销售、市场营销和客户服务工作。

6）复杂曲面的创建。设计者常常需要为许多产品（如玩具、消费类电子产品等）创建各类复杂多变的曲面，由于市场潮流趋向于符合人体工程学原理的产品，因而在创建完美贴近目标用户需求的产品方面，设计者面临更多的压力。为了应对这些设计需求，许多实体建模软件包为工程师和设计者提供了大量工具，可用于创建曲线、曲面以及这些复杂形状所需的其他复杂设计特征。

7）无须构建物理原型。实体建模工具的另一大优点是可以帮助制造商减轻对物理原型的依赖。构建和测试物理原型非常昂贵和耗时，是新产品开发过程中的一个瓶颈。它是制造商为降低总体设计成本和缩短产品上市时间而应该重点考虑的方面。通过在三维设计环境中直观显示装配体，工程师可以使用软件内置的干涉检查和碰撞检测功能快速评估和解决配合和公差问题，从而减少了创建原型的需要。模拟和分析工具也可以极大降低制造商对原型制造的需要，在计算机上对产品配置分析得越多，就越能制造出更好的产品并降低测试的需求。

8）打开新技术之门。通过创建实体模型，设计者或工程师可以使用大量的集成软件工具，这些工具可以进一步帮助测试、管理和制造产品。使用三维实体建模还允许使用专业程度非常高的应用程序，如 CAM、光学设计、磁场分析、逆向工程和公差分析工具等。

1.2.3 数字化智能设计的体现

数字化智能设计的第一个体现就是参数化。参数化的出现是现代三维设计软件的一个重要标志，通过参数化可以很容易对产品进行设计更改、设计系列产品，可充分体现设计者的设计意图。下面通过一个示例来了解参数化的重要性。

图 1-7 所示为一个简单的设计草图，作为二维入门相信大家都画过类似图形，那么参数化过程中有什么不同呢？

在此仅讨论孔距参数的表达方案。图 1-8a 中孔距不受其他尺寸影响，通过修改尺寸“60”即可改变孔距；图 1-8b 中两孔标注的是至侧边的距离，总长“120”更改后会直接影响孔距；图 1-8c 中两孔的基本尺寸是固定的，但其基准不同于图 1-8a，两孔距离受孔至侧边尺寸的影响；图 1-8d 中孔距固定，但其位置受右侧孔位置的影响。

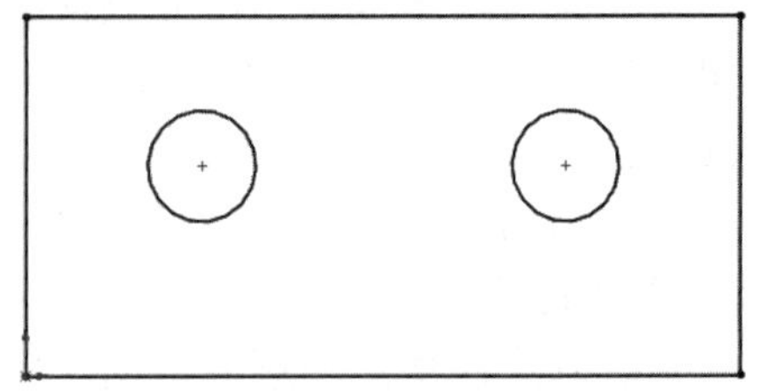

图 1-7 设计草图

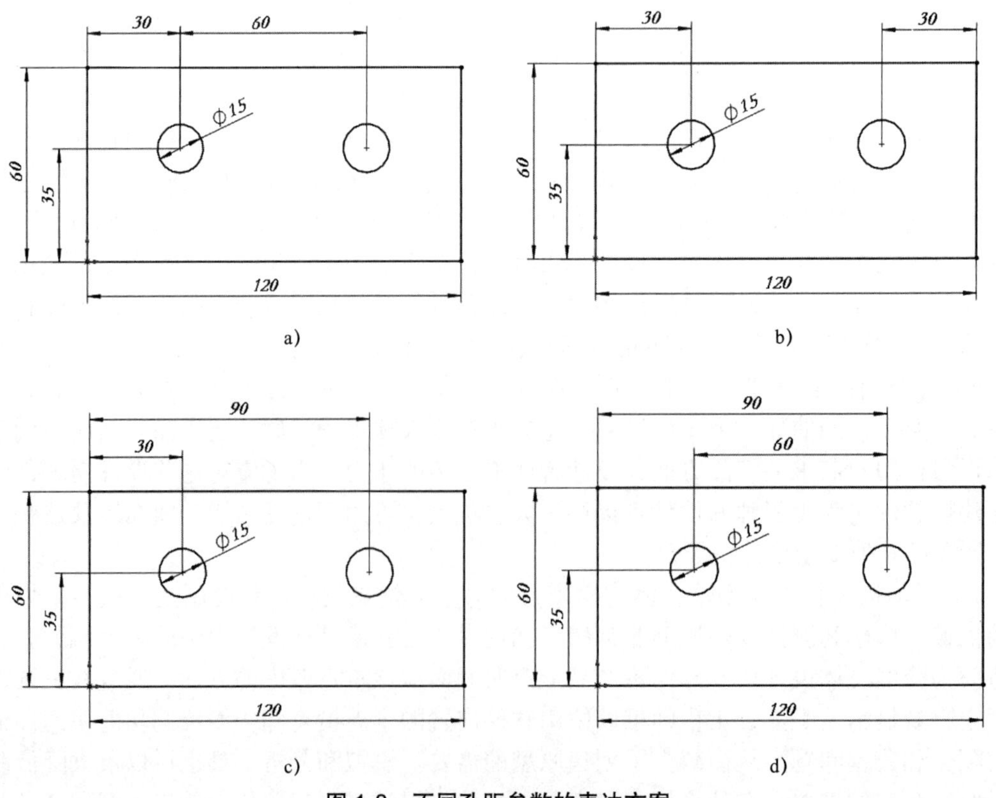

图 1-8 不同孔距参数的表达方案

从该示例中可看出，同一个图形，尺寸标注方案不同，将直接影响到后续编辑修改的合理性、便捷性。通过三维软件的参数化建模功能，可以便捷地表达各种不同的设计方案，而确定设计方案后，在后续的设计中编辑修改将很容易，可以轻松地将设计思路传递给后续环节。

如图 1-9 所示，该模型的板厚为 10mm，设定两孔为固定，上表面有 1000N 载荷，那么在给定的工况下其强度是否满足要求呢？

在没有相应设计工具的情况下，只能通过理论计算或实验验证测试其强度，而理论计算周期长，对于复杂设计相当困难，而实验验证则成本高昂，不适合创新设计时需要反复验证的情况。使用智能化设计工具，只需输入工况条件，通过有限元分析可以很容易得到结果。图 1-10 所示为通过分析工具所得到的结果。

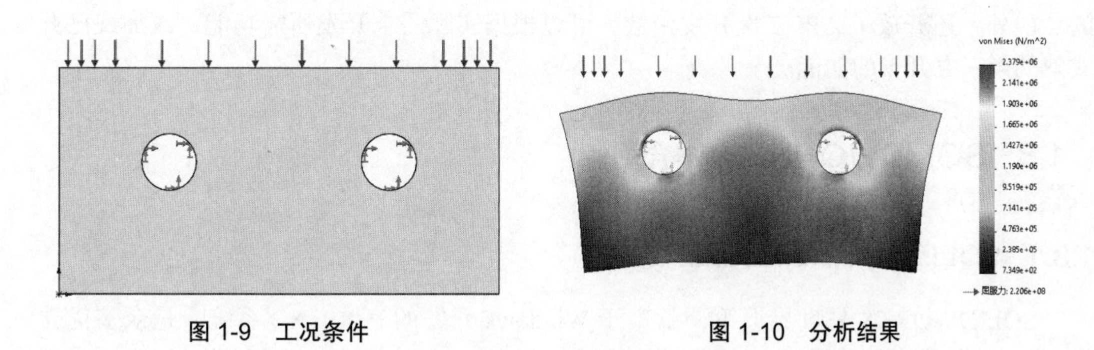

图 1-9　工况条件　　　　**图 1-10　分析结果**

如果更改设计方案（如增加孔距、载荷变化等）呢？在智能化设计软件中，只需重新调整这些变化的参数，后续分析就可以一键完成。如果当前设计需要大批量生产，对该设计需要进行优化，以减少材料成本，那传统的设计手法是不是更加困难了呢？在智能化设计软件中，只需给定优化的目标，即可给出推荐的优化方式，如图 1-11 所示。

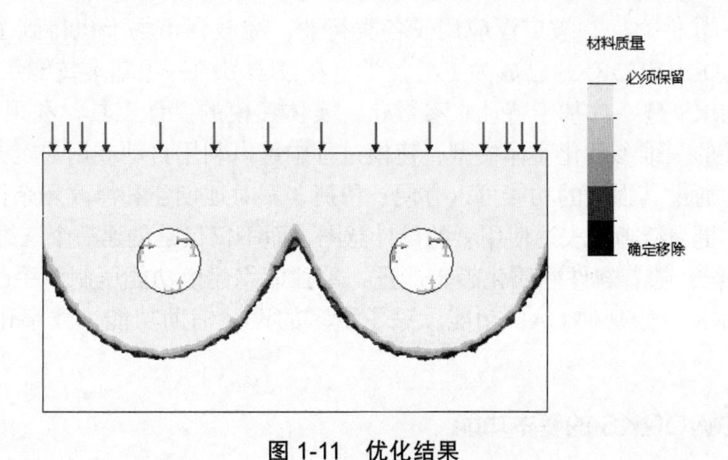

图 1-11　优化结果

如果以孔距与孔高为变量，什么样的数值下该设计才是最优的呢？如果手工计算各种可能性，工作量将几何级增加。此时在智能化设计软件中只需输入变量及优化目标，然后等着结果出来就可以了。如图 1-12 所示，最优解是孔距为 70mm，孔高为 30mm。

		优化 (0)	情形 1	情形 2	情形 3	情形 4	情形 5	情形 6	情形 7	情形 8	情形 9
孔距		70mm	55mm	60mm	65mm	55mm	60mm	65mm	55mm	60mm	65mm
孔高		30mm	30mm	30mm	30mm	35mm	35mm	35mm	40mm	40mm	40mm
位移1	< 1mm	1.960e-04 mm	3.090e-04 mm	2.631e-04 mm	2.204e-04 mm	2.997e-04 mm	2.546e-04 mm	2.125e-04 mm	2.884e-04 mm	2.466e-04 mm	2.076e-04 mm
传感器2	最大化	1.000e+00	1.000e+00	1.000e+00	1.000e+00	1.000e+00	1.000e+00	1.000e+00	1.000e+00	1.000e+00	1.000e+00

图 1-12　变量优化

以上只是列举了几个设计过程中的环节，后续还有成本核算、对环境影响的评估、G代码生成、管理设计数据等一系列需求，而这些均是建立在数字化设计基础上，通过软件的智能化功能来实现的，所以说数字化智能设计并非指单一功能，也并非指单一软件，而是指以设计需求为目的，将各种智能化工具有机集成在一起，最终提高设计效率，提升设计质量，减少重复工作，降低设计成本。而 SOLIDWORKS 正是这样一款软件，除了自身的功能外，还开放了 API 二次开发函数，可以根据实际需求开发所需功能，或加载已开发成熟的第三方开发的功能。

1.3　SOLIDWORKS 基本介绍

1.3.1　SOLIDWORKS 的发展历程

SOLIDWORKS 是世界上第一款基于 Windows 开发的三维 CAD 系统，是众多优秀三维 CAD 软件的典型代表之一。1993 年，SOLIDWORKS 出现在世人面前，并于 1995 年推出第一个版本，引起了三维软件可操作性的革命，从此三维软件的学习周期大幅度下降，应用成本也大幅下降，三维软件成为普通工程师的基本工具。1997 年，SOLIDWORKS 被法国达索公司收购。

由于其友好的操作性及优越的与插件集成技术，SOLIDWORKS 逐渐成为全球装机量最大、最好用的软件之一，被广泛应用于各类行业，在教育市场上也得到了广大师生的认可，熟练使用 SOLIDWORKS 已成为工科类学生在校学习的一项基本技能。

SOLIDWORKS 是一款基于特征、参数化、实体建模的设计工具，利用 SOLIDWORKS 可以创建全相关的三维参数化实体模型，建模过程中可以利用自动或用户定义的约束关系来体现设计意图，通过其强大的功能可以方便、快捷、实时地创建和修改复杂模型，有效缩短产品设计周期，更为清晰地表达使用者的设计意图，而不仅仅是创建一个三维实物。

进入 21 世纪，随着软件同质化趋于严重，单独依靠建模功能压制对手已不再可能，此时 SOLIDWORKS 开始延伸 CAD 功能，赋予更多的设计辅助功能，数字化智能设计也有了软件基础。

1.3.2　SOLIDWORKS 的基本功能

SOLIDWORKS 是基于参数化建模的智能化设计工具，其除了具有三维软件基本的零件建模、钣金、焊件、曲面、装配、工程图功能外，为适应数字化智能设计的需要，还增加了很多延伸功能，包括设计验证（Simulation）、运动仿真（Motion）、流体仿真（Flow Simulation）、模流分析（Plastics）、环境评估（Sustainability）、文档创作（Composer）、渲染（Visualize）、三维标注（MBD）、检测文档（Inspection）、数据管理（PDM）、加工编程（CAM）、管道布线（Routing）、逆向工程（ScanTo3D）、成本分析（Costing）、公差分析（TolAnalyst）、电气系统设计（Electrical）、ECAD 转换（CircuitWorks）、数据共享（eDrawings）、二维软件（DraftSight）等。这些功能部分是以功能形式集成在 SOLIDWORKS 中，部分是以插件形式启动使用，通过这些功能的配合使用，能满足绝大部分设计场景的智能化设计要求。本教材以通用机械类产品的设计为主要讲解目标，主要讲解基本建模、装配、工程图、设计验证（Simulation）、运动仿真（Motion）、三维标注（MBD）、数据管理（PDM）等模块的功能。

1.3.3 SOLIDWORKS 中的基本概念

1）模板。模板是 SOLIDWORKS 软件中定义的基本参考要素，这些要素定义了尺寸标注形式、单位系统以及系统配置等信息，如零件模板、装配体模板、工程图模板、材料明细表模板等。

2）文件属性。文件属性是指定给整个零件、装配体或工程图文件的非几何信息，如设计者姓名、设计日期等，零件属性有“自定义”“配置特定”等不同类别，这些信息将是 PDM 系统中非常重要的信息源。

3）质量特性。质量特性是 SOLIDWORKS 软件的一种评估功能，它能根据所应用的材料及参考坐标系自动计算零部件的各种物理信息，如表面积、体积、质量、重心位置和惯性矩等。

4）基准轴。基准轴是外观用点画线来表示的对象，用于创建特征、定位尺寸和定位基准面。SOLIDWORKS 所创建的圆柱体或圆锥体零件默认拥有临时基准轴。

5）基准面。基准面是外观用一个矩形平面来表示的特征，用于被作为参考创建特征、定位尺寸或定位草图。

6）草图。草图是用于创建一个模型特征的平面线框几何要素，可以包括直线、圆弧、样条曲线等。

7）系列零件。SOLIDWORKS 借助集成的 Microsoft Excel 功能，表达结构类似而特征参数、草图尺寸、局部特征状态不尽相同的系列产品模型，称为系列零件，而相应的 Excel 表格被称为系列零件设计表。

8）装配。装配是描述一个产品的零件和子装配体关系的集合，是将多个零件（或子装配体）采用 SOLIDWORKS 装配方式组装生成的文件。

9）干涉检查。干涉检查是用于检测零件之间有没有干涉的工具。

10）尺寸关系。可以通过相应尺寸对模型进行驱动，而不仅仅是标记尺寸对象，如更改直径值时圆同步缩放。

11）几何关系。通过定义草图对象间的平行、相切、垂直等关系，在修改草图对象时，其关联对象会依赖于这些定义的几何关系自动做出相应的调整。

12）装配关系。在装配体中定义零件之间的关系，如同轴心、对称、齿轮配合等，通过装配关系定义后，不但使零件之间有效装配在一起，并且在装配运动时可以保持这些关系，还可通过这些关系对装配进行运动仿真，而这些操作均是离不开装配关系的。

1.3.4 SOLIDWORKS 的基本操作

SOLIDWORKS 是在 Windows 环境下开发的，其很好地融合了 Windows 良好的人机交互操作，提供了友好、简便的工作界面，使得操作极易上手。

1. 界面介绍

SOLIDWORKS 提供了一整套完整的动态界面，其界面与工具栏会根据所处操作环境的不同而自动变更，以适应当前操作，这有利于减少多余的操作，从而保证了界面的友好与有序。

双击桌面上的快捷方式图标，或依次单击桌面左下角【开始】/【程序】/【SOLIDWORKS 2022】/【SOLIDWORKS 2022】命令启动程序。SOLIDWORKS 2022 基本界面如图 1-13 所示，主要包含菜单栏、标准工具栏、状态栏和任务栏。

图 1-13 SOLIDWORKS 2022 基本界面

1）菜单栏。菜单栏包含 SOLIDWORKS 的所有基本命令。SOLIDWORKS 2022 延续了之前版本的习惯，采用伸缩式菜单，单击右向箭头可展开菜单。如需固定菜单，单击菜单最右侧的图钉图标可将菜单的位置锁住，再次单击后又会变回伸缩方式。如果下拉菜单右侧有右向箭头，将鼠标指针移至该处会弹出下一级子菜单。

2）标准工具栏。同其他标准的 Windows 程序一样，标准工具栏中的工具用来对文件执行最基本的操作，如新建、打开、保存、打印、选项等。

3）状态栏。状态栏用于显示当前的操作状态，反馈即时提示信息。注意，从该处观察相应信息有助于提高入门学习的效率。

4）任务栏。任务栏向用户提供当前设计状态下的多重任务工具。它包括 SOLIDWORKS 资源、设计库、文件探索器、视图调色板、外观/布景和自定义属性等工具面板。

整个界面的中间区域为图形区，是交互操作的主要区域，草图绘制、创建特征、装配、生成工程图、分析等操作均在这个区域中完成。

2. 工具栏

工具栏中的图标是常用命令的快捷方式，通过使用工具栏，可以大大提高 SOLIDWORKS 的设计效率。由于 SOLIDWORKS 2022 有着强大且丰富的功能，所以对应的工具栏也非常多，那么如何操作更方便，同时又不让操作界面过于复杂呢？SOLIDWORKS 提供了分组式工具栏，可以根据当前所处的工作状态自动匹配相应的工具栏。如果是在零件建模环境中，则出现的是图 1-14 所示的【特征】工具栏。

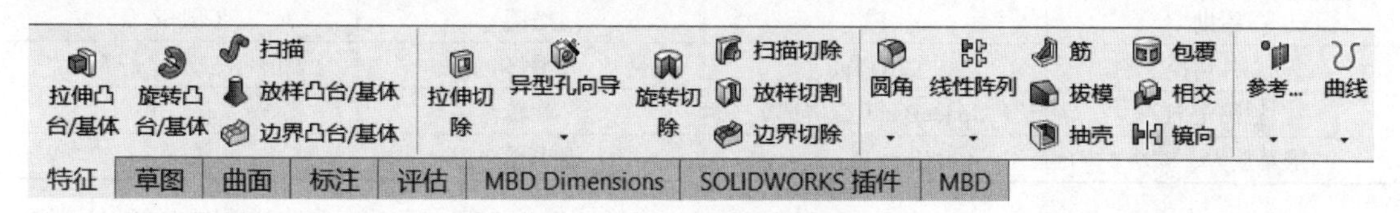

图 1-14 【特征】工具栏

除了系统所提供的默认工具栏外，用户还可以根据个人的习惯自定义工具栏。工具栏系统中有些图标是我们平时不常用的，所以系统在初始设置中没有添加这些图标到工具栏中，当我们在需要的时候，可以按以下操作方式去添加图标。

移动鼠标指针至任一工具栏图标上，右击，弹出快捷菜单，选择【自定义】后出现如图 1-15 所示对话框。单击【命令】选项卡，在左侧选择需要添加图标的类别后，拖动右侧的图标到对应的工具栏上，就实现了工具栏图标的添加。

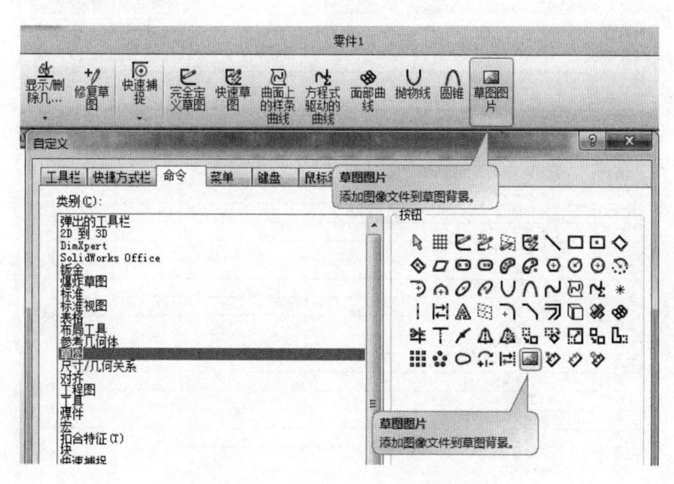

图 1-15 【自定义】对话框

想要删除不常用的图标，在自定义时鼠标指针放在图标上右击，选择【删除】即可，如图 1-16 所示。

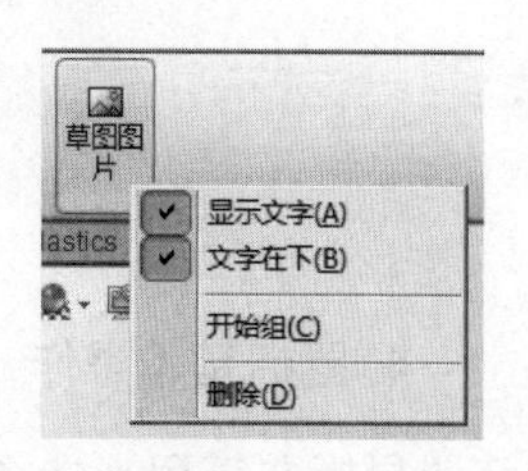

图 1-16 删除图标

注意： 删除操作一定要在【自定义】状态下进行。

3. 键盘快捷键

SOLIDWORKS 是面向 Windows 环境开发的应用程序，所以其基础键盘快捷键与 Windows 一致，如复制、剪切、粘贴、删除等都沿用了 Windows 的操作习惯。表 1-1 列出了 SOLIDWORKS 常用快捷键。

表 1-1　SOLIDWORKS 常用快捷键

功能	快捷键	功能	快捷键
新建	Ctrl+N	复制	Ctrl+C
打开	Ctrl+O	剪切	Ctrl+X
保存	Ctrl+S	粘贴	Ctrl+V
打印	Ctrl+P	删除	Delete
帮助	F1	撤销	Ctrl+Z
文件切换	Ctrl+Tab	平移	Ctrl+ ←/↑/→/↓
视图定向	SpaceBar（空格键）	旋转	←/↑/→/↓
屏幕放大、缩小	Shift+Z、Z	退出操作	Esc

如果在实际使用过程中某些命令使用比较频繁，为了提高效率，可以根据需要自定义键盘快捷键。自定义方法如下：

进入【自定义】界面，单击【键盘】选项卡，如图 1-17 所示。然后在需定义的命令后面的【快捷键】栏按所需的快捷键，定义完成后单击【确定】退出该对话框后即可使用。

注意： 定义时直接按相应键，而非输入字母。

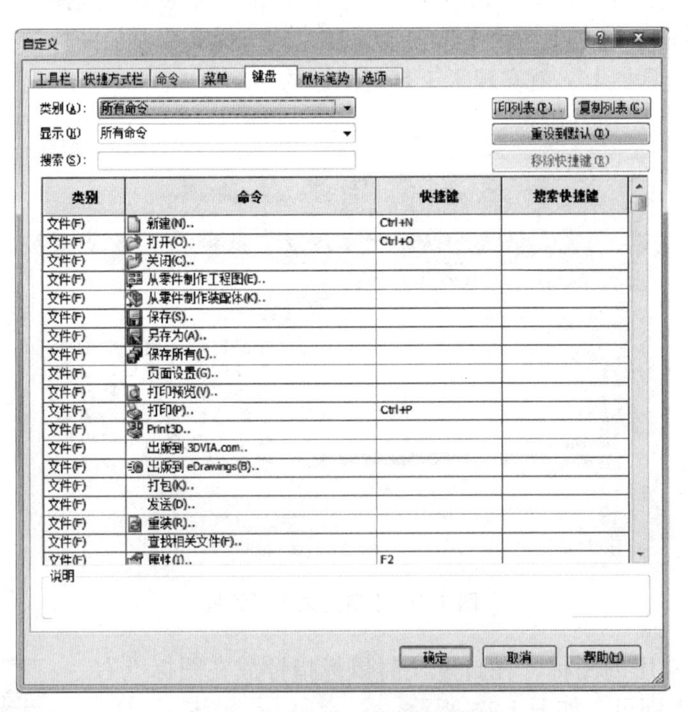

图 1-17　自定义键盘快捷键

4. 鼠标基本操作

鼠标左键用来选择命令或对象；右击会出现快捷菜单。

注意：选择不同的对象所出现的快捷菜单是不一样的，系统会自动根据选择对象所能做的操作智能出现相应菜单。

按住鼠标中键并拖动为旋转当前视图或零件；<Ctrl+ 中键 >（按住并拖动）为平移当前视图；<Shift+ 中键 >（按住并拖动）为动态缩放；<Alt+ 中键 >（按住并拖动）为绕轴旋转。

5. 鼠标笔势

鼠标笔势是根据鼠标在屏幕上的移动方向自动对应到相应的命令，对于习惯鼠标操作的使用者来讲是一个极大的便利。具体操作方式是按住鼠标右键在屏幕上拖动，按住右键并拖动且有所停顿时会出现笔势选择圈供选择，熟悉后可快速拖动较长距离，以便直接选择命令提高效率。拖动距离和方向可多练习几次以便快速熟悉该操作。

鼠标笔势是非常高效的快捷方式，对草图、零件、装配、工程图都可以设置上下左右等笔势，提高绘制效率。鼠标笔势对应的功能也可自定义：进入【自定义】界面，单击【鼠标笔势】选项卡，鼠标笔势分为 4 笔势、8 笔势、12 笔势，分别代表鼠标的 4 个方向、8 个方向和 12 个方向，熟悉后一般会选择 12 笔势来设置常用命令工具，以便对应到尽量多的命令，如在草图界面设置单击鼠标向右拖动为直线命令、向左拖动为剪裁等。如图 1-18 所示，定义完成后单击【确定】退出该对话框后即可使用。

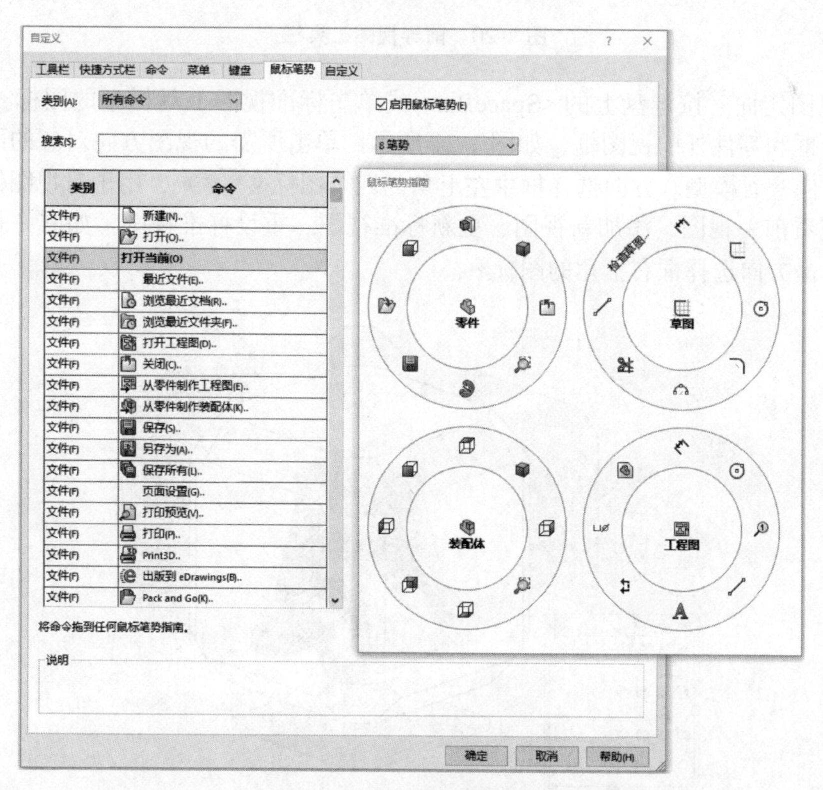

图 1-18　自定义鼠标笔势

各类快捷方式是提高软件使用效率最为有效的方式，可根据需要自行定义，如自定义混乱，可在对应的对话框内选择【重设到默认】，以恢复到系统的默认值。

6. 视图控制

SOLIDWORKS 除了可以通过鼠标对模型进行操控外，还提供了其他几种操控方法。

（1）标准视图工具栏　常用的标准视图工具栏中包括正视于、前视、等轴测等，如图 1-19 所示。当鼠标指针移动到某一图标上时，会自动显示该图标的作用提示。

提示：标准视图工具栏默认不显示，可在任一工具栏图标上右击，弹出快捷菜单，选择【工具栏】，然后在其下级菜单中选择【标准视图】。

图 1-19　标准视图工具栏

（2）前导视图工具栏　前导视图工具栏指在图形区顶部显示的工具栏，提供更为丰富的视图工具，如剖切视图、放大、缩小、隐藏 / 显示等，如图 1-20 所示。

图 1-20　前导视图工具栏

（3）视图定向　按键盘上的 <SpaceBar> 或单击标准视图工具栏中的图标，就会出现方向选择框和零件外的视图框，如图 1-21 所示。单击所需的视图方向对应的面，即可切换至相应方向查看模型。方向选择框中左上角的四个图标，用于对视图做一些基本操作，即查看前一视图、添加新视图、更新标准视图、重设标准视图。如需一直显示该工具，可以单击方向选择框右上角的图标。

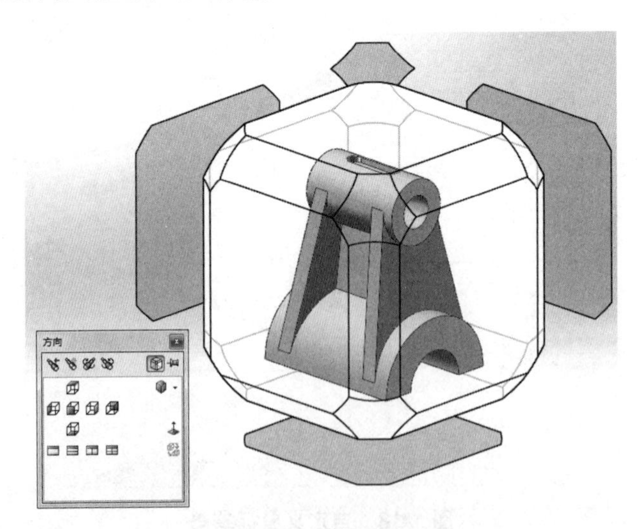

图 1-21　视图定向

（4）模型显示方式　模型显示方式用于控制模型的显示样式，共有 14 种，见表 1-2，可以在前导视图工具栏中选择，也可以在菜单【视图】/【显示】中选择。

表 1-2　模型显示样式

图标	功能	图标	功能
	线架图		RealView 图形
	隐藏线可见		透视图
	消除隐藏线		剖视图
	带边线上色		相机视图
	上色		曲率视图
	草稿品质		斑马条纹
	在上色模式下加阴影		应用布景

1.4　数字化智能设计的优势和成功案例

1.4.1　数字化智能设计的优势

要了解数字化智能设计所带来的价值，需要先了解一下传统的设计流程，如图 1-22 所示。传统的设计流程分为 6 大阶段，整个产品研发周期较长且数据分散，每一个环节出现问题均会造成一系列的负面影响。

图 1-22　传统的设计流程

如图 1-23 所示，数字化智能设计通过 PDM 系统对整个研发流程中的数据进行统一管理，在概念设计阶段就可充分利用参数化所带来的便利，创建多种设计方案，更易获得最优的设计方案，设计过程中可以做到随时设计、随时验证，将设计中可能出现的问题解决在初始阶段，有利于提升设计的一次成功率，降低设计成本。设计数据的数字化可以使得原本的串行过程变为并行过程，有利于提升设计效率，大幅减少设计周期，使得设计能更快对需求做出响应。

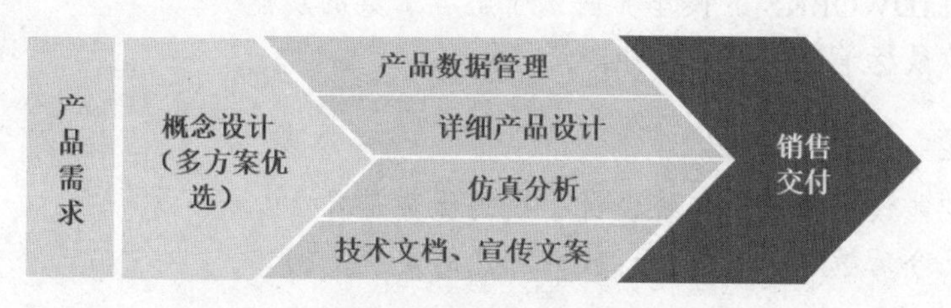

图 1-23　基于数字化智能设计的设计流程

1.4.2 数字化智能设计的成功案例

图 1-24 所示飞机的结构繁杂，涉及领域众多，在现代数字化智能设计手段出现之前，其设计周期通常需耗费 10 年左右；而通过现代数字化智能设计手段，整合各个方向的关联技术工具，通过有效管理手段对海量设计数据进行管理，其设计周期可缩短到 3~5 年，研发成本减少一半以上。随着更有效设计手段的出现，设计周期将有望进一步缩短。

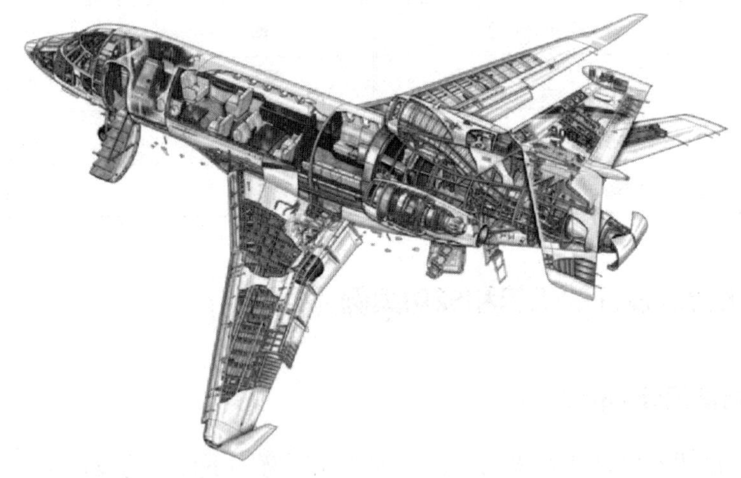

图 1-24 飞机结构示意

随着云平台计算的兴起，达索系统也推出了相应的 3DEXPERIENCE 平台，将各种工具做进一步的集成、整合，基于互联网平台做到按需选用、随时设计，将会成为下一代设计工具的标准。

练习题

一、简答题

1. 设计手段的变革分哪几个阶段？
2. SOLIDWORKS 的基本功能包括哪些？
3. 简述三维软件的价值。
4. 简述数字化智能设计的优势。

二、操作题

1. 熟悉 SOLIDWORKS 的操作界面，了解各工具的功能。
2. 练习更改鼠标笔势的对应功能。

三、思考题

1. 数字化智能设计相对于传统设计手段的优势是什么？
2. 畅想一下今后数字化智能设计软件可能的发展方向。

第2章 SOLIDWORKS 草图

学习目标

1. 熟悉零件的创建与保存。
2. 理解草图几何关系、尺寸关系并能熟练添加。
3. 能根据已有二维图创建完全定义的草图。
4. 熟悉参数化的定义。
5. 看懂草图状态并处理常见错误。

2.1 草图绘制的基本知识

草图是与实体模型相关联的二维图形，一般作为三维实体特征的基础。草图是否满足特征创建的要求将直接影响特征能否按预期创建。

2.1.1 草图的定义

草图实际上是一种二维图，其在所指定的基准面上创建，由基本的线条与约束关系组成。在 SOLIDWORKS 中可以利用任何一个平面作为基准面创建草图。应用草图绘制工具，使用者可以绘制近似的草图轮廓，再添加确定的约束定义，以完整表达设计的意图。

建立草图后可使用实体特征工具进行拉伸、旋转、扫描和放样等操作，生成与草图相关联的实体模型，也可通过曲面工具生成所需的曲面特征。草图在特征树上显示为一个特征，具有参数化和便于编辑修改的特点。

2.1.2 进入与退出草图

1. 新建零件

SOLIDWORKS 中草图从属于零件，在进入草图绘制状态前需先新建零件。

单击标准工具栏中的【新建】或选择菜单栏中的【文件】/【新建】，弹出如图 2-1 所示对话框。

提示：在该对话框左下角单击【高级】，会弹出模板选择对话框，可以选择所需的零件模板。

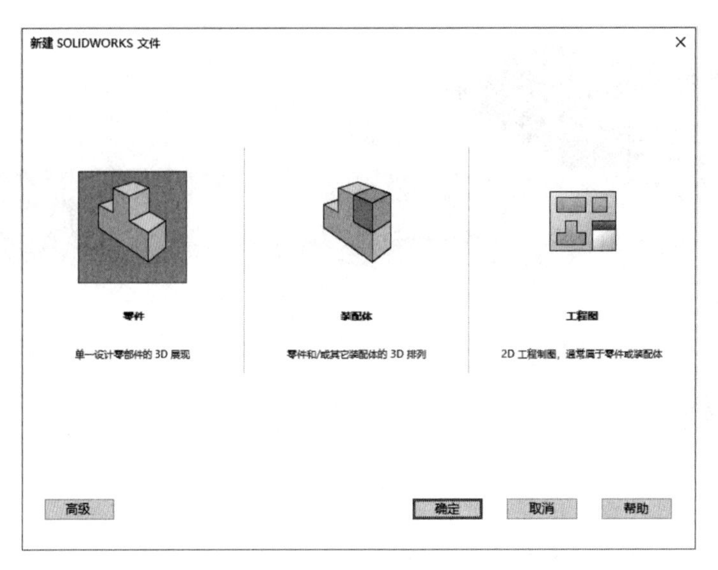

图 2-1　新建零件

选择【零件】，进入零件主界面，如图 2-2 所示。零件主界面主要由 FeatureManager 设计树及图形区组成。

提示：每次打开 SOLIDWORKS 软件新建零件时，默认的零件名为“零件 1”，其中的序号随着再次新建零件而增加。

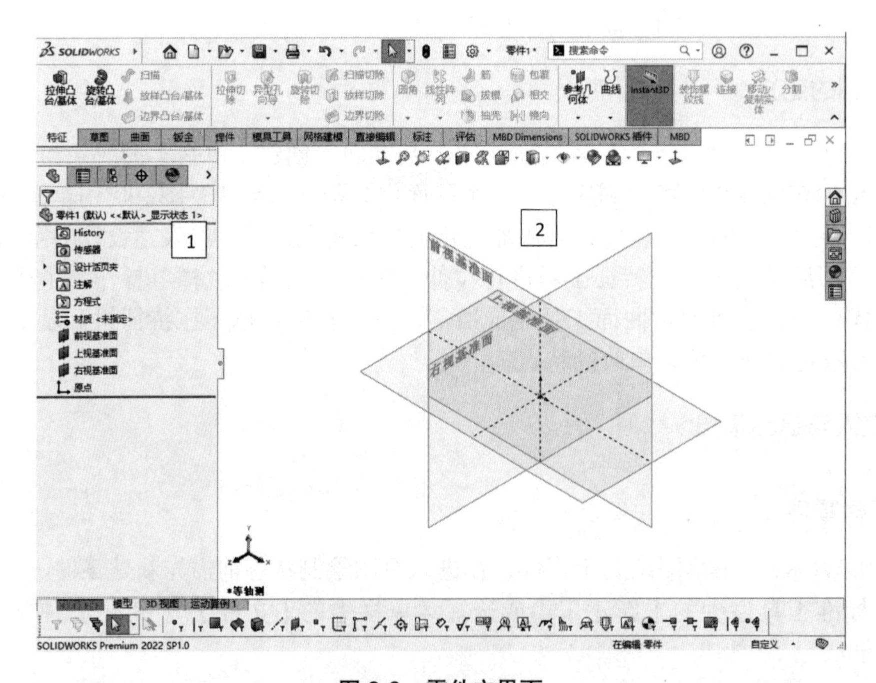

图 2-2　零件主界面

1）FeatureManager 设计树。SOLIDWORKS 中最著名的技术就是其特征管理器（FeatureManager）。该技术已经成为 Windows 平台三维 CAD 软件事实上的标准。用户通过设计树可以观察模型设计、装配或分析的过程，以及检查工程图中的图样和视图。设计树面板默认包括 FeatureManager（特征管理器）、PropertyManager（属性管理器）、Configuration-Manager（配置管理器）、DimXpertManager（尺寸管理器）和 DisplayManager（显示管理器），如图 2-3 所示。

2）图形区。图形区在零件、装配、分析状态下用于显示模型，工程图状态下则显示二维图。不管是零件还是装配状态，系统均默认有三个基准面与一个原点。

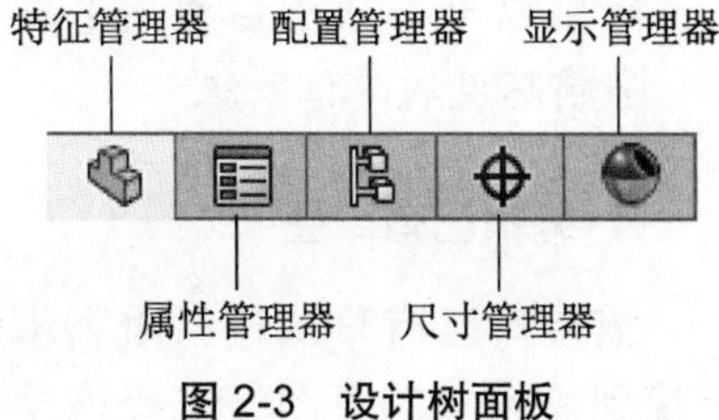

图 2-3 设计树面板

注意： 默认基准面为隐藏不显示，此处为了观察基准面而将其显示。如需显示/隐藏基准面，可在对应基准面上单击，在弹出的关联工具栏上单击【显示】或【隐藏】。该操作同样适用于特征管理器中的其他对象，如草图、特征、曲面等。

2. 进入草图绘制

进入草图绘制状态，首先要选择一个基准面，在基准面上才能进行草图绘制。基准面类似于在二维绘图中的 *XY* 平面，不管选择哪个基准面，在进入草图绘制后都假想为 *XY* 平面。在 FeatureManager 设计树中有三个系统默认的基准面，分别为前视基准面（*XY* 平面）、上视基准面（*YZ* 平面）、右视基准面（*ZX* 平面）。

单击任一基准面，在弹出的关联工具栏中单击【草图绘制】，进入草图绘制状态，此时将自动正视所选基准面，工具栏切换至【草图】工具栏，如图 2-4 所示。

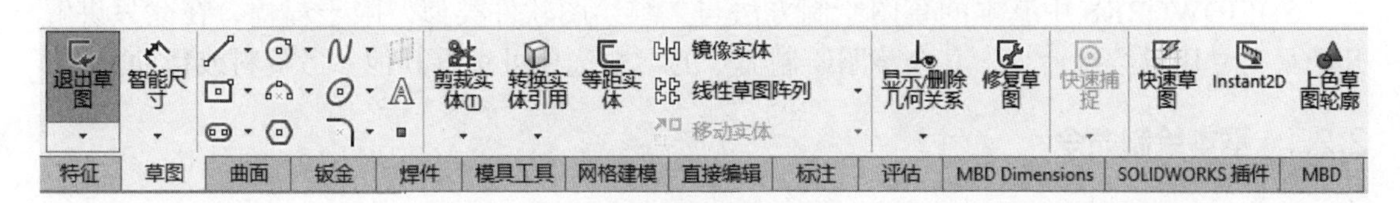

图 2-4 【草图】工具栏

草图依赖于基准面，绘制草图需要选择合适的基准面。基准面可以是系统默认的三个基准面，可以是新创建的基准面，也可以是一已有实体上的平面。既可先单击【草图绘制】再选基准面，也可反过来先选基准面再单击【草图绘制】。如果草图所依赖的基准面删除了，则它所对应的草图会报错，需对其基准面进行修复。

提示： 如果使用的是 SOLIDWORKS 2022 之前的版本，除第一次进入草图外，后继进入草图系统将不再自动正视所选基准面。如需要一直自动正视，需在【选项】/【系统选项】/【草图】中勾选【在创建草图以及编辑草图时自动旋转视图以垂直于草图基准面】复选框。

3. 退出草图绘制

草图绘制完成后，单击图形区右上角的图标退出草图绘制，或在关联工具栏上右击选择退出草图。如果当前草图所做修改不需要保留，则单击图形区右上角的图标，出现如图 2-5 所示的警告框，单击【丢弃更改并退出】，则当前所有编辑修改将丢弃，若单击【取消】则回到编辑状态。

技巧：系统默认模板为 mm 单位制，如需修改可以单击状态栏右侧【自定义】快速切换当前环境的单位系统。

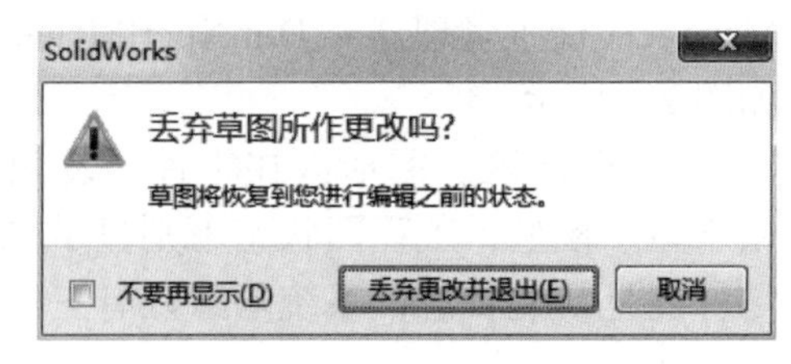

图 2-5　丢弃草图警告

4. 编辑已有草图

需要对已有草图进行重新编辑时，在设计树上找到需编辑的草图，选择该草图，在弹出的关联工具栏上单击【编辑草图】，即可进入草图编辑状态。

5. 鼠标操作

在 SOLIDWORKS 草图中，鼠标操作主要有两种方式：一种是“单击 + 单击”，两次操作完成一个对象的绘制；另一种是“单击 + 拖动”完成操作。这两种操作方式对于大多数草图命令均适用，如【直线】、【边角矩形】、【圆】、【直槽口】等，区别在于前一种方法会出现尺寸输入对话框，适用于绘制时有明确尺寸要求的情况，后一种方法适用于不确定尺寸的草图，可快速绘制出大概形状，后续再进行尺寸约束修改。

2.2　草图绘制方法

SOLIDWORKS 中基本的草图绘制方法与二维绘图软件类似，限于篇幅，在此只讲解几个最为常用的绘制命令，其余草图绘制命令的参数选项可查看其他参考资料或帮助文件。

2.2.1　基本绘制命令

1. 直线

直线与圆弧是草图中最基本的两个元素，在 SOLIDWORKS 中【直线】命令已将这两个功能整合在一起，可以提高草图绘制效率。

提示：SOLIDWORKS 中的【直线】命令默认是绘制连续线，当绘制结束后可双击结束连续线状态，也可以按 <Esc> 键结束绘制。

单击【草图】工具栏上的【直线】，从原点开始绘制连续线，如图 2-6a 所示。在此第二条线条需要的是圆弧，可将鼠标移到上一条线的末点，如图 2-6b 所示，此时光标右下角的提示变成了“同心”符号，再将鼠标移开，此时已转换为圆弧状态，如图 2-6c 所示，单击确定圆弧末点位置即可。继续移动鼠标，根据导航绘制圆弧的切线，如图 2-6d 所示，按 <Esc> 键完成绘制。

注意：绘制过程中的虚线为推理线，用以在绘制时参考相关元素，其功能类似于二维软件的“导航”功能。如不需要推理线，可在绘制时按 <Ctrl> 键。

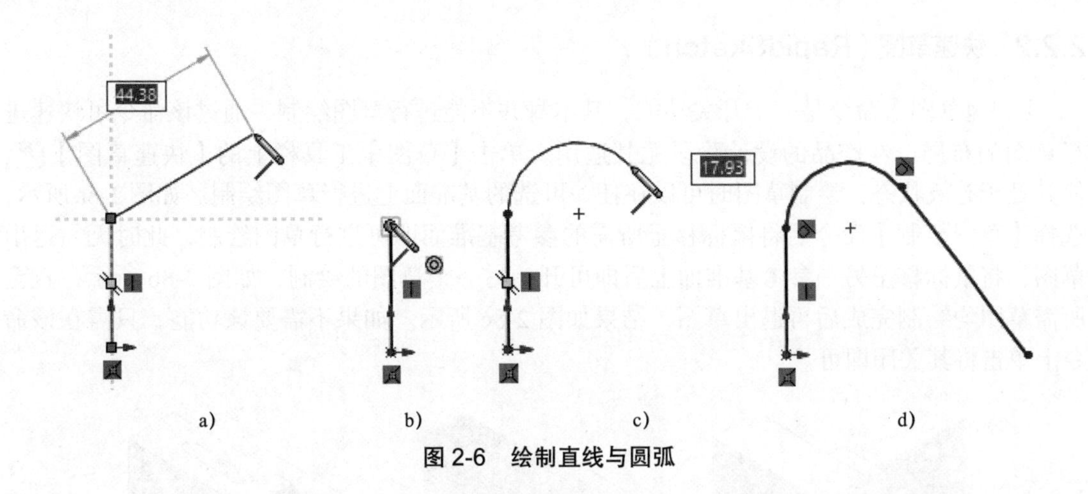

a)　b)　c)　d)

图 2-6　绘制直线与圆弧

技巧： 直线切换为圆弧时，圆弧的形式取决于第二步鼠标移动至上一条线末点的角度，不同的移动角度，圆弧状态不同，可以多试几次加以熟悉。

2. 文本

【文本】命令用于在草图中输入文字，SOLIDWORKS 中的文字为空心文字，可以作为特征生成的草图使用。

可以使用参考线作为文本书写方向的参考。首先新建草图，在草图中绘制如图 2-7a 所示样条曲线。单击所绘样条曲线，在关联工具栏上单击【构造几何线】，结果如图 2-7b 所示。单击【草图】工具栏上的【文本】，在如图 2-7c 所示的属性栏中选择已有样条曲线为参考曲线，在【文字】栏中输入文字“北京交通大学 SOLIDWORKS”，取消勾选【使用文档字体】复选框，并单击【字体】，在弹出的对话框中更改文字的大小，使得文字总长与样条曲线长度接近，单击【确定】，结果如图 2-7d 所示。

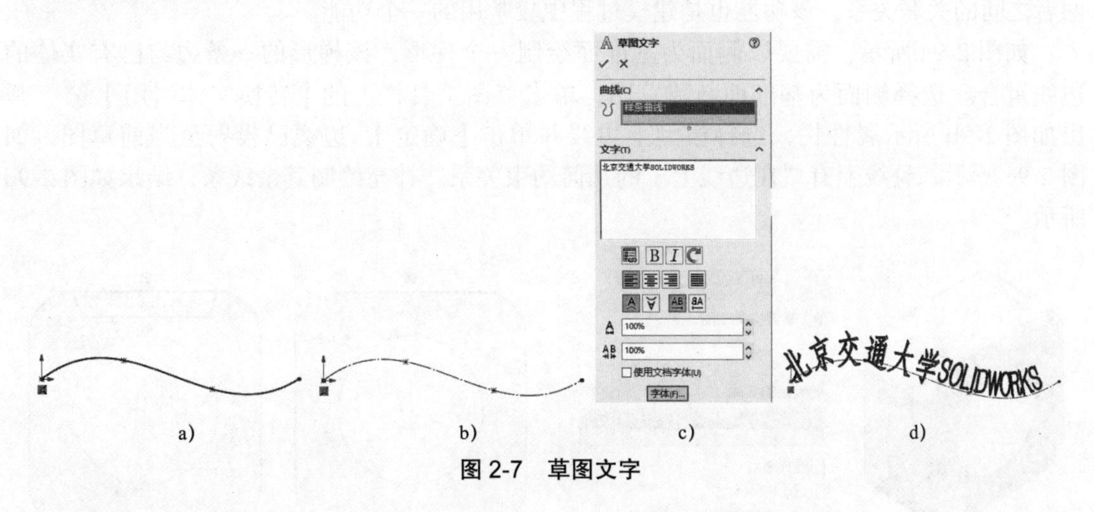

a)　b)　c)　d)

图 2-7　草图文字

注意： 在 SOLIDWORKS 中实体线与构造几何线是两种不同性质的对象，构造几何线类似于辅助线，不参与建模。本例中样条曲线是作为文本方向的参考，并不参与建模，所以须将其转换为构造几何线。

2.2.2 快速草图（RapidSketch）

【快速草图】命令是一个开关功能，其本身并不能进行草图绘制，通过该命令可快速进行草图的布局，在产品的设计阶段尤其适用。单击【草图】工具栏上的【快速草图】，使其处于有效状态，绘制草图时可以在任一可选的基准面上进行草图绘制。如图2-8a所示，选择【草图绘制】命令后将鼠标移至所需的参考基准面即可进行草图绘制，此时无须退出草图，将鼠标移至另一参考基准面上后即可开始另一个草图的绘制，如图2-8b所示，直至所需草图均绘制完成后再退出草图，结果如图2-8c所示。如果不需要该功能，只需在该命令上单击将其关闭即可。

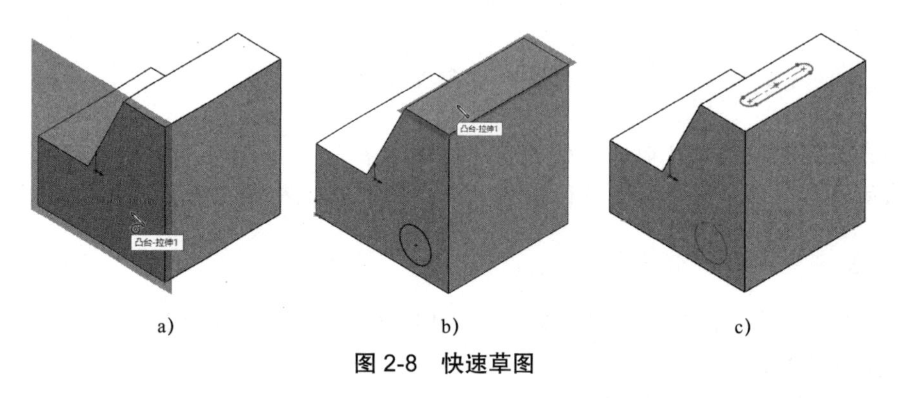

a)　b)　c)

图2-8　快速草图

提示：在更换参考基准面后，在设计树中将会产生新的草图节点，如本例中将产生两个草图。

2.2.3 转换实体引用

【转换实体引用】命令用以将模型中已有的草图、实体边线投射至当前草图，并保持两者之间的关联关系。该功能也是建模过程中较常用的一个功能。

如图2-9a所示，需要以侧面为基准面绘制一个梯形，该梯形的一条边与已有实体的边线重合。选择侧面为基准面新建草图，单击草图工具栏上的【转换实体引用】，弹出如图2-9b所示属性栏，选择模型上边线并单击【确定】，边线已投射至当前草图，如图2-9c所示，且线上有“在边线上”的几何约束关系。补充绘制其余线条，结果如图2-9d所示。

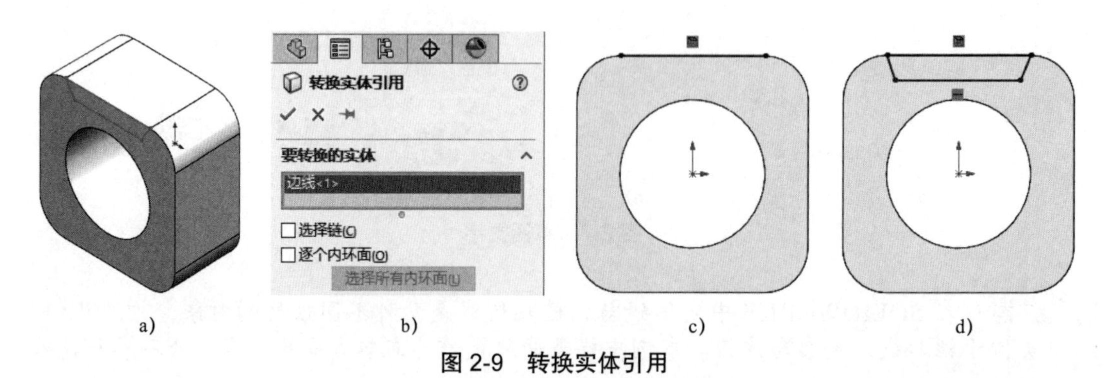

a)　b)　c)　d)

图2-9　转换实体引用

2.3　草图编辑方法

SOLIDWORKS 提供了丰富的草图编辑功能，用于对草图进行编辑以满足绘制要求。

2.3.1　剪裁实体

【剪裁实体】命令是 SOLIDWORKS 中非常重要的草图编辑功能，该命令用于将交叉线条中多余的部分剪掉。如图 2-10a 所示，需要将两条竖直线间的大圆弧剪裁掉。单击草图工具栏上的【剪裁实体】，弹出如图 2-10b 所示属性栏，在此使用【强劲剪裁】。按住鼠标左键并拖动，此时会出现灰色轨迹线，如图 2-10c 所示，系统将对轨迹线所碰到的线条对象进行相应剪裁。完成后单击【确定】，结果如图 2-10d 所示。

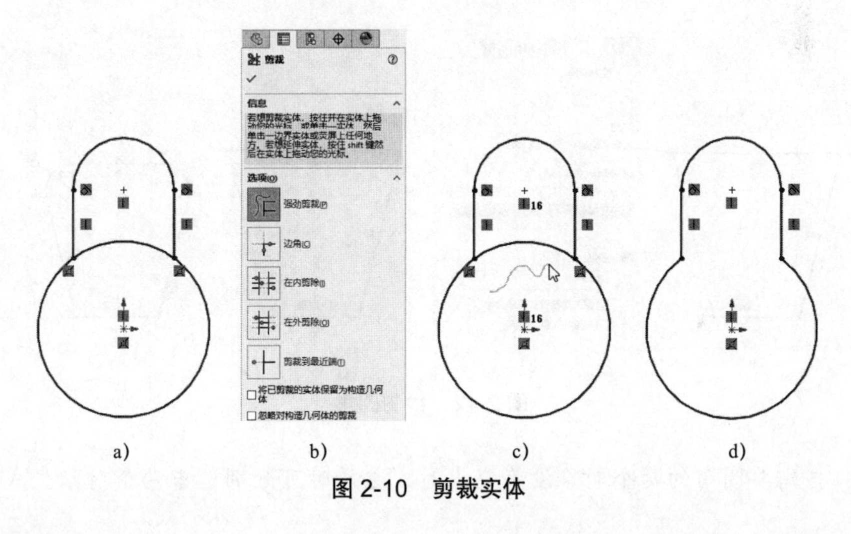

a)　b)　c)　d)

图 2-10　剪裁实体

如果鼠标划过的线条没有与其他对象相交，则该操作将会直接删除该线条，与删除功能类似。

【剪裁实体】除了剪裁外还有一个常用功能，即延伸实体。如图 2-11a 所示，需要将水平直线两端延伸至相邻实线。单击草图工具栏上的【剪裁实体】，单击直线需延长的一侧，将鼠标移至圆弧并单击，如图 2-11b 所示。用同样的方法延伸另一侧，结果如图 2-11c 所示。再次使用【剪裁实体】命令将大圆弧下半部分剪裁掉，结果如图 2-11d 所示。

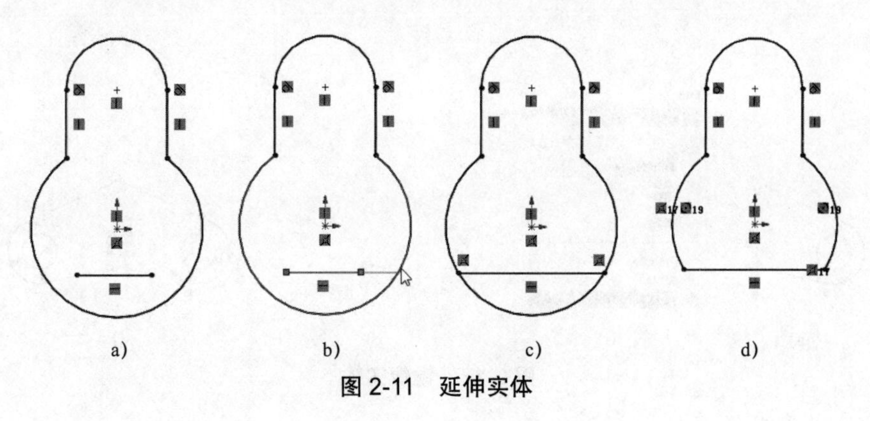

a)　b)　c)　d)

图 2-11　延伸实体

提示：注意剪裁与延伸的鼠标操作的区别，熟练后通过【剪裁实体】命令将可以完成大部分的草图编辑操作。

2.3.2 绘制圆角

【绘制圆角】命令用于在已有的两个草图对象间生成圆角。如图 2-12a 所示，需要对草图的左上角与右上角进行圆角绘制。单击草图工具栏上的【绘制圆角】，弹出如图 2-12b 所示属性栏，分别选择左上角与右上角的交点，并在【圆角半径】中输入半径值 20.00mm，预览如图 2-12c 所示。单击【确定】，结果如图 2-12d 所示。

技巧：当需要绘制圆角的交点比较多时，可以通过按住鼠标左键并拖动的方式进行框选。

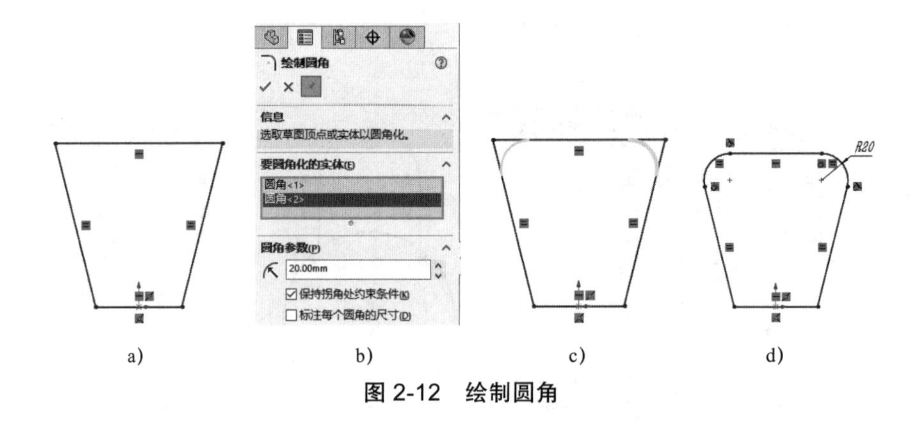

图 2-12 绘制圆角

提示：当需要圆角的两个对象没有交点时，选择时可分别选中两个对象生成圆角。

2.3.3 镜像实体

【镜像实体】命令通过镜像轴对所选对象进行镜像。如图 2-13a 所示，需将左侧图形镜像至右侧。单击草图工具栏上的【镜像实体】，弹出如图 2-13b 所示属性栏，框选左侧所有图形对象，【镜像轴】选择中间的直线，预览如图 2-13c 所示。单击【确定】，结果如图 2-13d 所示。

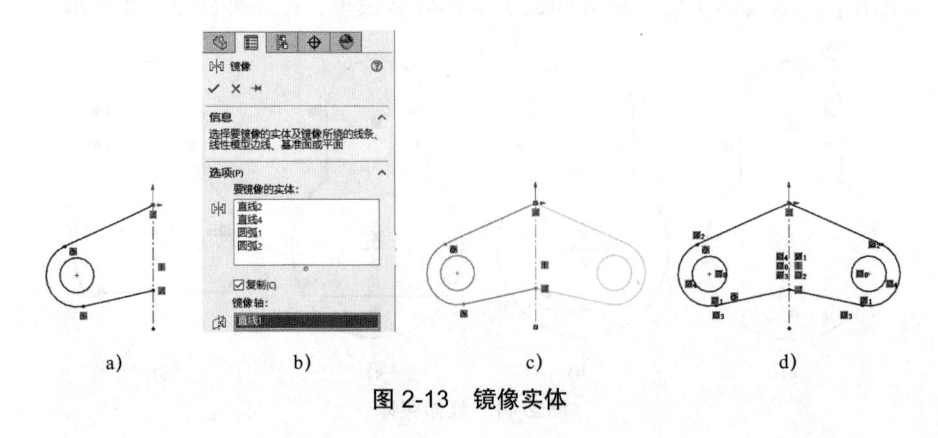

图 2-13 镜像实体

注意： 由于中间的竖直线用于作为镜像轴参考，不参与后续特征的生成，所以需要将其定义为构造几何线。

2.4　草图的几何关系和尺寸关系

为了完全定义草图，SOLIDWORKS 中提出了“约束”的概念，可以通过几何约束与尺寸约束控制草图中的图形，并且尺寸约束可以进行驱动，可以方便地实现参数化建模。

2.4.1　几何关系

几何关系是参数化建模软件中表达不同实体对象之间关系的一种至关重要的手段。草图几何关系是草图实体之间或草图实体与基准面、基准轴、边线或顶点之间的几何约束。SOLIDWORKS 中提供了多种几何约束关系，如水平、垂直、平行、同心、相切、对称等，合理的几何约束能使草图编辑修改变得更为顺畅。

1. 自动几何关系

自动几何关系是在草图绘制过程中自动给绘制对象添加的几何关系。在 2.2.1 节的绘制直线过程中是不是发现光标右下角有一个黄色图标时隐时现？该图标即为自动几何关系所给出的提示，用于提示当前绘制对象有合适的几何关系可添加，绘制完成后会在该对象上添加上几何关系，这就是草图对象上绿色约束图标的由来。如果不需要系统自动添加的几何关系，可以单击该几何关系图标，按 <Delete> 键将其删除。

技巧： 如果在绘制过程中不需要添加几何关系，可以在绘制时按住 <Ctrl> 键，系统将临时取消自动几何关系的添加。

随着草图越来越复杂，几何关系图标越来越多，甚至可能会影响对草图的观阅，此时可以通过单击前导视图工具栏中的【观阅草图几何关系】⊥ 将其隐藏，如图 2-14 所示。此时所有几何关系处于隐藏状态，需要时再行打开即可。该工具栏上还可控制其他对象的显示与隐藏，可以逐一加以尝试。

提示： 自动几何关系默认是打开的，可通过【选项】/【系统选项】/【草图】/【几何关系 / 捕捉】中的【自动几何关系】选项将其关闭或打开。

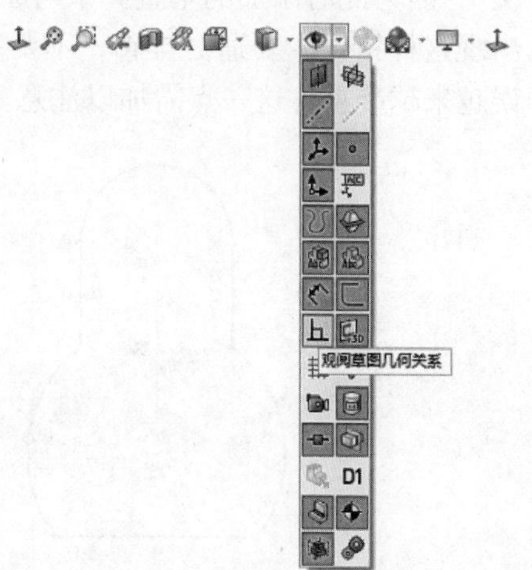

图 2-14　隐藏几何关系

2. 手动几何关系

手动几何关系是将原本没有约束关系的草图对象人为地添加所需的几何关系。SOLIDWORKS 中添加几何关系非常方便，系统会根据所选对象的不同自动通过关联工具栏提示出有可能的几何关系，根据需要选择即可。以 2.2.3 节的梯形草图为例，如图 2-15a 所示，现需要将该梯形定义为等腰梯形。此时需要两腰基于中心线对称，先通过【中心线】功能过梯形底边中点绘制一条竖直线，如图 2-15b 所示。按住 <Ctrl> 键后选择两个腰及中心线后松开，右上角弹出如图 2-15c 所示的关联工具栏，其中列出了所选对象可能存在的几何关系，在此单击【使对称】，结果如图 2-15d 所示。

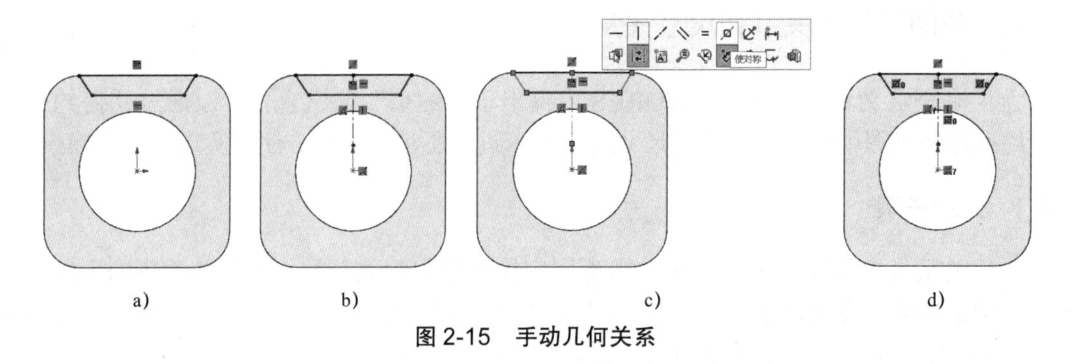

a) b) c) d)

图 2-15 手动几何关系

思考： 两腰的关系能否通过【使相等】命令进行约束定义？为什么？

如果要约束的对象有多种几何关系均能满足要求，则需从有利于参数化、可编辑性等方面进行综合考虑。

3. 几何关系的冗余

在添加几何关系时一定要注意适度，按需添加，不要出现冗余现象，虽然大多数情况下冗余的几何关系并不会报错，但无形中却增加了解算难度，在草图复杂的情况下会越发明显。

以 2.3.1 节草图为例，给左右两条直线添加对称几何关系，如图 2-16a 所示；然后，再给两条直线添加平行和相等的几何关系，如图 2-16b 所示。由于两直线都竖直时一定平行，对称时一定相等，所以并不冲突，可以看到系统没有报错信息，虽然多添加了几何关系，但还在合理范围内，可是此时的几何关系已产生冗余。继续给两条直线添加垂直的几何关系，如图 2-16c 所示，系统给出报错信息，以红色显示出错对象，并在状态栏显示“过定义”，因为此时添加的垂直关系与原有的竖直、平行、对称是有冲突的，造成了错误。一旦出现这种错误，要适时排查，不要指望后面添加的关系会解决该错误，继续添加只会使错误越来越严重，这一点需加以注意。

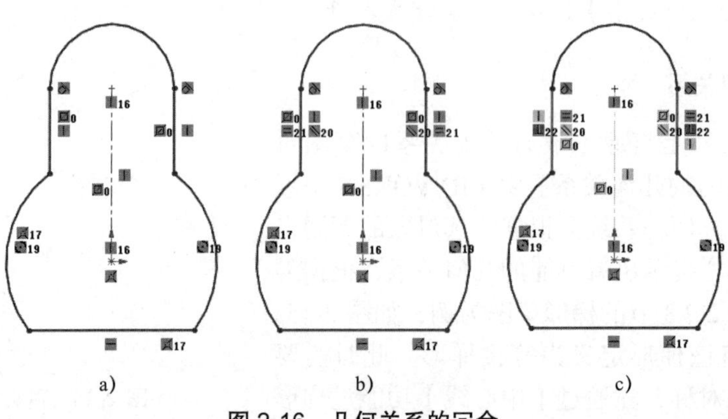

a) b) c)

图 2-16 几何关系的冗余

2.4.2 尺寸关系

尺寸关系通过尺寸标注工具对草图对象进行尺寸约束，SOLIDWORKS 有自动标注与手动标注两种操作方法。

1. 自动尺寸关系

在【选项】/【系统选项】/【草图】中勾选【在生成实体时启用荧屏上数字输入】复选框，在草图绘制过程中会出现尺寸输入框，如图 2-17a 所示。直接通过键盘输入所需尺寸后按 <Enter> 键确认，系统会驱动所绘对象至输入尺寸，并同时进行尺寸标注，如图 2-17b 所示。

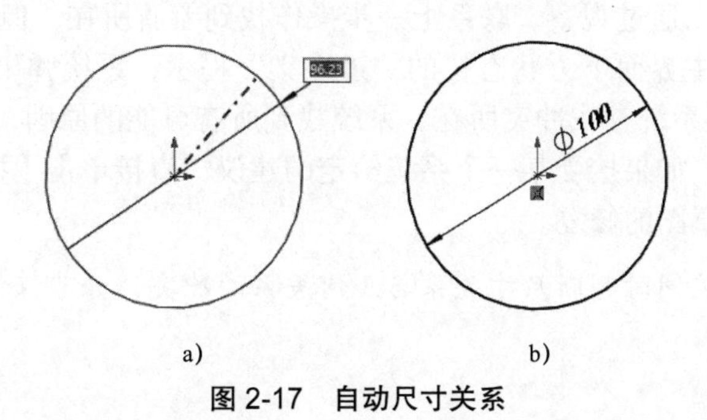

图 2-17 自动尺寸关系

提示：如果绘制对象同时有多个尺寸，如矩形有长、宽两个尺寸，在输入其中一个尺寸后按 <Enter> 键将自动切换至另一尺寸进行输入。

【在生成实体时启用荧屏上数字输入】选项中还有一个子选项【仅在输入值的情况下创建尺寸】，也就是说不输入值就不会标注尺寸。如果取消该选项，是否标注尺寸将取决于命令属性中的【添加尺寸】有没有选中。

2. 手动尺寸关系

SOLIDWORKS 通过【草图】工具栏上的【智能尺寸】可以完成大部分的标注，该命令会根据所选对象的不同而自动更换标注形式。例如选择圆时则标注直径，如图 2-18a 所示；当选择圆与直线时，则标注圆心至该直线的距离，如图 2-18b 所示。

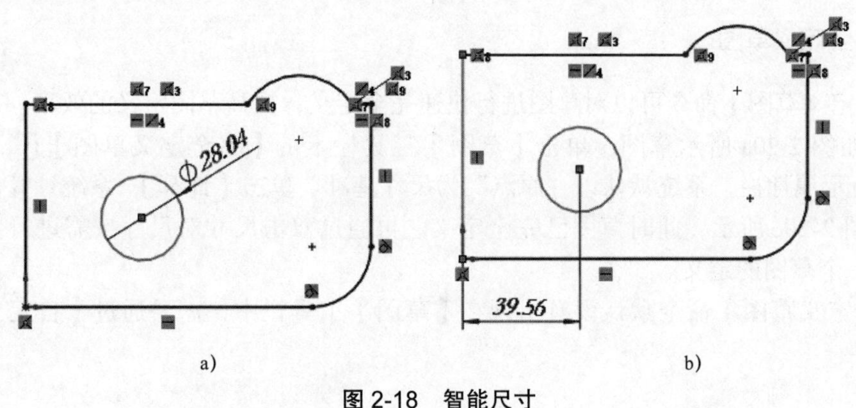

图 2-18 智能尺寸

3. 尺寸关系冗余

在机械制图课程中标注尺寸时是不允许尺寸环封闭的，那么在 SOLIDWORKS 中进行尺寸标注时同样也不允许，否则会产生冗余现象，属于“过定义”。

图 2-19a 所示草图已处于完全定义状态，如果再标注圆与上边线的距离会是什么样的结果呢？此时系统会弹出如图 2-19b 所示的对话框，询问该尺寸如何处理，共有两个选项，一个是【将此尺寸设为从动】，另一个是【保留此尺寸为驱动】，系统默认是【将此尺寸设为从动】，设为从动后该尺寸不再驱动模型，而作为参考尺寸存在，也就不会发生冗余了。在这里我们选择【保留此尺寸为驱动】，其结果是产生了尺寸冗余，相关对象以黄色或红色警告，并在状态栏显示“过定义”。

简单的过定义可以通过观察、联系上一步操作找到矛盾所在，但复杂的草图判断较为困难，此时可以单击主界面下方状态栏的“过定义”提示，系统弹出如图 2-19c 所示属性栏。单击【诊断】，让系统查找冲突所在，系统找到所有可能的原因，如图 2-19d 所示，可以查看各种冲突原因。如果接受某一个系统给定的建议，直接单击【接受】，系统自动删除对应对象，从而完成草图的修复。

注意：诊断时系统同时判断尺寸关系与几何关系的冲突，并非仅仅判断尺寸关系。

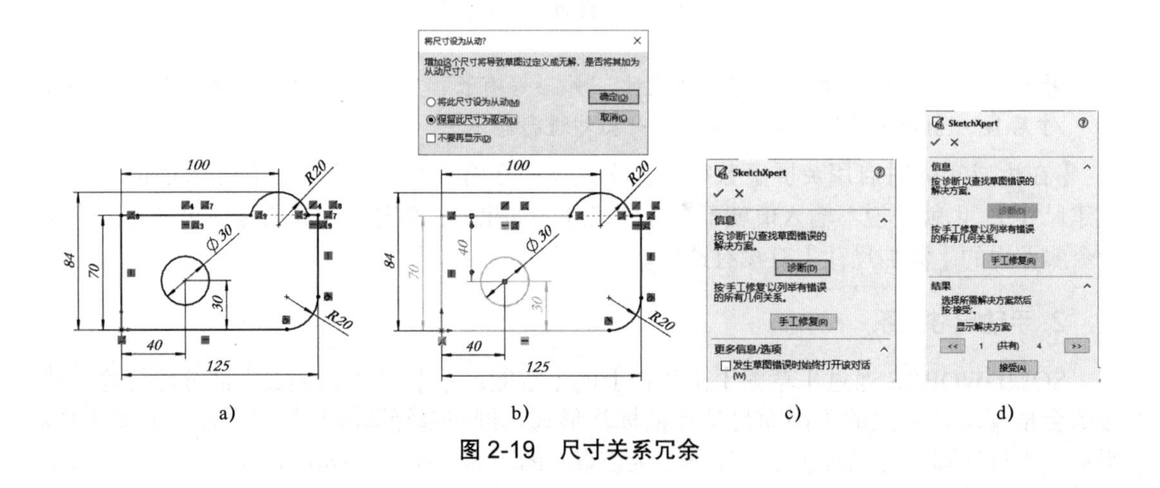

图 2-19　尺寸关系冗余

2.4.3　完全定义草图

【完全定义草图】命令可以对草图进行快速完全定义，提高草图定义的效率。

打开如图 2-20a 所示草图，单击【草图】工具栏上的【完全定义草图】，弹出如图 2-20b 所示属性栏，系统默认以“原点”为尺寸基准。单击【计算】，系统计算出所需的尺寸，如图 2-20c 所示，此时草图已完全定义。再通过双击尺寸对尺寸按需进行修改即可快速完成一个草图的定义。

【完全定义草图】命令默认没有出现在【草图】工具栏中，需要通过【自定义】将其放至工具栏。

注意：【完全定义草图】命令不一定能完美标注所有的尺寸关系与几何关系，可以根据需要将不合理的尺寸关系、几何关系删除后再手动添加合适的关系。另外，如果草图比较复杂也不太适合使用该命令。

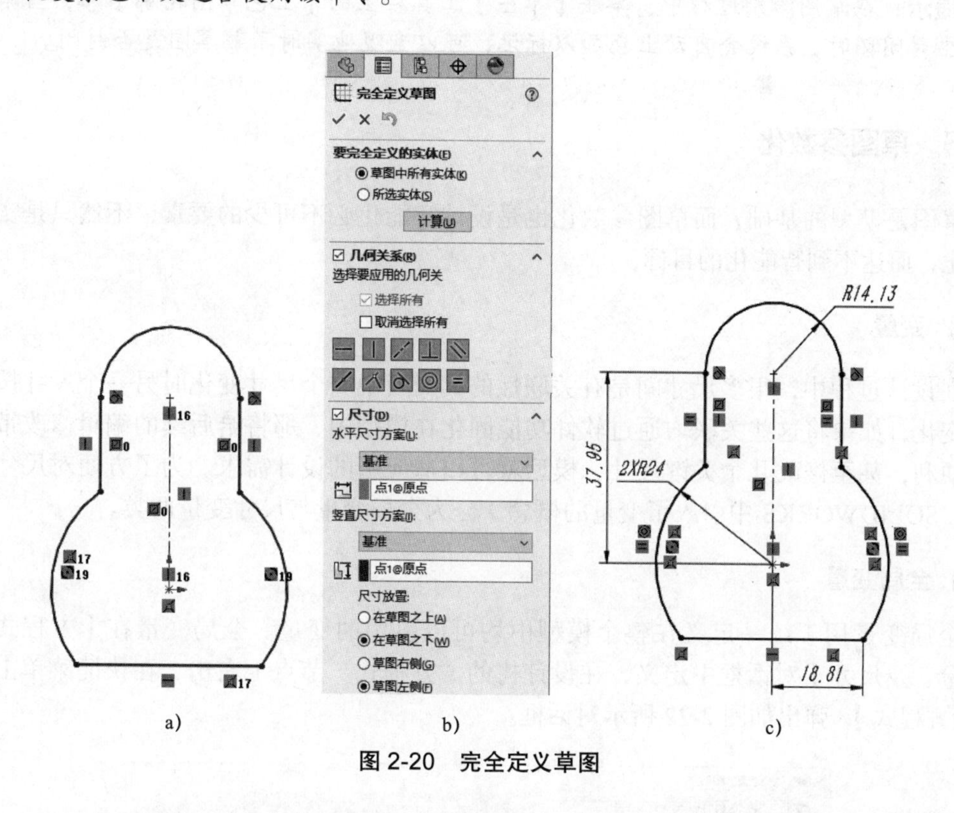

a)　　b)　　c)

图 2-20　完全定义草图

2.5　草图的合法性检查与修复

SOLIDWORKS 中很多“特征”的生成对草图是有一定要求的，最基本的就是草图要封闭，类似于二维软件填充剖面线的要求。简单草图可以通过观察判断，但复杂草图就比较难判断了，此时可能需要通过专用的功能进行判断。

单击菜单栏【工具】/【草图工具】/【检查草图合法性】，弹出如图 2-21a 所示对话框，根据草图的用途选择【特征用法】，如果不选，则仅判断草图是否封闭。单击【检查】，若草图没有问题则弹出如图 2-21b 所示对话框；若草图有问题则弹出如图 2-21c 所示对话框，并在草图中高亮显示发现的问题。

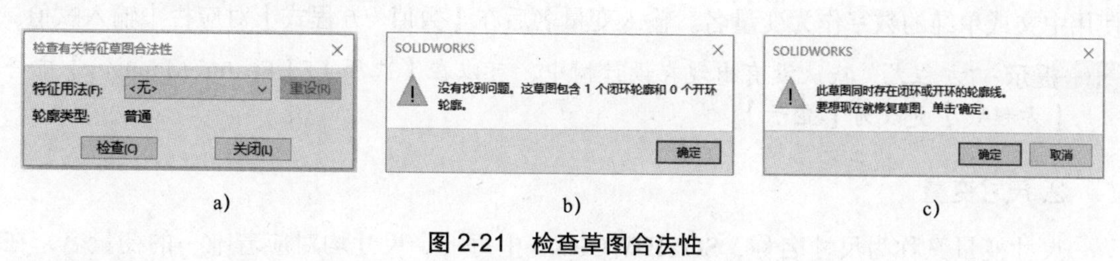

a)　　b)　　c)

图 2-21　检查草图合法性

该命令是透明命令，也就是说检查出问题后可以直接修改草图而无须退出该命令，修改完后再次单击【检查】，直到没问题再退出该命令，省去了多次执行命令的麻烦。

提示：在草图绘制过程中，单击【草图】工具栏上的【上色草图轮廓】，当草图产生封闭环时，系统会自动上色加以标记，可以直观地实时了解草图是否封闭。

2.6 草图参数化

草图是模型的基础，而草图参数化也是设计智能化必不可少的要素，不然只是实现了数字化，而达不到智能化的目标。

2.6.1 变量

在设计过程中，很多尺寸间是有关联性的，当其中一个尺寸变化时另一个尺寸按一定规则变化，如果将这些关联均通过软件功能固化在模型中，那将给后续的编辑修改带来极大的便利，甚至修改几个关键尺寸，模型就可以适应新的设计需求。为了方便对尺寸进行关联，SOLIDWORKS 中引入了变量的概念，分为全局变量与尺寸变量两类。

1. 全局变量

全局变量用于统一定义在整个模型中均可以引用的变量。全局变量在【方程式、整体变量、及尺寸】对话框中定义，在设计树的“方程式”节点上右击，在快捷菜单上单击【管理方程式】，弹出如图 2-22 所示对话框。

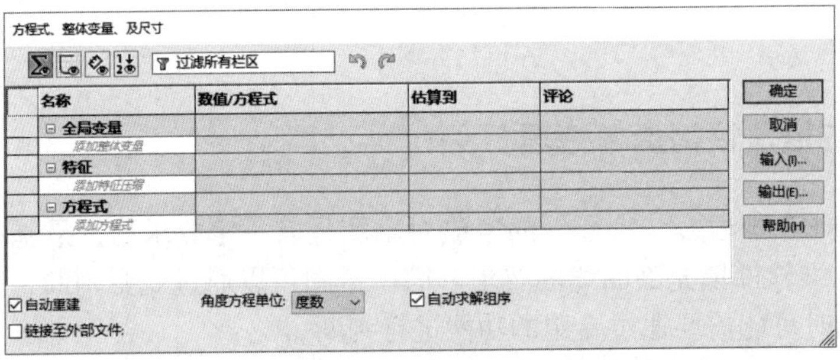

图 2-22 【方程式、整体变量、及尺寸】对话框

单击【全局变量】下方的“添加整体变量”栏即可输入变量名。SOLIDWORKS 变量名支持中文、英文、数字或其组合，如 Length、Thickness_1、12、长度等，但通常不建议使用中文或单纯的数字作为变量名。输入变量名后在【数值 / 方程式】对应栏中输入赋值。

提示：“方程式”默认没有出现在设计树中，可以在【选项】/【FeatureManager】中将【方程式】更改为【显示】。

2. 尺寸变量

尺寸变量又称为尺寸名称，SOLIDWORKS 中每一个尺寸均对应着唯一的变量名，在草图中选择尺寸时在属性栏中会显示其变量名。如图 2-23 所示，“D1@ 草图 1”为所选尺寸的变量名，其由三部分组成，“D1”为变量名，默认由“D+ 数字”组成，数字按当前草图中尺寸生成的先后排序，“@”为分隔符，“草图 1”为当前草图的名称。完整的尺寸变量是尺寸引用参考的识别符，缺一不可。

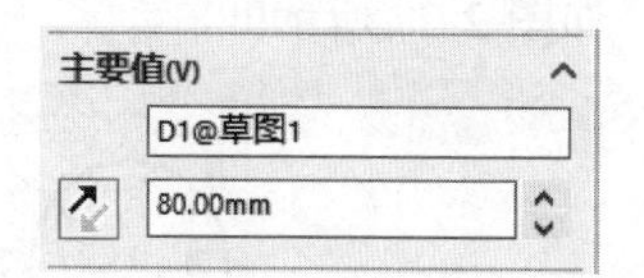

图 2-23　尺寸变量

提示：为了便于引用，可以将“D1”更改为方便识别的字符。

对于特征尺寸，其命名规则是“D+ 数字 @ 特征名”，如【拉伸凸台 / 基体】的高度尺寸的默认变量名为“D1@ 凸台 - 拉伸 1”。当特征名称更改后，变量名中的特征名会同步更改。

2.6.2　方程式

方程式可以用来表达模型中尺寸间的关联关系。在实际设计过程中，很多尺寸之间是有关联的，通过方程式可以保持两者之间的确定关系，以保证关联修改，提高编辑修改的效率并有效减少错误。

SOLIDWORKS 中方程式的形式为“因变量 = 自变量”。例如，在方程式 A=B 中，系统由尺寸 B 求解尺寸 A，用户可以直接编辑尺寸 B 并进行修改。一旦方程式写好并应用到模型中，就不能直接修改尺寸 A，系统只按照方程式中的变量控制尺寸 A 的值。因此，用户在开始编写方程式之前，应该决定哪个参数驱动方程式（自变量），哪个参数被方程式驱动（因变量）。具体操作方法如下：

1）在需添加方程式的尺寸“*R*15”上双击，弹出如图 2-24 所示对话框，在距离栏中输入“=”替代原有尺寸。

2）单击方程中需参考的目标尺寸，如图 2-25 所示的“ϕ48”，此时该参考尺寸的变量名会出现在对话框中，再输入方程关系“/4”。系统支持包括四则运算、三角函数在内的大部分运算规则。

思考：现上侧的圆弧尺寸需是下侧圆弧尺寸的一半，在这里为什么输入“/4”？

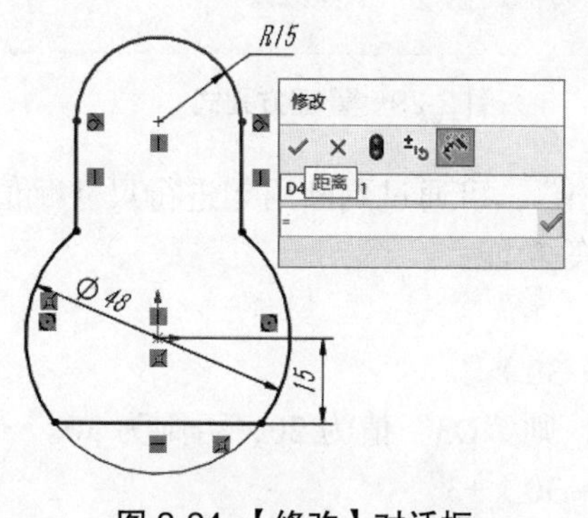

图 2-24 【修改】对话框

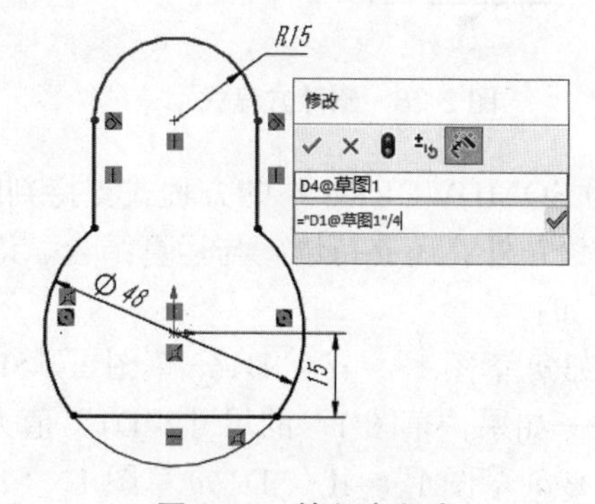

图 2-25　输入方程式

3）方程式输入完成后单击【确定】，此时尺寸前会有“Σ”标识，表示该尺寸是由方程式所驱动，如图 2-26 所示。此时只要下侧圆弧直径变更，上侧圆弧的半径尺寸会自动变化。

4）如需修改该方程式，在该尺寸上双击，在出现的【修改】对话框中进行修改即可，如图 2-27 所示。

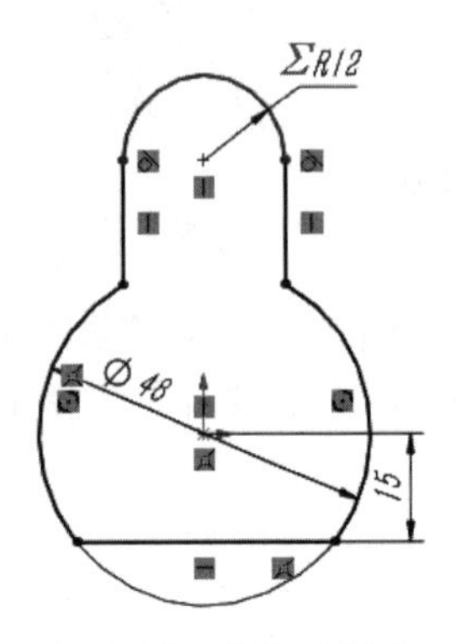

图 2-26　方程式标识

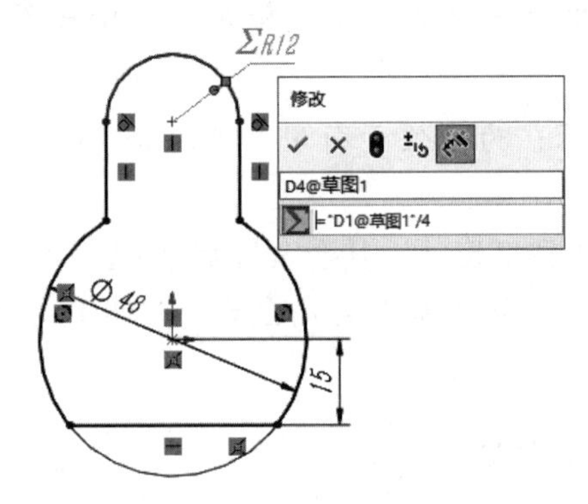

图 2-27　修改方程式

5）如需删除该方程式，则在【修改】对话框中删除方程式全部内容，如图 2-28 所示。

6）如果建模过程中使用了大量的方程式，则可通过【管理方程式】进行统一管理。在设计树的“方程式”上右击，在快捷菜单上单击【管理方程式】，系统弹出如图 2-29 所示对话框，在该对话框中可以对方程式进行统一编辑管理。

提示：如果该模型具备全局变量，在【管理方程式】中对方程式进行修改时，可以直接引用全局变量。

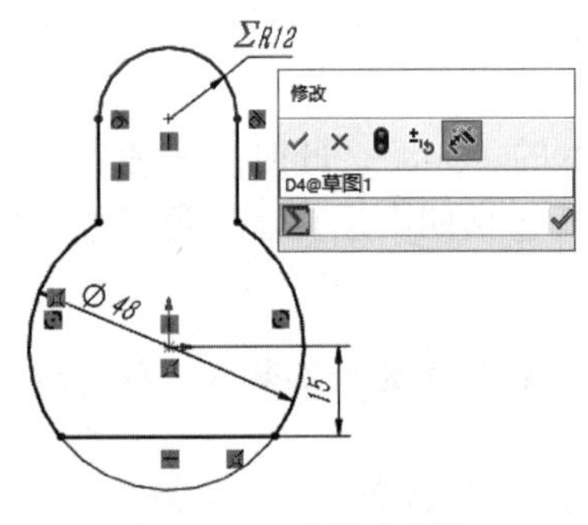

图 2-28　删除方程式

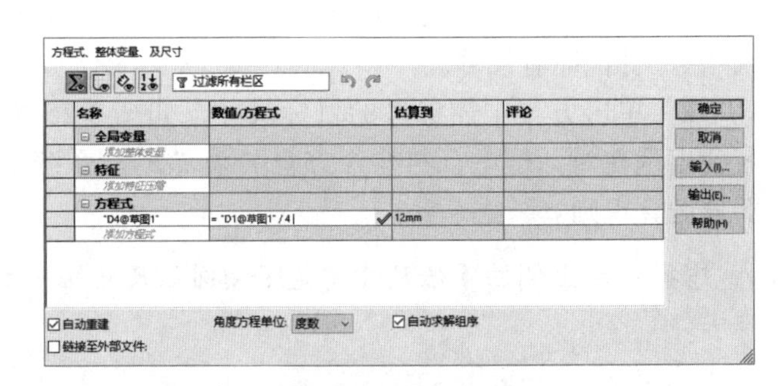

图 2-29　管理方程式

7）SOLIDWORKS 中的方程式支持判断语句“if”，可通过判断语句进行尺寸赋值。除基本的语句外，还支持语句与运算结合、语句嵌套等功能。

例如：

“D3@ 草图 1” = if（“D1@ 草图 1” >180，20，30）

——如果“草图 1”的尺寸“D1”值大于 180，则“D3”值为 20，否则为 30。

“D3@ 草图 1” = if（“D1@ 草图 1” >180，20，30）+3

——执行完判断赋值后再加 3。

“D3@ 草图 1” = if（“D1@ 草图 1” >180，20，if（“D2@ 草图 1” >100，40，50））

——语句嵌套，执行第一个判断后，如果不符合，则继续根据第二个语句进行判断后再赋值。

注意：为了让使用者更容易读懂方程式，可以在 SOLIDWORKS 里给方程式添加评论。在【方程式、整体变量、及尺寸】对话框的评论开始处使用记号“'”（单引号），则该符号后面的内容仅作为注释而不参与运算。

2.6.3　链接数值

链接数值也称为共享数值或链接尺寸，主要用来设置两个或多个尺寸相等，使得相同尺寸操作更方便，提高工作效率。与方程式不同的是，用这种方式链接起来后，该组中任何成员都可以当成驱动尺寸来使用，改变链接数值中的任意一个数值都会改变与其链接的所有其他数值。链接的尺寸名称及其当前数值出现在 FeatureManager 设计树的“方程式”文件夹中。具体操作方法如下：

1）在需创建链接的尺寸上右击，如图 2-30 所示，在弹出的快捷菜单上选择【链接数值】。

2）系统会弹出如图 2-31 所示的【共享数值】对话框，在【名称】文本框中输入变量名称“H”。

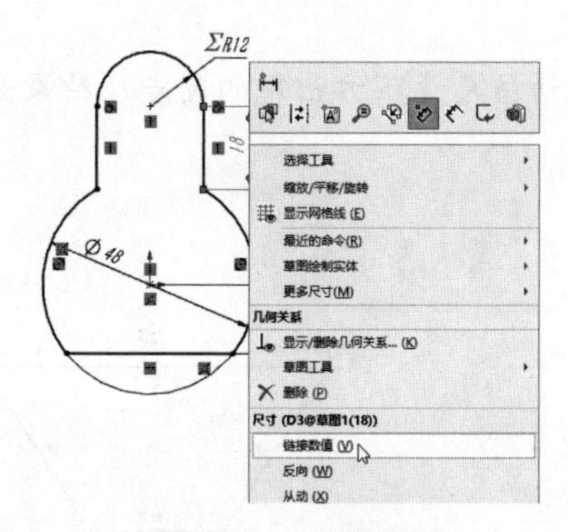

图 2-30　链接数值

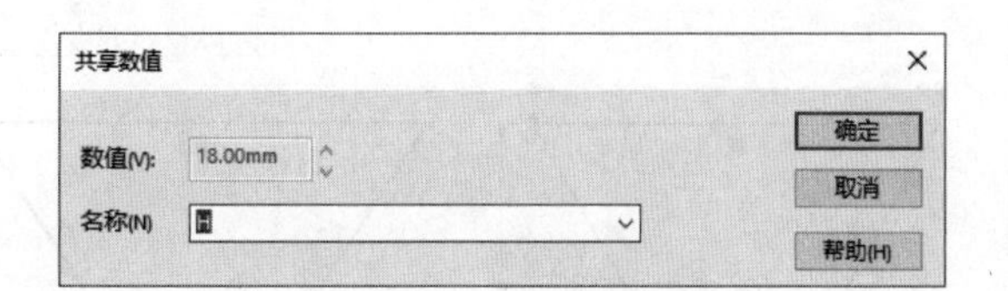

图 2-31　输入变量

3）单击【确定】完成链接数值的创建，符号“ ”随尺寸出现在图形区域中，如图 2-32 所示。

4）在尺寸“15”上右击，在快捷菜单上选择【链接数值】，如图 2-33 所示，在弹出的【共享数值】对话框中单击【名称】文本框右边的箭头，在下拉菜单中选择“H”。

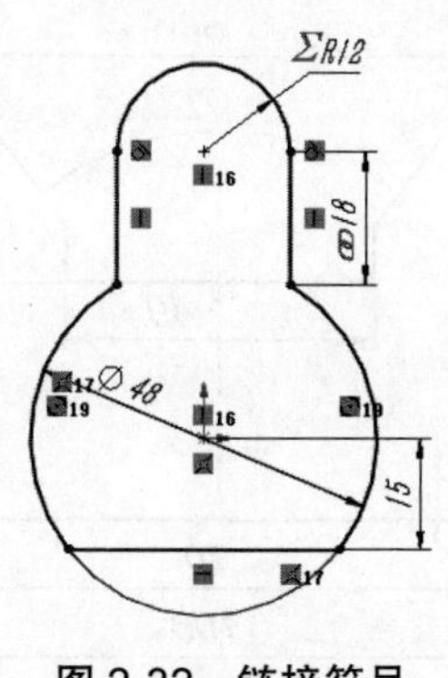

图 2-32　链接符号

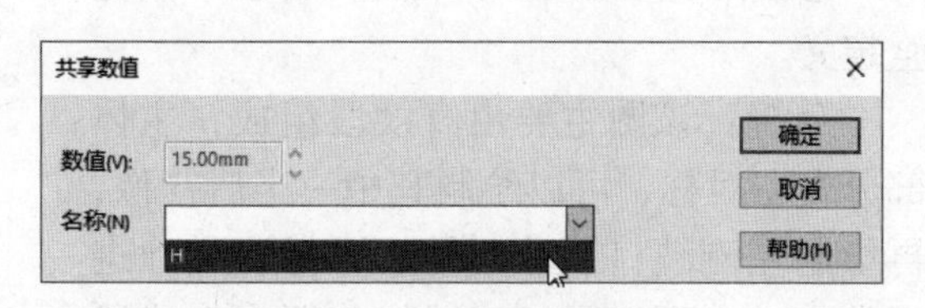

图 2-33　选择链接变量

5）单击【确定】完成链接。

6）双击任意链接数值的尺寸，弹出如图 2-34 所示的【修改】对话框，输入新的尺寸值，此时所有的链接数值均会同步更新。

如需取消链接，在尺寸上右击，在快捷菜单上选择【解除链接数值】即可。

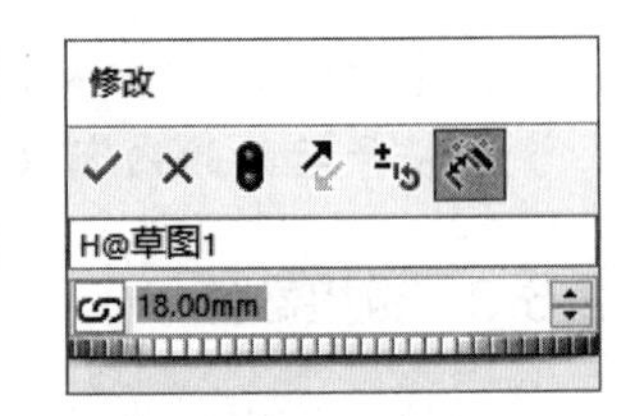

图 2-34　输入尺寸

2.6.4　Instant2D

SOLIDWORKS 提供了一个草图尺寸快速修改的工具 Instant2D，使用该工具可以在草图模式下动态操作草图尺寸，通过鼠标拖动快速编辑其尺寸值，无须打开修改尺寸对话框进行修改，这对于新设计来讲无疑是高效快捷的，可以实时看到更改趋势以确定是否接受该更改。

如图 2-35a 所示，当单击上方尺寸“120”时，该尺寸界线上会出现两个较大的圆点。通过按住鼠标并拖动其右侧圆点，系统会显示“标尺”，如图 2-35b 所示。如需确切的更改值，鼠标移至“标尺”选择所需尺寸即可；或者任意拖动，拖至所需尺寸后松开鼠标即可完成尺寸修改。

思考：选择尺寸“60”，如图 2-35c 所示，尝试拖动该尺寸下方出现的圆点，结果如何？为什么？

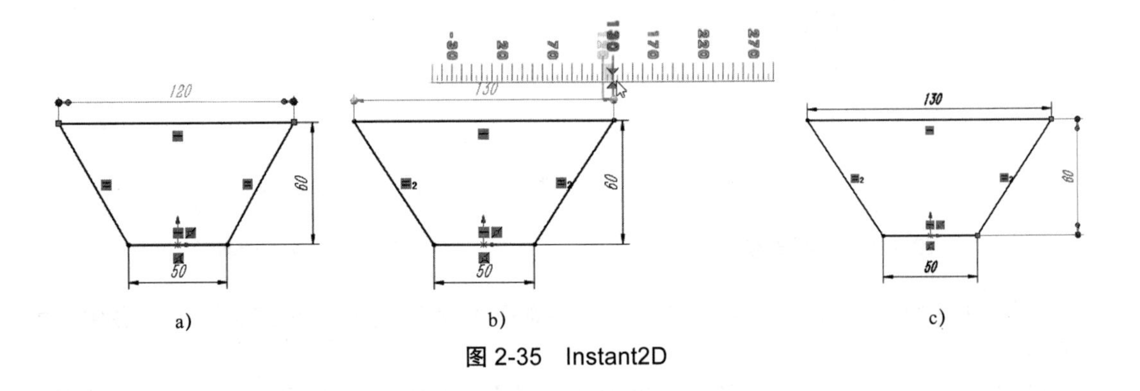

图 2-35　Instant2D

2.7　草图实例

2.7.1　实例 1

绘制如图 2-36 所示草图，要求草图完全定义。

分析：该图主要由直线段组成，主体部分左右对称，可以绘制其中一半后镜像，再绘制左侧缺口部分，最后再标注尺寸进行约束；也可以通过连续线将所有直线段

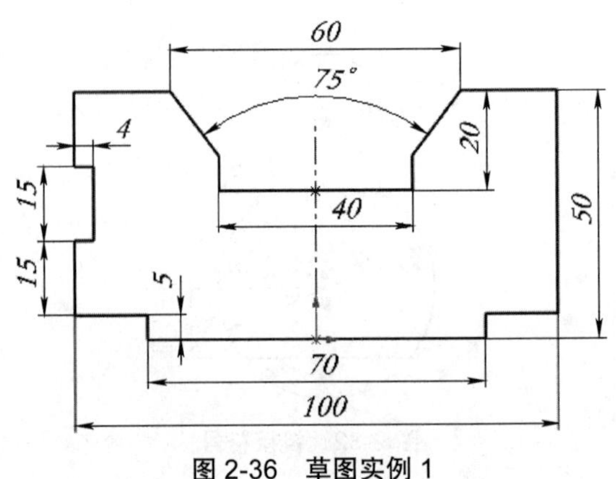

图 2-36　草图实例 1

均绘制完成后再通过标注尺寸进行约束。在这里只介绍第一种方法。

1）新建零件，以“前视基准面”为基准面绘制草图，单击【草图】工具栏上的【直线】，以原点为起点绘制直线，如图 2-37a 所示。

2）单击【草图】工具栏上的【中心线】，过原点绘制辅助竖直线，如图 2-37b 所示。

3）单击【草图】工具栏上的【镜像实体】，【要镜像的实体】选择所有的实体线，【镜像轴】选择中心线，结果如图 2-37c 所示。

提示： 当镜像后的线与镜像前的线端点相连且共线时，系统会自动合并两条线为一条线，例如图 2-37c 中间的两条水平线，镜像后均合并为单一直线。

4）单击【草图】工具栏上的【直线】，绘制左侧缺口部分直线段，如图 2-37d 所示。

5）单击【草图】工具栏上的【剪裁实体】，将多余线段剪裁掉，如图 2-37e 所示。

6）单击【草图】工具栏上的【智能尺寸】，标注尺寸，并将尺寸更改为所要求的尺寸，如图 2-37f 所示。

7）检查草图并进行整理。

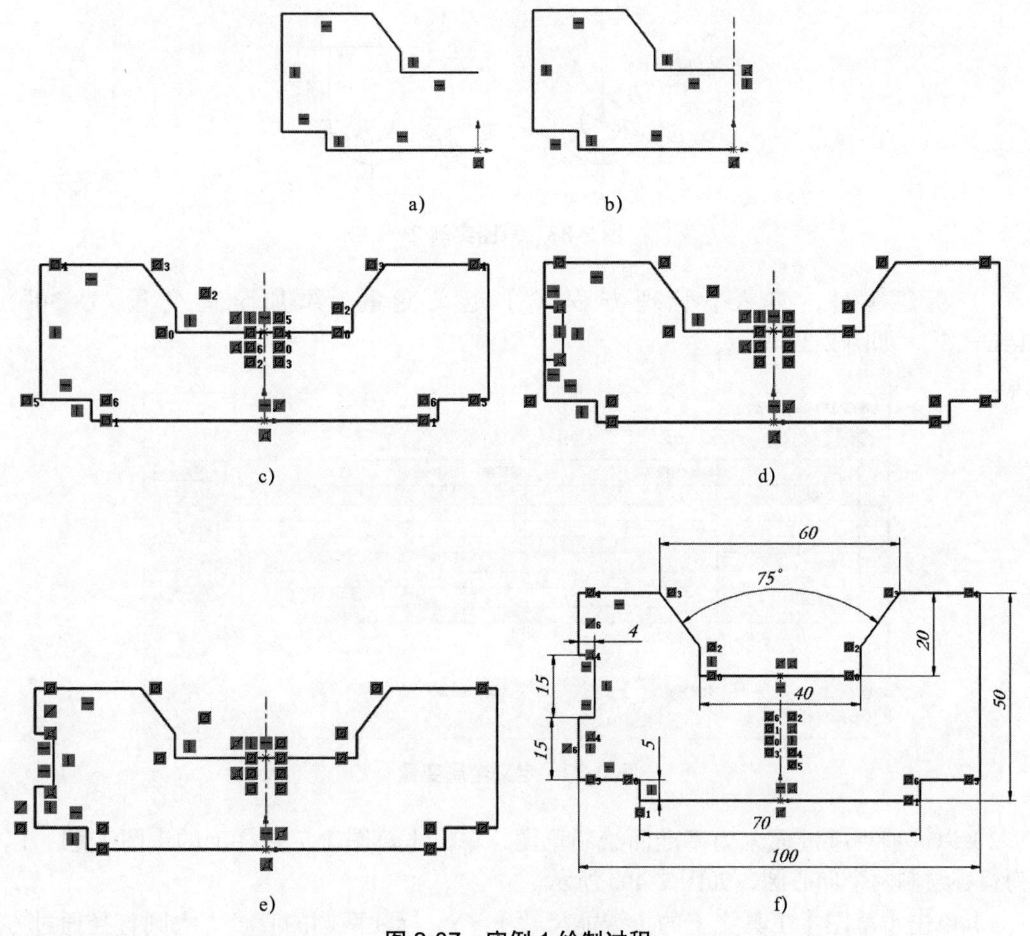

图 2-37　实例 1 绘制过程

注意：完成操作后如果草图还没有完全定义，可以用鼠标拖动蓝色未定义的线或点，观察未定义的原因，再添加适当的约束关系。

2.7.2 实例 2

绘制如图 2-38 所示草图，其中 ϕ30 关联变量“D”，ϕ15 等于“D−15”，要求草图完全定义。

分析：该图存在预定义变量，绘制前先定义变量再进行绘制。草图主要由圆弧组成，先绘制左下角圆作为基准，然后绘制右侧圆，再绘制圆弧槽，接下来绘制各连接弧，最后绘制右侧 U 形缺口。由于草图较复杂，在标注前要先确定几何约束关系。

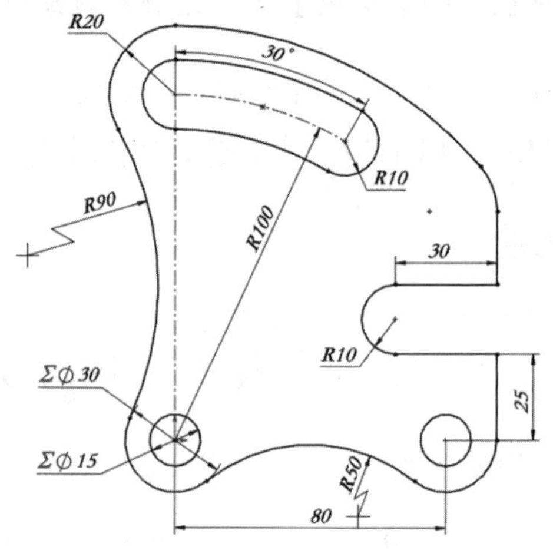

图 2-38 草图实例 2

1）新建零件，进入【管理方程式】定义变量，添加全局变量“D=30”和“d1=D−15”，如图 2-39 所示。

方程式、整体变量、及尺寸

过滤所有栏区

名称	数值/方程式	估算到	评论
⊟ 全局变量			
"D"	= 30	30	
"d1"	= "D" - 15	15	
添加整体变量			
⊟ 特征			
添加特征压缩			
⊟ 方程式			
添加方程式			

确定 取消 输入(I)... 输出(E)... 帮助(H)

☑自动重建 角度方程单位: 度数 ☑自动求解组序

☐链接至外部文件:

图 2-39 定义全局变量

2）以“前视基准面”为基准面绘制草图，单击【草图】工具栏上的【圆】，以原点为圆心绘制两个同心圆，如图 2-40a 所示。

3）单击【草图】工具栏上的【智能尺寸】，标注两圆的直径，大圆直径通过方程式等于变量“D”，小圆直径等于变量“d1”，如图 2-40b 所示。

提示：由于这两个圆是整个草图的基准，为便于后续绘制时参照，在这里先进行尺寸标注。在实际草图绘制过程中，绘制元素、几何约束、尺寸标注通常是交替进行的。

4）单击【草图】工具栏上的【圆】，绘制右侧两圆，并通过几何约束使其与左侧两对应的圆相等，圆心与原点水平，标注到原点的中心距，如图 2-40c 所示。

5）单击【草图】工具栏上的【中心点圆弧槽口】，以原点为圆弧槽圆心，绘制槽口，槽口默认有定形尺寸，并将其更改为所需的尺寸。单击【草图】工具栏上的【中心线】，连接槽口左侧中心与原点，并使之竖直，结果如图 2-40d 所示。

注意：槽口默认标注的是槽口宽度尺寸，在这里将原标注删除，通过【智能尺寸】命令标注其半径尺寸。

6）单击【草图】工具栏上的【圆】，以圆弧槽口左侧圆心为圆心绘制圆，直径为 40mm，如图 2-40e 所示。

7）单击【草图】工具栏上的【圆心 / 起 / 终点画弧】，以原点为圆心向右侧画圆弧，并添加与上一步绘制的圆相切的几何关系，如图 2-40f 所示。

8）单击【草图】工具栏上的【3 点画弧】，绘制两段圆弧，分别与已有圆相切，并标注尺寸，如图 2-40g 所示。

9）单击【草图】工具栏上的【直线】，绘制右侧大圆的竖直切线，如图 2-40h 所示。

10）单击【草图】工具栏上的【绘制圆角】，圆角半径为 20mm，选择右侧直线与上侧大圆弧，结果如图 2-40i 所示。

11）单击【草图】工具栏上的【直线】，并通过直线与圆弧切换方式绘制右侧缺口部分，如图 2-40j 所示。

12）单击【草图】工具栏上的【剪裁实体】，剪裁多余元素，如图 2-40k 所示。

13）检查并整理草图，确保草图完全定义，如图 2-40l 所示。

提示：

1）若要将直径值变换为半径值，可在直径上右击，在快捷菜单上选择【显示选项】/【显示成半径】。

2）对于相同尺寸，为了后续修改方便，可删除其中一个，使用相等的几何约束保持关联，如本例中两个 R20mm 圆弧。

3）当半径值较大时，可选中该半径值，在属性栏的【引线】中选择【尺寸线打折】；对于尺寸的字体、位置等在属性栏的【其他】中修改。

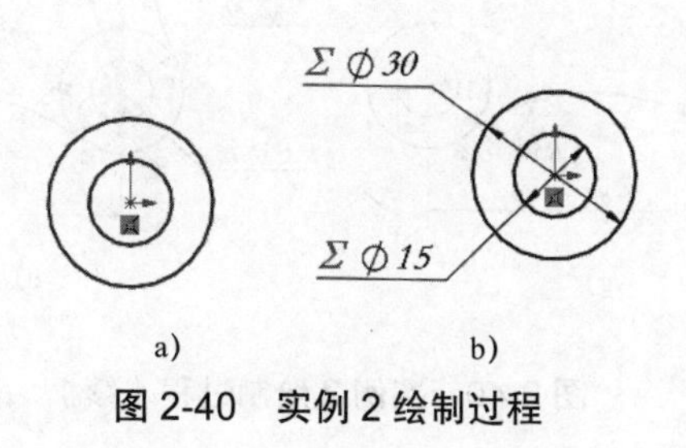

图 2-40　实例 2 绘制过程

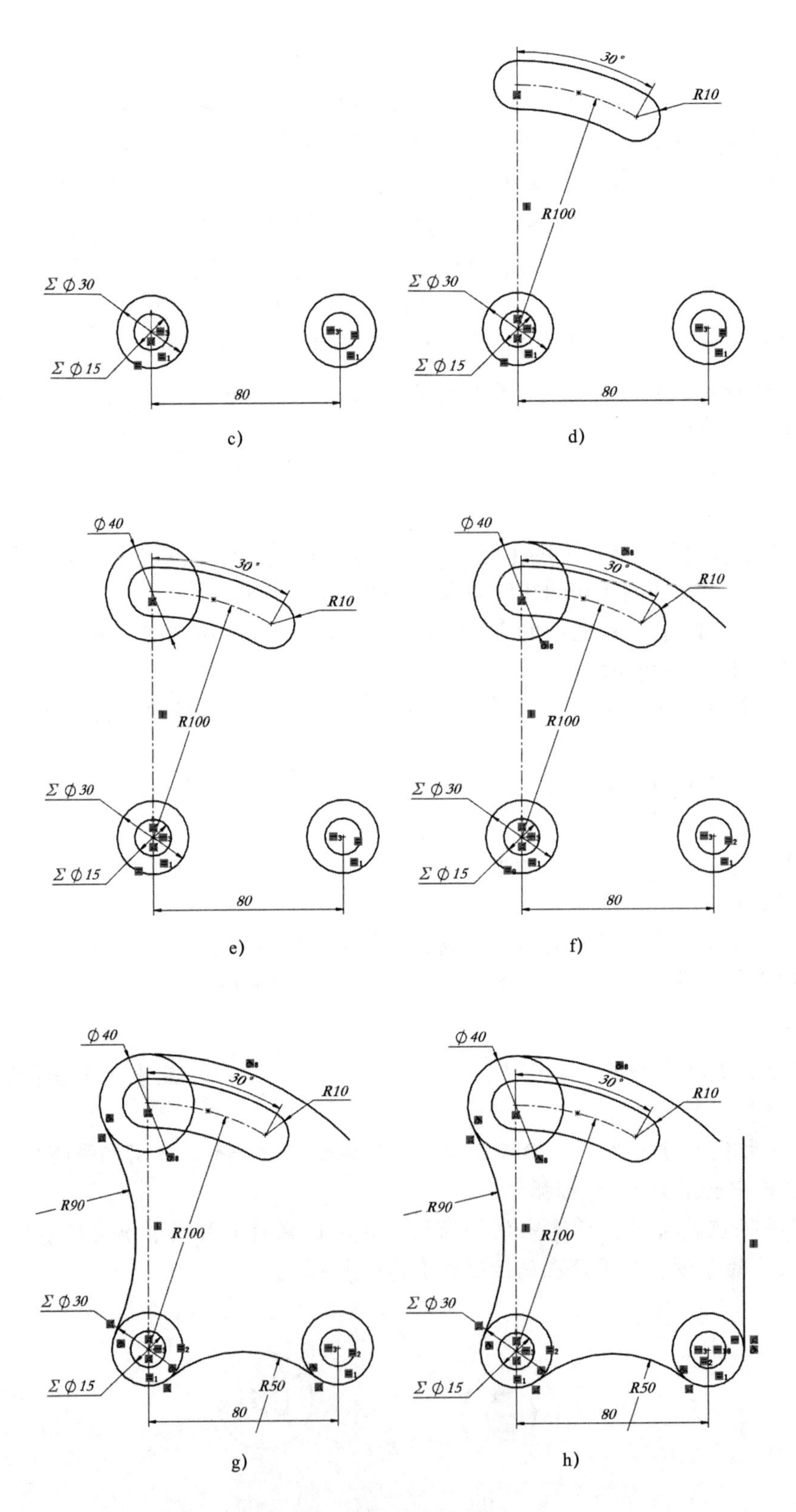

图 2-40　实例 2 绘制过程（续）

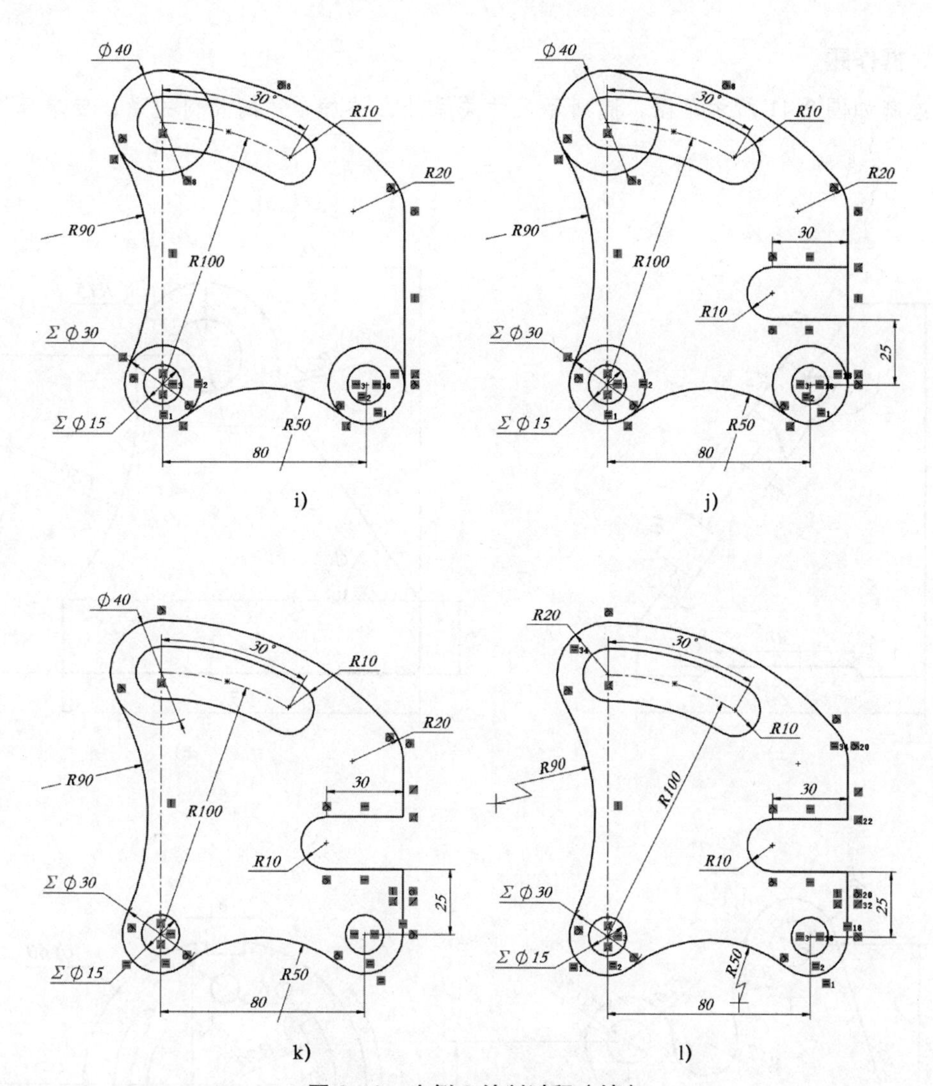

图 2-40 实例 2 绘制过程（续）

同一草图有着多种不同的绘制思路，除了遵守二维图绘制的基本要求外，主要考虑参数化的便捷性，以利于后续的编辑修改。练习过程中可以尝试多种不同的方法，并对比各种方法的差异，以提升草图绘制的分析能力。

练习题

一、简答题

1. 改变一条线的长短有哪些方法？
2. 如何让两个圆直径相等？
3. 几何关系与尺寸关系有无互换性？具体表现在哪里？
4. 简述全局变量的用途。

二、操作题

1. 绘制如图 2-41 所示草图，除所示尺寸关系外，添加合适的几何关系，要求草图完全定义。

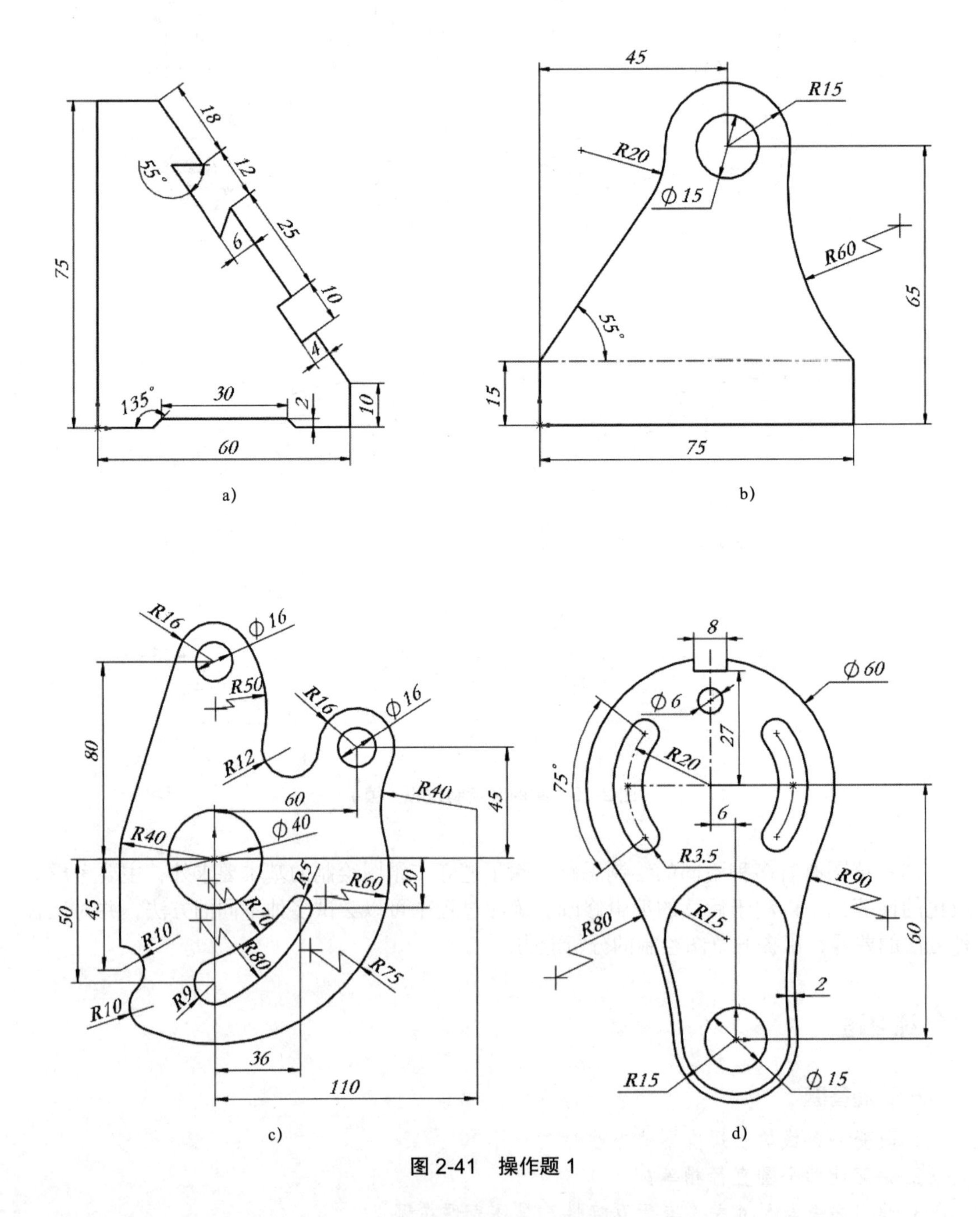

图 2-41　操作题 1

2. 如图 2-42 所示，图中尺寸 X 的值为 60mm，通过参数化草图方法求 Y 的值。

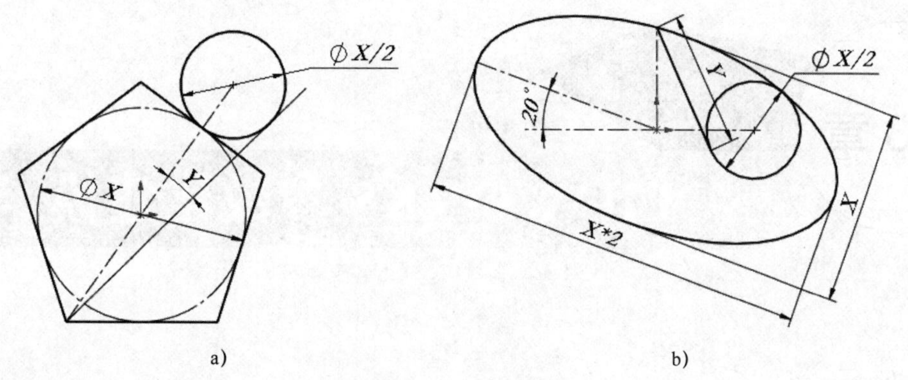

图 2-42　操作题 2

三、思考题

1. 不添加几何关系，仅用尺寸关系试着将图 2-43 所示草图完全定义，尺寸自拟并圆整。

2. 如图 2-44 所示，已知 X 为 10 的整数倍，且小于等于 70mm，试用全局变量方法求 Y 的值。

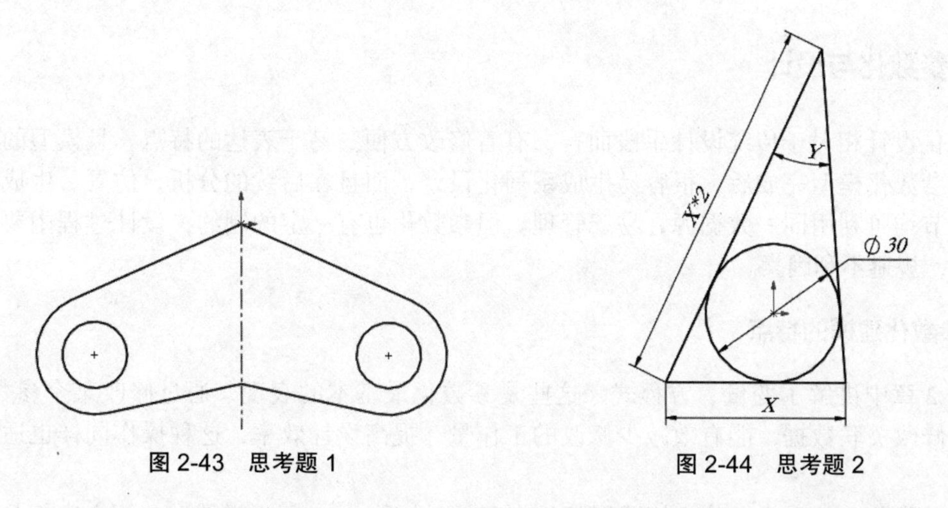

图 2-43　思考题 1　　　图 2-44　思考题 2

3. 当需要表达的文字在系统中没有相应的字体时该如何处理？请创建如图 2-45 所示文字的草图。

图 2-45　思考题 3

第 3 章 SOLIDWORKS 参数化建模

学习目标

1. 熟练掌握基本的特征生成命令。
2. 熟悉基本零件的建模方法。
3. 了解零件的常用设计方法。
4. 掌握系列零件的建模思路。
5. 掌握基准面、材料、评估等建模辅助功能。

3.1 参数化与设计

参数化设计相对于传统设计手段而言，有着修改方便、易于表达的特点，且模型的通用性强，参数化模型完成后，很容易生成系列化设计，而且在后续的分析、仿真、生成工程图等环节均可利用同一数据源，易于管理。但参数化也有一定的制约，设计过程中要利用其优势，规避不利因素。

3.1.1 参数化建模的特点

在第 2 章中讲解了变量、方程式，这些是参数化最基本的表现，通过修改某个参数，可以同步修改关联数据，能有效减少修改的工作量，提高设计效率，这种操作同样也适用于模型。

当然参数化也并不是在什么情况下都是有利的。如图 3-1a 所示零件，主要由底板与凸台两部分组成，现由于设计需要，需将底板与凸台分开为两个不同的零件。如果删除底板，那么零件就会报错，如图 3-1b 所示，因为凸台的草图是以底板的上表面为基准的，删除底板就意味着该基准消失了。这种不同对象间的依赖关系也称为父子关系，而父子关系之间的制约也是参数化建模中最为突出的问题之一。但如果利用好父子关系，则会做到模型的自动关联更改，例如降低底板高度，由于凸台草图的依赖性，凸台也会同步降低，而无须重新修改草图位置。

在参数化设计软件中，快速查找对象间的父子关系是相当重要的，在 SOLIDWORKS 中有两种方法。

第一种方法是在需查找的对象上右击，在快捷菜单中选择【父子关系】，弹出如图 3-2 所示对话框，列出了所选对象的父子关系。

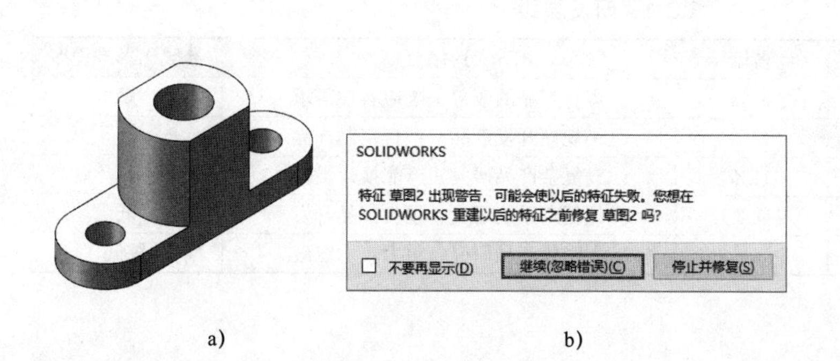

图 3-1　父子关系

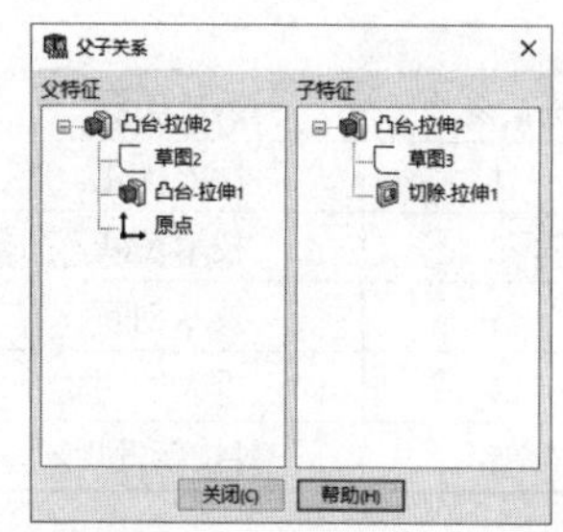

图 3-2　查看父子关系

第二种方法是在设计树根节点上右击，在快捷菜单上选择【动态参考可视化（父级）】、【动态参考可视化（子级）】，如图 3-3a 所示。选择后再次选择对象时，系统将以箭头形式指示所关联的父子关系，如图 3-3b 所示。

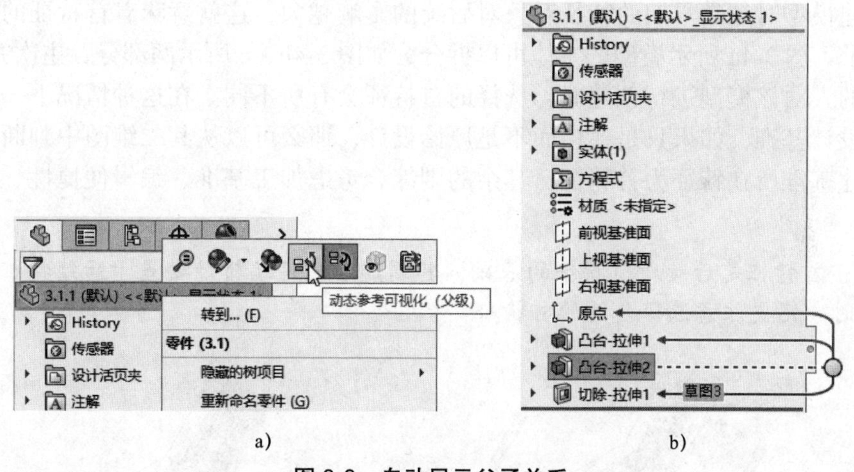

图 3-3　自动显示父子关系

3.1.2　参数化与设计的关系

首先需要明确的是，参数化并不是设计，只是设计的一种表达手段，通过参数化表达可以提高设计效率，降低研发成本，使整个设计过程更直观、便捷、高效。针对不同的产品，其设计需要相应的知识体系支撑，如最基本的机械原理、材料学、工艺学、创新理论等，这些内容并不是本教材讨论的范畴，本教材的案例均以设计思路已初步形成为基础。

无论是简单如扳手的设计还是复杂系统设备，其核心技术均遵循客观规律发展演变。研发根据其难易程度大致可分为 5 级，见表 3-1。

从表 3-1 中可以看到，随着研发层级的提高，参数化影响程度在降低，意味着高端研发更重要的是设计思想、技术突破，设计表达的占比将会比较小。但高端研发也局限在较小的范围，对于大部分高校毕业生而言，其更多的是从事基础研发工作，深刻了解参数化优劣势，利用参数化进行产品研发将是最为基本的技能要求。

表 3-1　研发层级

研发层级	解决问题	占比	应用场合	参数化影响程度
1	性能优化	32%	现有产品的改善、响应客户需求	高
2	技术革新	45%	小规模开发产品、项目定制产品	高
3	技术创新	19%	较复杂产品研发、产品换代设计	高
4	重大发明	4%	超复杂系统研发、顶尖产品开发	低
5	科技新发现	<1%	划时代产品研究、重大技术突破	较低

3.1.3　参数化设计的规划

基于参数化建模的特点，在学习建模时需要先对整个建模过程进行规划，再开始模型的创建，这样才有利于发挥参数的优势。

1. 首特征的确定

由于不同对象间存在固有的父子关系，而父子关系会直接影响模型后续的编辑修改，所以在创建模型时越是早期的特征对象对后续的影响越大，这就意味着首特征的选择显得非常重要了。图 3-4a 所示模型的主体可以拆分为如图 3-4b、c 所示两部分，主次并不明显，此时不同的人对该模型进行创建时，选择的首特征会有所不同。在这种情况下，首先要考虑零件的设计基准，如果只是建模而不是原始设计，那么可以从其二维图中判断出尺寸基准，以尺寸基准所在特征为首特征，其余的则综合考虑加工基准、编辑便捷性、易于理解等因素。

提示：首特征是后续所有特征的基础，其创建后的可编辑性要差于后续特征，所以在建模时一定要注意选择合适的首特征。

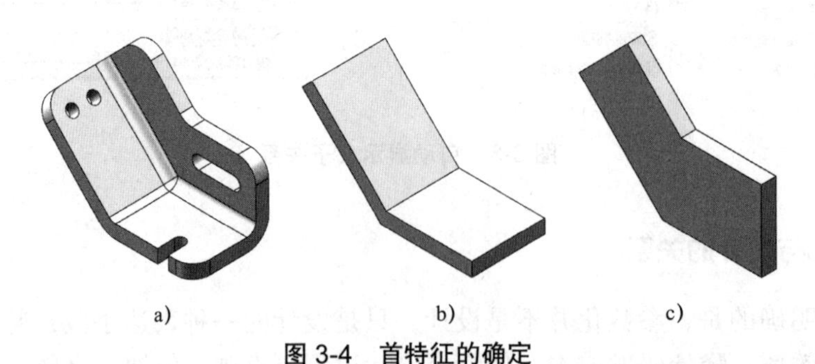

a)　　b)　　c)

图 3-4　首特征的确定

2. 设计意图的规划

设计意图在参数化建模软件中可以很好地传达，不管是从设计树还是尺寸标注上都可以看出原设计者的基本意图，一个优秀的设计师还会添加一定的注解信息，以方便理解，同时还能有效减少沟通成本，在实际设计中有着重要的意义。

对于图 3-5a 所示模型，如果只从建模角度来看，只需两步就可以完成模型的创建，如图 3-5b、c 所示，没有比这种方法再简洁的了，而实际应用中也有不少这样的思维定式，即以最快的速度完成模型的创建。如果只是建模比赛，这种思路完全合理，但如果从设计角度来看则不再是最优方案。

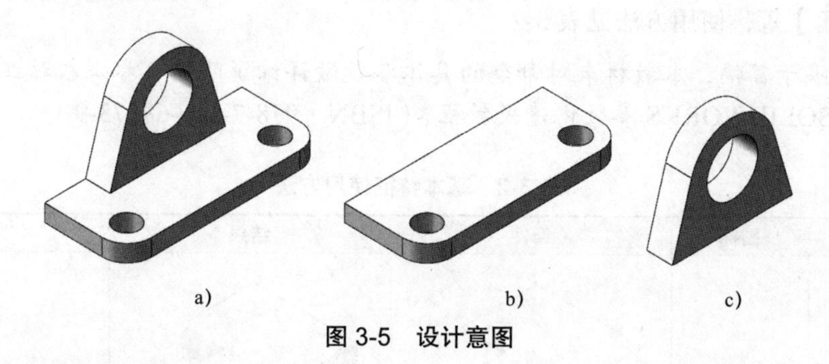

图 3-5　设计意图

试想一下，这样的模型创建好后，如果需要出一个没有孔的铸件图该如何处理？两个安装孔需更改为沉孔怎么修改？更改为两个单独部分形成的焊接件又怎么办？

所以说不考虑设计意图的模型是没有灵魂的，只是一个形状而已，实际设计过程中需要考虑的因素更多，而这些因素直接影响到建模的方法，因此从现在起就要有设计意图规划的意识，并将其融合到建模过程中。设计意图的规划也是长期经验的积累，“磨刀不误砍柴工”，在学习建模的过程中要加以注意，并及时总结，与老师同学互动，以提升自己的规划水平，最终提升自己的设计能力，而不仅仅是建模能力。

3. 零件建模步骤

不同的零件、不同的场合，建模的步骤与要求不尽相同，但基本均需要遵循如下基本步骤。

1）确定场合。建模过程与模型的使用场合关系密切，首先需要确定使用的场合，如初步方案、详细设计、产品改型、样品仿制、工艺用图等，不同场合下的模型需求差异较大。初步方案需考虑自顶向下设计需要、整体布局、全局变量、多方案表达等；详细设计需考虑设计基准、制造方案、团队协作、思路传递、设计意图等；产品改型需考虑原有方案继承、工艺通用性、设计的互换性等；样品仿制需考虑功能的适应性、外形的求异性等；工艺用图需考虑工艺需求及工艺图的利用性等。

2）分析特征。根据第一步对应的场合要求对模型进行特征分析，然后根据相应的设计要素、参数要求、工艺需求做出合适的建模特征规划，确定基准特征、主要特征的顺序。

3）选择基准。根据分析的结果选择合适的基准进行创建，优先选用系统基准面、特征中已有平面作为基准。

4）创建特征。按模型特征主次创建相应特征，注意相关参数、约束的合理性。

5）添加辅助特征。添加附加的辅助性、工艺性特征。

6）添加附加属性。添加材料、代号、名称、质量等属性内容。

3.2　零件基本特征

特征是构成零件模型最基本的元素，SOLIDWORKS 提供了丰富的特征生成命令，通过这些命令的组合可以生成复杂的零件模型。

3.2.1 基本特征的生成

SOLIDWORKS 中常用的基本特征包括【拉伸凸台 / 基体】、【旋转凸台 / 基体】、【拉伸切除】、【圆角】等，使用方法见表 3-2。

提示：限于篇幅，本教材未对命令的具体参数做详细说明，可参考机械工业出版社的教材《SOLIDWORKS 参数化建模教程》（ISBN：978-7-111-68573-9）。

表 3-2 基本特征使用方法

序号	命令	图标	条件	结果	注意
1	拉伸凸台 / 基体		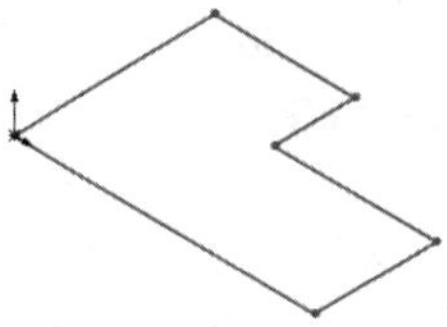 草图 + 深度	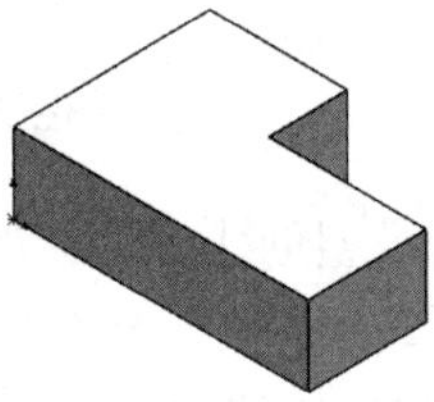	草图要求封闭
2	旋转凸台 / 基体		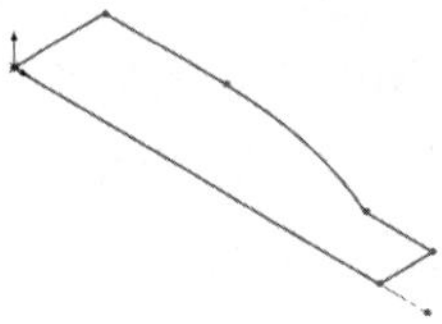 草图 + 角度	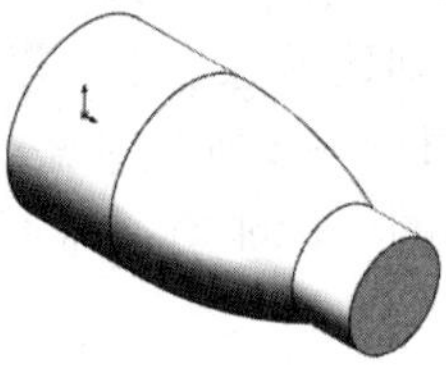	草图有且只有一条中心线时，自动以该中心线为旋转轴，否则要选择旋转轴
3	拉伸切除		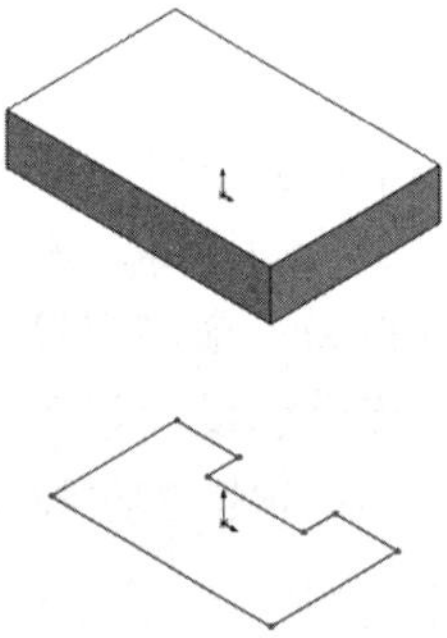 已有实体 + 草图 + 深度	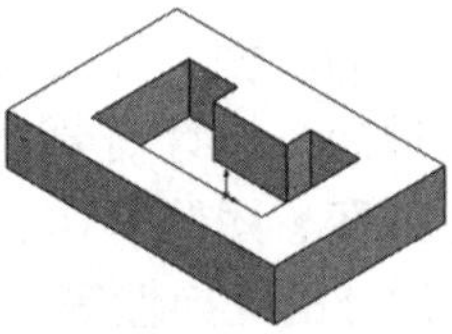	切除范围要与已有实体有交集
4	旋转切除		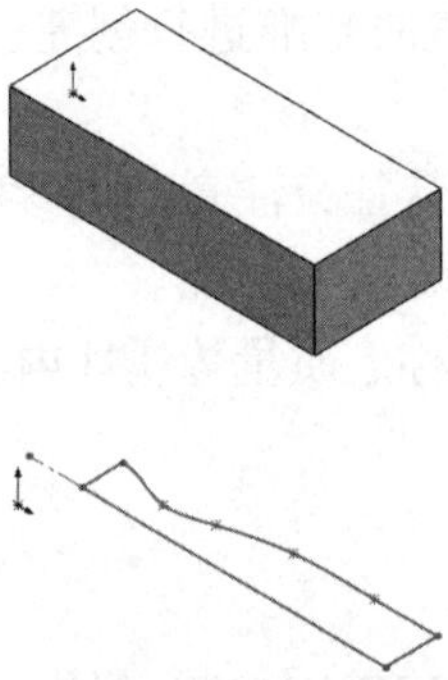 已有实体 + 草图 + 角度	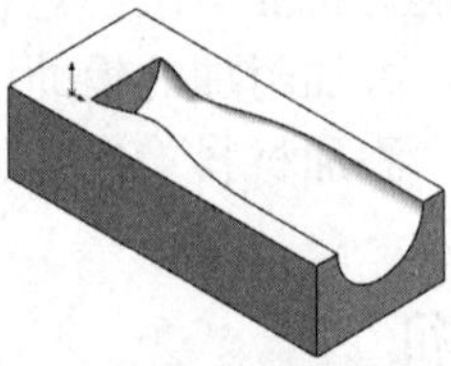	旋转切除与已有实体的相交区域

（续）

序号	命令	图标	条件	结果	注意
5	圆角		已有实体 + 半径		选择已有实体的边线；选择面时，面上所有边线均生成圆角
6	倒角		已有实体 + 距离		选择已有实体的边线；选择面时，面上所有边线均生成倒角
7	异型孔向导		已有实体 + 参数 + 位置		具有多种孔形式，位置通过参考点定位
8	阵列		已有特征 + 阵列形式 + 参数		软件提供了多种阵列形式，不同阵列形式其参数也不相同

3.2.2 参考几何体

除基本草图、特征外，建模过程中还需要各种参考对象，SOLIDWORKS 提供了多种参考几何体，包括基准面、基准轴、坐标系和点等。

1. 基准面

基准面是建模过程中的核心参考元素，二维草图的创建必须依赖于基准面。系统默认带有三个基准面，二维草图还可以参考已有实体上的平面，除此之外则需要创建所需的参考基准面。

提示：基准面除了可以用来绘制草图外，还可用于生成模型的剖视图、拔模特征中的中性面、镜像的参考面等。

单击【特征】工具栏上的【参考几何体】/【基准面】，弹出如图 3-6 所示属性栏，系统提供了三个参考项，根据所选对象的不同而出现不同的下级选项。

【第一参考】的可选择对象包括点、线、面等，系统会根据所选对象自动列出关联的选项，主要选项见表 3-3。

有些基准面还需要选择【第二参考】甚至【第三参考】才能生成，如三点基准面须选择三个参考点。SOLIDWORKS 中基准面为智能创建模式，系统会根据所选对象的不同，自动匹配相应的基准面创建功能，无须先决定采用何种方式创建基准面。

由于基准面是 SOLIDWORKS 中重要的特征参考，基准面是否合理将直接影响到模型的参数化修改、可编辑性等，所以在创建基准面时通常要遵循以下原则，以减少不必要的麻烦。

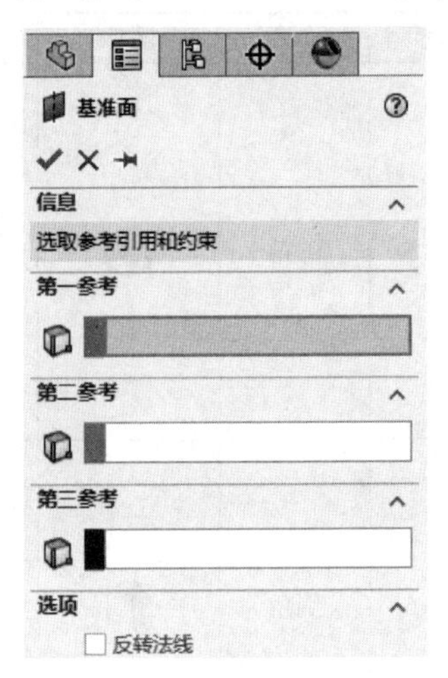

图 3-6　基准面属性栏

表 3-3　基准面参考选项

序号	图标	定义	描述
1		重合	与所选点重合
2		平行	与选定的参考面平行
3		垂直	与选定的参考对象（草图线、边线、空间线）垂直
4		投影	将单个对象（如点、顶点、原点、坐标系）投射到空间曲面上
5		平行于屏幕	平行于当前视向
6		相切	相切于所选对象（圆柱面、圆锥面、曲面等）
7		两面夹角	与所选对象（平面、基准面）形成一定夹角，需输入角度值
8		偏移距离	与所选对象（平面、基准面）偏移一定距离，需输入距离值
9		反转法线	反转基准面的正交向量
10		两侧对称	在所选两个对象（平面、基准面）中间生成基准面

1）优先选用系统默认的三个基准面。由于默认基准面不会被删除也不会消失，能最大化减少出错。

2）若现有特征平面能作为草图基准面，则尽量不生成新的基准面。

3）基准面的参考对象优先选用较少修改的对象。

4）基准面的参考对象优先选用基本特征生成的对象，减少使用扫描、放样、曲面等作为参考对象。

5）减少基准面间的串联参考，串联参考会影响模型的重建效率。

6）如果模型较复杂，基准面较多，需对基准面进行规范的命名，方便管理且利于理解建模思路。

注意：在【草图】工具栏上还有一个【基准面】功能，其与【特征】工具栏的【基准面】名称相同，操作方法也相同，但前者是用于 3D 空间草图的临时基准面，两者要注意区分。

2. 基准轴

基准轴可以用作建模的参考，如旋转轴、阵列方向参考等。单击【特征】工具栏上的【参考几何体】/【基准轴】，弹出如图 3-7 所示属性栏。

系统提供了五种基准轴的创建方法。在【参考实体】中选择生成基准轴的参考对象，系统根据所选对象自动切换至合适的定义工具，如选择一平面时会自动切换至【两平面】。创建方法见表 3-4。

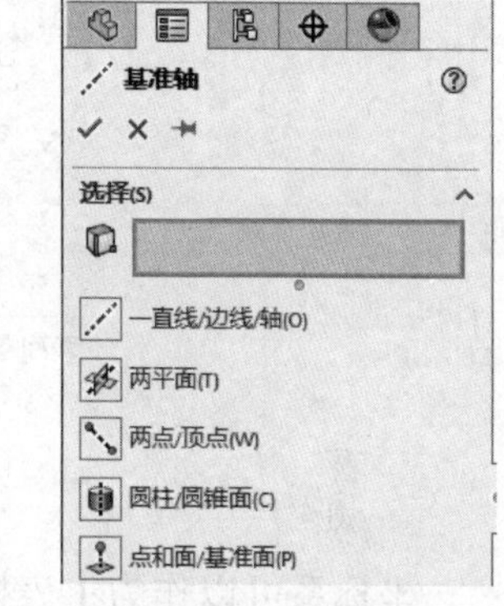

图 3-7 基准轴属性栏

表 3-4 基准轴的创建方法

序号	图标	定义	描述
1		一直线 / 边线 / 轴	选择草图直线、实体边线
2		两平面	选择两个平面，可以是实体表面，也可以是基准面
3		两点 / 顶点	选择两个点生成基准轴，可以是点、顶点、中点等
4		圆柱 / 圆锥面	选择一圆柱或圆锥面，其回转轴即基准轴
5		点和面 / 基准面	选择一点及面，生成该点垂直于所选面的基准轴，面可以是曲面

SOLIDWORKS 默认是创建后显示基准轴，如想将其隐藏，可以在设计树上右击相应的基准轴，在快捷菜单上选择【隐藏】，也可以在菜单上选择【视图】/【隐藏 / 显示】/【基准轴】，将所有基准轴均隐藏。

提示：对于设计树上显示的其他对象，均可通过右击在快捷菜单上选择【隐藏】或【显示】；而在菜单栏中操作时会将所有同类型对象同时显示或隐藏。

3. 坐标系

在零件及装配体中定义新的坐标系。单击【特征】工具栏上的【参考几何体】/【坐标系】，弹出如图 3-8a 所示属性栏。系统提供了两种确定坐标原点的方法：一是选择参考点作为“原点”；二是勾选【用数值定义位置】复选框，输入坐标值进行定义。确定坐标原点后再展开【方向】栏，如图 3-8b 所示，选择合适的直线作为坐标轴的参考方向（草图线、实体边线均可），三个轴向参考线只需选择两个，所选参考线要互相垂直，如果方向相反，单击对应的【反转方向】改变，也可以勾选【用数值定义旋转】复选框，在下方输入角度以定义坐标轴的方向。

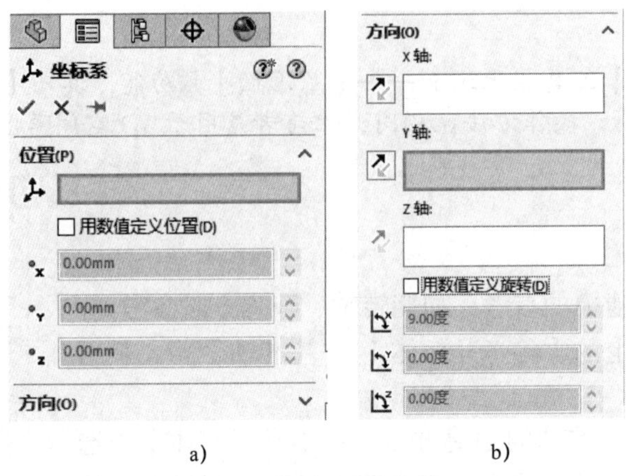

a)　　　　b)

图 3-8　坐标系属性栏

坐标系可以作为【表格驱动阵列】、【质量属性】、【配合】的参考，其坐标平面也可作为草图基准，在将模型输出为中间格式时，如 IGES、STL、ACIS、STEP、Parasolid、VRML、VDA 等，可选择以参考坐标系作为输出参考。当输出这些格式文档时，在【另存为】对话框下方有一个【选项】，单击该按钮后，可在下方列表中选择所需的输出坐标系。

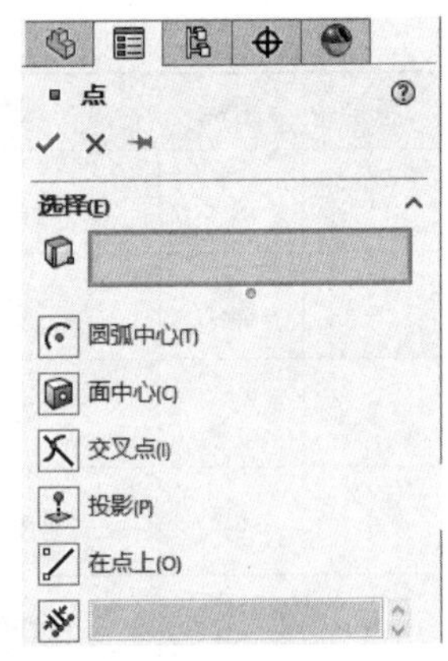

图 3-9　点属性栏

4. 点

生成参考点。单击【特征】工具栏上的【参考几何体】/【点】▪，弹出如图 3-9 所示属性栏。

系统提供了六种点的创建方法。在【参考实体】中选择生成点的参考对象，系统根据所选对象自动切换至合适的定义工具，如选择一直线时会自动切换至【参数点】。创建方法见表 3-5。

表 3-5　点的创建方法

序号	图标	定义	描述
1		圆弧中心	在所选圆弧或圆的中心生成参考点
2		面中心	在所选面的中心生成参考点，可以是平面或非平面
3		交叉点	在两个所选对象的交点处生成参考点
4		投影	将所选点投射到所选的面上，可以是平面、基准面或曲面
5		在点上	将草图上的点转换为参考点，可以是草图点或线的端点
6		参数点	【参数点】是【点】中最复杂的一个功能，有三个子选项。【距离】：以所选线的端点为参考按设定的距离生成点；【百分比】：以所选线总长为参考，从其端点按输入的百分比生成点；【均匀分布】：在所选线上均匀分布所输数量的点

5. 质心

生成零件或装配体的质量中心点，又称为“COM”点。单击【特征】工具栏上的【参考几何体】/【质心】，系统在当前模型中显示质心图标，并在设计树上的“原点”下方增加“质心（COM）”节点，如图 3-10 所示。对质心有要求的设计，生成质心将可以实时观察到设计变更所带来的质心位置变化。

注意：质心只能生成一次，生成后当前模型中该功能不再可用，除非删除已生成的质心。

6. 边界框

创建当前模型的最大边界框，可用于确定毛坯最大尺寸、包装所需空间等。单击【特征】工具栏上的【参考几何体】/【边界框】，弹出如图 3-11 所示属性栏。选择【最佳匹配】时系统自动以最小体积计算边界框。【自定义平面】可以选择一参考平面，系统以该平面为底面计算边界框。与质心相同的是边界框也只能生成一次。

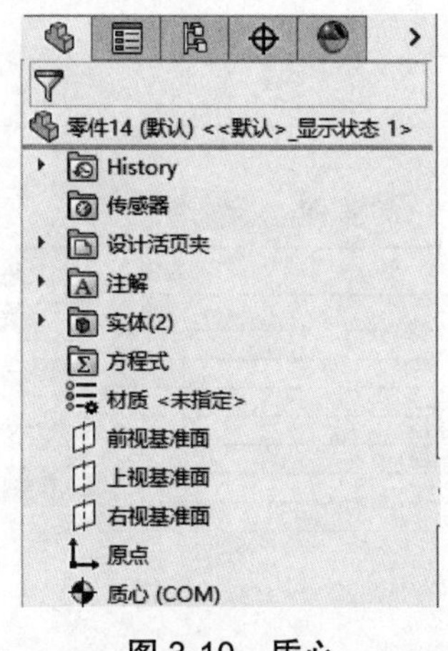

图 3-10 质心

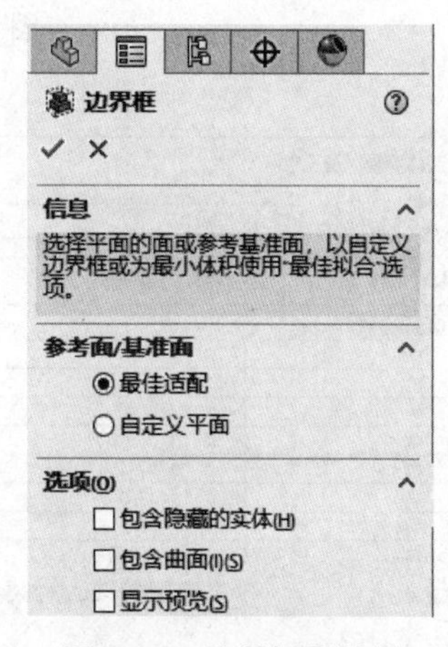

图 3-11 边界框属性栏

提示：边界框的长、宽、高等尺寸会链接至文档属性的【配置属性】栏中，可以在工程图中直接引用相关数值。

3.2.3 基本建模实例

创建如图 3-12 所示模型，齿轮为标准渐开线齿形，模数 m=2，齿数 z=35，凸轮左右对称，键槽尺寸查表获取。

分析：所给定的图样并非包含了所有尺寸，部分尺寸需要通过计算或查表才能获得，所以在建模前需先确定相关尺寸。由于图中的齿轮给定了模数与齿数，所以可以计算获得齿顶圆、分度圆、齿根圆等尺寸。由于是标准渐开线齿形，所以需要计算得到渐开圆基圆直径，渐开线则可以通过方程式驱动的曲线生成。凸轮图中给定了几个关键点尺寸，可以通过关键点绘制样条线；键槽则可以通过相关标准查到相关的数值。具体操作步骤如下：

1）在设计树的“方程式”上右击，在快捷菜单上选择【管理方程式】，在弹出的对话框中输入齿轮的参数（齿轮参数计算公式在机械制图类课程中有相关描述），结果如图 3-13 所示。

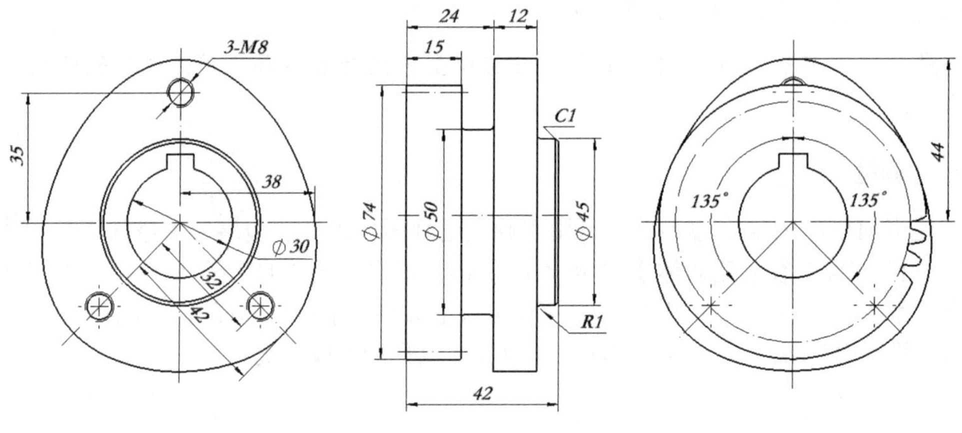

图 3-12　基本建模实例

方程式、整体变量、及尺寸

过滤所有栏区　　齿简化

名称	数值/方程式	估算到	评论
⊟ 全局变量			
"m"	= 2	2	模数
"z"	= 35	35	齿数
"d"	= "m" * "z"	70	分度圆直径
"da"	= "m" * ("z" + 2)	74	齿顶圆直径
"df"	= "m" * ("z" - 2.5)	65	齿根圆直径
"db"	= "d" * cos (20)	65.7785mm	基圆直径
添加整体变量			
⊟ 特征			

确定　取消　输入(I)...　输出(E)...　帮助(H)

☑自动重建　角度方程单位: 度数　☑自动求解组序

☐链接至外部文件:

图 3-13　计算齿轮参数

提示：为了便于理解沟通，可在【评论】栏中输入公式相应的说明。

2）模型主体是旋转体，所以首先绘制旋转体草图。以“前视基准面”为基准新建草图，绘制如图 3-14 所示草图，齿轮部分的直径关联全局变量“da”。

注意：①绘制额外的中心线用作回转体轴线；②由于后期的凸轮部分通过切除外圈方法获得，所以此处的直径要大于凸轮最大尺寸。

3）单击【特征】工具栏上的【旋转凸台 / 基体】，以中心线为旋转轴生成旋转体，如图 3-15 所示。

4）以小圆柱体的侧面为基准面绘制草图，如图 3-16 所示。

5）单击【特征】工具栏上的【拉伸切除】，【终止条件】选择【完全贯穿】，结果如图 3-17 所示。

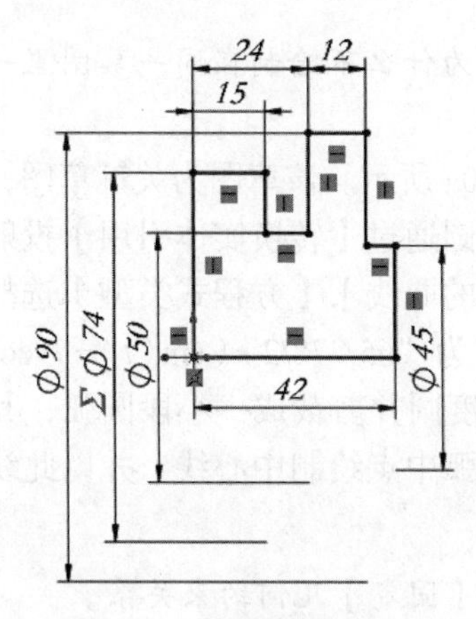

图 3-14　绘制旋转体草图

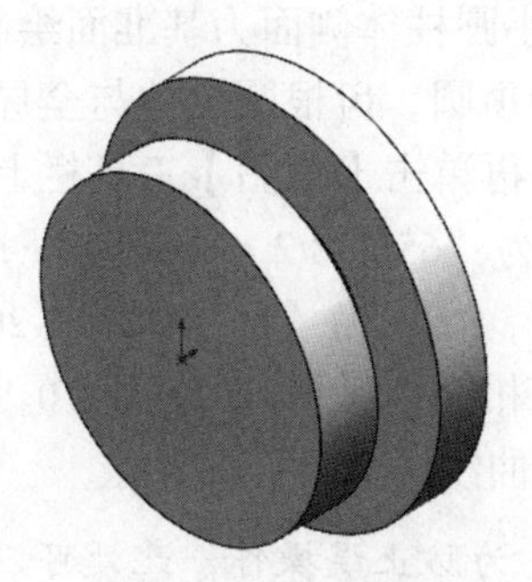

图 3-15　生成旋转体

提示：为了方便观察内部结构，在这里单击前导视图工具栏中的【剖面视图】（即剖视图），该功能是一个显示开关，并不会对模型进行切除，只是一种显示效果，不需要时再次单击该命令即可。

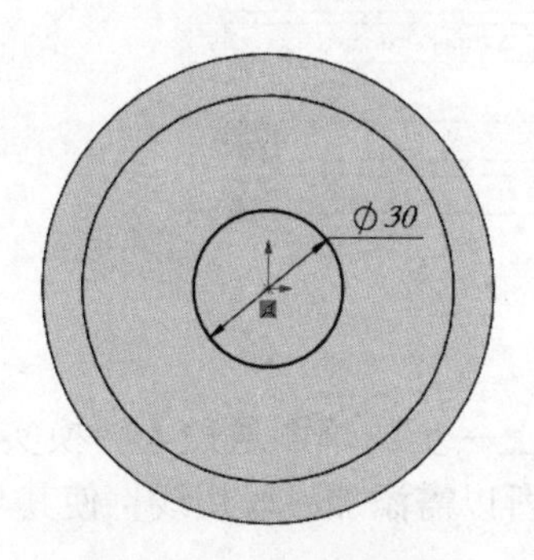

图 3-16　绘制草图圆

图 3-17　拉伸切除（1）

6）再次以小圆柱体侧面为基准面绘制草图，如图 3-18 所示，以圆的上象限点为矩形的中心，尺寸通过查 GB/T 1095—2003 获取。

7）单击【特征】工具栏上的【拉伸切除】,【终止条件】选择【完全贯穿】，结果如图 3-19 所示。

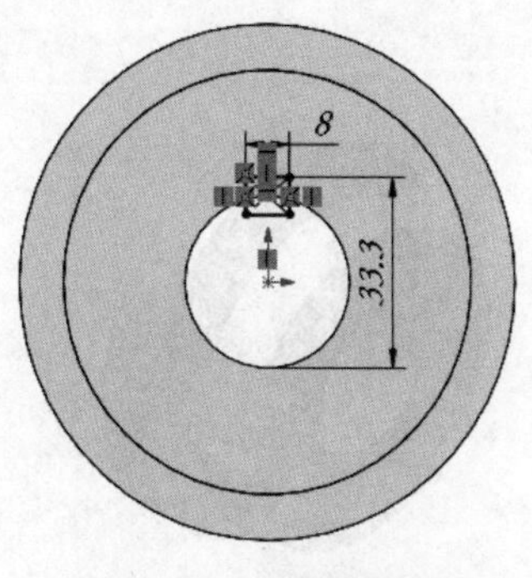

图 3-18　绘制草图矩形

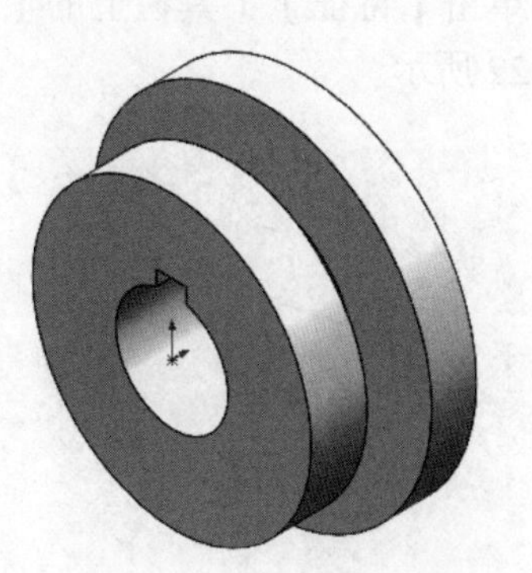

图 3-19　拉伸切除（2）

思考：矩形与前面切除的圆孔均为【完全贯穿】，为什么不绘制在同一草图里一步完成切除呢？这样做的好处是什么？

8）以小圆柱体侧面为基准面绘制草图，如图 3-20a 所示。该草图为关键草图，先绘制齿根圆与齿顶圆，齿根圆尺寸与全局变量关联，齿顶圆通过【转换实体引用】投射已有的齿轮外圆。再单击【草图】工具栏上的【方程式驱动的曲线】，【方程式类型】选择【参数性】，【X_t】为“65.778/2 ∗ (cos (t) + t∗sin (t))”，【Y_t】为“65.778/2 ∗ (sin (t) − t∗cos (t))”，【t_1】为“0”，【t_2】为“1”，如图 3-20b 所示。绘制分度圆并剪裁成一小段圆弧，其中一点与公式曲线相交，弧长 =70 × π /70。过原点与分度圆弧中点绘制中心线，并以此线为对称线镜像公式曲线。

提示：为防止误操作，此处可以给公式曲线添加【固定】几何约束关系。

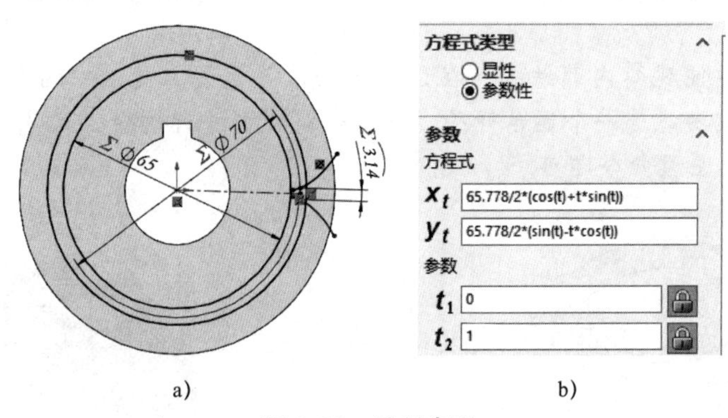

a)　　　　　　b)

图 3-20　绘制齿形

9）再次以小圆柱体侧面为基准面绘制草图，将上一步的草图通过【转换实体引用】投射至当前草图。由于公式曲线并未与齿根圆相交，所以需添加一段切线，使其与齿根圆相交，结果如图 3-21 所示。

注意：此处为什么要多此一举绘制两个草图，而不在上一个草图上直接修改？如果直接修改，公式曲线会因为修改而自动变换参数，且辅助圆难以观察，会造成他人读图困难。如果只要建模结果，完全可以在一步中完成两个草图，但作为设计来讲，为了便于沟通及后续修改，所以分成两个草图。

10）单击【特征】工具栏上的【拉伸切除】，【终止条件】选择【成形到下一面】，结果如图 3-22 所示。

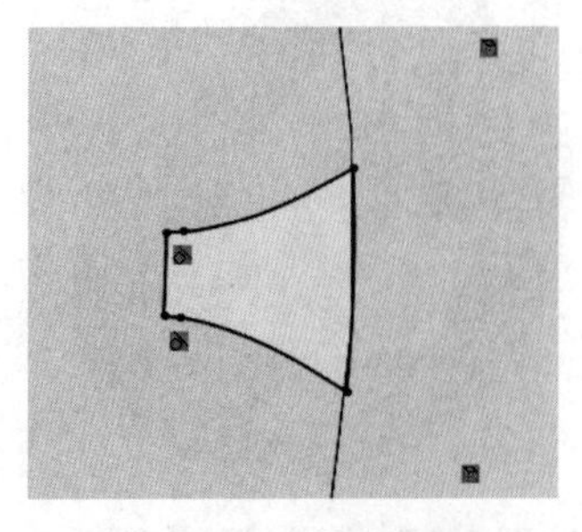

图 3-21　整理草图

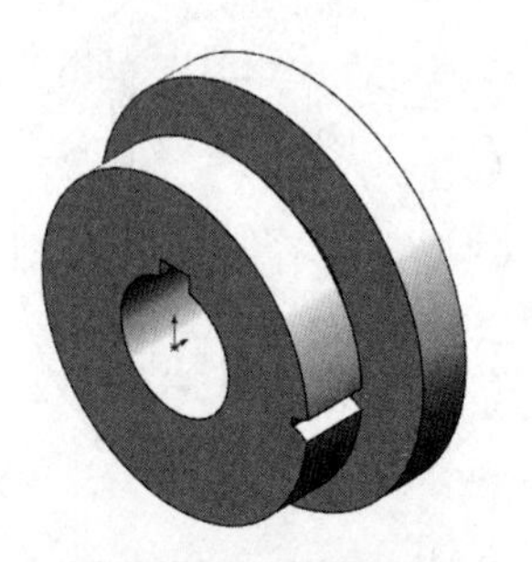

图 3-22　切除齿槽

11）单击【特征】工具栏上的【圆角】，选择齿槽的四条边，半径输入“0.5”，结果如图 3-23 所示。

12）单击【特征】工具栏上的【圆周阵列】，【阵列轴】选择圆柱面，【阵列对象】选择齿槽及圆角，结果如图 3-24 所示。

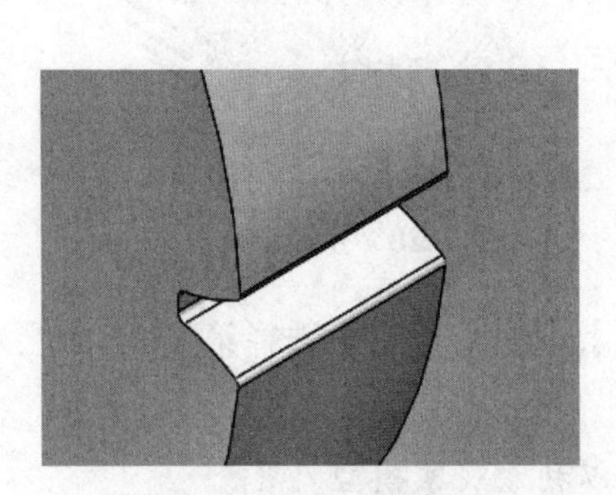

图 3-23　生成齿槽圆角

图 3-24　阵列齿槽

13）以大圆柱外侧面为基准面绘制草图，先通过辅助中心线确定凸轮的几个关键点，再绘制过这些点的样条曲线，结果如图 3-25 所示。

14）单击【特征】工具栏上的【拉伸切除】，【终止条件】选择【成形到一面】，选择大圆柱的内侧面为参考面，并选择【反侧切除】选项，结果如图 3-26 所示。

注意：SOLIDWORKS 默认是对草图的封闭环内部进行切除，选择【反侧切除】将会切除封闭环外侧的所有区域，利用得当将会减少草图绘制的工作量。

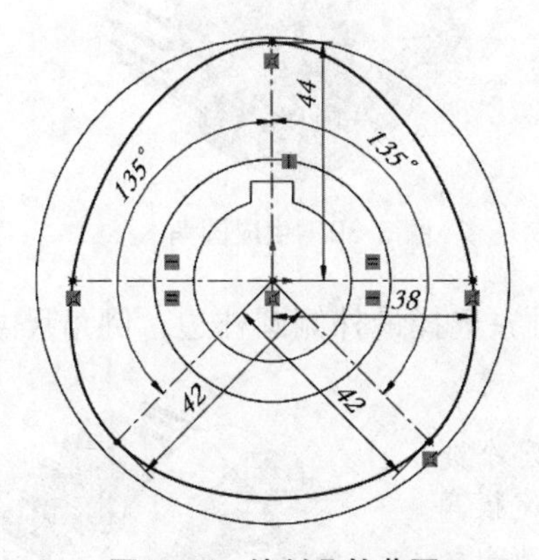

图 3-25　绘制凸轮草图

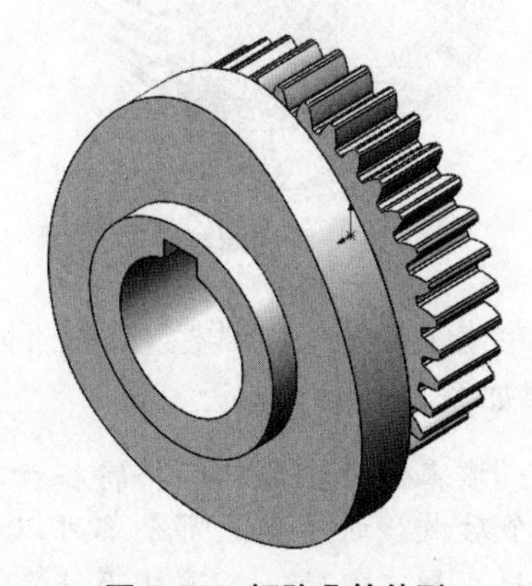

图 3-26　切除凸轮外形

15）以凸轮外侧面为基准面绘制草图，该草图用于后续的孔定位及阵列，所以全部为辅助线，注意辅助线的顶点要添加草图点，结果如图 3-27 所示。

16）单击【特征】工具栏上的【异型孔向导】，【孔类型】选择【直螺纹孔】，【标准】选择【GB】，【类型】选择【底部螺纹孔】，【大小】选择【M8】，【终止条件】选择【成形到一面】，选择凸轮内侧面为参考面。切换至【位置】选项卡，选择上一步草图中的上侧点，结果如图 3-28 所示。

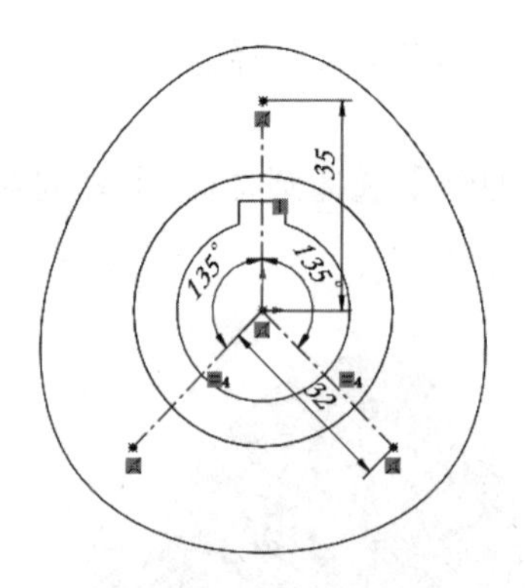

图 3-27　绘制参考草图

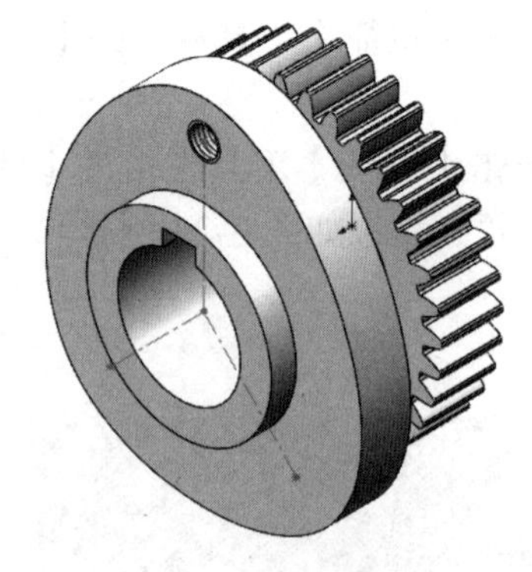

图 3-28　生成螺纹孔

17）单击【特征】工具栏上的【草图驱动阵列】,【参考草图】选择第 15 步所绘草图,【阵列特征】选择螺纹孔，结果如图 3-29 所示。

提示：辅助对象在暂时不使用时可将其隐藏，以利于观察模型。

18）单击【特征】工具栏上的【圆角】，圆角对象选择三条圆柱台阶边，圆角半径输入“1”，结果如图 3-30 所示。

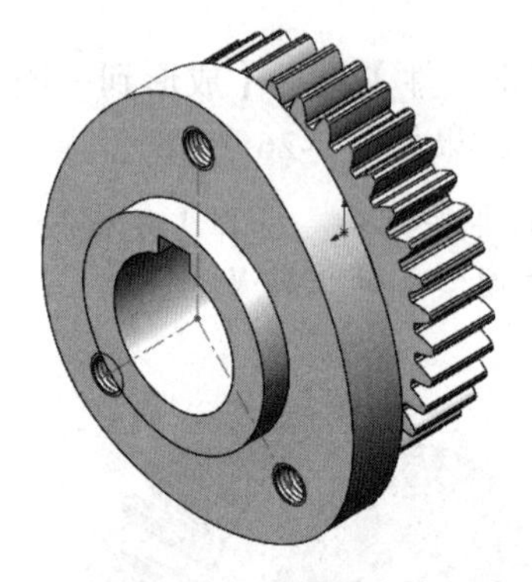

图 3-29　阵列螺纹孔

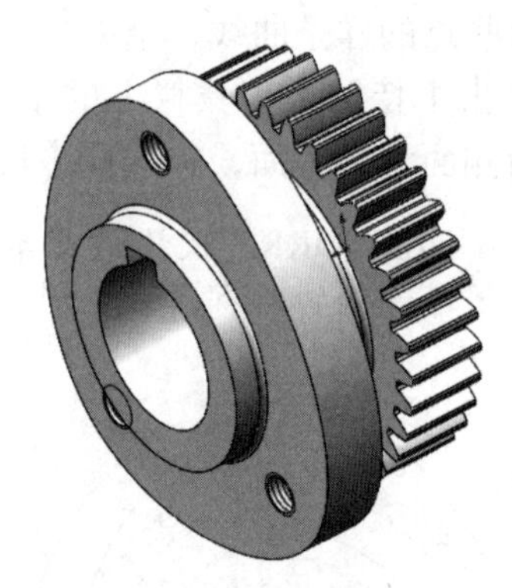

图 3-30　生成圆角

19）单击【特征】工具栏上的【倒角】，倒角对象选择最外侧圆柱边，倒角尺寸输入“1”，结果如图 3-31 所示。

注意：该零件中主要的两个特征齿轮与凸轮，哪个先做哪个后做？还是先做哪个都可以？如果仅从建模角度来看是都可以的；如果从设计角度来看则先做齿轮后做凸轮，因为这类零件中凸轮要求是较高的，在加工工艺中需要先加工齿轮再加工凸轮，如果先加工凸轮再加工齿轮，会因工序流转、装夹等因素而磕碰到已加工好的凸轮表面，造成表面损伤，所以先齿轮再凸轮符合工艺要求，且后续生成工序图时将会减少额外的工作量。

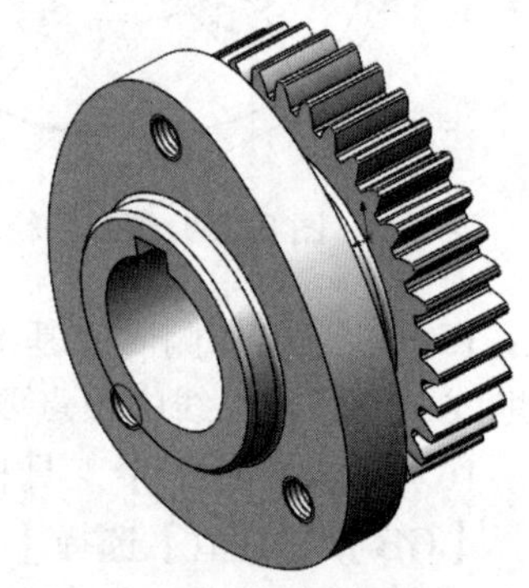

图 3-31　生成倒角

3.3　零件高级特征

随着模型复杂程度的提高，需要更多特征生成功能以满足需求。SOLIDWORKS 提供了大量的高级特征生成命令，通过这些命令可生成更为复杂的零件模型。

3.3.1　高级特征的生成

SOLIDWORKS 中常用的高级特征包括【扫描】、【放样凸台 / 基体】、【扫描切除】、【放样切除】、【筋】、【拔模】、【抽壳】、【分割】、【移动面】等，使用方法见表 3-6。

表 3-6　高级特征使用方法

序号	命令	图标	条件	结果	注意
1	扫描		轮廓草图 + 路径草图		路径草图必须与轮廓草图所在平面交叉
2	放样凸台 / 基体		两个以上轮廓草图 + 引导线 + 中心线	只有两轮廓 两轮廓 + 引导线 两轮廓 + 中心线 两轮廓 + 引导线 + 中心线	1）用于在轮廓不同的草图之间生成特征，轮廓草图可以是多个，但不能交叉 2）增加引导线时，中间将会沿引导线形成特征。引导线可以是多条，且必须与轮廓草图所在平面交叉 3）中心线要与轮廓草图所在平面交叉，且位于轮廓草图中间位置。中心线影响整个放样走向，只能有一条 4）可以同时有引导线与中心线，放样走向取两个条件的加权平均值 （引导线与中心线不是必须项）

（续）

序号	命令	图标	条件	结果	注意
3	扫描切除		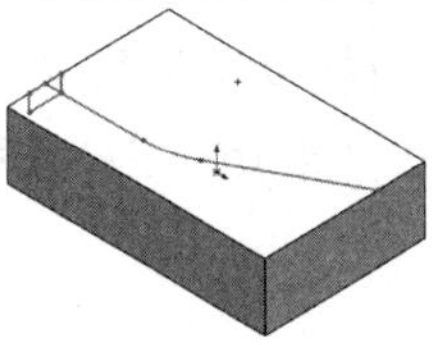 已有实体 + 轮廓草图 + 路径草图	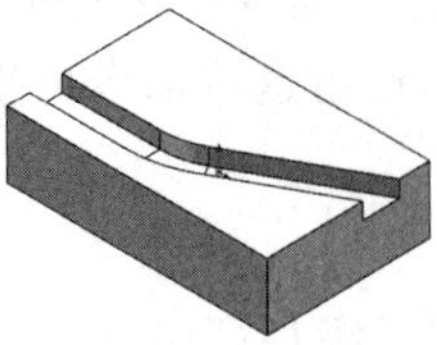	切除范围要与已有实体有交集
4	放样切除		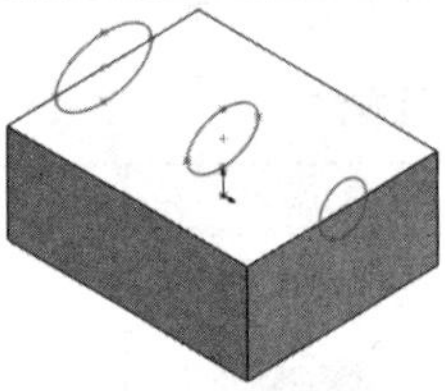 已有实体 + 轮廓草图 + 引导线 + 中心线	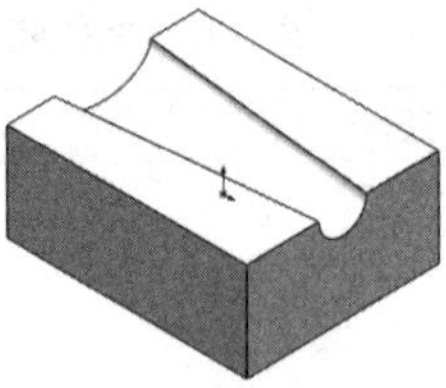	1）注意放样控标的一致性 2）尝试更改【开始 / 结束约束】，以观察其对放样结果的影响
5	筋		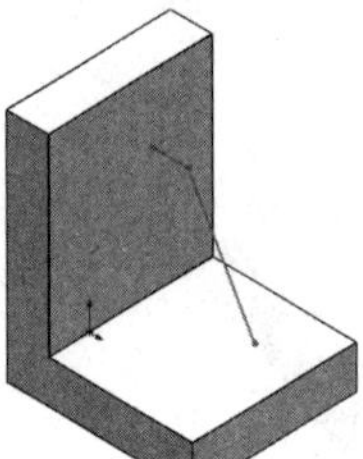 已有实体 + 草图	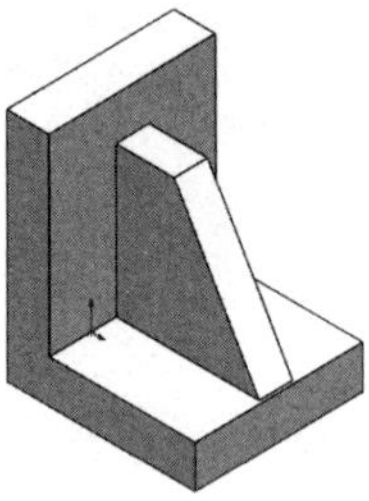	草图为开环，其延长线须与已有实体相交
6	拔模		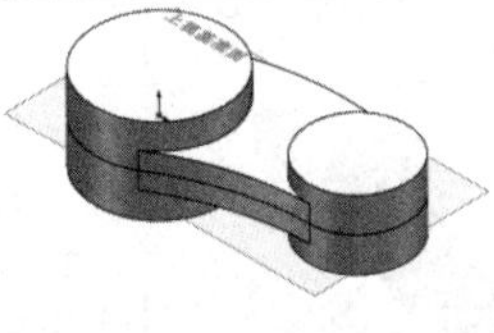 已有实体 + 参考面 + 拔模角度	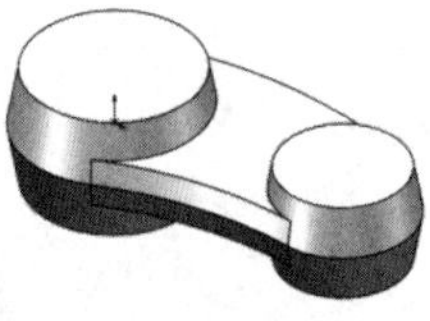	对于拉伸特征，可以在生成拉伸时选择【拔模开 / 关】选项并输入角度，生成拉伸特征的同时生成拔模
7	抽壳		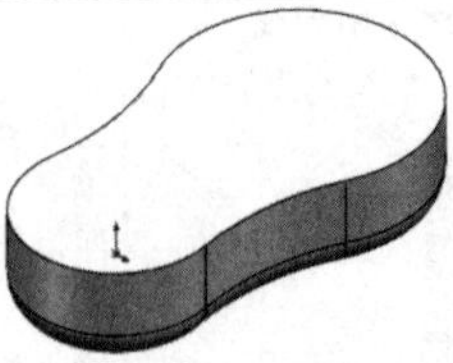 已有实体 + 厚度值	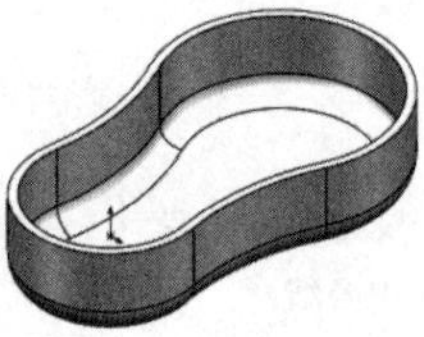	厚度值为保留的厚度，可以设定不同的厚度
8	分割		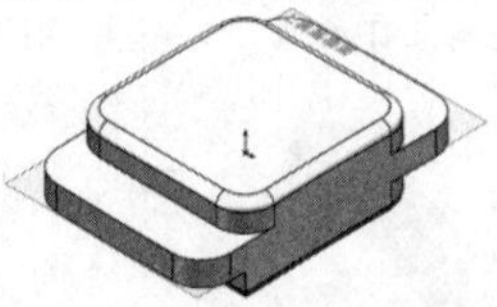 已有实体 + 剪裁面	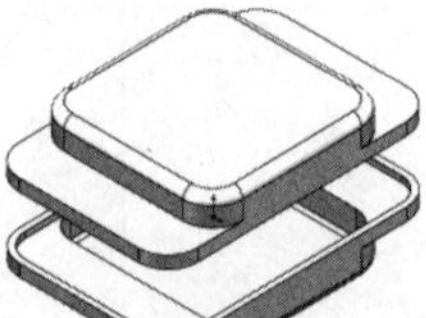	1）示例中为了便于观察，对分割后的实体做了移动 2）剪裁面可以是曲面

（续）

序号	命令	图标	条件	结果	注意
9	移动面		已有实体 + 距离		该功能是对条件受限、外来模型进行修改的重要工具
10	组合		多个已有实体		1）生成特征时将【合并结果】选项取消将会生成多实体零件 2）【组合】是多个实体间的布尔运算，分为添加、删减、共同三种形式

注意： 部分功能并不在默认工具栏中，需通过【自定义】将其拖放至工具栏，或通过菜单栏选用相应命令。

3.3.2　高级特征实例

创建如图 3-32 所示模型。两孔中心尺寸根据设计需要，会在 70~80mm 范围内变动；中间部分的型腔距周边距离相等，根据后续强度分析结果会适当调整；ϕ25mm 孔在 A 侧需根据相关标准增加弹性挡圈槽；非加工面拔模角度为 5°。

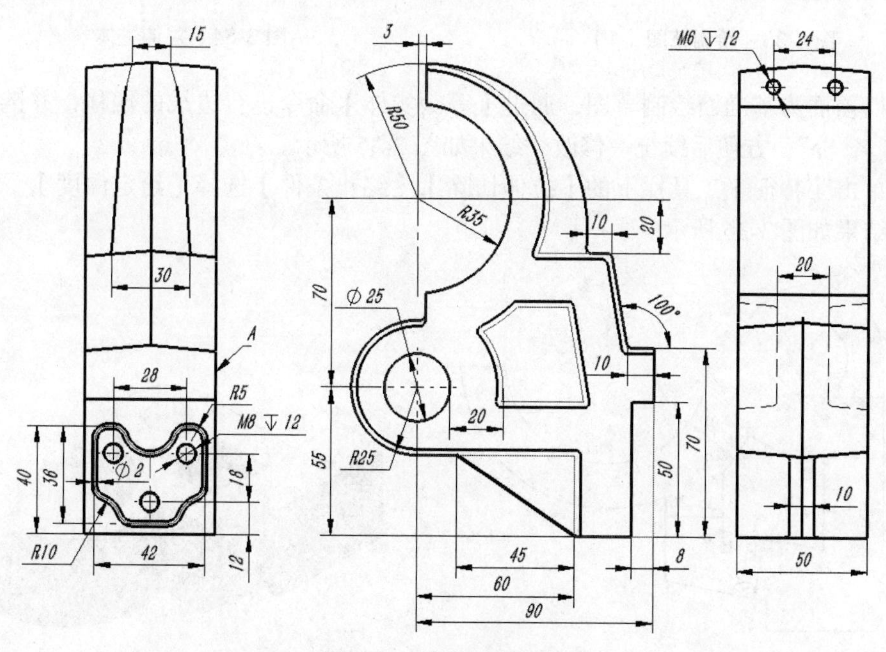

图 3-32　高级特征实例

分析：该模型是一铸件，有大量的拔模面，这对于读图来说相对比较困难，读图时需要注意查看拔模基准处的尺寸，不要被倾斜面的投影干扰。从该模型拔模面可以看出是中间位置，分析出加工面与非加工面，当然，对于完善的工程图而言，可以从标注中看出加工面与非加工面。两孔中心距通过全局变量控制；型腔部分距邻边尺寸较多，可通过链接尺寸关联，方便同步修改；难点在 *R*50mm 圆外侧的加强筋，由于首末位置的尺寸不一样，可通过带引导线的放样完成；三个螺纹孔外圈的密封环槽可通过扫描完成。具体操作步骤如下：

1）在设计树的“方程式”上右击，在快捷菜单上选择【管理方程式】，在弹出的对话框中输入全局变量“L”，赋值为“70”。

2）以“上视基准面”为基准面绘制草图，两孔中心距关联全局变量“L”，结果如图 3-33 所示。

3）单击【特征】工具栏上的【拉伸凸台 / 基体】，【终止条件】选择【两侧对称】，深度尺寸输入 50mm，结果如图 3-34 所示。

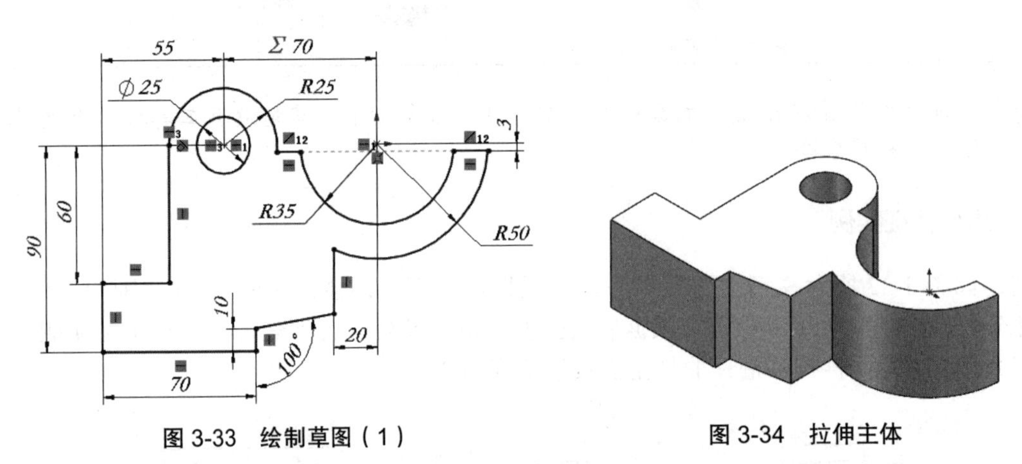

图 3-33　绘制草图（1）　　图 3-34　拉伸主体

4）以顶面为基准面绘制草图，通过【等距实体】命令进行边线的偏移，并链接数值，链接变量名“a”，方便后续统一修改，结果如图 3-35 所示。

5）单击【特征】工具栏上的【拉伸切除】，【终止条件】选择【给定深度】，深度值为 15mm，结果如图 3-36 所示。

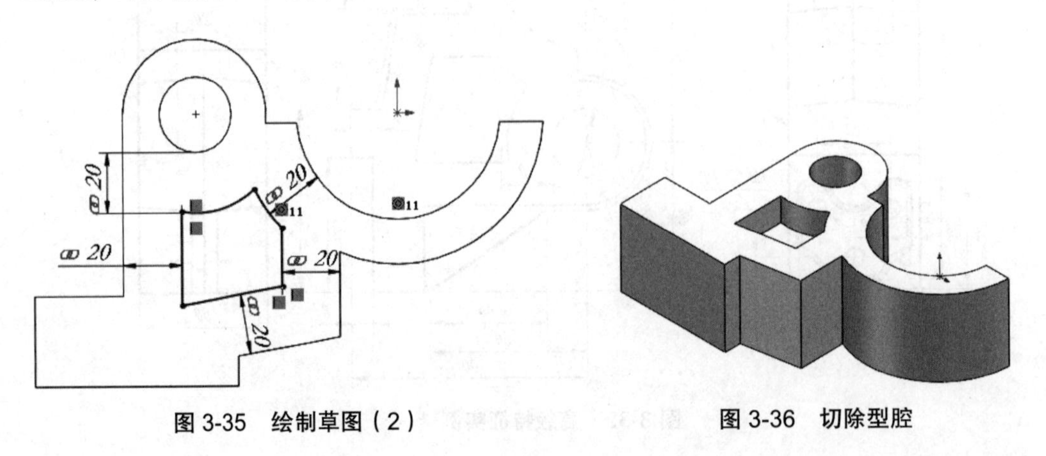

图 3-35　绘制草图（2）　　图 3-36　切除型腔

6）单击【特征】工具栏上的【镜像】,【镜像面】选择“上视基准面”,【要镜像的特征】选择上一步生成的切除特征，结果如图 3-37 所示。

提示： 由于镜像生成的特征在另一侧，无法同时看到原特征与镜像后的特征，在这里可以在前导视图工具栏中将【显示类型】设置为【隐藏线可见】。

7）以“上视基准面”为基准面绘制草图，该草图为【筋】特征准备，所以只需一条斜直线即可，如图 3-38 所示。

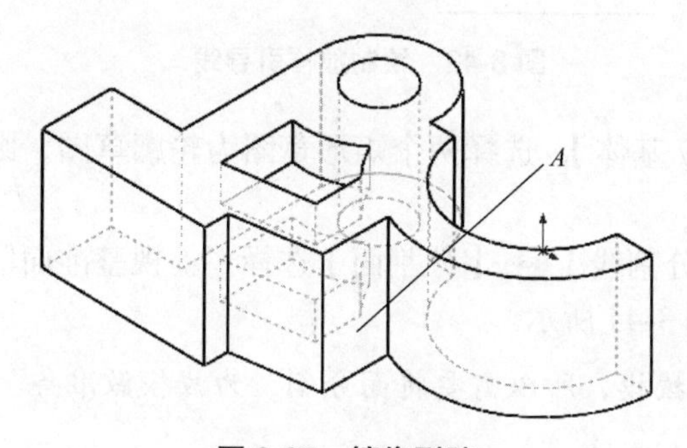

图 3-37　镜像型腔

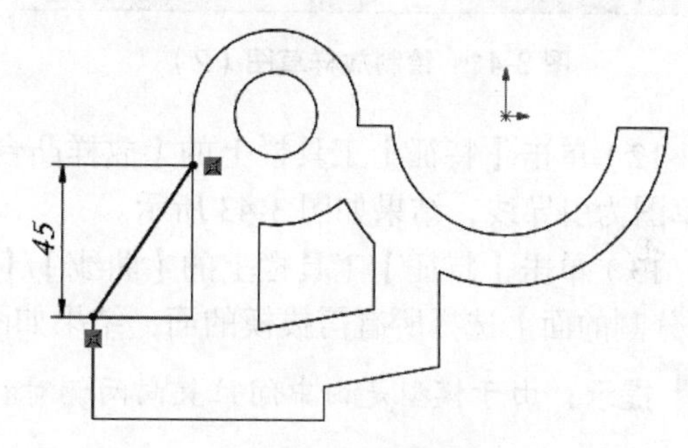

图 3-38　绘制筋草图

8）单击【特征】工具栏上的【筋】,【厚度】为【两侧对称】,【筋厚度】输入 10mm，结果如图 3-39 所示。

9）以图 3-37 所示 *A* 面为基准面绘制草图，如图 3-40 所示。

注意： 该草图的尺寸 3mm 从何而来？该尺寸是超过 *R*50mm 圆弧的尺寸，为了保证放样时与半圆环能相交，可以是其他值。

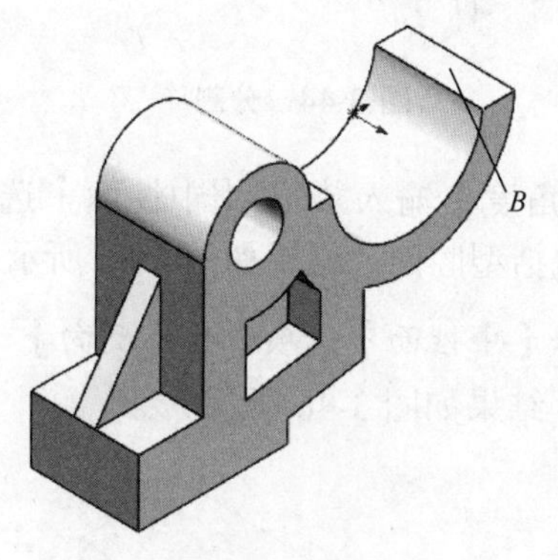

图 3-39　生成筋

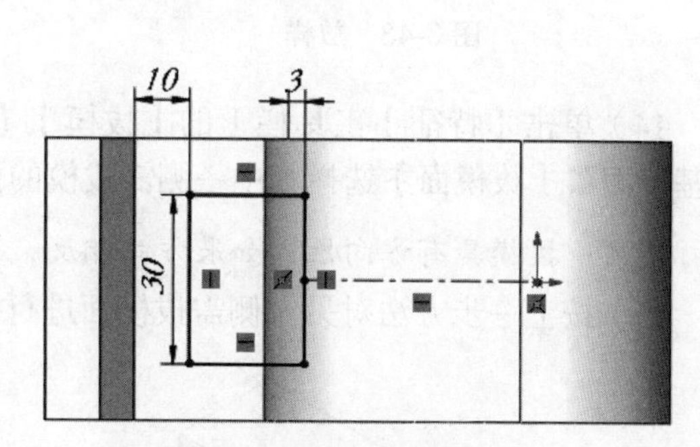

图 3-40　绘制放样草图（1）

10）以图 3-39 所示 *B* 面为基准面绘制草图，如图 3-41 所示。

技巧： 绘制草图时，如草图平面的 *X* 轴正方向与想要的不一致，为方便绘制，可按键盘 <Shift>+ 上下左右光标键，每按一次，视向旋转 90°，可很容易更改草图平面的观察方向。

11）以“上视基准面”为基准面绘制草图，圆弧右侧端与竖直辅助线相切，结果如图 3-42 所示。

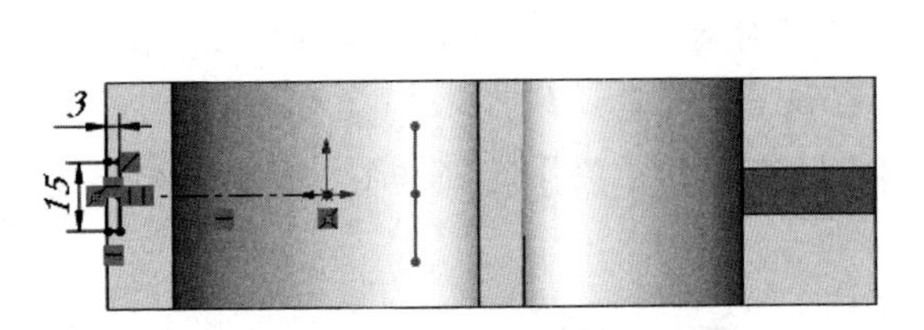

图 3-41　绘制放样草图（2）

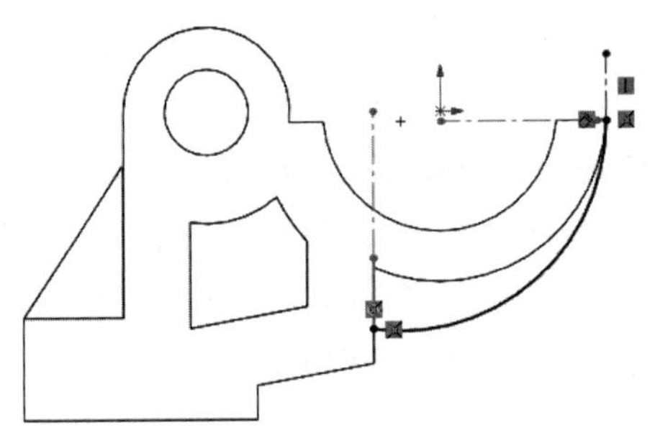

图 3-42　绘制放样引导线

12）单击【特征】工具栏上的【放样凸台 / 基体】，选择两个矩形草图为轮廓草图，圆弧草图为引导线，结果如图 3-43 所示。

13）单击【特征】工具栏上的【曲线】/【分割线】，【分割面】选择“上视基准面”，【要分割的面】选择所有需拔模的面，结果如图 3-44 所示。

提示：由于模型是由中间位置向两侧对称拔模，所以需要将面分割，为拔模做准备。

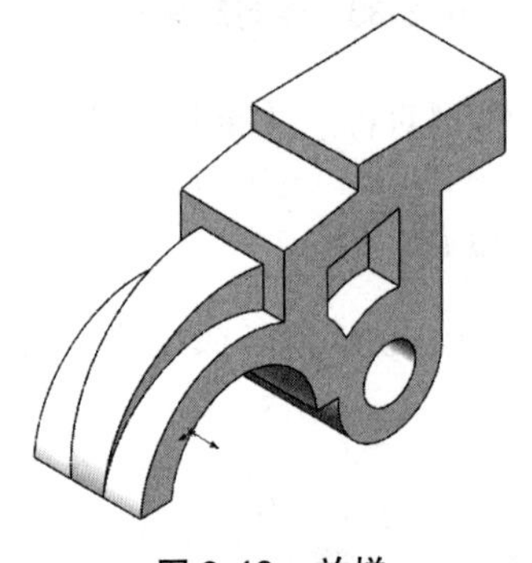

图 3-43　放样

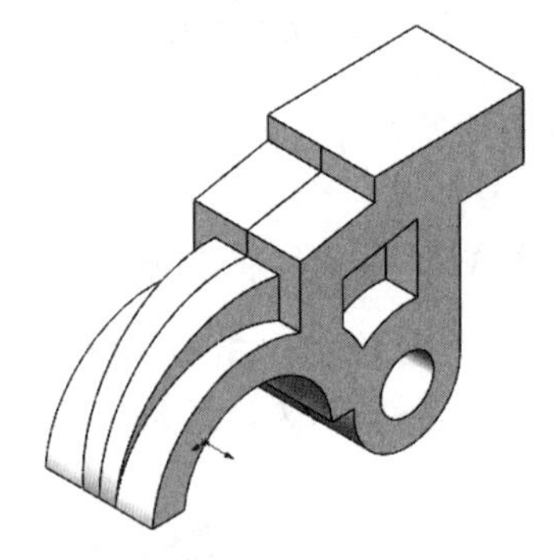

图 3-44　分割

14）单击【特征】工具栏上的【拔模】，【拔模角度】输入“5”，【中性面】选择“上视基准面”，【拔模面】选择其中一侧需拔模的面，包括型腔面，结果如图 3-45 所示。

注意：拔模具有方向性，如果方向相反，可选择【中性面】选项中的【反向】。

15）按上一步方法对另一侧需拔模面进行拔模，结果如图 3-46 所示。

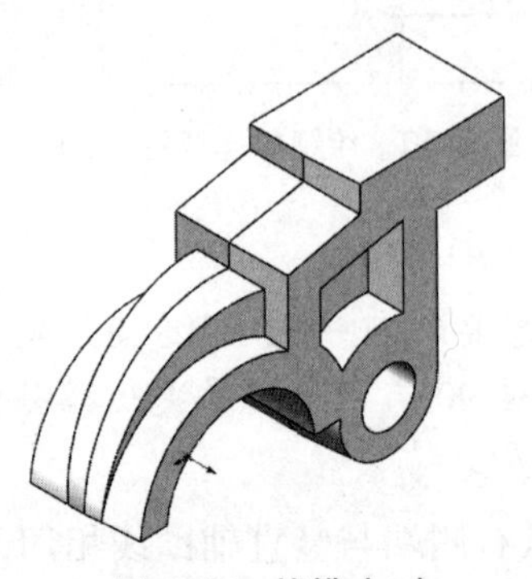

图 3-45　拔模（1）

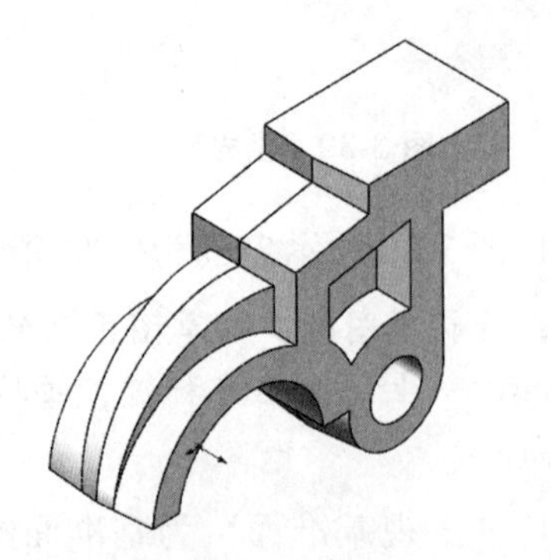

图 3-46　拔模（2）

16）以“上视基准面”为基准面绘制草图，如图 3-47 所示。

17）单击【特征】工具栏上的【拉伸切除】,【终止条件】选择【完全贯穿 - 两者】，结果如图 3-48 所示。

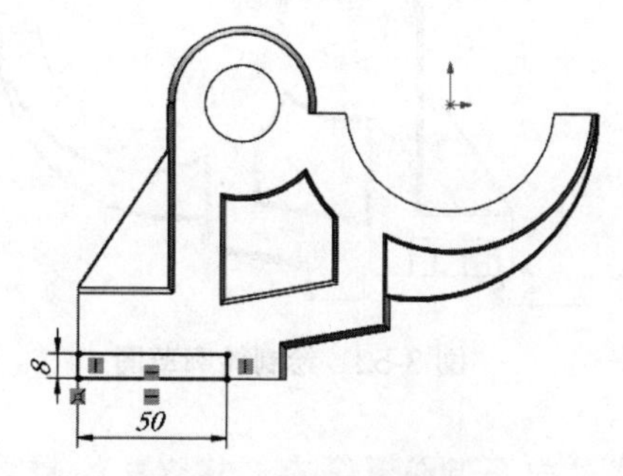

图 3-47 绘制矩形草图

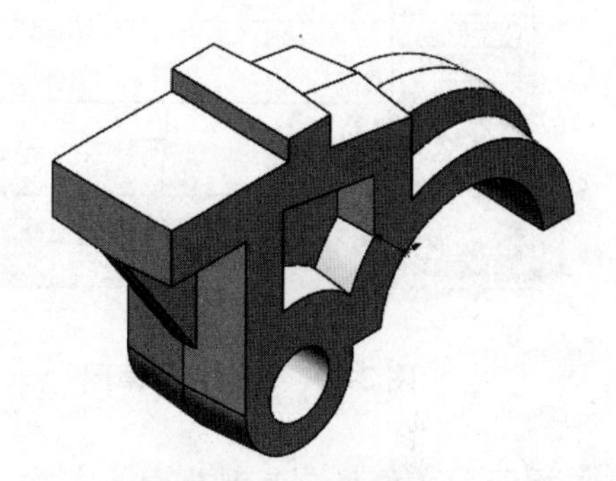

图 3-48 切除平面

18）以上一步切除的平面为基准面绘制草图，该草图作为螺纹孔定位点，只需要绘制确定位置的点即可，如图 3-49 所示。

19）单击【特征】工具栏上的【异型孔向导】,【孔类型】选择【直螺纹孔】,【标准】选择【GB】,【类型】选择【底部螺纹孔】,【大小】选择【M8】,【终止条件】选择【给定深度】,【螺纹线深度】更改为 12mm。切换至【位置】选项卡，选择上一步草图中的所有点，结果如图 3-50 所示。

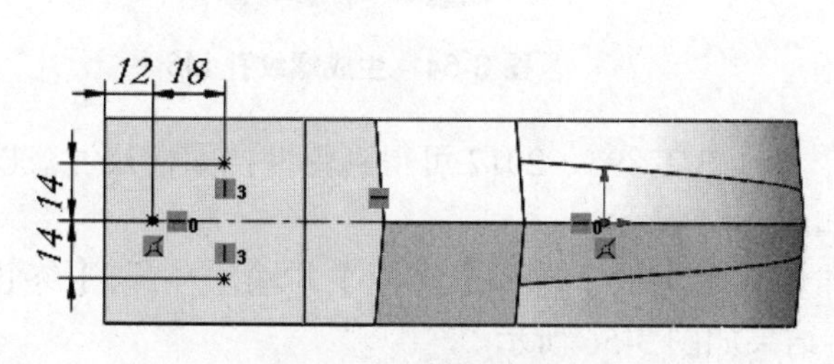

图 3-49 绘制草图点

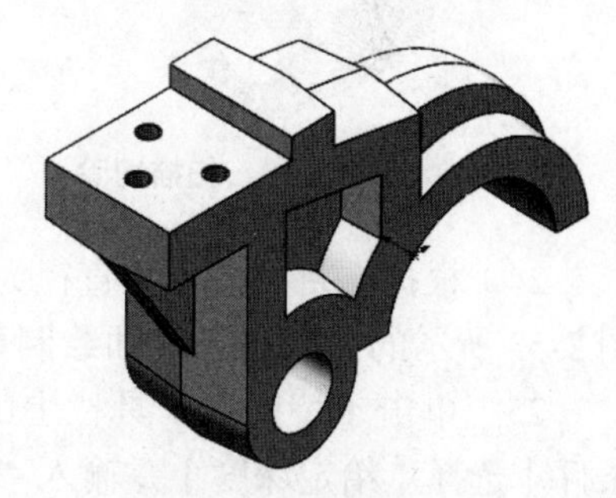

图 3-50 生成螺纹孔 M8

20）以螺纹孔表面为基准面绘制草图，如图 3-51 所示。

21）以“上视基准面”为基准面绘制草图圆，在圆心与上一步草图最左侧直线之间添加几何关系【穿透】，如图 3-52 所示。

提示:【穿透】主要用于草图点与另一草图线、边线之间的关系，能保证两者之间空间重合；而【重合】关系只能在某一投影面上重合。

22）单击【特征】工具栏上的【扫描切除】，分别选择轮廓草图与路径草图，结果如图 3-53 所示。

23）单击【特征】工具栏上的【异型孔向导】,【孔类型】选择【直螺纹孔】,【标准】选择【GB】,【类型】选择【底部螺纹孔】,【大小】选择【M6】,【终止条件】选择【给定深度】,【螺纹线深度】更改为 12mm。切换至【位置】选项卡，选择圆环端面，单击两次鼠标确定位置点后，再单击【草图】工具栏上的【智能尺寸】，按题目要求标注尺寸，结果如图 3-54 所示。

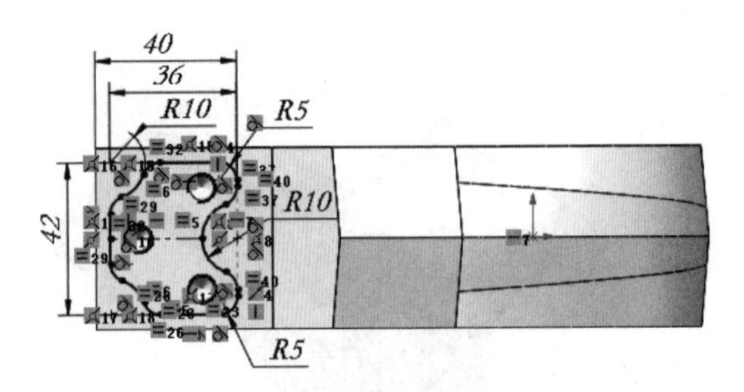

图 3-51　绘制路径草图

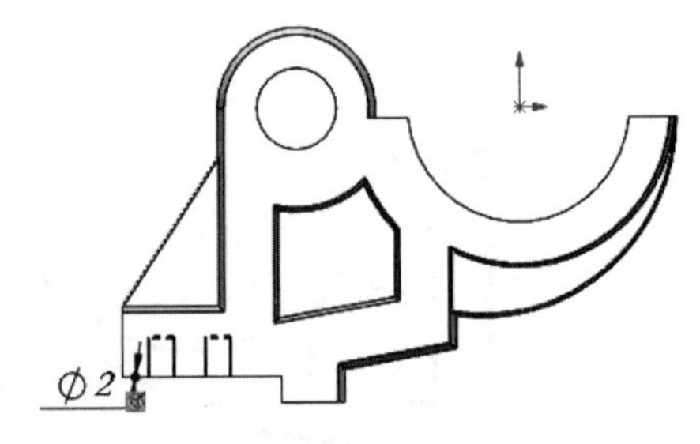

图 3-52　绘制轮廓草图

提示：在使用【异型孔向导】时，如果一次生成孔较多且位置复杂，建议先绘制草图作为参考；如果孔位置较简单，则可直接在生成时定义位置。

图 3-53　扫描切除

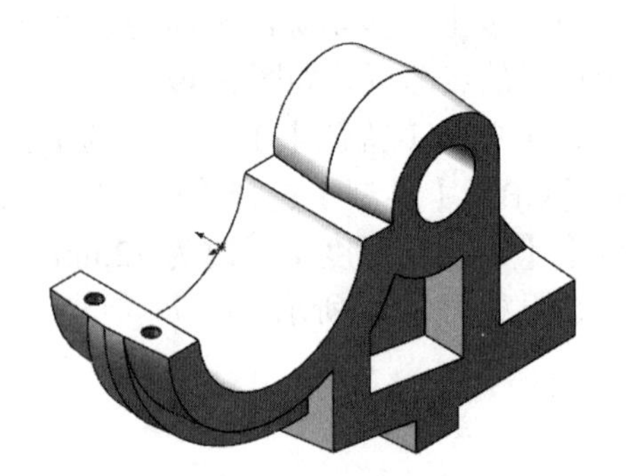

图 3-54　生成螺纹孔 M6

24）根据题目要求，孔直径为 25mm，查 GB/T 893—2017 可得到弹性挡圈槽尺寸。以图 3-53 所示的 *C* 面为基准面绘制草图，如图 3-55 所示。

25）单击【特征】工具栏上的【拉伸切除】，【从】选择【等距】并输入“2”，【终止条件】选择【给定深度】并输入“1.35”，结果如图 3-56 所示。

注意：【拉伸切除】中的【从】具有方向性，如方向相反，可单击【反向】。

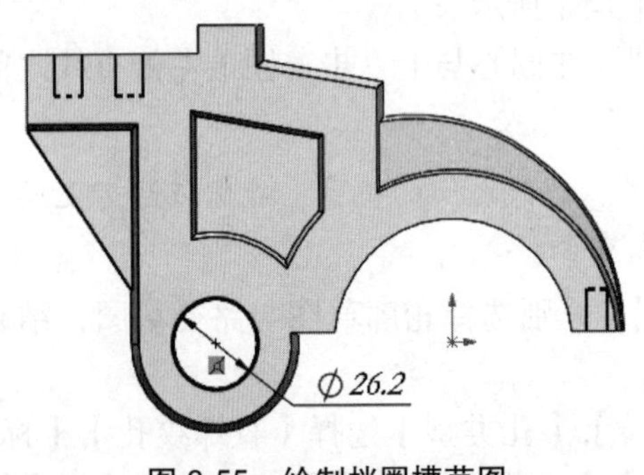

图 3-55　绘制挡圈槽草图

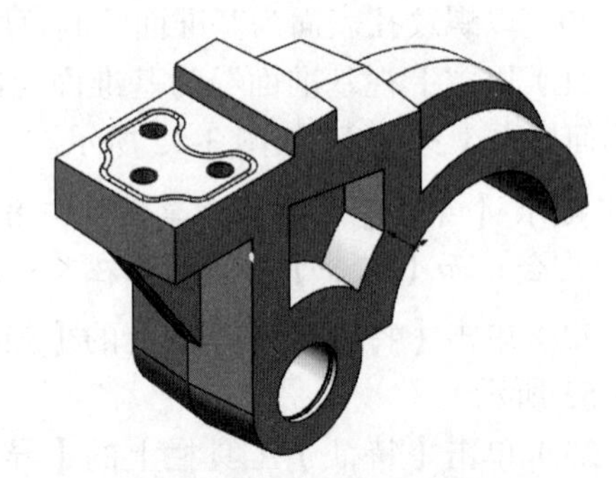

图 3-56　切除挡圈槽

26）单击【特征】工具栏上的【圆角】，选择需要生成圆角的边线，圆角半径为 2mm，结果如图 3-57 所示。

注意： 由于圆角较多，多个圆角相交时属于比较复杂的情形，不一定能一次生成所有圆角，可以分多步完成。

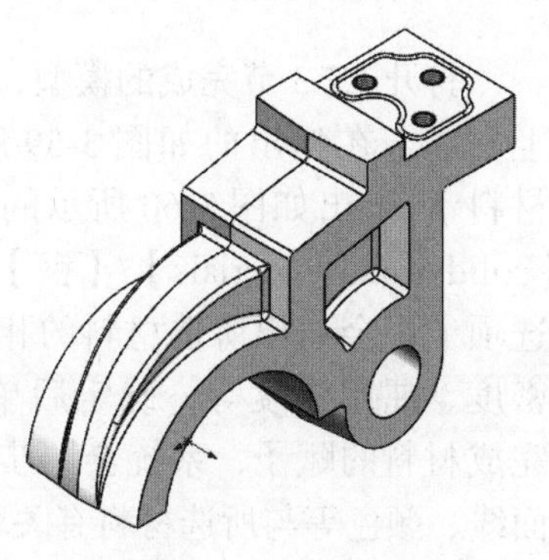
图 3-57 生成圆角

27）当多个圆角交于一点时，有时会出现如图 3-58a 所示结果，这种结果是不理想的，此时需要对其进行调整。单击【特征】工具栏上的【圆角】，在弹出的圆角属性栏中选择【FilletXpert】，并切换至【边角】选项卡，选择不合理的圆角，并单击【显示选择】，此时会出现可能的圆角项，如图 3-58b 所示。选择与当前圆角不同的另一选项，结果如图 3-58c 所示。

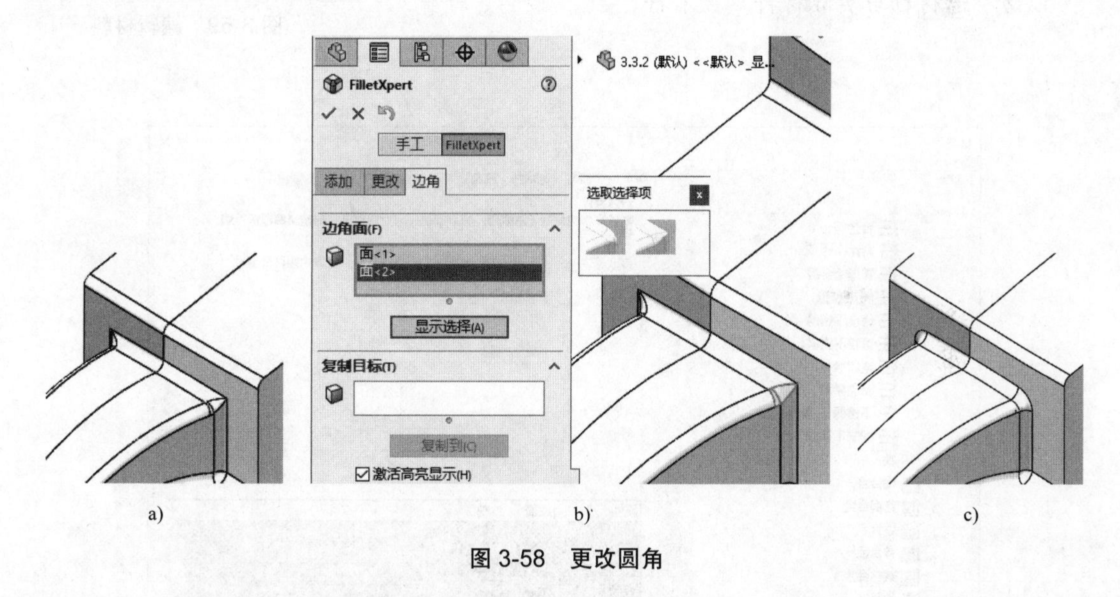

图 3-58 更改圆角

28）在 70 ~ 80mm 范围内更改全局变量“L”，链接尺寸在 18 ~ 22mm 之间更改，观察模型是否会出错。如果不出错，则模型满足题目要求。

最后一步对模型的验证是设计过程中比较重要的一个环节。设计不同于依图建模，设计会随时根据不同需要进行设计变更，而更改关键尺寸或特征时，模型能按预期变化是模型健壮性的重要指标之一，这也是参数化设计的优势之一。

3.4 材料

零件的大多数物理与外观特性取决于材料，如密度、质量、重心、光泽度等，后续在学习有限元分析时，其相关基本参数也依附于材料，可以说模型没有材料是没有骨血的。在 SOLIDWORKS 中可以通过【编辑材料】对模型进行材料赋予。SOLIDWORKS 中已包含了常用的材料类型，可以直接选用。

3.4.1　材料的选用

打开 3.2.3 节完成的模型，在设计树的“材质 <未指定>”上右击，在弹出的如图 3-59 所示的快捷菜单中选择【编辑材料】，弹出如图 3-60 所示的【材料】对话框，在左侧选择【solidWorks materials】/【钢】/【铸造碳钢】，右侧的【属性】选项卡中会列出所选材料的相关特性参数，如泊松比、质量密度、屈服强度等，确定后单击【应用】，再单击【关闭】，完成材料的赋予，系统会同步更新模型的外观特性，包括剖面线、颜色等与所选材料有关联的特性。

注意：设计过程中有必要对所选材料的参数进行核对，以防所选材料与实际材料参数不符。

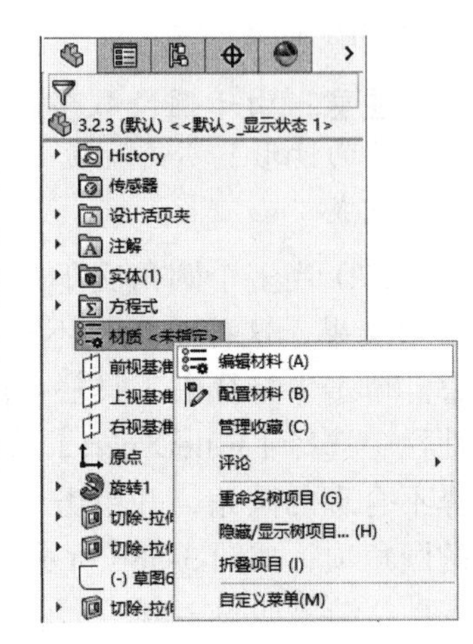

图 3-59　编辑材料

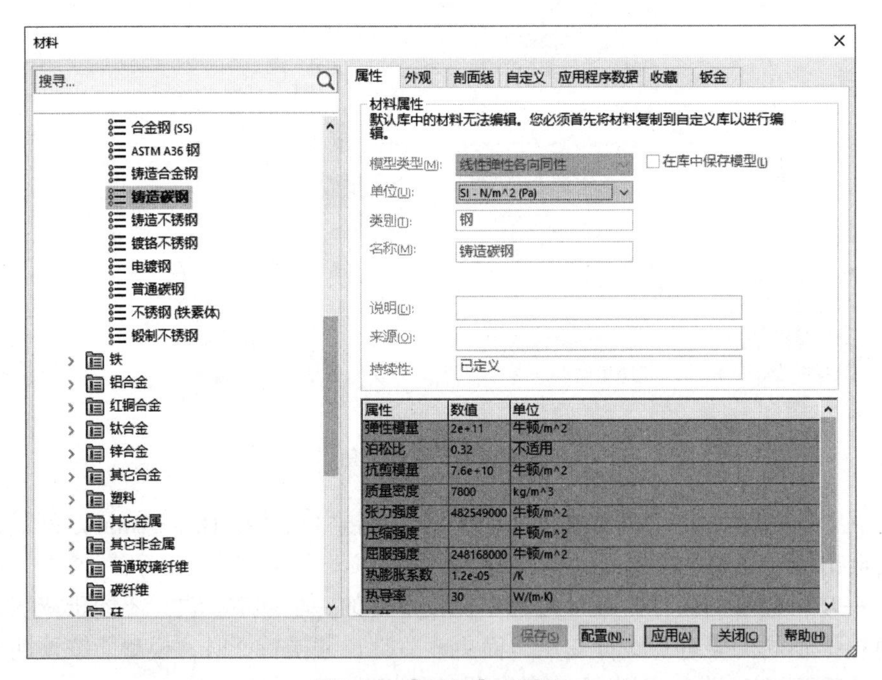

图 3-60 【材料】对话框

3.4.2　材料的自定义

当系统所带材料满足不了实际需求时，可以添加自定义材料。自定义材料的操作方法如下：

1）通过【编辑材料】进入【材料】对话框。

2）在【材料】对话框空白处右击，在弹出的快捷菜单上选择【新库】，如图 3-61 所示。

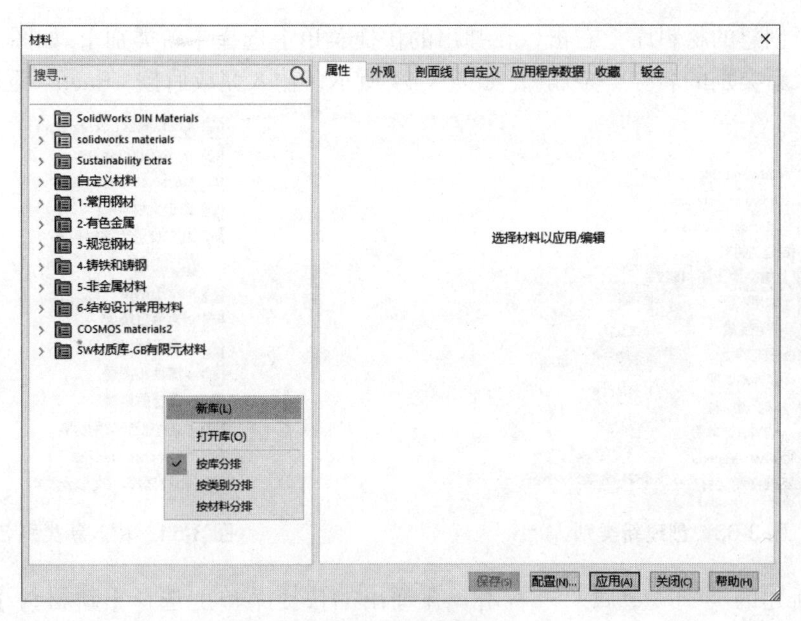

图 3-61　创建新库

3）系统弹出【另存为】对话框，如图 3-62a 所示，选择库文件保存的文件夹并输入库名称“北京交通大学材料库”，单击【保存】，新创建的材料库“北京交通大学材料库”出现在列表中，如图 3-62b 所示。

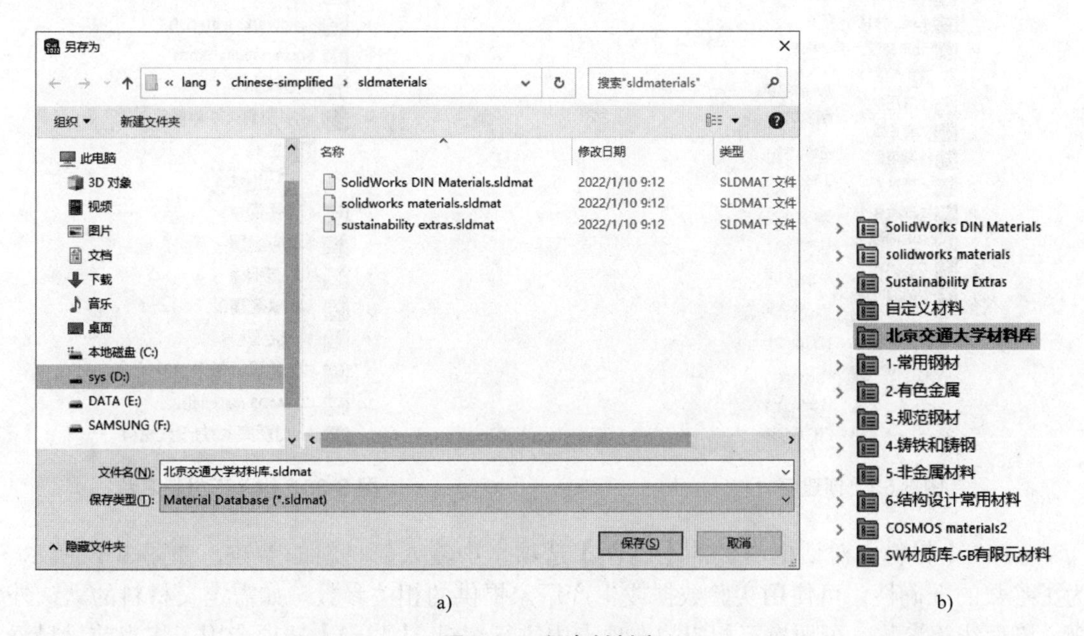

图 3-62　保存材料库

注意：SOLIDWORKS 中自定义的材料库以文件形式保存，材料库文件可以复制至其他计算机上使用，可在【选项】/【系统选项】/【文件位置】/【材质数据库】中添加库文件所在的文件夹。

4）在新创建的材料库上右击，在弹出的快捷菜单上选择【新类别】，如图 3-63 所示。

5）输入新类别的名称“金属”，如图 3-64 所示，输入完成后按 <Enter> 键确认。

图 3-63 创建新类别

图 3-64 输入新类别名称

6）在新建的类别“金属”上右击，在弹出的快捷菜单上选择【新材料】，如图 3-65 所示。

7）输入新材料的名称“Q235”，如图 3-66 所示，输入完成后按 <Enter> 键确认。

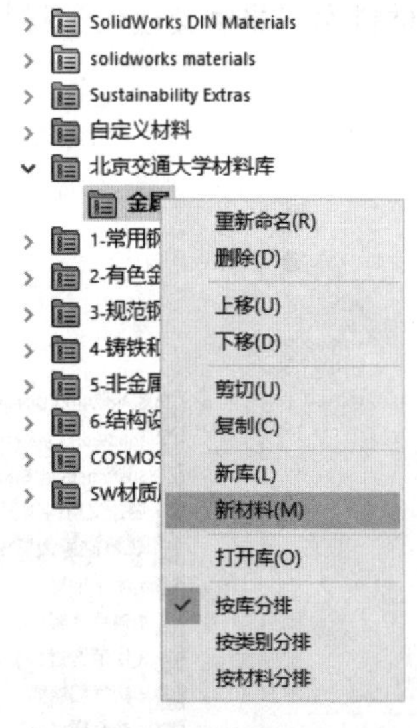

图 3-65 创建新材料

SolidWorks DIN Materials
solidworks materials
Sustainability Extras
自定义材料
北京交通大学材料库
金属
Q235
1-常用钢材
2-有色金属
3-规范钢材
4-铸铁和铸钢
5-非金属材料
6-结构设计常用材料
COSMOS materials2
SW材质库-GB有限元材料

图 3-66 输入新材料名称

8）在【材料】对话框右侧的【属性】选项卡中输入新材料的参数，如图 3-67 所示。为了参数的准确性，可使用实验数据或生产厂家提供的相关参数。如需定义材料的默认外观、剖面线等参数，可切换至相应的选项卡中进行编辑。【收藏】选项卡用于将当前材料添加至设计树“材质”的右键列表中，方便快速选用。

提示： 当启用 SOLIDWORKS Simulation 插件时，【材料】对话框中还会增加相关的【表格和曲线】、【疲劳 SN 曲线】选项卡。

9）参数输入完成后单击【应用】，再单击【关闭】即可。

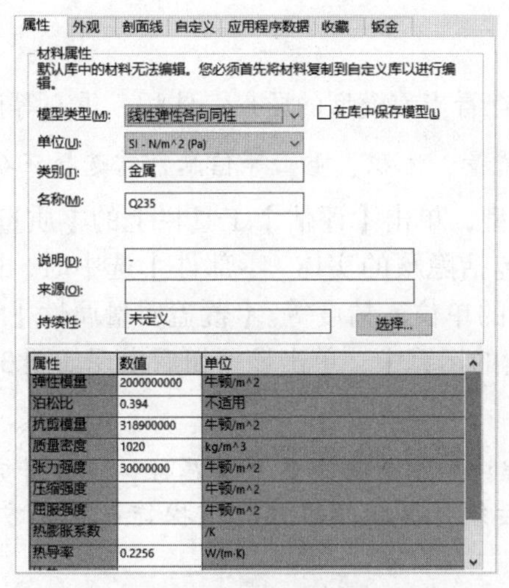

图 3-67　输入参数

3.5　评估

设计过程中经常需要对已完成部分进行评估，如查看某个部分的尺寸、零件质量、表面积等数据，SOLIDWORKS 提供了丰富的评估工具。

3.5.1　测量

【测量】工具用于测量草图、模型边线、工程图中所选对象的长度，模型面的面积，两个对象之间的距离等。

打开 3.3.2 节完成的模型，单击【评估】工具栏上的【测量】，弹出如图 3-68a 所示对话框。选择模型的测量对象，如孔与顶面，测量的结果出现在对话框中，并同时在模型上显示，如图 3-68b 所示。选择的对象不同，显示的测量信息不同，如只选择边线，则显示该线的长度值。当选择的对象组合不合理时，对话框中会提示“所选的实体为无效的组合”，此时可在图形区的空白处单击，系统将自动清除所有已选对象。

提示：当选择圆弧与另一对象（组合合理）时，单击如图 3-68b 所示的【中心距离】右侧的下拉箭头可以选择不同的距离计算方法。

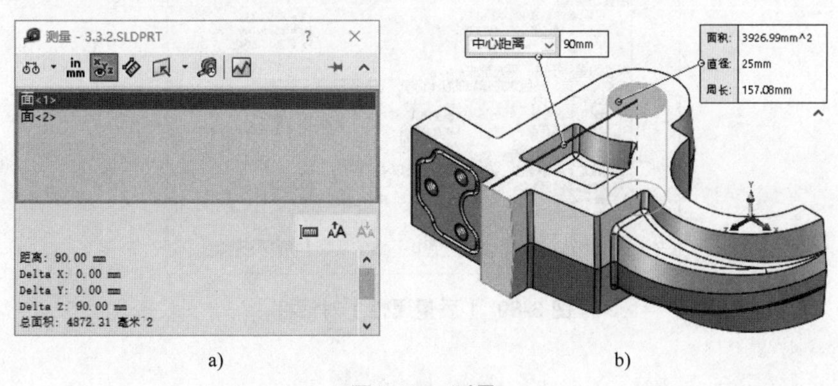

a)　　　　　　　　b)

图 3-68　测量

3.5.2 质量属性

【质量属性】工具用于查看当前模型的质量、体积、重心等信息。

提示：要获得准确的质量、体积、重心等信息，需选择正确的材料。

打开 3.3.2 节完成的模型，单击【评估】工具栏上的【质量属性】，弹出如图 3-69 所示对话框，其中选项【包括隐藏的实体 / 零部件】选中时，隐藏的模型也将计算在内。【选项】用于更改所得数值的单位、精度等。【覆盖质量属性】可以用输入值覆盖测量值，并使这些输入值参与到后续的运算中，单击该按钮后出现如图 3-70 所示对话框，根据需要选择需要覆盖的属性值即可。

注意：如果是设计过程中的临时性覆盖质量属性，在设计完成后一定要记住将其恢复成默认值，以免造成后续计算值不准确。该操作也是官方 CSWP 认证的一项重要知识点。

系统默认的结果均是以默认坐标系为参考基准，如果需要参考其他坐标系，在【报告与以下项相对的坐标值】的下拉列表中选择所需的坐标系即可，该列表列出了当前模型中的所有坐标系供选择。

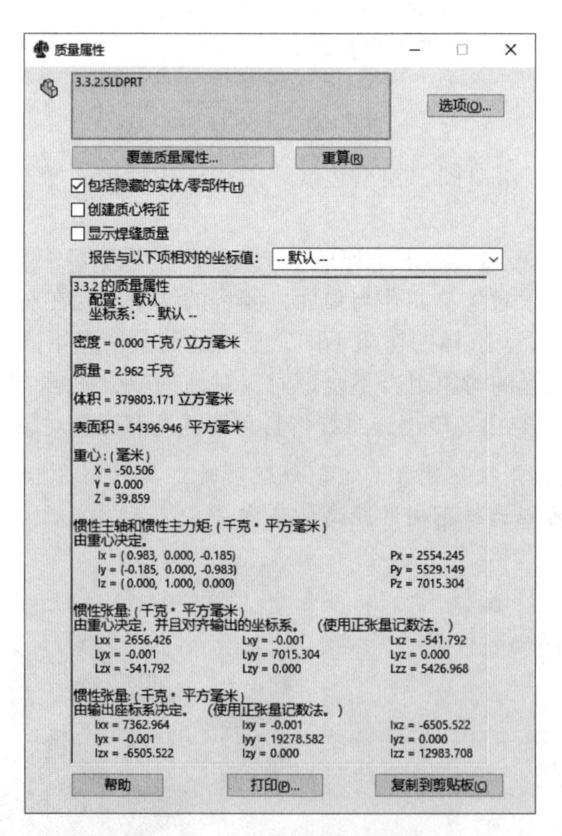

图 3-69 【质量属性】对话框

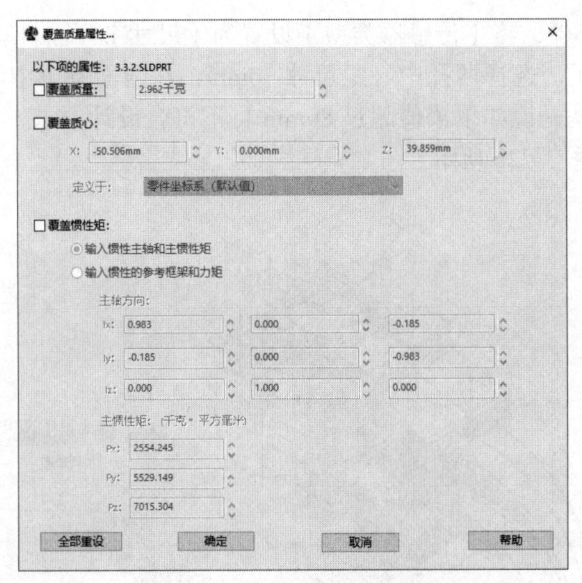

图 3-70 【覆盖质量属性】对话框

3.5.3　传感器

【测量】与【质量属性】都是被动获取的，当在设计过程中需要实时了解某个数据时，效率显然是低下的，此时可以通过【传感器】功能实现实时监测所关注的数据。【传感器】所监测的数据可以是 Simulation 数据、质量属性、尺寸、干涉检查、测量、接近、Costing 数据、Motion 数据，所涉及的数据范围相当广泛。

打开 3.3.2 节完成的模型，操作方法如下：

1）单击【评估】工具栏上的【传感器】，弹出如图 3-71a 所示属性栏，系统默认的【传感器类型】为【质量属性】,【属性】默认为【质量】，如果当前是装配体，则可以有选择地监测部分零部件。属性栏下方显示了当前模型的质量，勾选【提醒】复选框，在【大于】下方输入“3”，如图 3-71b 所示，目的是当模型在设计修改中质量超过该值时提醒设计者注意。输入完成后单击【确定】，此时该传感器会出现在设计树中，如图 3-71c 所示。

提示：在设计树的“传感器”上右击，在快捷菜单上选择【添加传感器】，也可进入添加状态。

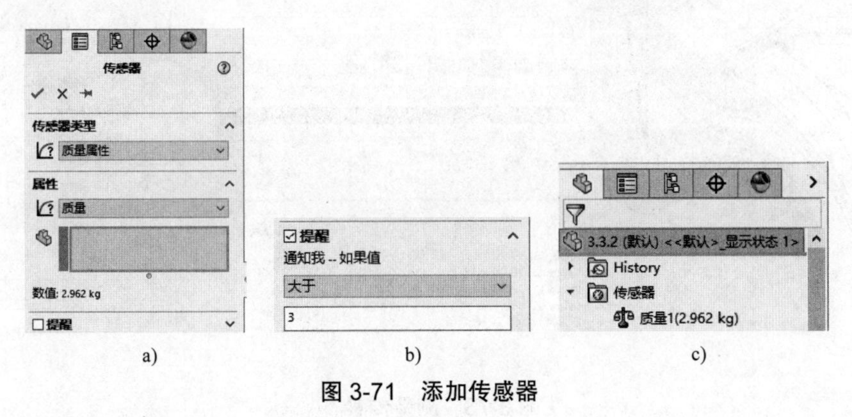

a)　　b)　　c)

图 3-71　添加传感器

2）继续添加传感器，将【传感器类型】设置为【尺寸】，此时模型中的所有尺寸均会显示，如图 3-72a 所示。选择两孔中心距尺寸 70mm，在前面例子中说明了该尺寸在 70 ~ 80mm 之间变化，也就是说如果该值超过 80mm 将不符合设计要求，在【提醒】选项组中设置【大于】80，如图 3-72b 所示。

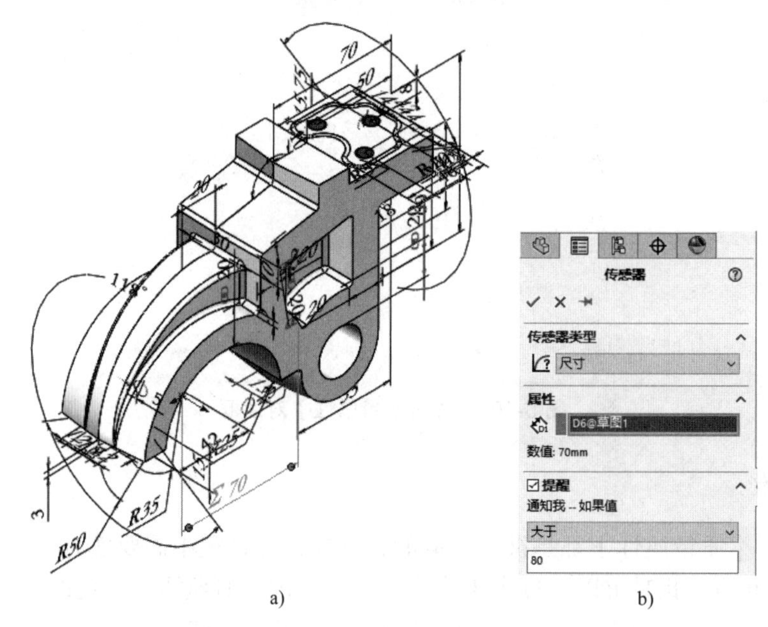

图 3-72　尺寸传感器

3）再次添加传感器，将【传感器类型】设置为【测量】，此时会弹出【测量】对话框，选择圆柱孔与上侧平台，如图 3-73a 所示，单击【测量】对话框中的【创建传感器】![icon]。在【测量】选项组中选择【Delta Z：82mm】，在【提醒】选项组中设置【小于】82，如图 3-73b 所示。

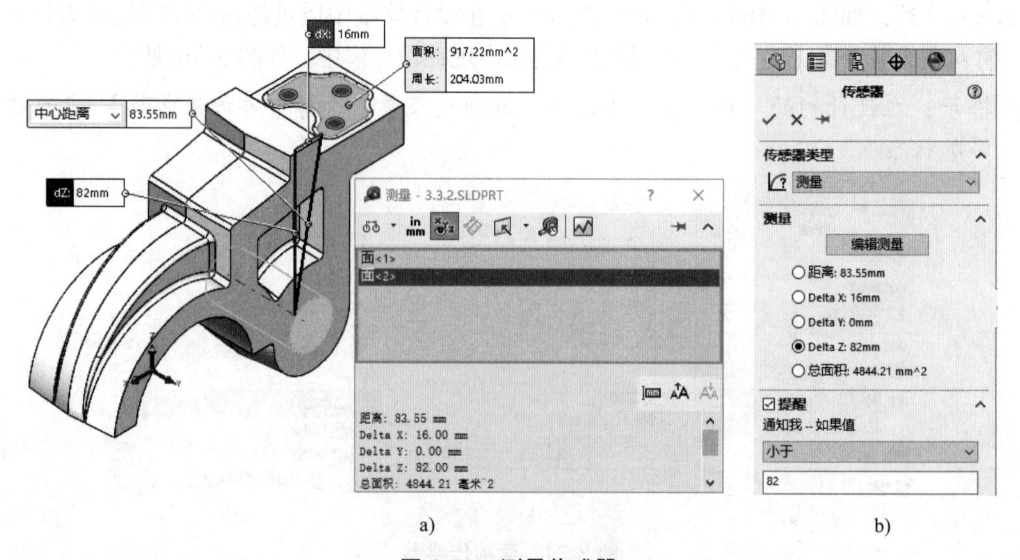

图 3-73　测量传感器

4）在【管理方程式】中将全局变量“L”的值更改为 81。

5）此时设计树中的“传感器”节点出现警告，如图 3-74 所示。展开“传感器”节点，会发现“质量 1”与“尺寸 1”两个传感器发出了警告，将鼠标移至警告栏上会出现具体的警告内容；而“测量 2”传感器没有警告，证明其值没有超过提醒值。

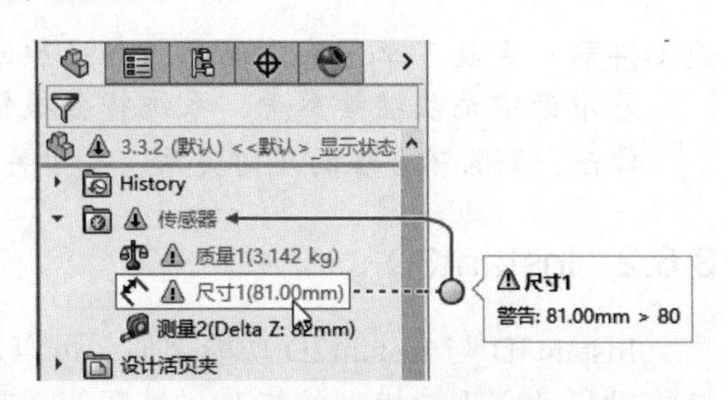

图 3-74　传感器警告

传感器是智能化设计中非常重要的一个功能，能让设计者将精力聚焦在如何设计中，一旦设计更改引起关联数值超出了预先的设置，系统将及时给出警告。

3.6　特征编辑

设计过程中会因为各种原因对模型进行编辑修改，熟练掌握特征的编辑方法对后续的模型更改非常重要。

3.6.1　编辑草图平面

草图绘制基于基准面，当草图基准面选择不合理时，需要将草图移至另一基准面，而不是重新绘制草图。具体操作方法如下：

1）打开模型 3.6.1，如图 3-75 所示，其中梯形草图是基于侧平面绘制的，现需将其转移至水平面。

2）在设计树中找到该草图节点，单击该草图，在弹出的关联工具栏中单击【编辑草图平面】，如图 3-76 所示。

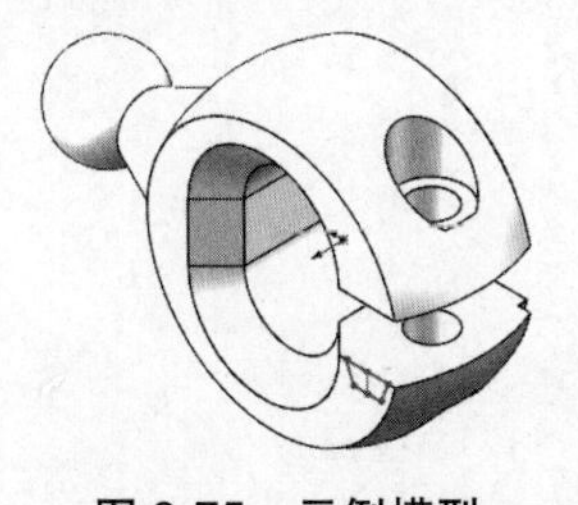

图 3-75　示例模型

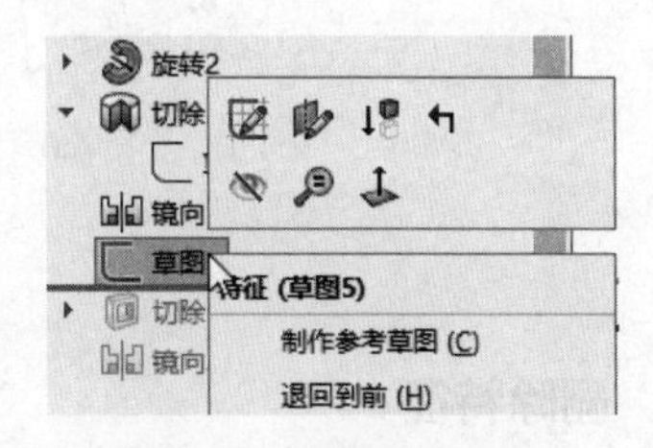

图 3-76　编辑草图平面

3）系统弹出如图 3-77a 所示属性栏，选择如图 3-77b 所示平面作为新的草图平面。

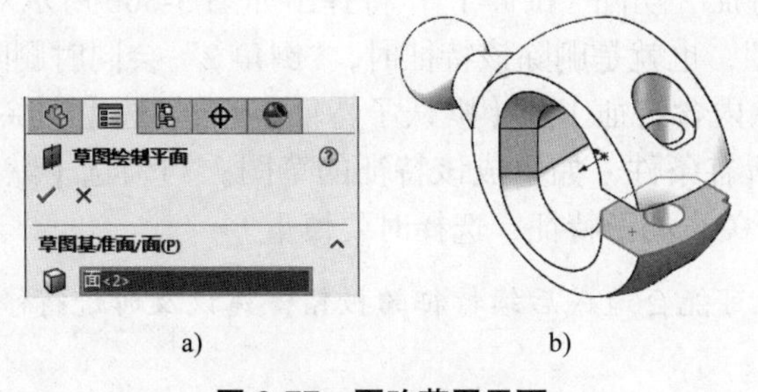

图 3-77　更改草图平面

4）单击【确定】，草图已附加在新选择的基准面上，如图 3-78 所示。

注意：更改了草图基准面后，如果原草图参考的对象在新基准面中无法继续参考，系统将会报错，需进入草图进行修改，删除不合理的几何关系、尺寸关系，重新定义。

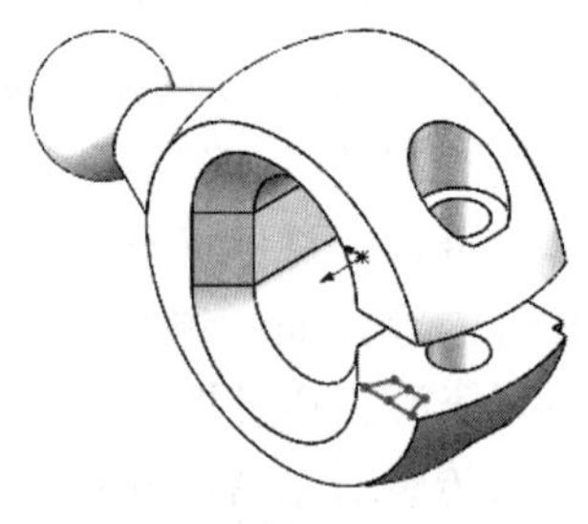

图 3-78　草图平面已更改

3.6.2　Instant3D

Instant3D 与 Instant2D 功能类似，可以通过在三维环境中直接拖动尺寸实现对模型的修改。打开上一节的示例模型，选择需要更改的特征，如图 3-79a 所示，此时所选特征的尺寸均会显示，包括对应的草图尺寸。选择需修改的尺寸界线上的圆点并拖动鼠标，此时会出现尺寸标尺，随着鼠标的移动，尺寸将做相应的变化；将鼠标移至标尺上，则按标尺的刻度进行变化，如图 3-79b 所示。

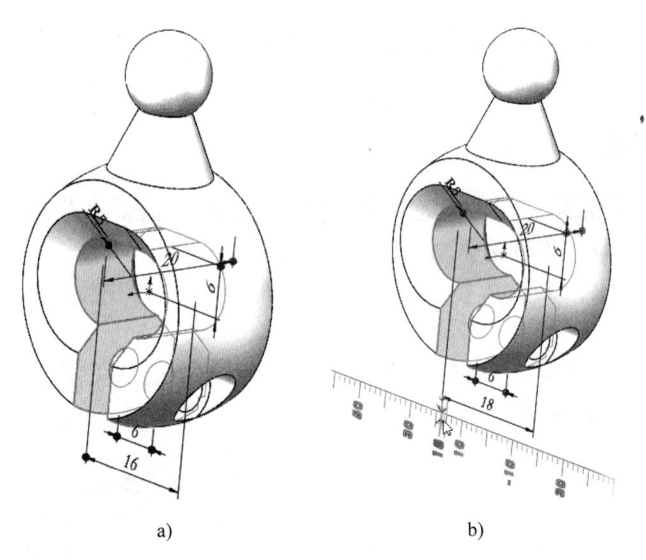

a)　　　　b)

图 3-79　Instant3D

3.6.3　删除特征

建模过程中有时会删除已不再需要的特征，参数化软件中由于存在着父子关系，在删除时会影响到相关对象，在删除前可以通过“父子关系”查看关联关系。如图 3-80a 所示模型，删除其第二个特征“切除 - 拉伸 1”，将弹出如图 3-80b 所示对话框，该对话框中列出了依赖特征“倒角 2”，也就是删除该特征时，“倒角 2”会同时删除。该对话框中还有两个重要选项，即【删除内含特征】与【默认子特征】。当勾选【删除内含特征】复选框时，将删除生成该特征的所有条件，如生成该特征的草图；当勾选【默认子特征】复选框时，将会删除所有存在父子关系的子特征，选择时要慎重。

注意：特征删除后可能会造成后续特征的报错，建议及时进行修复。

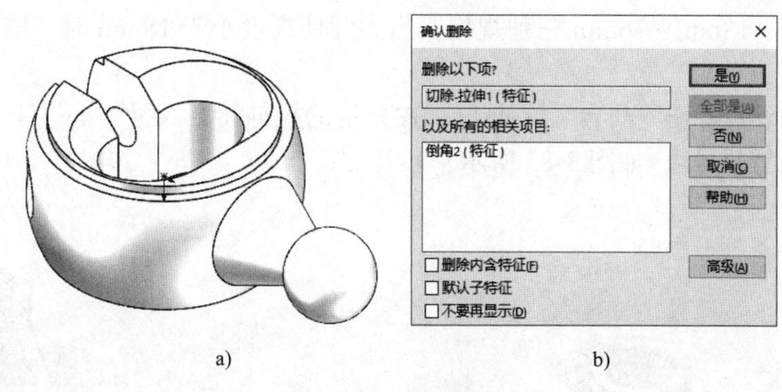

图 3-80　删除特征

3.6.4　插入特征

因设计变更，有时需要在模型设计树中间插入新的特征，此时可以拖动“退回控制棒”至所需位置再插入特征。如图 3-81 所示，拖动“退回控制棒”到“切除 - 拉伸 3”特征下方，此时再增加特征时就会增加在该特征的后面，当增加完成后，再将“退回控制棒”拖至设计树的末尾。

提示：通过“退回控制棒”的拖动，也可以了解已有模型的建模思路。

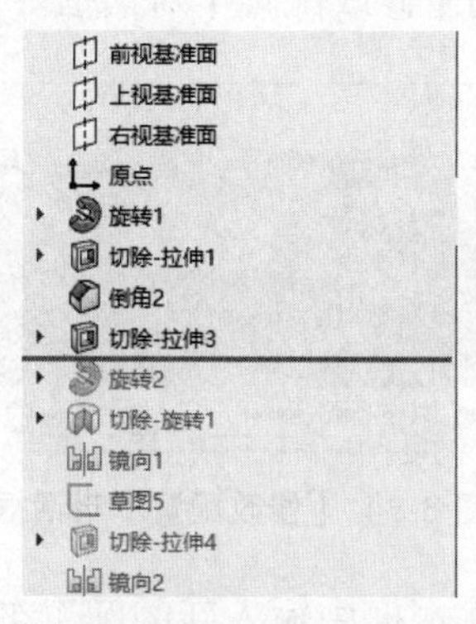

图 3-81　插入特征

3.7　系列零件的设计

对于成系列零件的设计，如果每个零件均单独建模，显然费时费力，且后续变更时需要每一个模型都单独编辑，不但设计效率低下，且容易出错，SOLIDWORKS 提供了配置功能用于这类零件的创建。

3.7.1　配置

打开示例模型 3.7.1，如图 3-82 所示。该模型的系列化主要有三个变量，即两孔中心距、大圆柱的高度、筋。其中两孔中心距有 48mm、52mm、62mm 三种规格，大圆柱对应的高度有 20mm、18mm、16mm 三种规格，当大圆柱高度小于 18mm 时，取消筋特征。具体操作方法如下：

1）单击模型的特征“凸台 - 拉伸 1”，在显示的拉伸特征尺寸“48”上右击，选择快捷菜单上的【配置尺寸】，如图 3-83 所示。

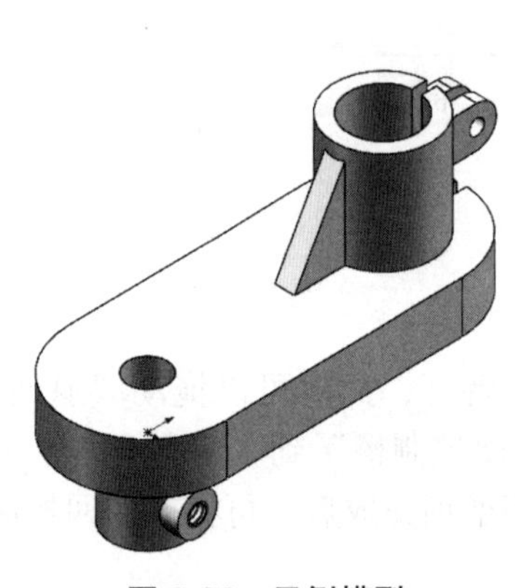

图 3-82　示例模型

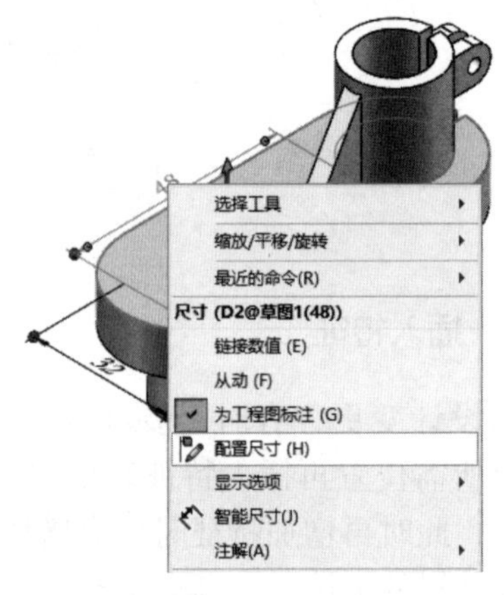

图 3-83　配置尺寸

2）系统弹出如图 3-84 所示的【修改配置】对话框。

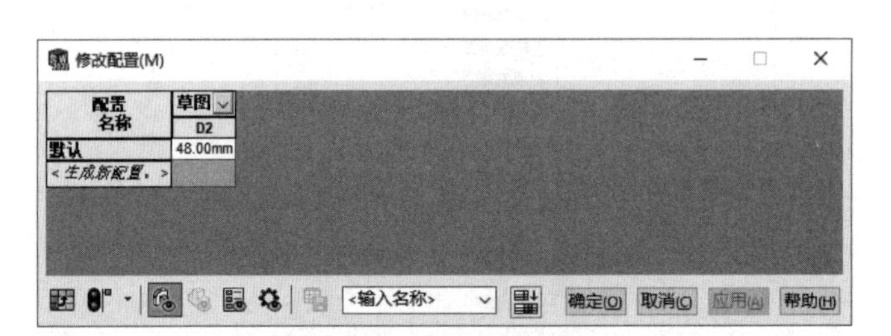

图 3-84 【修改配置】对话框

3）在【<生成新配置。>】文本框中输入新的配置名称，输入配置名称后即可在后面的单元格中输入相应的数值，如图 3-85 所示。

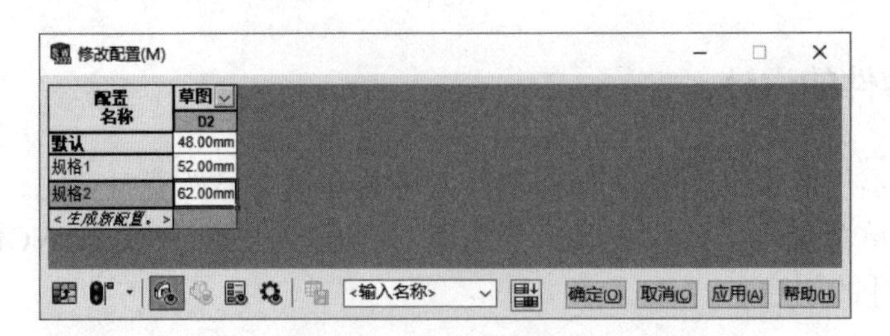

图 3-85　输入配置信息

4）单击【确定】后退出【修改配置】对话框，将设计树切换至配置栏，会看到新添加的配置已在配置列表中，如图 3-86 所示。

提示：在此处也可在根节点上右击，在快捷菜单上选择【添加配置】进行新配置的添加。如果配置较多，如同一直径的螺栓有多个长度配置，可进行合理分类，添加分类配置后再在该配置上右击，在快捷菜单上选择【添加派生的配置】，添加子配置。

5）使用同样的方法配置大圆柱的高度尺寸，分别赋值“20”“18”和“16”。

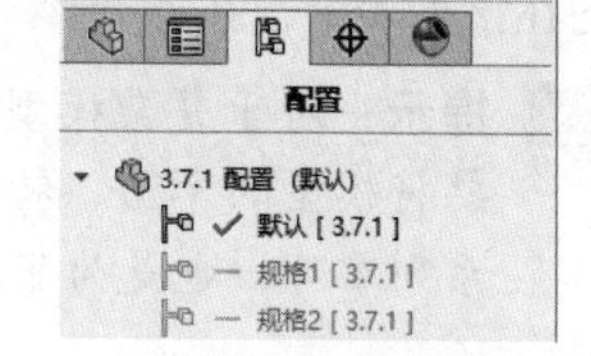

图 3-86　配置列表

6）在“筋”特征上右击，在快捷菜单上选择【配置特征】，在弹出的【修改配置】对话框中将“规格 2”后面的【压缩】项选中，如图 3-87 所示，单击【确定】完成特征配置。

提示：压缩特征将不再参与模型的运算，与隐藏不同，隐藏的对象只是看不到，还是会继续参与模型的运算。

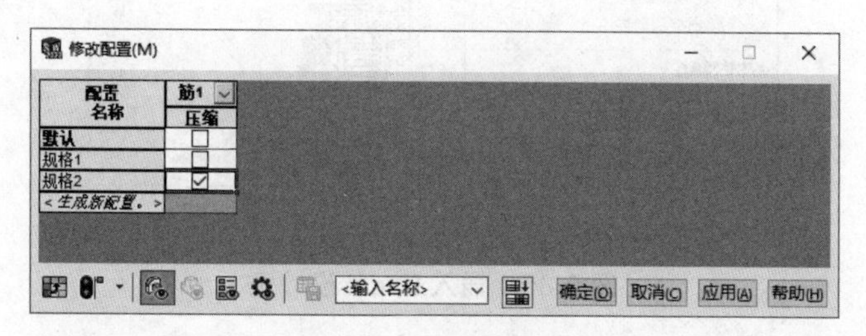

图 3-87　压缩特征

7）在设计树的配置栏中分别切换三种配置，得到的模型如图 3-88 所示。

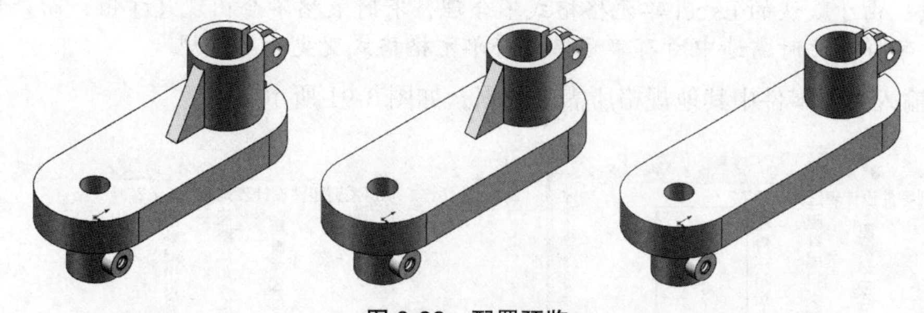

图 3-88　配置预览

注意：生成配置后，在当前配置上新增加的特征将只在当前配置中可见，而在其他配置中将默认为压缩状态，可通过【配置特征】进行修改。

3.7.2　零件设计表

如果配置的尺寸与特征较多，通过手动添加配置的方法效率较低，此时可以通过【Excel 设计表】进行批量操作。打开 3.7.2 节示例模型，具体操作方法如下：

注意：此功能需要相应版本的 Excel 支持，对于 SOLIDWORKS 2022 而言，Excel 需要 2016 及以上版本。

1）单击菜单栏的【插入】/【表格】/【Excel 设计表】，弹出如图 3-89a 所示属性栏，

【源】选择【自动生成】，单击【确定】，弹出如图 3-89b 所示【尺寸】对话框，模型所有尺寸均在该列表中，在此选择“D@ 内孔草图”“D@ 法兰孔草图”“L@ 法兰孔草图”三个尺寸。

提示： 对于复杂模型而言，列表中的尺寸会非常多，为了方便选择，在创建模型时就要将模型的草图、特征、尺寸等对象重新命名为合理的名称，这不仅是为了方便生成系列零件，也是为了方便模型的交流，方便理解设计思路。

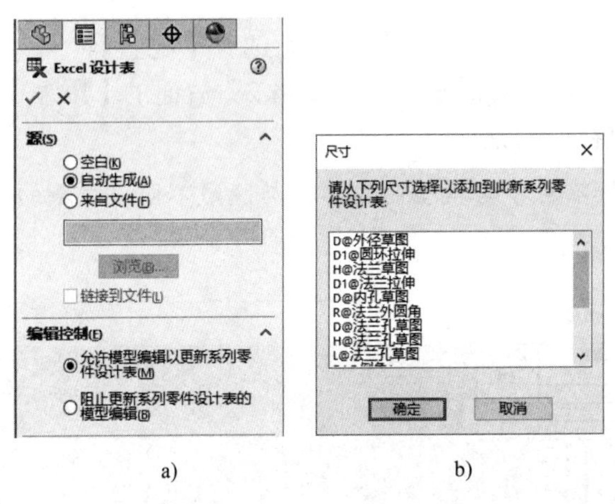

图 3-89　插入 Excel 设计表

2）单击【确定】，图形区出现了 Excel 表格，其中列出了所选的三个尺寸数据，如图 3-90 所示，其值为当前模型的尺寸值。

注意： 由于默认的 Excel 单元格格式不合理，有时表格不会出现尺寸值，而是出现“普通”字样，此时需选中所有单元格，将单元格格式变更为“常规”。

3）输入系列零件中其他规格所需的数据，如图 3-91 所示。

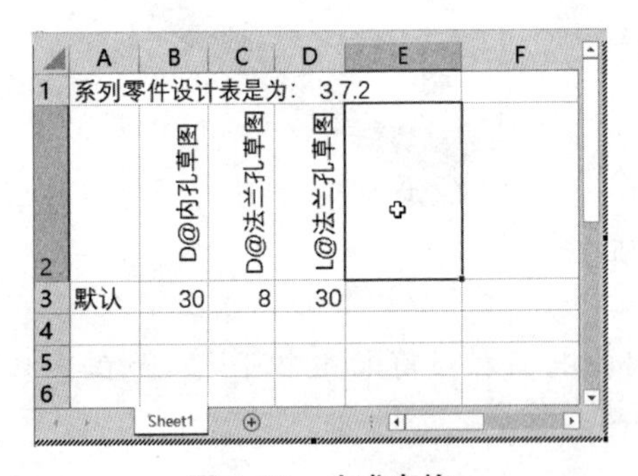

	A	B	C	D	E	F
1	系列零件设计表是为: 3.7.2					
2		D@内孔草图	D@法兰孔草图	L@法兰孔草图		
3	默认	30	8	30		
4						
5						
6						

图 3-90　生成表格

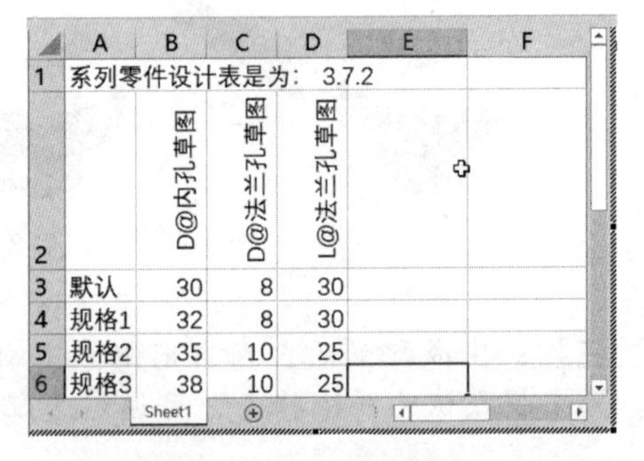

	A	B	C	D	E	F
1	系列零件设计表是为: 3.7.2					
2		D@内孔草图	D@法兰孔草图	L@法兰孔草图		
3	默认	30	8	30		
4	规格1	32	8	30		
5	规格2	35	10	25		
6	规格3	38	10	25		

图 3-91　输入规格尺寸

4）由于在“规格 2”“规格 3”配置中不需要“工艺切除”特征，需要在相应的配置中将该特征压缩，在其他配置中保持。选择表格第二行最后一个尺寸变量的后一单元格，在设计树中双击“工艺切除”特征，该特征名会出现在表格中，如图 3-92a 所示。在“规格 1”对应的单元格中输入“U”，在“规格 2”“规格 3”中输入“S”，如图 3-92b 所示。

提示： 在表格中输入“S”或“1”表示压缩该特征，输入“U”或“0”表示解除压缩。

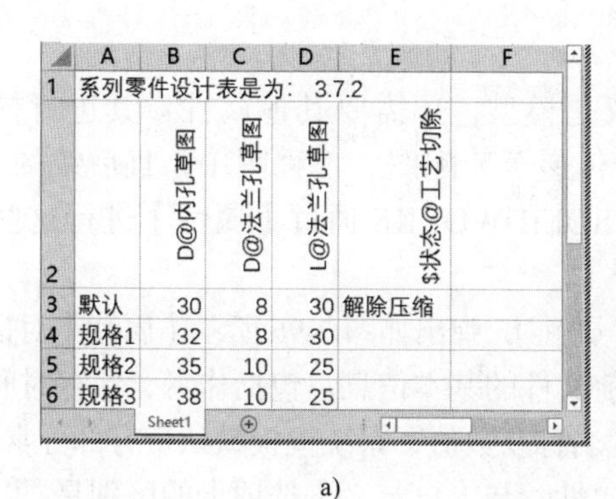

	A	B	C	D	E	F
1	系列零件设计表是为： 3.7.2					
2		D@内孔草图	D@法兰孔草图	L@法兰孔草图	$状态@工艺切除	
3	默认	30	8	30	解除压缩	
4	规格1	32	8	30		
5	规格2	35	10	25		
6	规格3	38	10	25		

a)

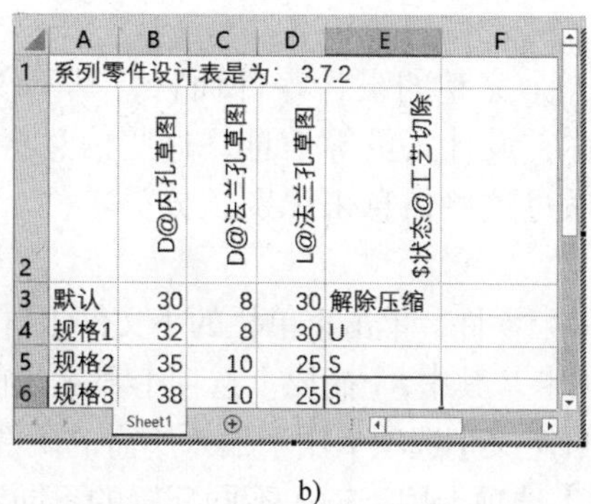

	A	B	C	D	E	F
1	系列零件设计表是为： 3.7.2					
2		D@内孔草图	D@法兰孔草图	L@法兰孔草图	$状态@工艺切除	
3	默认	30	8	30	解除压缩	
4	规格1	32	8	30	U	
5	规格2	35	10	25	S	
6	规格3	38	10	25	S	

b)

图 3-92　输入特征配置

5）在图形区空白处单击，弹出如图 3-93 所示的生成配置提示，单击【确定】，系列零件生成完成。

6）将设计树切换至配置栏，会看到新添加的配置已在配置列表中，如图 3-94 所示，其中“表格”节点下就是所生成的 Excel 表格。如需对表格进行编辑，可在 Excel 表格上右击，在快捷菜单上选择【编辑表格】，将再次进入表格编辑状态。

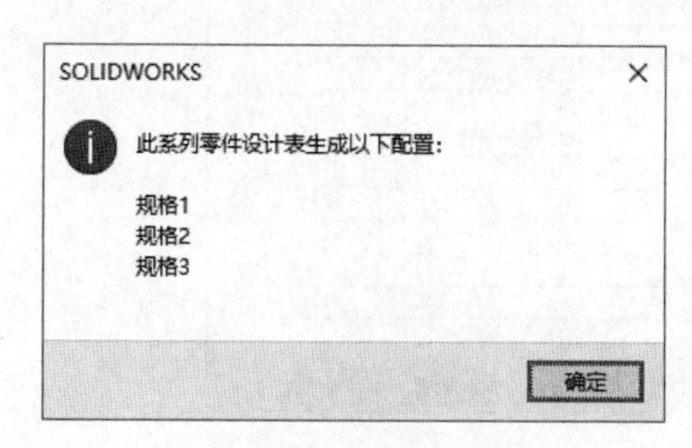

图 3-93　配置完成

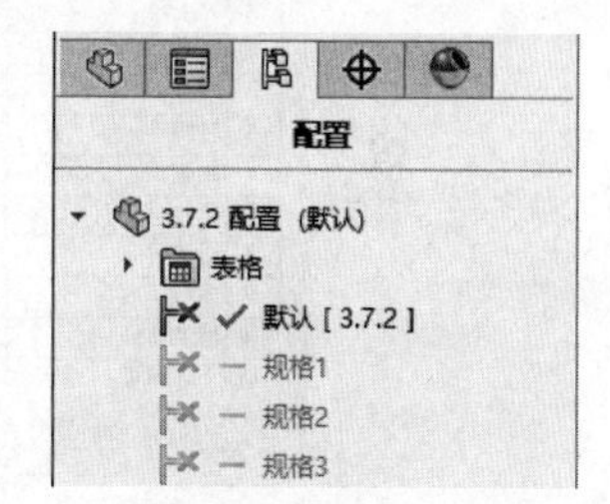

图 3-94　配置列表

7）分别激活所有配置，如图 3-95 所示，检查配置所生成的零件是否符合要求。

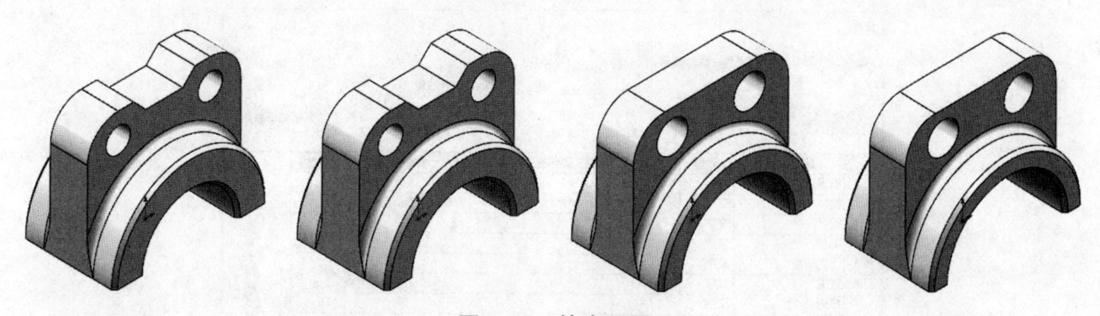

图 3-95　检查配置

配置是生成系列零件的主要工具，为使系列零件更为智能，可通过 Excel 表格中的函数计算所需的各项数值。

3.8 文件属性

作为一个完整的设计零件而言，其不仅是模型，还需要其他属性对其进行描述，如代号、名称、设计人员等信息，这些信息会传递至装配图、工程图中，且后续的 PDM 管理也需要通过这些信息来识别、分类零件。SOLIDWORKS 通过【属性】进行这些信息的添加。

新建一个零件，单击菜单栏的【文件】/【属性】，弹出如图 3-96 所示【属性】对话框，包含四个选项卡。其中，【摘要】选项卡显示当前文件的基本信息，包括作者、保存时间、使用版本等；【自定义】选项卡用于输入所需的属性名称及数值，系统模板默认带有部分常用属性；【配置属性】选项卡用于输入不同配置的不同属性，与【自定义】选项卡的区别是，【自定义】选项卡中的属性不区分配置，所有配置均相同；【属性摘要】选项卡是对【配置属性】选项卡内容的另一种显示方式，用于分类显示不同的属性名称在不同配置中的数值。

属性

摘要　自定义　配置属性　属性摘要

材料明细表数量：默认

删除(D)　编辑清单(E)

	属性名称	类型	数值 / 文字表达	评估的值
1	Description	文字		
2	Weight	文字	"SW-质量@零件5.SLDPRT"	0.000
3	Material	文字	"SW-材质@零件5.SLDPRT"	材质 <未指定>
4	质量	文字	"SW-质量@零件5.SLDPRT"	0.000
5	材料	文字	"SW-材质@零件5.SLDPRT"	材质 <未指定>
6	单重	文字	"SW-质量@零件5.SLDPRT"	0.000
7	零件号	文字		
8	设计	文字		
9	审核	文字		
10	标准审查	文字		
11	工艺审查	文字		

确定　取消　帮助(H)

图 3-96 【属性】对话框

将鼠标指针放在序号栏单击可以选择整行，按住左键并拖动可以选择多行，选择后按 <Delete> 键可删除该行。删除不常用的属性，只留下常用属性，如图 3-97 所示。

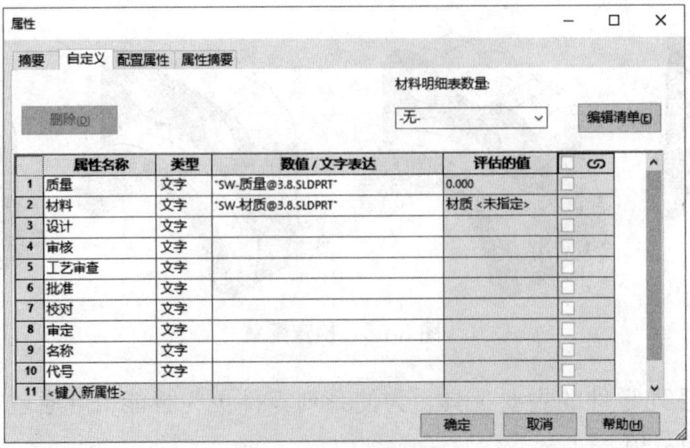

属性

摘要　自定义　配置属性　属性摘要

材料明细表数量：-无-

删除(D)　编辑清单(E)

	属性名称	类型	数值 / 文字表达	评估的值
1	质量	文字	"SW-质量@3.8.SLDPRT"	0.000
2	材料	文字	"SW-材质@3.8.SLDPRT"	材质 <未指定>
3	设计	文字		
4	审核	文字		
5	工艺审查	文字		
6	批准	文字		
7	校对	文字		
8	审定	文字		
9	名称	文字		
10	代号	文字		
11	<键入新属性>			

确定　取消　帮助(H)

图 3-97 删除属性

如需要新增属性，可单击【< 键入新属性 >】文本框输入新的属性名称，在【类型】文本框中选择数值的类型，在【数值 / 文字表达】文本框中输入所需的属性值，也可在下拉列表中选择关联模型的相关数据，如材料、质量、体积等，这些值来源于模型，所以当模型修改后此处也会自动变更。

提示： 如果所定义的属性后续会经常使用，可在定义完成后将该文件另存为模板文件，保存时在【保存类型】的下拉列表中选择“Part Templates (*.prtdot)”，下次新建零件时选用该模板，将会保留该处的所有定义属性，包括选项中的【文档属性】定义的内容。

【配置属性】选项卡中列出了模型的所有配置，如图 3-98a 所示，可以对每个配置单独添加属性及数值，在输入数值时根据需要选择属于哪个配置，其中有三个选项，即【此配置】、【所有配置】、【指定配置】。当选择【指定配置】时，会弹出如图 3-98b 所示对话框，用于选择输入的值应用到哪些配置中。

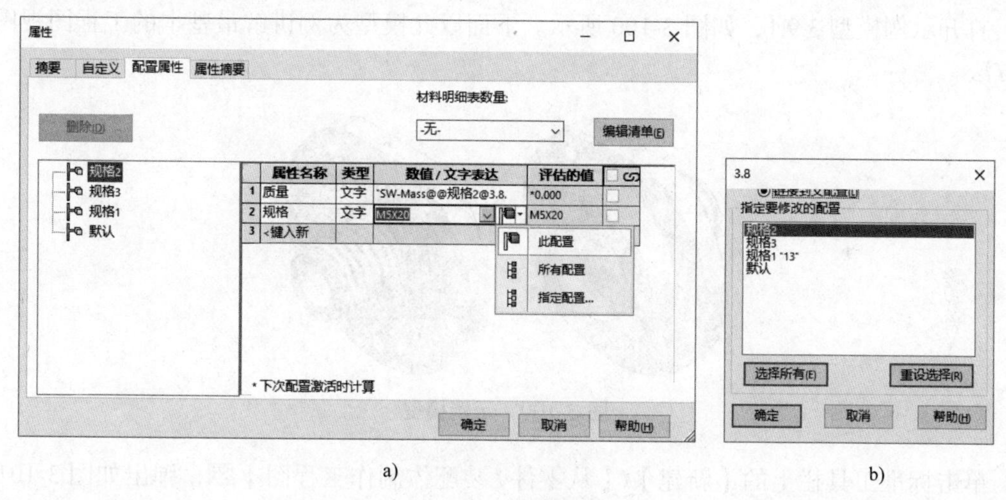

a)　　　　　　　　　　b)

图 3-98　配置属性

注意： 如果【配置属性】选项卡与【自定义】选项卡中有相同的属性名称，在后续的工程图、PDM 中将优先引用【配置属性】选项卡中的值，除非特别指定。

【属性摘要】选项卡列出了属性名称在不同配置中的数值，如图 3-99 所示。

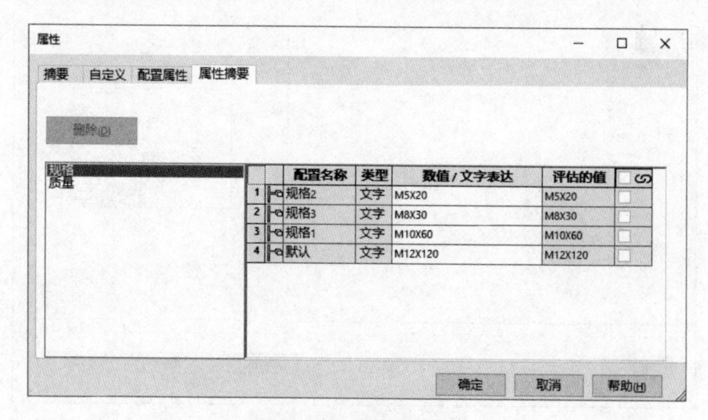

图 3-99　属性摘要

提示：SOLIDWORKS 还提供了独立的、更专业的属性编制工具，可通过程序组【SOLIDWORKS 工具 2022】/【属性标签编制程序 2022】进入使用，具体使用方法可参考机械工业出版社的《SOLIDWORKS 操作进阶技巧 150 例》（ISBN：978-7-111-65508-4）一书。

3.9 零件工程图的生成

现阶段，工程图仍是设计人员与生产加工部门沟通的主要载体，通过工程图传递设计要素、加工要求、装配信息等。虽然三维设计已基本普及，但符合标准的工程图仍然是当前设计环境下不可或缺的部分。

3.9.1 视图的生成

打开示例模型 3.9.1，如图 3-100 所示。下面以此模型为例讲解最基本的工程图视图生成方法。

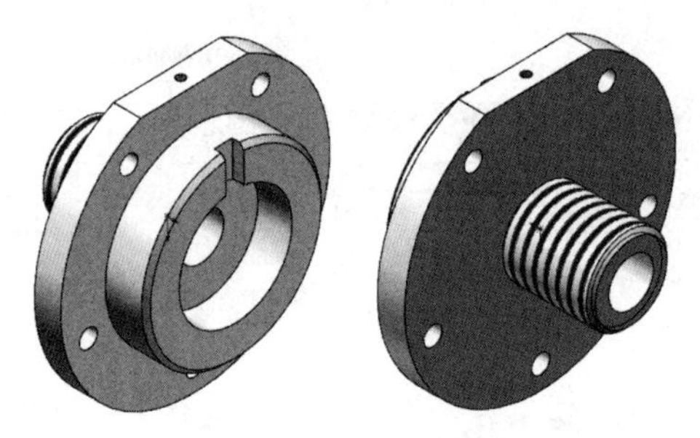

图 3-100　示例模型

单击标准工具栏上的【新建】/【从零件/装配体制作工程图】，弹出如图 3-101 所示对话框，根据需要选择相应的模板，在这里选择“gb_a3”。

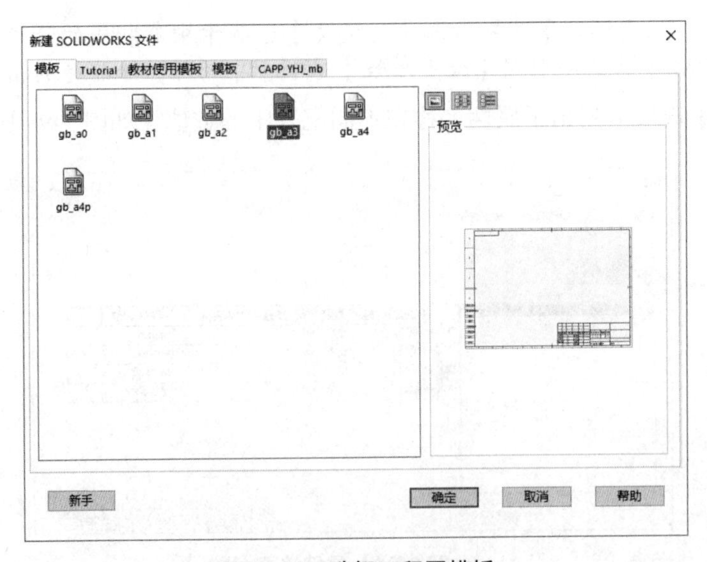

图 3-101　选择工程图模板

系统进入工程图环境，并显示【视图调色板】，如图 3-102 所示。选择作为主视图的视图，将其拖放至工程图区域，生成主视图后自动进行【投影视图】，移动鼠标会看到相应的预览。当预览视图与期望的一致时单击即可生成相应的视图，生成需要的视图后按 <Esc> 键或右击退出视图的生成。

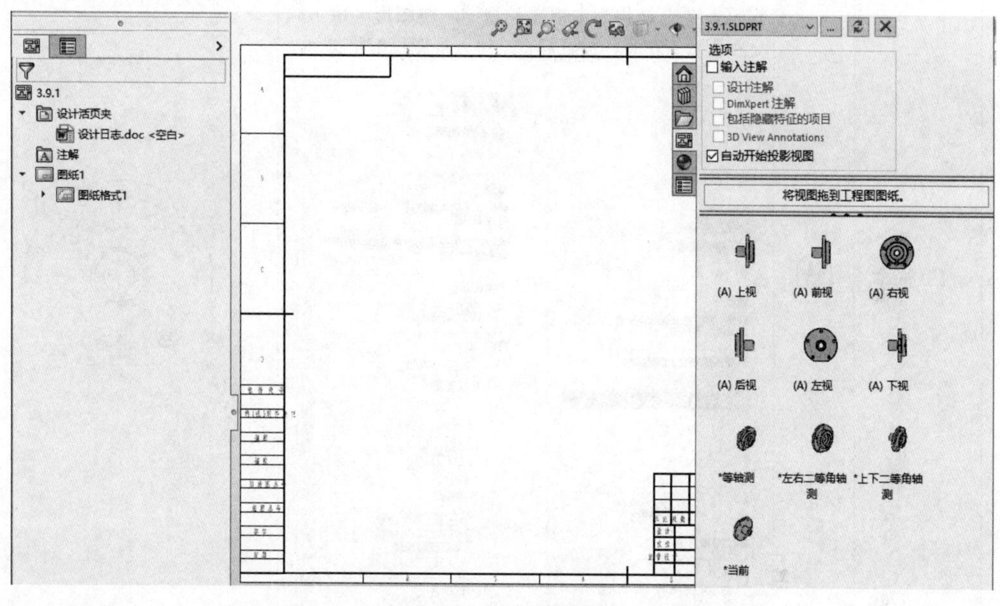

图 3-102　工程图环境

除了生成工程图时选择视图外，SOLIDWORKS 在【视图布局】工具栏上还提供了丰富的视图生成工具，见表 3-7。

表 3-7　视图生成工具

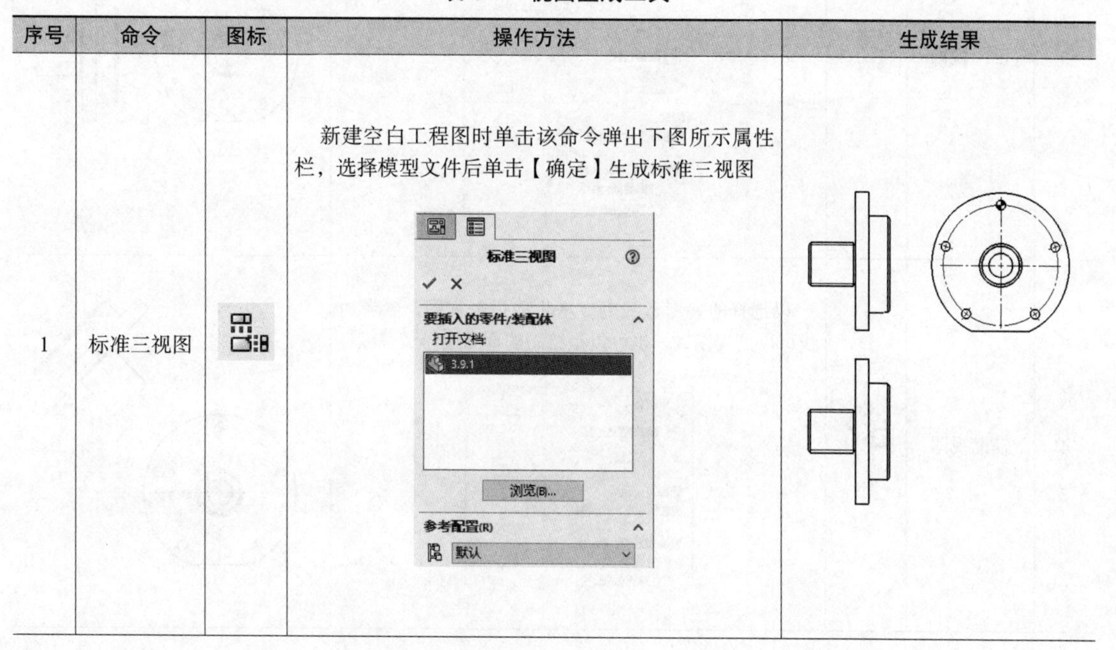

序号	命令	图标	操作方法	生成结果
1	标准三视图		新建空白工程图时单击该命令弹出下图所示属性栏，选择模型文件后单击【确定】生成标准三视图 标准三视图 要插入的零件/装配体 打开文档: 3.9.1 浏览(B)... 参考配置(R) 默认	

（续）

序号	命令	图标	操作方法	生成结果
2	模型视图		根据所选零部件生成标准视图。单击该命令弹出模型视图属性栏，选择模型后单击【下一步】，根据需要选择作为主视图的视图，在图形区单击确定视图放置位置，放置后自动进入视图投影状态 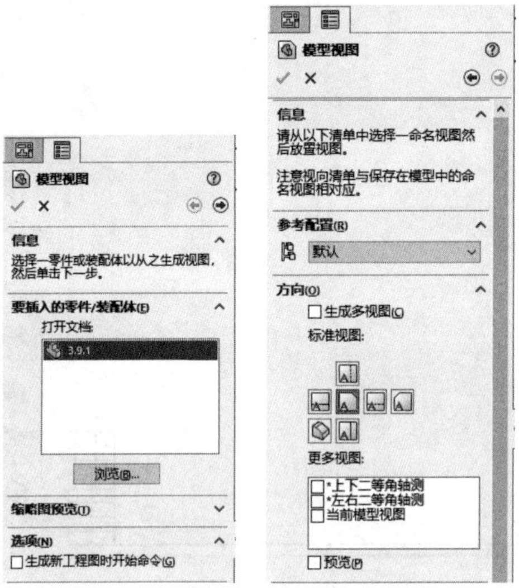	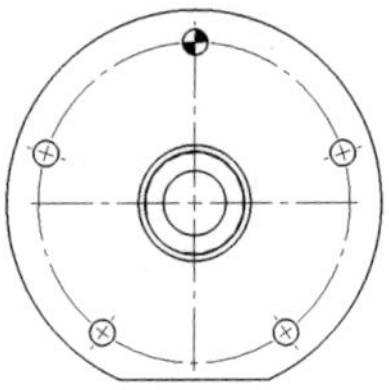
3	投影视图		通过已有视图生成所需的正交投影视图。选择参照的视图后移动鼠标，系统根据鼠标位置生成相应的视图 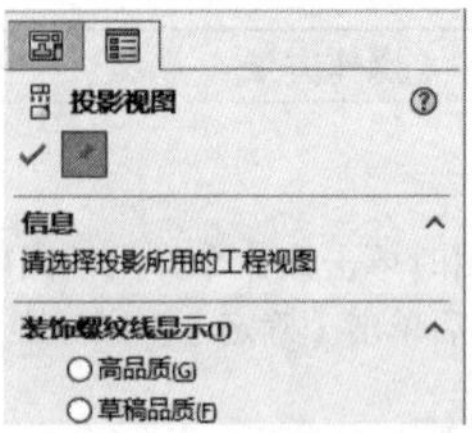	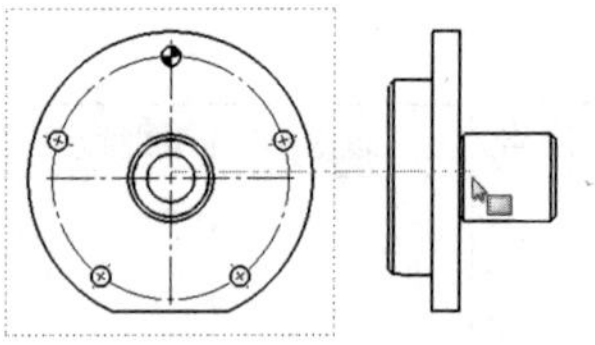
4	辅助视图		以选择的参考边线为参考生成投影视图，参考边线可以是视图线，也可以是绘制的草图线 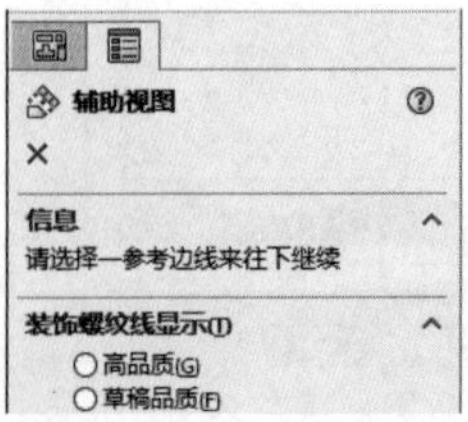	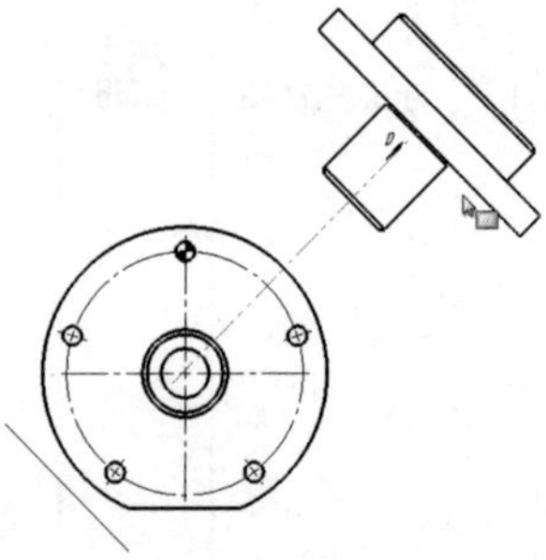

（续）

序号	命令	图标	操作方法	生成结果
5	剖面视图		使用切割线对已有视图进行剖切生成剖视图，包括全剖、半剖、阶梯剖、旋转剖，可以绘制草图线作为切割线参考 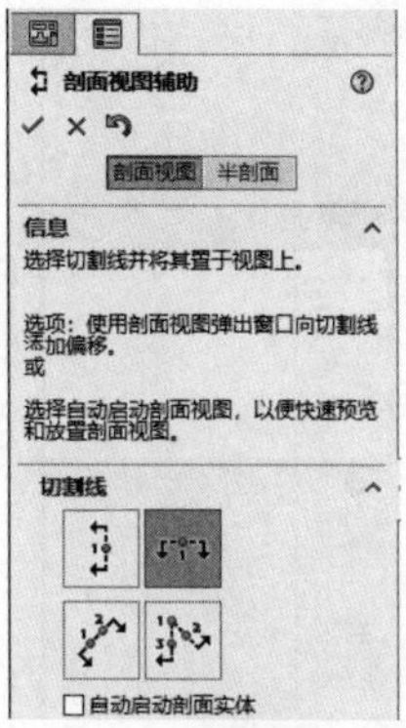 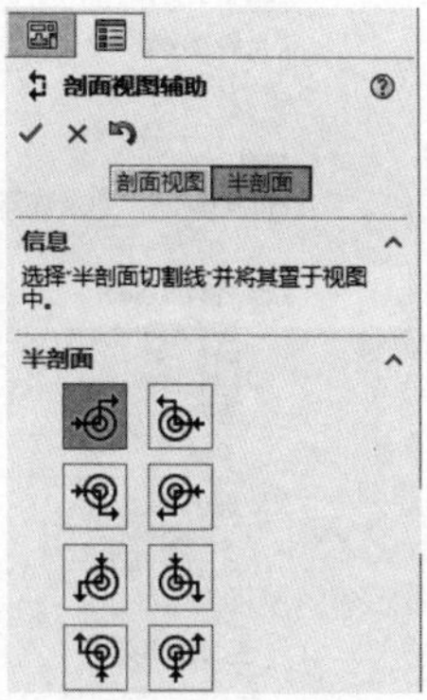	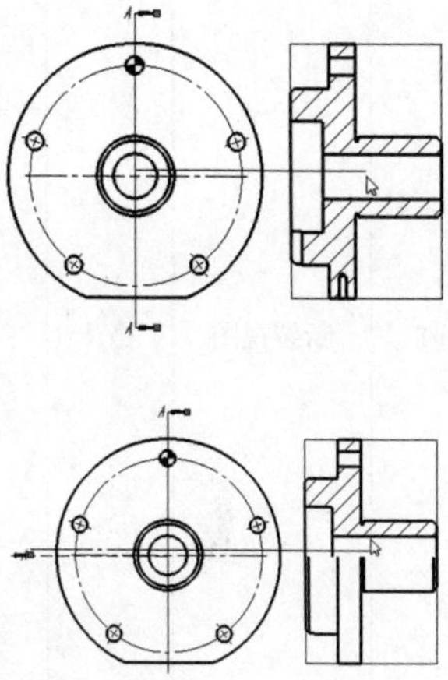
6	局部视图		对给定的范围进行放大显示 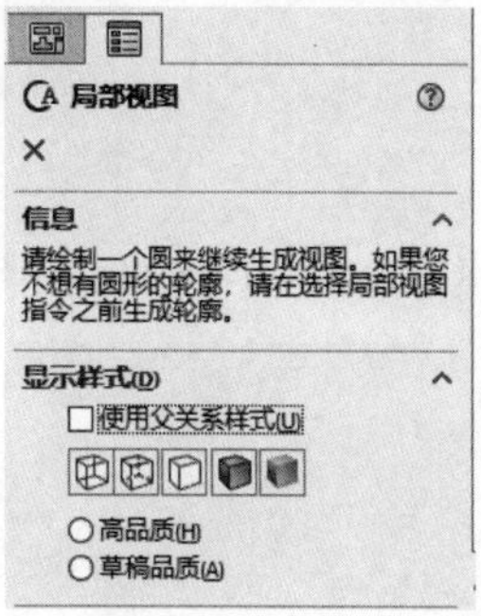	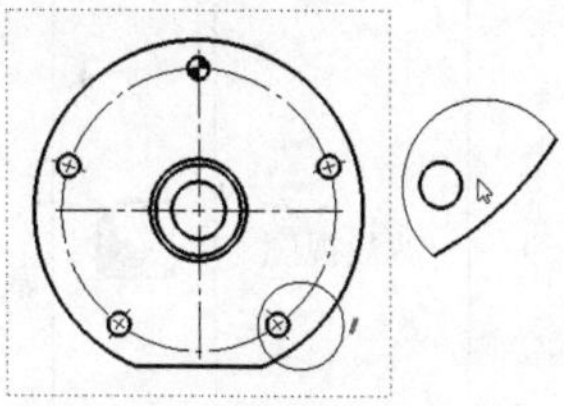
7	断开的剖视图		在已有视图上剖切部分区域，以显示其内部特征，区域范围可在创建前用草图绘制 	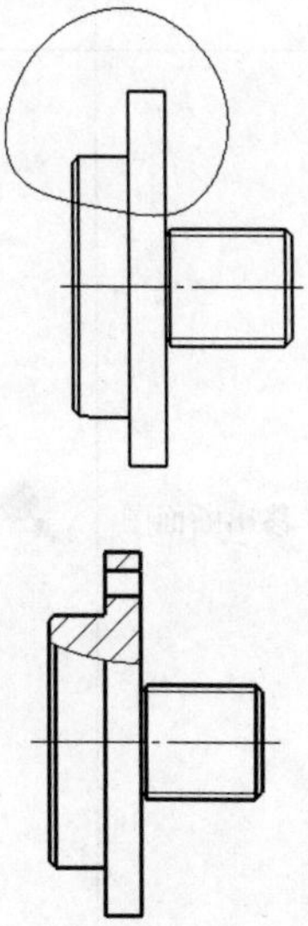

（续）

序号	命令	图标	操作方法	生成结果
8	断裂视图		可以将零部件中形状较单一且较长的视图进行截断，只显示出其两端部分 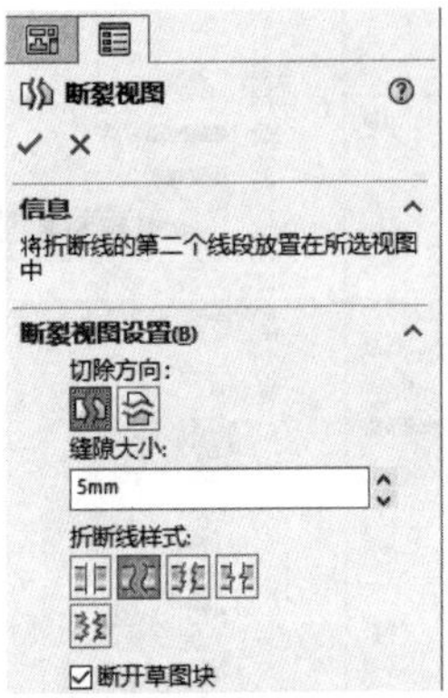 断裂视图 信息 将折断线的第二个线段放置在所选视图中 断裂视图设置(B) 切除方向: 缝隙大小: 5mm 折断线样式: 断开草图块	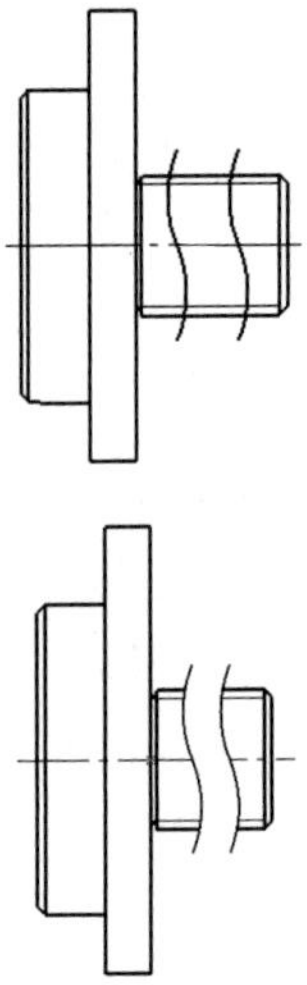
9	剪裁视图		隐藏所定义范围之外的部分来对已有视图进行剪裁	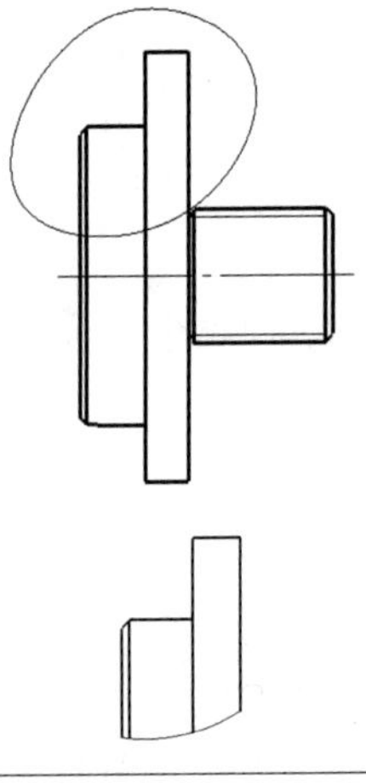
10	移出断面图		选择两条相对边线，将视图在选定位置显示模型的剖切 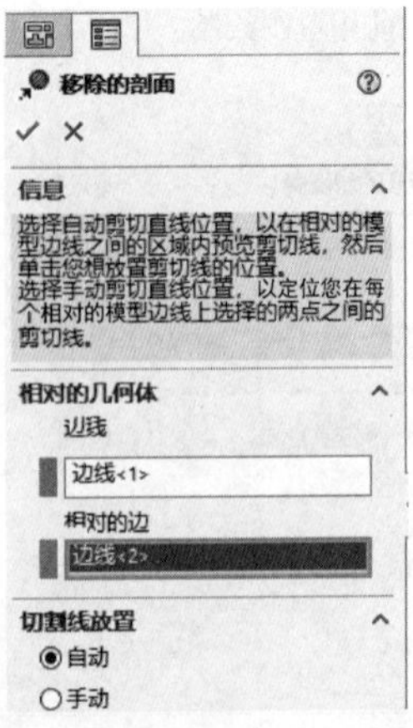 移除的剖面 信息 选择自动剪切直线位置，以在相对的模型边线之间的区域内预览剪切线，然后单击您想放置剪切线的位置。 选择手动剪切直线位置，以定位您在每个相对的模型边线上选择的两点之间的剪切线。 相对的几何体 边线 边线<1> 相对的边 边线<2> 切割线放置 自动 手动	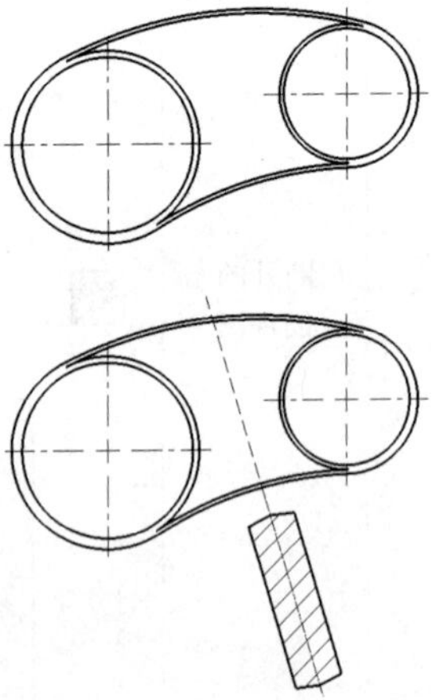

（续）

序号	命令	图标	操作方法	生成结果
11	相对视图		在模型空间选择参考平面，以所选参考平面为基准生成工程视图	

根据工程图表达的需要，一张工程图中通常会包含多个视图。三维软件中的工程图是依据模型投影的方式生成的，某些表达与机械制图的标准表达方式有所不同，关于其中差异的处理方式可依据 GB/T 26099.4—2010 中的相关规定，使用时需结合实际需要选择合理的表达方案。

3.9.2　工程图编辑

由于 SOLIDWORKS 工程图的生成是依据模型投影，实际生成工程图中有时需要对自动生成的视图进行相应的编辑修改。SOLIDWORKS 提供了常用的编辑工具，下面以示例模型 3.9.2 为例进行讲解。

1. 线型定义

线型主要是指线粗，当默认的线粗满足不了需求时，可通过【选项】/【文档属性】/【线型】进行修改，如图 3-103 所示，选择需要修改的边线类型后再在右侧下拉列表中选择所需的线粗。

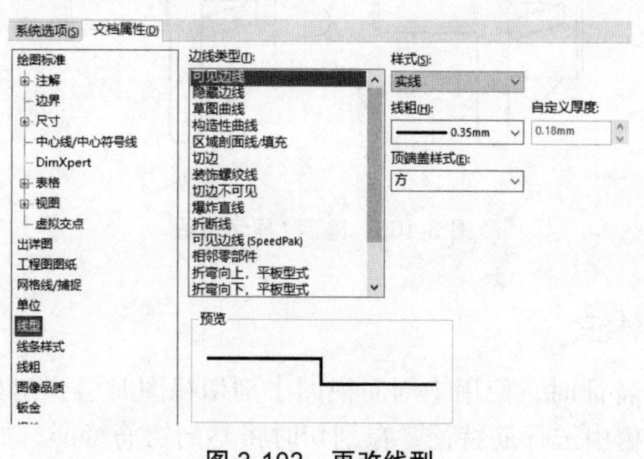

图 3-103　更改线型

当下拉列表中的线粗也满足不了需求时，可以在【选项】/【文档属性】/【线粗】中更改系统预定义的线粗，也可以选择【自定义大小】，再输入线型所需的线粗尺寸。

2. 切边显示

系统默认生成视图时包含了切边，如图 3-104a 所示；而通常切边是不需要显示的，此时可以选中视图后右击，在快捷菜单上选择【切边】/【切边不可见】，结果如图 3-104b 所示。

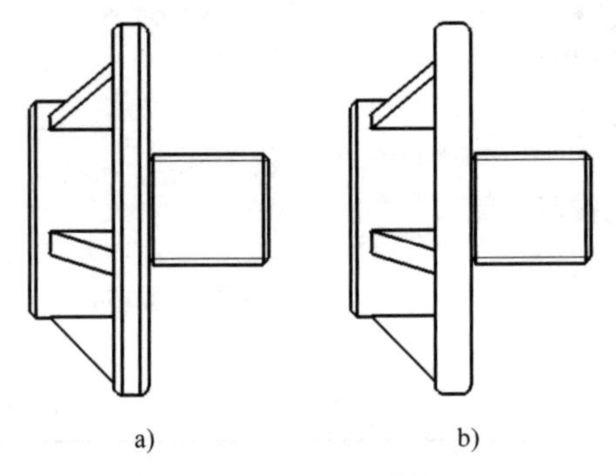

a)　　b)

图 3-104　切边显示

如果要将【切边不可见】变为默认选项，可将【选项】/【系统选项】/【工程图】/【显示类型】中的【相切边线】下的选项设置为【移除】。

3. 隐藏 / 显示边线

在工程图中，对于按模型投影生成的边线有时需要隐藏。如图 3-105a 所示视图，需要隐藏左侧倒角投影线，选择该边线后在关联工具栏上单击【隐藏 / 显示边线】，结果如图 3-105b 所示。如果已隐藏的边线需要再次显示，可选择该视图后在关联工具栏上再次单击该命令，此时已隐藏的线会以橙色显示，单击后该边线将重新显示。

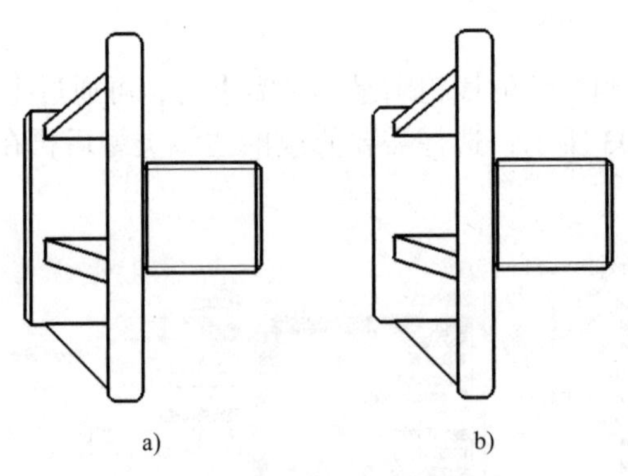

a)　　b)

图 3-105　隐藏 / 显示边线

4. 剖切时排除筋特征

当模型中含有筋特征时，使用【剖面视图】剖切视图时会弹出如图 3-106a 所示对话框。此时可以在设计树中选择筋特征，在剖切时将不剖切筋特征；如果没有选择筋特征，则筋特征会同步剖切，结果如图 3-106b 所示。后续如果需要排除，可在该视图上右击，在快捷菜单中选择【属性】，再选择需排除的筋特征，结果如图 3-106c 所示。

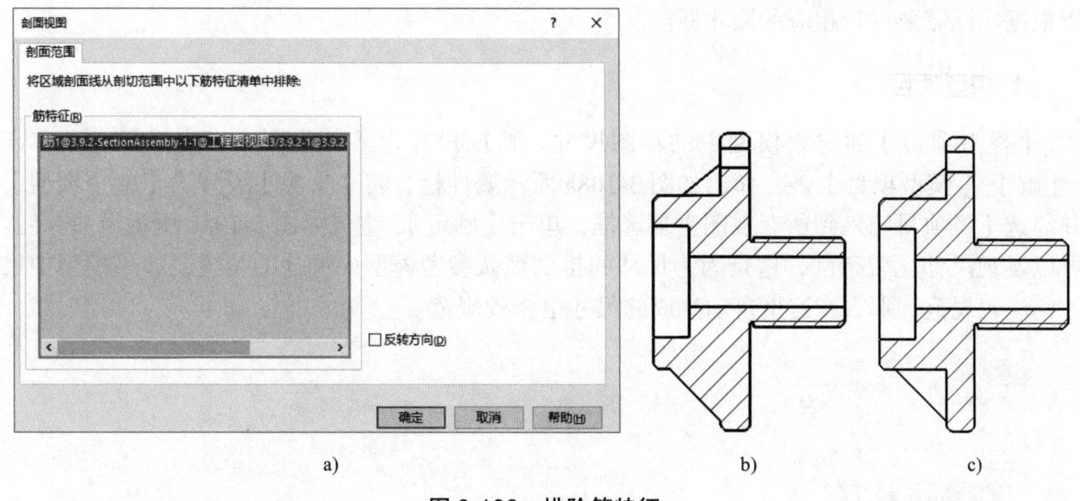

图 3-106　排除筋特征

5. 更改剖面线

SOLIDWORKS 中剖面线默认是依据模型所选材料中定义的剖面线形式。如需要更改其默认的剖面线形式，可以选择剖面线，弹出如图 3-107a 所示属性栏，取消勾选【材质剖面线】复选框，在【剖面线图样】下拉列表中选择所需的剖面线形式，并根据需要调整比例及角度，结果如图 3-107b 所示。如需涂黑，只需选择【实线】选项即可。

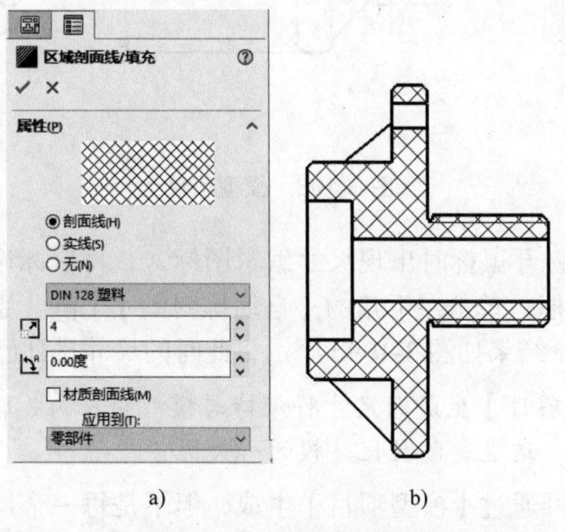

图 3-107　更改剖面线

SOLIDWORKS 中工程图与其相应的三维模型保持着关联性，模型的更改会反馈至工程图中。在对工程图进行编辑时应尽量减少修改的内容，以避免因修改带来不必要的误解。

3.9.3 尺寸标注

在生产制造过程中是以工程图中标注的尺寸为主要依据的，工程图中的视图生成后需要根据实际需要进行相应的尺寸标注。

1. 模型项目

【模型项目】通过将模型中的草图尺寸、特征尺寸带入工程图中来生成尺寸。单击【注解】/【模型项目】，弹出如图 3-108a 所示属性栏，将【来源】设置为【整个模型】，并勾选【将项目输入到所有视图】复选框，单击【确定】，生成如图 3-108b 所示尺寸标注。可以发现尺寸比较杂乱，这是因为尺寸的排列默认参考模型中尺寸的位置，如果模型中尺寸标注较规范，那么在这里自动生成的尺寸也将较规范。

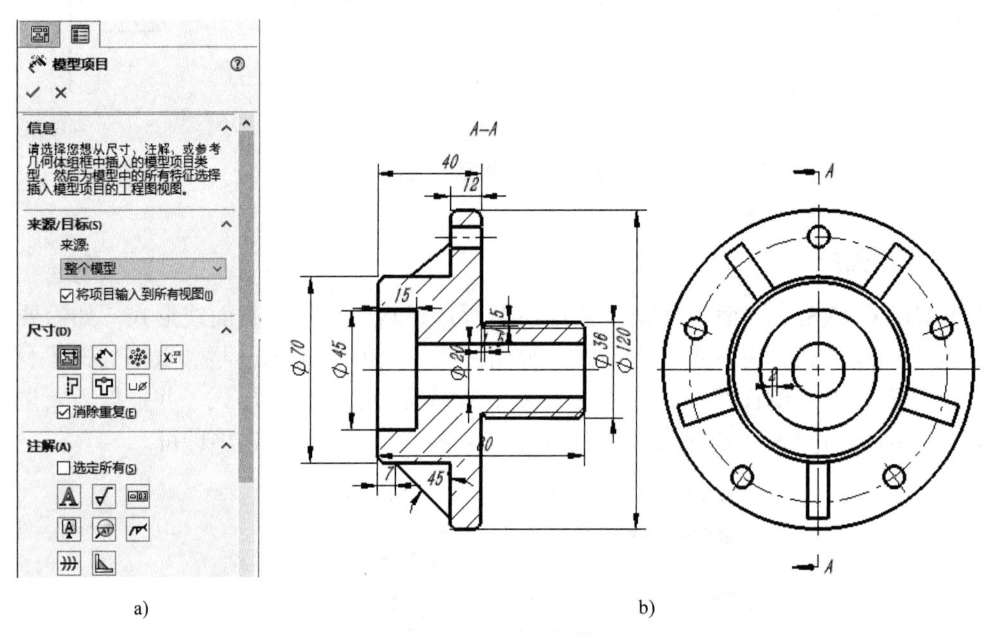

a) b)

图 3-108 模型项目

框选中所有尺寸，松开鼠标时出现尺寸编辑图标，将鼠标移至该图标，系统展开如图 3-109a 所示属性对话框。单击左下角的【自动排列尺寸】，系统按【文档属性】中定义的规则自动排列尺寸，结果如图 3-109b 所示，此时的尺寸排列已较为规范。

提示：通过【模型项目】生成的尺寸将保持与模型的双向关联性，在其中一处的修改将会同步至另一处，这也是参数化建模的一大优势。

虽然大多数尺寸均可通过【模型项目】生成，但不是每一个尺寸均符合标注要求，此时可根据需要进行编辑修改。

技巧：在创建模型时如确定某个尺寸无须带入工程图，可在创建模型时在该尺寸上右击，在快捷菜单上取消【为工程图标注】的选项，此时该尺寸值将变为紫色，通过【模型项目】生成尺寸时将不包含该尺寸。

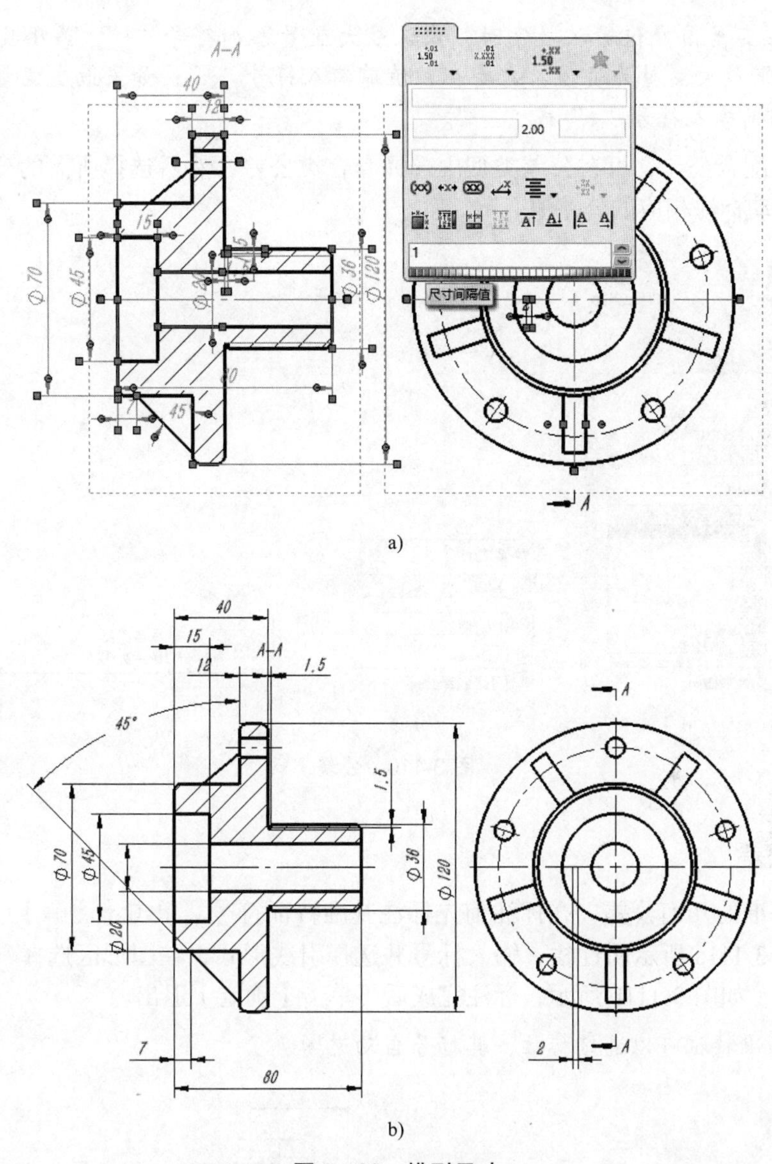

图 3-109　排列尺寸

2. 智能尺寸

当【模型项目】标注的尺寸满足不了要求时，可通过【智能尺寸】进行补充，【智能尺寸】的使用方法与草图中的使用方法相同。

3. 公差

公差是尺寸中非常重要的构成要素。选择需添加公差的尺寸，在尺寸属性栏的【公差 / 精度】中选择所需的公差类型，如图 3-110a 所示。此处选择【双边】，并输入最大变量“0.15”和最小变量“0.05”，如图 3-110b 所示，输入的公差值出现在所选尺寸中，如图 3-110c 所示。

提示： 在变量值处仅输入数字时，默认最大变量添加符号“+”，最小变量添加符号“−”。如果最大变量为负值，需要在数值前输入符号“−”；如果最小变量为正值，需要在数值前输入符号“+”或“−−”。

如需输入配合公差，可在公差类型中选择套合类公差，然后选择所需的公差代号，系统将按尺寸自动标注相应的公差值。

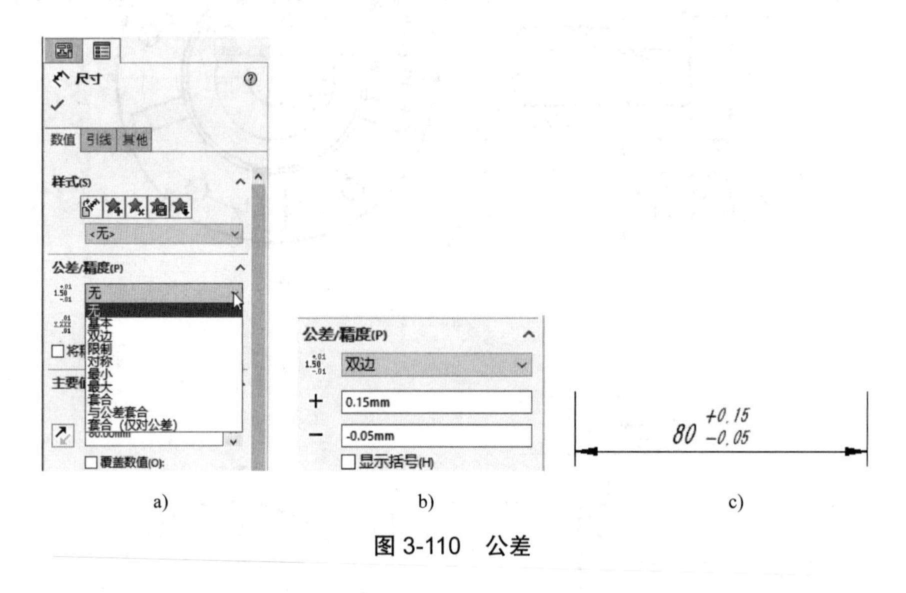

图 3-110　公差

4. 几何公差

对于有基准的几何公差，在标注前先标注基准特征符号。单击【注解】/【基准特征】，弹出如图 3-111a 所示属性栏，输入标号并选择引线形式，在图形区选择参考线并放置在合适的位置，如图 3-111b 所示，标注完成后再单击【确定】退出。

提示： 基准特征可以连续标注，其标号自动递增。

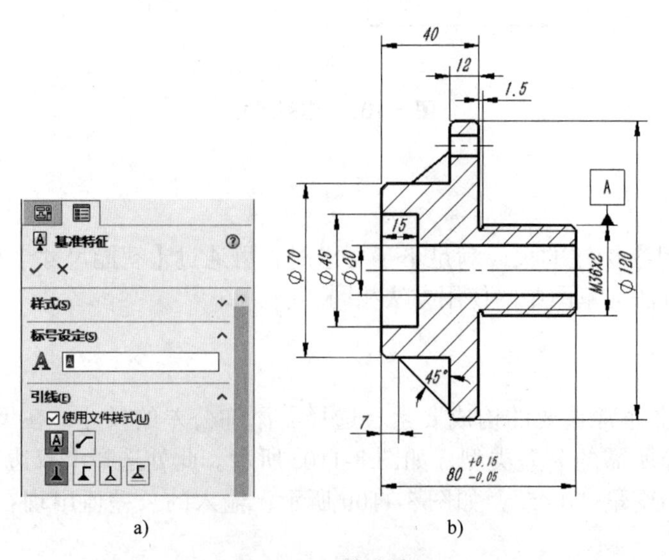

图 3-111　基准特征

单击【注解】/【形位公差⊖】，弹出如图 3-112a 所示属性栏，并有矩形框跟随鼠标。在合适的位置单击放置矩形框，弹出如图 3-112b 所示对话框。选择公差符号“同心”，弹出如图 3-112c 所示对话框。输入“0.015”，并选择直径符号“ϕ”，单击【添加基准】，弹出如图 3-112d 所示对话框，输入基准“A”，如果需要多个基准，可单击【新添】。输入完成后单击【完成】，生成的几何公差如图 3-112e 所示。

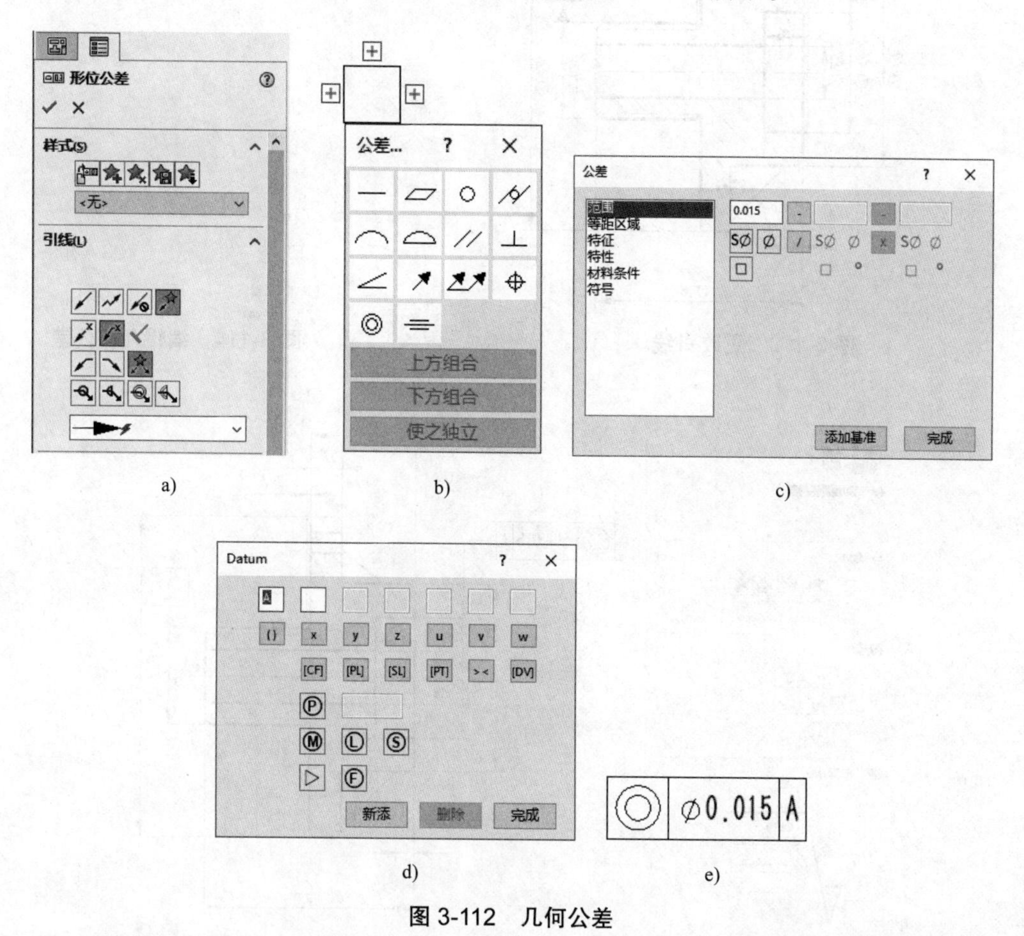

图 3-112　几何公差

单击生成的几何公差，在属性栏中选择合适的引线，在这里选择【引线】、【垂直引线】、【引线向右】三个选项，并调整几何公差位置，结果如图 3-113 所示。

双击几何公差进入编辑状态，如图 3-114 所示。对现有内容修改时直接单击对应的单元格，在弹出的相应对话框中进行修改。需添加内容时，如增加行，可单击相应位置的“+”，不同位置的“+”均会有对应的对话框，根据需要添加所需的内容即可。

5. 粗糙度

单击【注解】/【表面粗糙度符号】，弹出如图 3-115a 所示属性栏。选择所需的符号并输入所需值，在图形区选择粗糙度符号的标注位置，如图 3-115b 所示，单击【确定】完成标注。

⊖ 国家标准中“形位公差”一词被“几何公差”一词替代，但软件页面上仍显示“形位公差”一词。

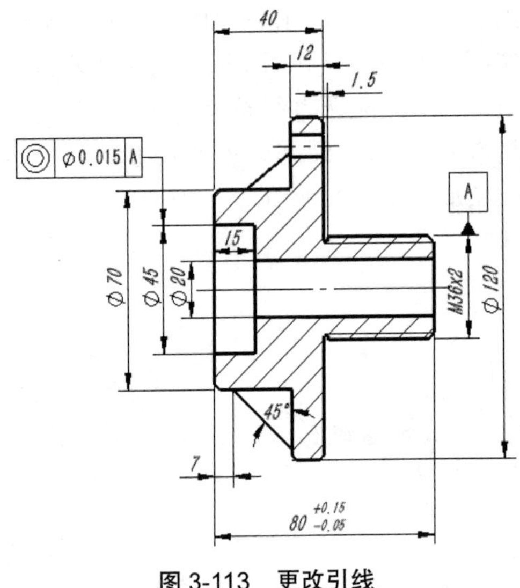

图 3-113　更改引线

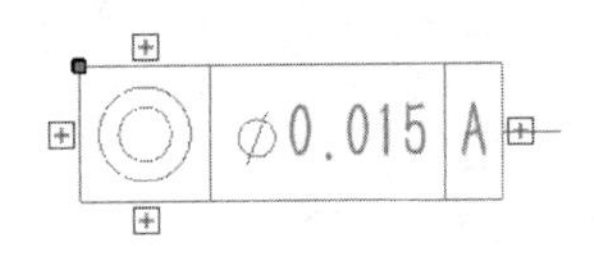

图 3-114　编辑几何公差

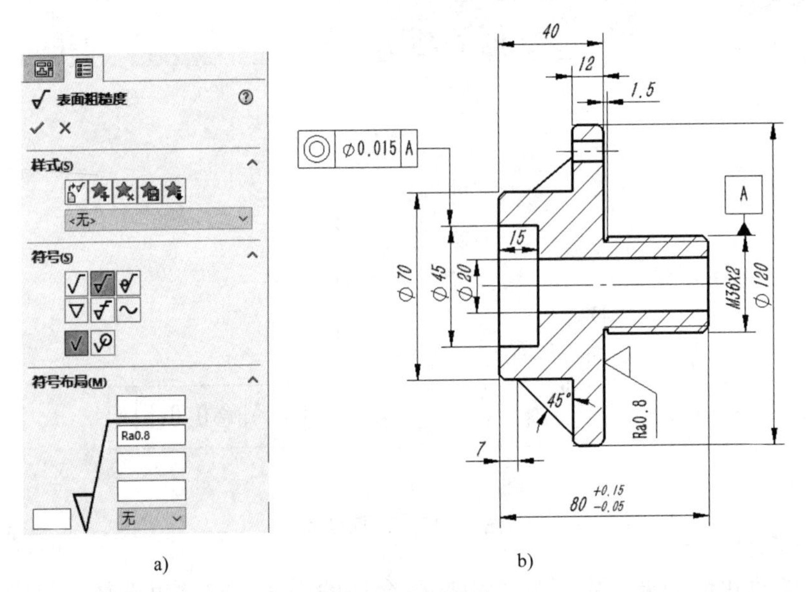

a)　　　　　　b)

图 3-115　粗糙度

6. 焊接符号

单击【注解】/【焊接符号】，弹出如图 3-116a 所示对话框。在【焊接符号】中选择所需的符号，并输入所需值，在图形区选择焊接符号的标注位置，如图 3-116b 所示，单击【确定】完成标注。

7. 注释

工程图中的技术要求等文字信息可通过【注释】进行标注。单击【注解】/【注释】A，在图形区标注位置处单击，输入所需的注释文字，如图 3-117 所示，可以通过【格式化】

工具栏对当前所输文字进行格式定义。

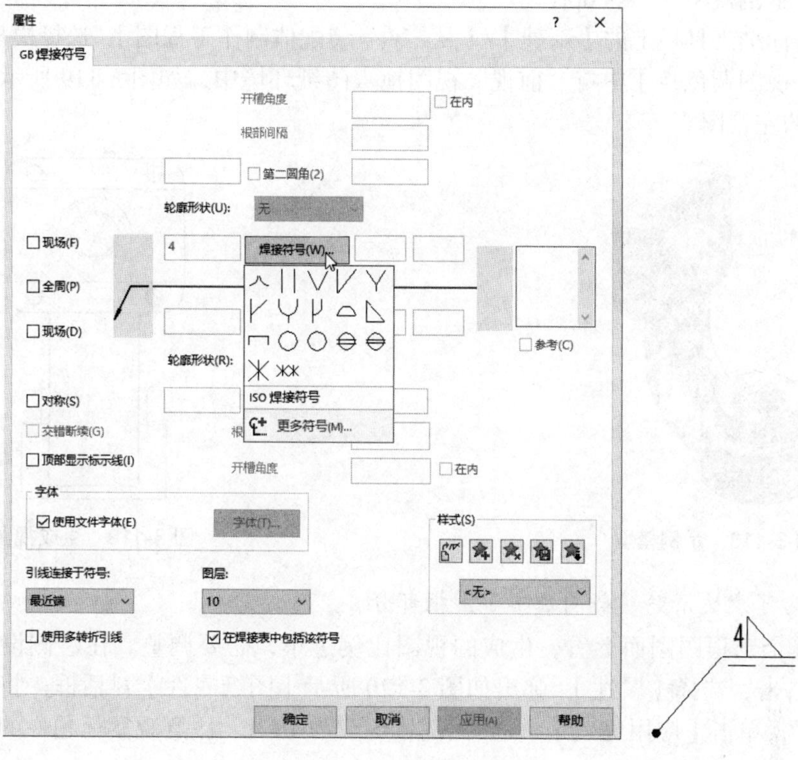

a)　　　　b)

图 3-116　焊接符号

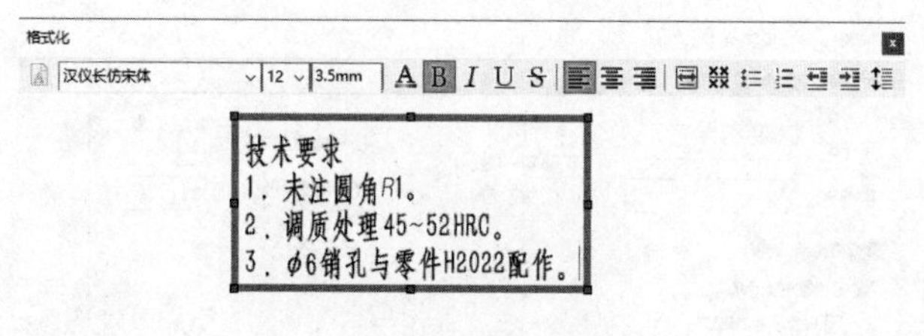

图 3-117　注释

3.9.4　工程图实例

根据图 3-118 所示示例模型，创建相应的工程图。

分析：对于零件工程图的生成，首先要分析视图如何表达，这与《机械制图》类课程中零件视图的生成分析方法相同。该模型是叉架类零件，主视图通过全剖表达，全剖有两种实现方法：一是先生成左视图，再在左视图上用【剖面视图】生成主视图；二是生成基本的主视图，再在主视图上通过【断开的剖视图】实现全剖。考虑到全剖还需排除筋，在此选用第一种方法；筋使用移出断面图方法表达；而其中较小的沉孔由于尺寸较小，使用局部放大视图进行表达。视图生成后进行基本尺寸标注，再根据需要标注粗糙度、几何公差等，最后输入技术要求及标题栏信息。具体操作步骤如下：

1）打开示例模型 3.9.4.sldprt。

2）单击标准工具栏上的【新建】/【从零件 / 装配体制作工程图】，选择模板“gb_a3”。

3）从【视图调色板】中将“前视”视图拖入图纸环境中，如图 3-119 所示，此视图将作为工程图的左视图。

图 3-118　示例模型

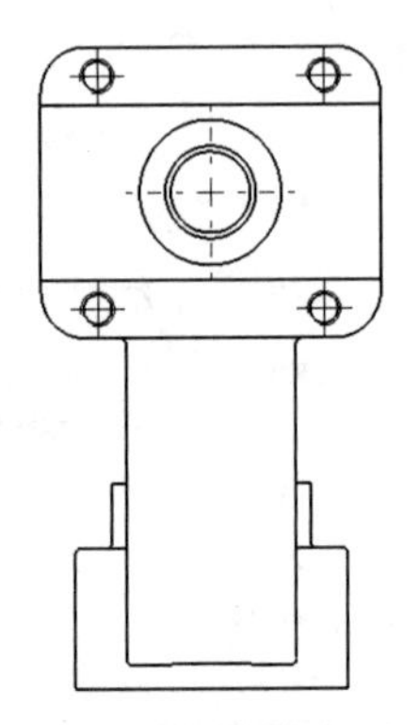

图 3-119　生成视图

注意：为了表达清楚，截图省略了图框部分。

4）从整个工程图图面上看，生成的视图比例过小，需要调整。在左侧设计树上找到“图纸 1”，右击，选择【属性】，弹出如图 3-120 所示【图纸属性】对话框，将【比例】更改为“1：1”，单击【应用更改】，视图比例将更改为 1：1。注意观察标题栏的【比例】栏中填写的信息。

提示：此方法是更改整个工程图的比例，如果需要更改某个特定视图的比例，可选择该视图，在左侧属性栏中找到【比例】，选择【使用自定义比例】，并选择所需的比例。

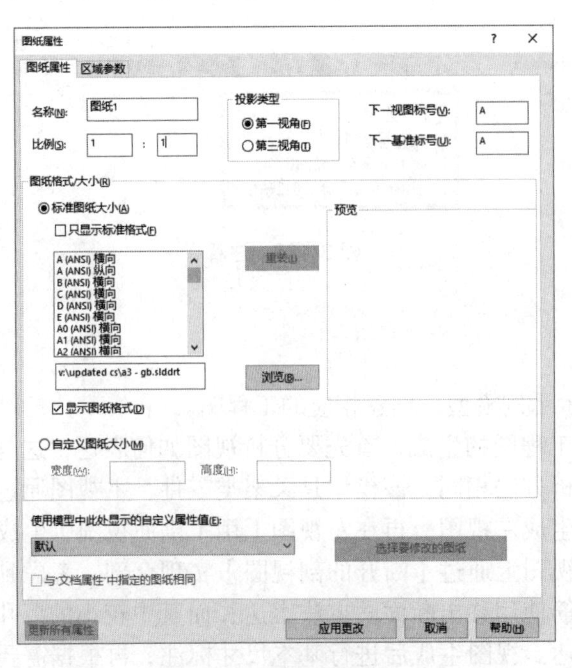

图 3-120　更改图纸比例

注意：由于国家标准中对于切边线是不显示的，如果视图中包含了切边线，可在选中视图后选择【视图】/【显示】/【切边不可见】，以隐藏切边线。

5）单击【工程图】/【剖面视图】,【切割线】选择【竖直】，并选择左视图大圆圆心为参考点，单击【确定】。由于模型中含有筋特征，此时会弹出如图 3-121a 所示对话框，选择筋特征，再次单击【确定】，并向左侧移动鼠标，在合适的位置单击，生成如图 3-121b 所示剖视图。

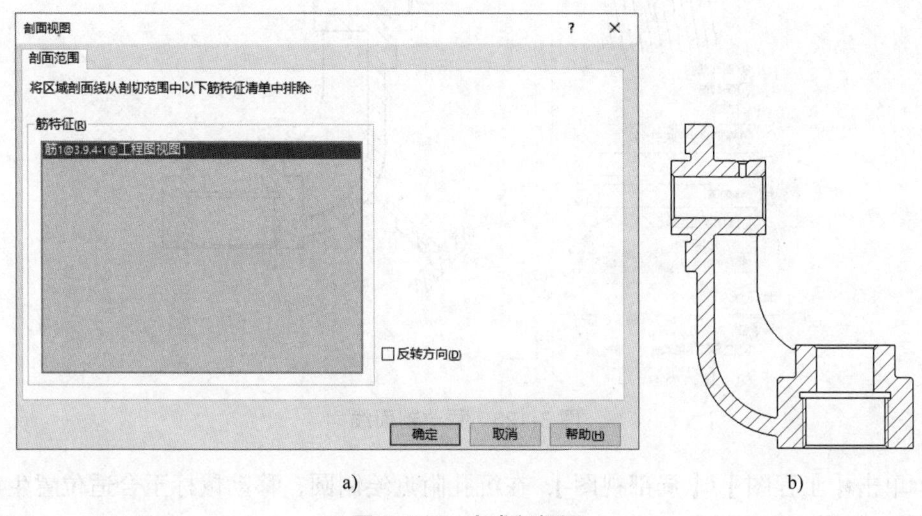

a)　　　　b)

图 3-121　生成剖视图

提示：如果不剖切筋特征，也可生成视图后，选择视图并右击，选择【属性】，在【工程图属性】对话框的【剖面范围】中加以排除。

6）单击【工程图】/【移出断面图】，弹出如图 3-122a 所示属性栏，在剖视图上选择两外侧圆弧，在合适的位置单击，此时会弹出【剖面范围】对话框，在这里不需要排除筋，所以直接单击【确定】，移动鼠标至合适的位置，生成如图 3-122b 所示视图。

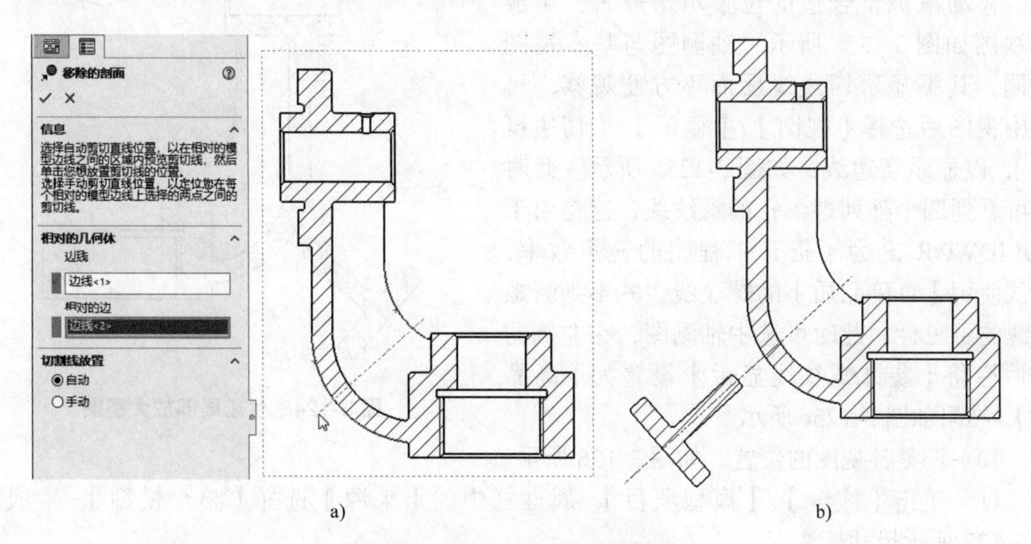

a)　　　　b)

图 3-122　生成移出断面图

7）由于默认生成的剖面线不合理，在此需要做相应调整。单击断面图中的剖面线，在弹出的【区域剖面线 / 填充】中取消勾选【材质剖面线】复选框，在剖面线图样角度中输入“35”，如图 3-123 所示。

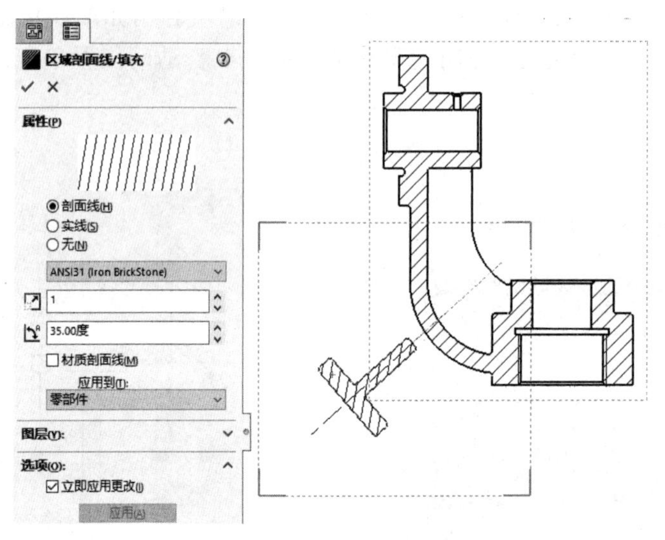

图 3-123　更改剖面线

8）单击【工程图】/【局部视图】，在沉孔附近绘制圆，移动鼠标至合适位置生成局部放大视图，如图 3-124 所示。

提示：【局部视图】默认为放大一倍，如需其他的放大系数，可选中视图后，在其属性栏的【比例】中选择标准放大比例，也可根据需要自定义比例。

9）为了方便读图需生成轴测图。选择全剖视图后单击【工程图】/【投影视图】，并向右上角移动鼠标，可实时看到生成视图的预览，移动鼠标至合适的位置单击放置，生成的视图如图 3-125a 所示。轴测图与基本视图不同，其不显示切边线反而不方便观察，可选中视图后选择【视图】/【显示】/【切边可见】，以显示切边线，如图 3-125b 所示。此时还可看到四个阵列螺纹孔的螺纹线，这是由于 SOLIDWORKS 为了提升工程图的显示效率，默认使用【草稿品质】的螺纹线，并不判断螺纹线的可见性，此时可选中轴测图，在左侧的属性栏将【装饰螺纹线显示】设置为【高品质】，结果如图 3-125c 所示。

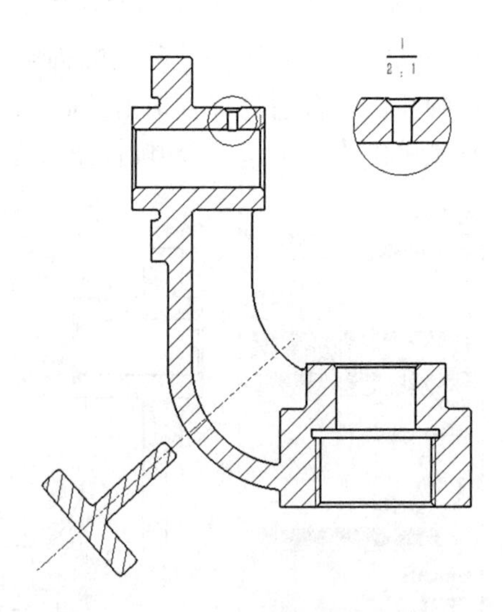

图 3-124　生成局部放大视图

10）调整各视图的位置，如图 3-126 所示。

11）单击【注解】/【模型项目】，属性栏中的【来源】选择【整个模型】，生成如图 3-127 所示尺寸标注。

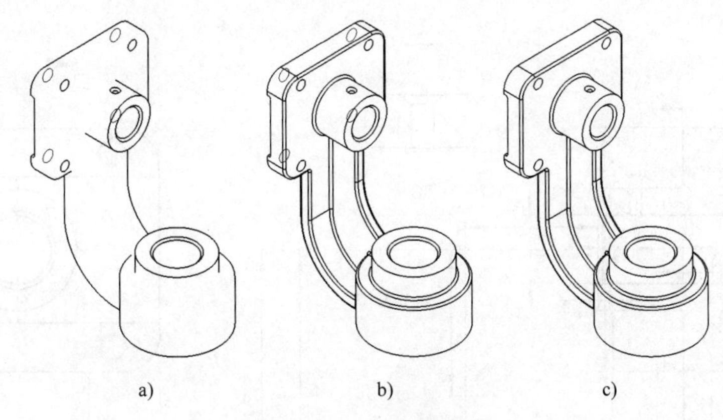

图 3-125　生成轴测图

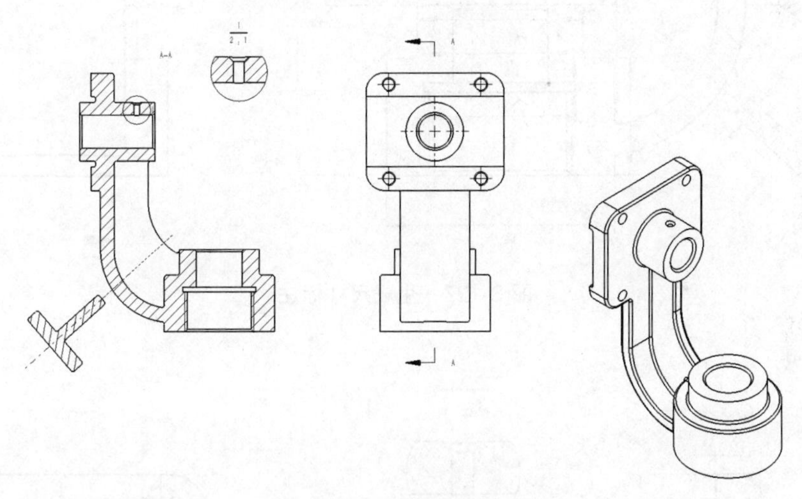

图 3-126　调整视图位置

注意：此时生成的尺寸标注并不符合标注规范，主要有两个方面，一是尺寸形式，如箭头大小、尺寸字体等；二是尺寸位置较乱。这些均需要进行相应的调整。

12）单击工具栏中的【选项】，选择【文档属性】选项卡，对绘图标准进行调整。在这里主要将【注解】、【尺寸】中的字体更改为“仿宋”，【尺寸】、【视图】中的箭头尺寸分别调整为“0.5”“3”“6”，其余可根据需要随时调整，调整完成后单击【确定】，结果如图 3-128 所示。

提示：新生成一张空白工程图，对各项标注参数调整完善后保存为模板，下次使用时直接选择保存的模板，可避免每次调整的麻烦。

13）对所有尺寸位置进行调整，删除多余尺寸，并添加漏标尺寸，结果如图 3-129 所示。

技巧：框选中所有尺寸，在弹出的工具栏上选择【自动排列尺寸】以提高尺寸调整的效率。

14）添加公差、粗糙度等标注，结果如图 3-130 所示。

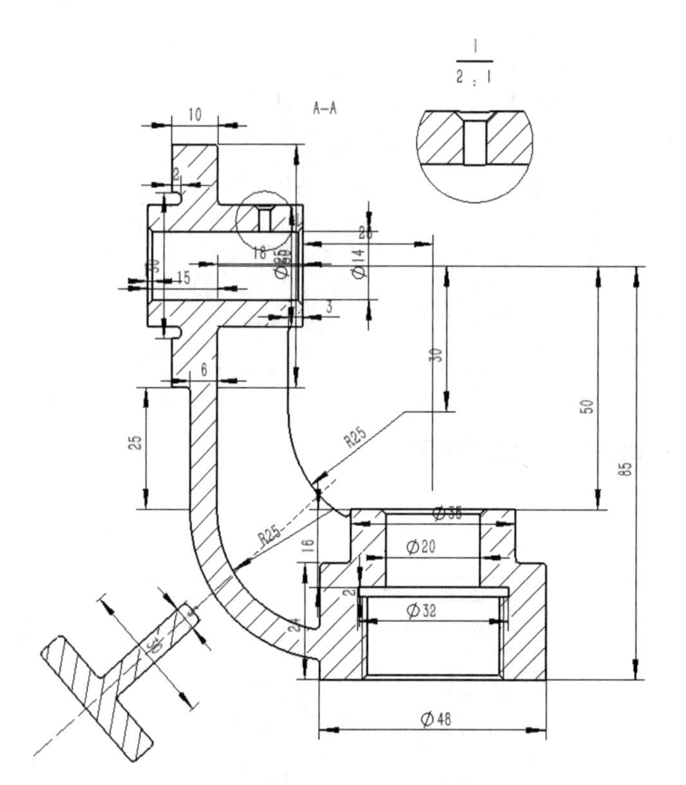

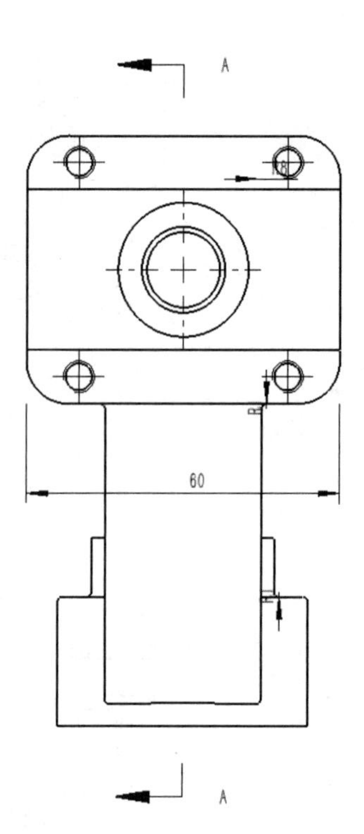

图 3-127　生成尺寸标注

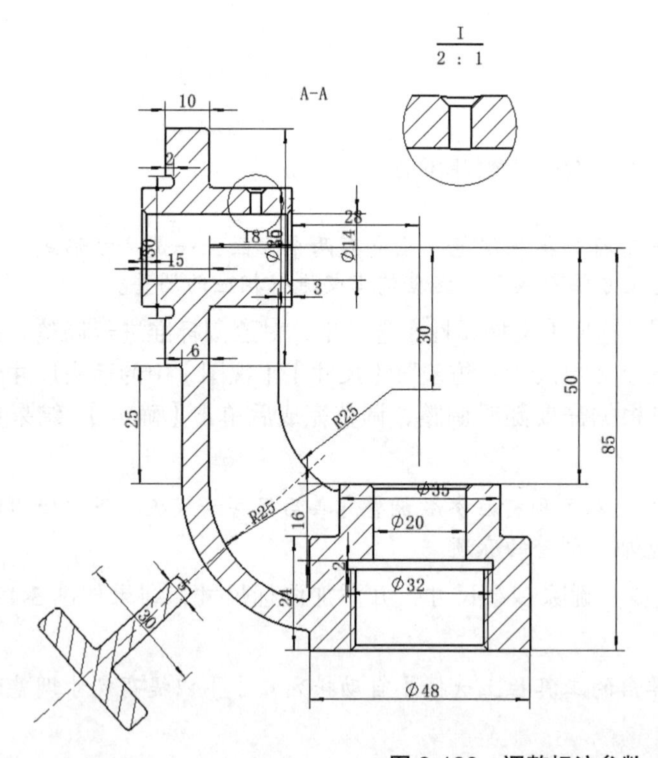

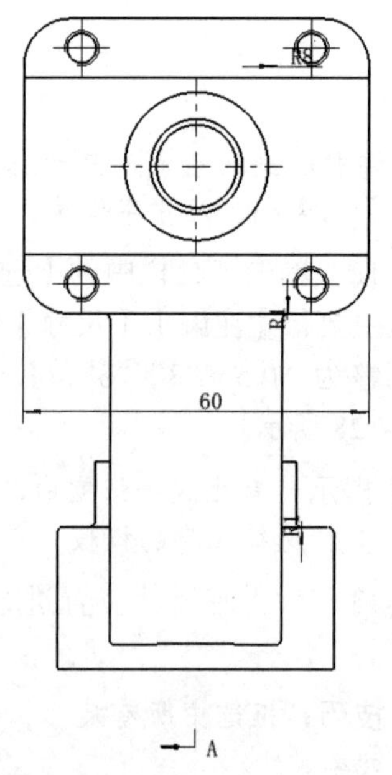

图 3-128　调整标注参数

15）增加技术要求，完善标题栏信息等，如图 3-131 所示。

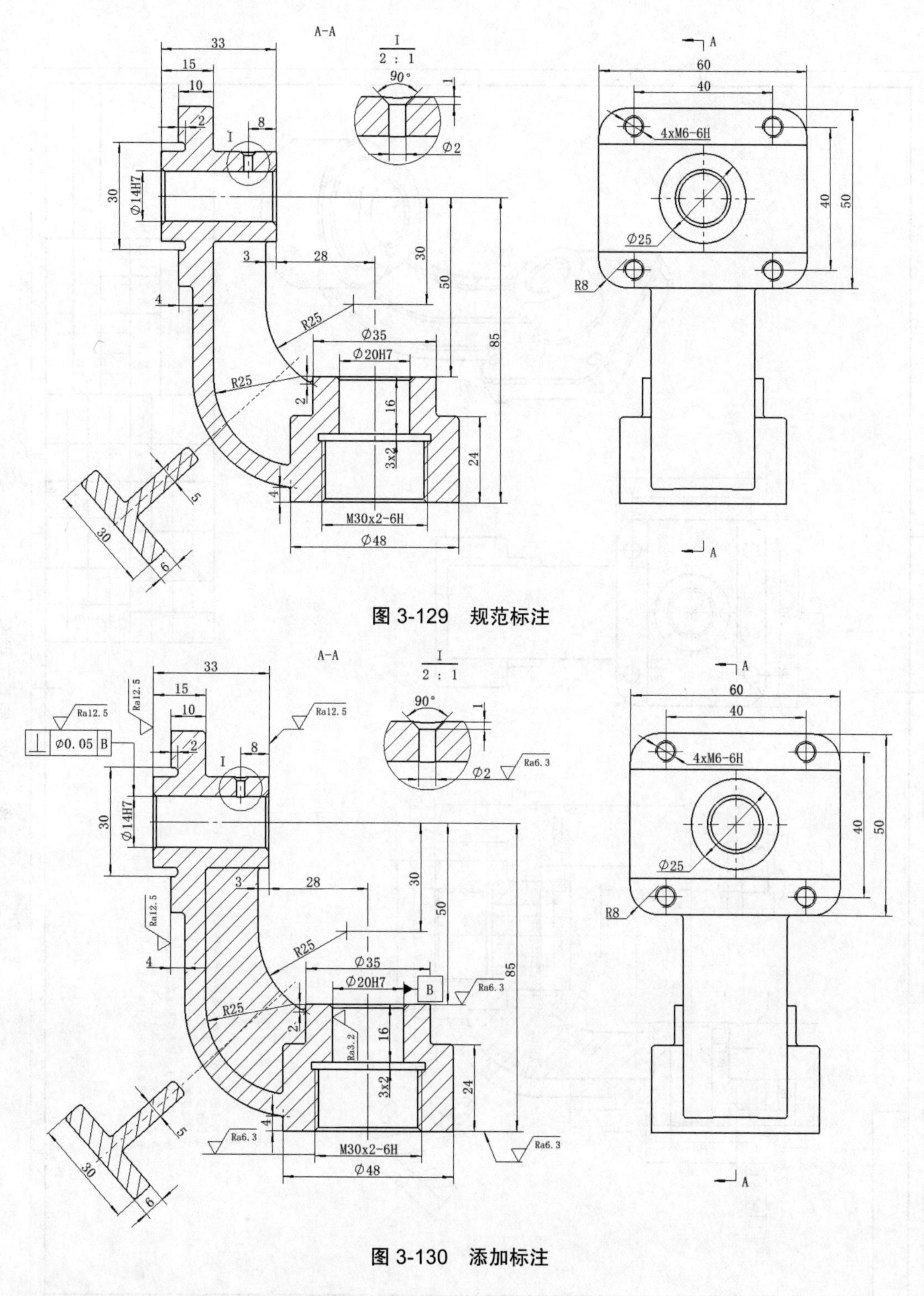

图 3-129　规范标注

图 3-130　添加标注

提示：标题栏中的主要信息已自动关联模型中的对应属性值，如需要调整，可通过定制工程图模板进行相关属性的关联，对于附加内容可通过【注释】来添加。

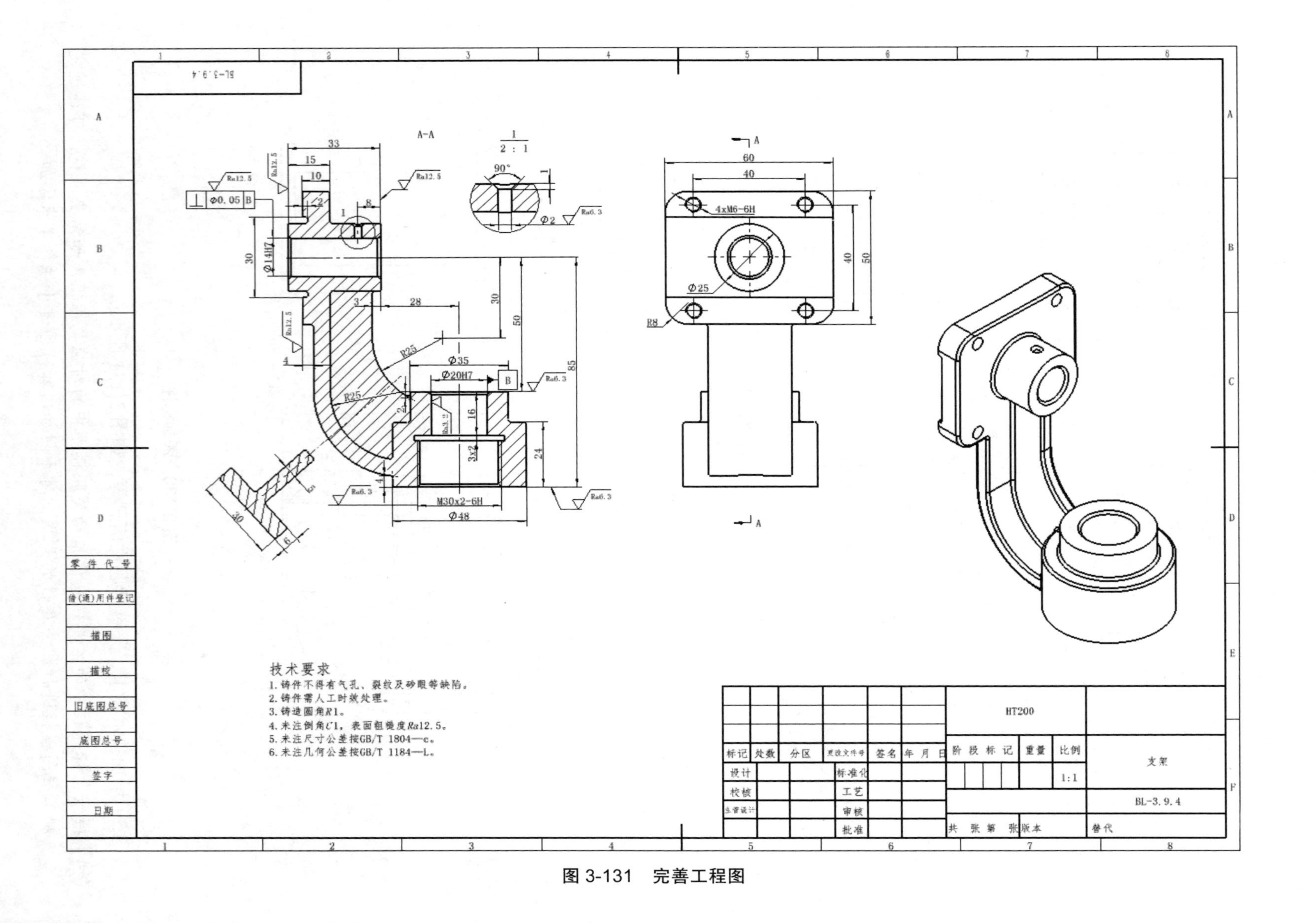
A-A
技术要求
1. 铸件不得有气孔、裂纹及砂眼等缺陷。
2. 铸件需人工时效处理。
3. 铸造圆角R1。
4. 未注倒角C1，表面粗糙度Ra12.5。
5. 未注尺寸公差按GB/T 1804—c。
6. 未注几何公差按GB/T 1184—L。
HT200
支架
BL-3.9.4
1:1

图 3-131　完善工程图

3.10　数据交换

不同三维软件其保存的文件格式是不相同的，大多数情况下相互之间无法直接打开，为了方便在不同软件间进行数据交流，SOLIDWORKS 提供了多种方式。

3.10.1　中间格式

SOLIDWORKS 提供了多种中间格式供选用，在【选项】/【系统选项】的【导入】、【导出】两个选项中可以对导入、导出参数进行控制，以保证导入、导出的数据的准确性，降低数据交换时的损失。由于不同软件、不同格式对参数要求的差异较大，在不确定参数对结果影响的大小时，可以多尝试使用不同的参数进行导入、导出测试，以找到最佳的参数。

SOLIDWORKS 支持导入、导出的文档格式并非一一对应。对于所支持的格式，可以通过【打开】命令直接打开。其支持打开的文档格式见表 3-8（不含需插件支持的格式）。

表 3-8　支持打开的文档格式

序号	应用名称	扩展名	零件支持	装配体支持
1	3D Manufacturing Format	*.3mf	●	●
2	ACIS	*.sat	●	●
3	Adobe Illustrator	*.ai	●	
4	Adobe Photoshop	*.psd	●	●
5	Autodesk AutoCAD Files	*.dwg，*.dxf	●	
6	Autodesk Inventor	*.ipt，*.iam	●	●
7	CADKEY	*.prt，*.ckd	●	●
8	CATIA Graphics	*.cgr	●	●
9	CATIA V5	*.catpart，*.catproduct	●	●
10	IDF	*.emn，*.drd，*.bdf，*.idb	●	
11	IFC	*.ifc	●	●
12	IGES	*.igs，*.iges	●	●
13	JT	*.jt	●	●
14	Mesh Files	*.stl，*.obj，*.off，*.ply，*.ply2	●	●
15	Parasolid	*.x_t，*.x_b，*.xmt_txt，*.xmt_bin	●	●
16	PTC Creo	*.prt，*.prt*，*.xpr，*.asm，*.asm*，*.Xas	●	●
17	Rhino	*.3dm	●	
18	Solid Edge Files	*.par，*.psm，*.asm	●	●
19	STEP AP203/214/242	*.step，*.stp	●	●
20	Unigraphics/NX	*.prt	●	●
21	VDAFS	*.vda	●	
22	VRML	*.wrl	●	●

SOLIDWORKS 可以通过【另存为】输出所支持的格式文档。其支持另存为的文档格式见表 3-9（不含需插件支持的格式）。

表 3-9　支持另存为的文档格式

序号	应用名称	扩展名	零件支持	装配体支持
1	3D Manufacturing Format	*.3mf	●	●
2	3D XML	*.3dxml	●	●
3	ACIS	*.sat	●	●
4	Additive Manufacturing File	*.amf	●	●
5	Adobe Illustrator	*.ai	●	●
6	Adobe Photoshop	*.psd	●	●
7	Adobe Portable Document Format	*.pdf	●	●
8	CATIA Graphics	*.cgr	●	●
9	Dwg	*.dwg	●	●
10	Dxf	*.dxf	●	●
11	eDrawings	*.eprt，*.easm	●	●
12	HCG	*.hcg	●	●
13	HOOPS	*.hsf	●	●
14	IFC	*.ifc	●	●
15	IGES	*.igs	●	●
16	Microsoft XAML	*.xaml	●	●
17	Parasolid	*.x_t，*.x_b	●	●
18	Polygon File Format	*.ply	●	●
19	ProE/Creo	*.prt，*.asm	●	●
20	Portable Network Graphics	*.png	●	●
21	STEP	*.step，*.stp	●	●
22	STL	*.stl	●	●
23	TIF	*.tif	●	●
24	VDAFS	*.vda	●	
25	VRML	*.wrl	●	●

SOLIDWORKS 提供的数据接口格式非常多，在实际使用过程中该如何选择呢？由于 SOLIDWORKS 是 Parasolid 内核，所以建议优先选用 *.x_t 和 *.x_b 两种格式，能最大限度地减少转换过程中的数据损失。在使用较为常用如 *.step 和 *.stp 格式数据时，尽量控制文件的大小。当文件大小超过 200MB 时将会造成打开困难，可将较大的装配体分拆为多个子装配体单独保存，导入 SOLIDWORKS 后再进行装配。

3.10.2　3D Interconnect

SOLIDWORKS 从 2017 版本开始增加了 3D Interconnect 功能，该功能可以将支持的文件格式直接插入 SOLIDWORKS 中，保持之间的关联。要使用该功能，需在【选项】/【系统选项】/【导入】中选择【启用 3D Interconnect】，插入的零件其图标为，与 SOLIDWORKS 自有格式插入的零件图标有明显区别。通过该方式插入的零件可以选择后右击，在快捷菜单中选择【断开链接】/【该链接】，一旦断开链接，该零件将会保存为 SOLIDWORKS 格式的文件，且该操作不可逆。

支持以 3D Interconnect 模式插入的文档格式见表 3-10。

表 3-10 支持以 3D Interconnect 模式插入的文档格式

序号	应用名称	扩展名	格式版本
1	ACIS	*.sat，*.sab，*.asat，*.asab	R1 ~ 2020 1.0
2	Autodesk Inventor	*.ipt，*.iam	*.ipt（V6 ~ 2021），*.iam（V11 ~ 2021）
3	CATIA V5	*.CATPart，*.CATProduct	V5 R8 ~ V5_6 R2020
4	Dwg/Dxf	*.dwg，*.dxf	2.5 ~ 2021
5	IFC	*.ifc	IFC2x3，IFC4
6	IGES	*.igs，*.iges	1.0 ~ 5.3
7	JT	*.jt	10，10.2，10.3，10.5
8	ProE/Creo	*.prt，*.prt.*，*.asm，*.asm*	Pro/E16 ~ Creo7.0
9	Solid Edge	*.par，*.psm，*.asm	V18 ~ SE2020
10	STEP	*.step，*.stp	203，214，242
11	NX	.prt	11 ~ NX1899

3.10.3 eDrawings

eDrawings 是一个独立运行的程序，通常随着 SOLIDWORKS 一起安装，也可单独安装，其打开模型文件的界面如图 3-132 所示。该程序可以打开包括 SOLIDWORKS 文件在内的多种格式文件，其作为模型的沟通工具，最大好处是可以将打开的 SOLIDWORKS 模型另存为 .exe 文件，使得模型可以在没有任何三维软件的计算机上顺利打开；同时为了增强其沟通属性，还添加了测量、截面、戳记、标注等功能。

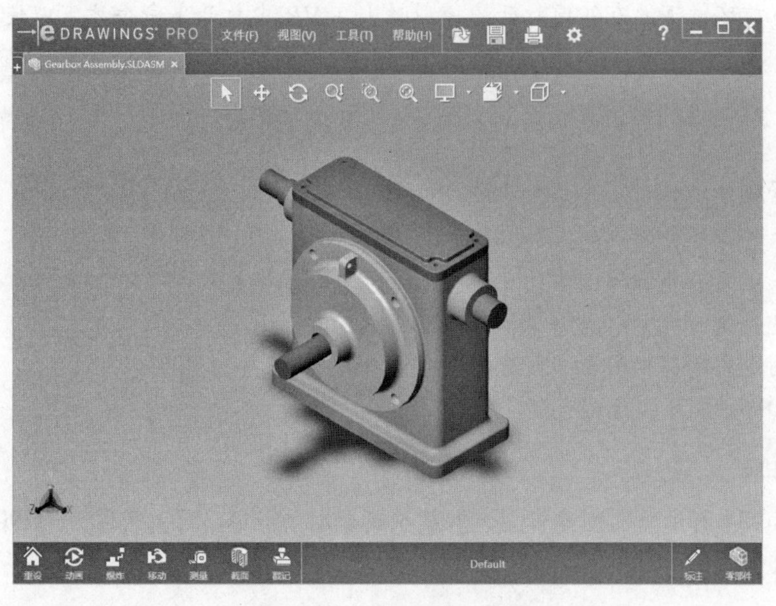

图 3-132 eDrawings 界面

随着 VR 技术的普及，eDrawings 从 2019 版本开始提供对 VR 技术的支持。在菜单中单击【文件】/【在 VR 中打开】，选择需打开的模型文件，显示如图 3-133 所示。当单击下方工具【播放】时，模型将同时显示在 VR 眼镜中，用户可在 VR 状态下查看浏览模型，并可通过配套的 VR 手柄操控、拆卸零部件。

图 3-133　在 VR 中打开

注意：当前环境下没有任何打开的模型时【在 VR 中打开】命令才可以使用。

练习题

一、简答题

1. 简述参数化设计规划的一般流程。
2. 列出生成系列化零件的方法及各自的注意事项。
3. 自定义材料时有哪些必填属性？其数据来源是什么？
4. 工程图中有哪些视图形式？分别起什么作用？
5. SOLIDWORKS 的模型交流手段有哪些？

二、操作题

1. 按图 3-134 所示分别创建模型，对模型赋予材质“Q235”，密度为“7900kg/m^3”，并评估零件的质量。

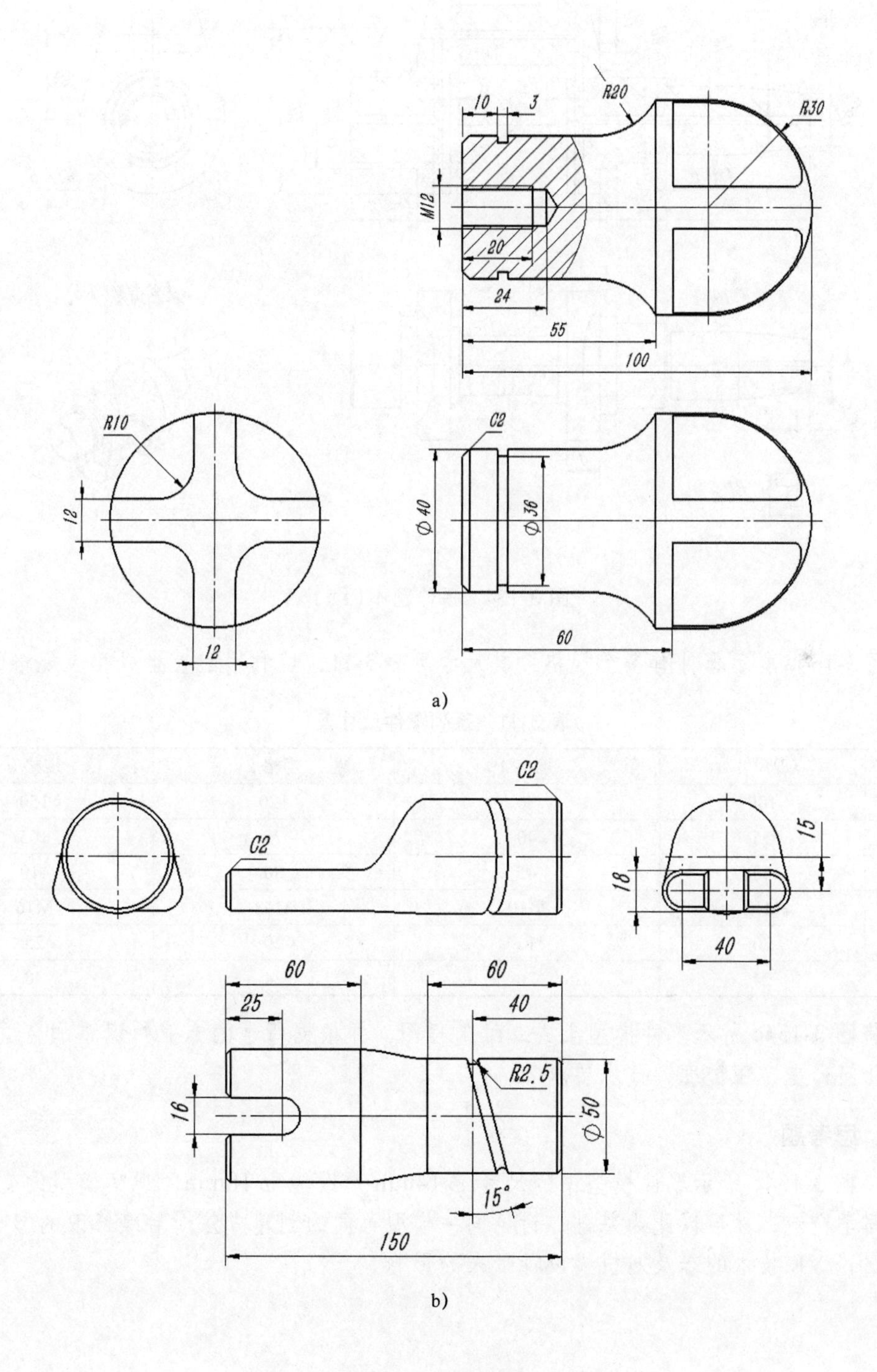
R20
10
3
R30
M12
20
24
55
100
R10
C2
12
Φ40
Φ36
12
60
a)
C2
C2
15
18
40
60
60
25
40
R2.5
16
Φ50
15°
150
b)

图 3-134　操作题 1

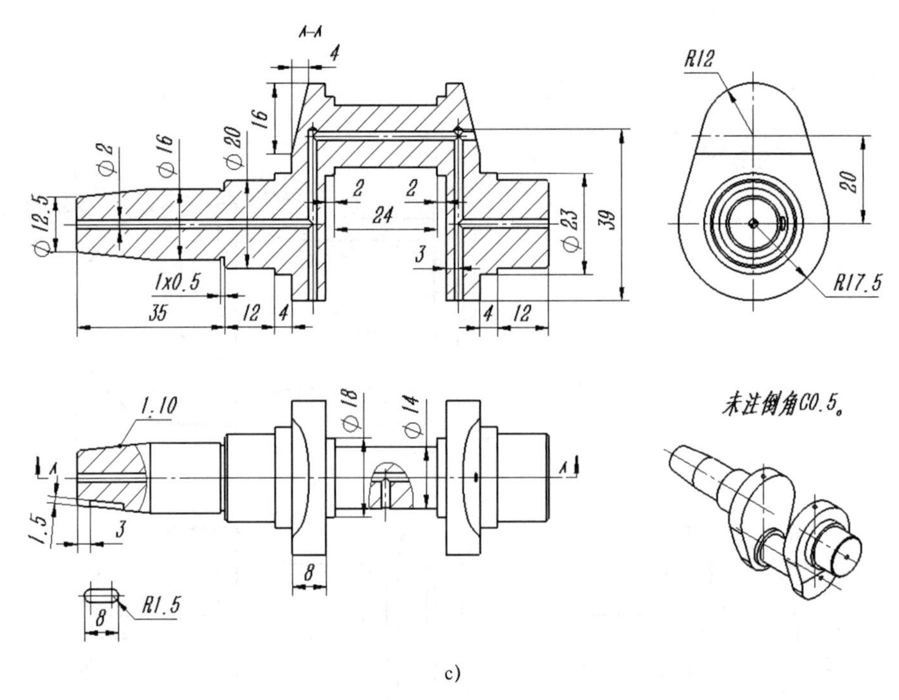

c)

图 3-134 操作题 1（续）

2. 图 3-134a 所示零件有多个规格，其尺寸见表 3-11，试利用配置生成相应规格的零件。

表 3-11 系列零件尺寸表

序号	现尺寸	规格 1	规格 2	规格 3
1	100	80	120	150
2	55	40	75	105
3	60	45	80	110
4	M12	M10	M12	M16
5	20	16	20	25
6	24	20	24	30

3. 将图 3-134c 所示零件模型生成二维工程图，并根据所学的专业知识添加合适的配合公差、几何公差、粗糙度、技术要求等。

三、思考题

1. 将图 3-134c 所示零件模型中的尺寸 ϕ14mm 更改为 ϕ18mm，观察模型的变化，并与周围同学交流，然后以此为基础，讨论同一模型不同的创建方法对后续修改的影响。

2. 讨论 VR 技术的普及对机械设计带来的影响。

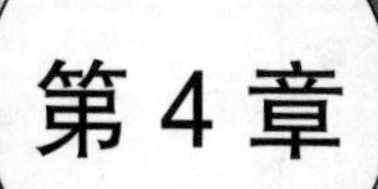

第 4 章 数字化装配与零部件智能化

| 学习目标 |

1. 熟悉装配体中装入零件的常用方法。
2. 理解常用的配合关系，并对零件添加合理的配合关系。
3. 了解智能零部件的概念及使用场合，并能制作智能零部件。
4. 熟练使用评估功能，查找装配体问题并给出合理的解决方案。
5. 了解常用的 Top-down 设计方法。

4.1 装配体基本知识

产品通常由若干个零部件组成，并实现预定的功能。零件的设计、建模的创建是否合理，大多情况下需要通过装配形成装配体，并在装配中进行验证、分析，合理的装配可以在设计阶段评估设计问题，从而大大减少实物产品出错的概率，所以说装配是数字化智能设计中必须掌握的基本技能之一。

由于装配涉及较多零件，装配时需遵循一定的规则。在装配时通常先装入基准零件，接着装入驱动零件，然后装入空间位置确定的零件，再装入空间位置自由的零件，最后装入标准件等辅助件。总体上是自由度低的零件先装入，自由度高的零件后装入，最后装入辅助件。

当装配体中所含零件较多时，其零件间的相互配合关系也会相应比较复杂。当装配关系不合理时会造成整个装配无法按预期运动，此时为减少这种问题，需要将关联性较大的相关零件先装配成部件，再装入上一级装配体中，以减少配合关系的规模。合理的部件分配，既是模型创建的需要，也是设计分工的重要依据。

SOLIDWORKS 中装配体有专用的文件格式，其文件扩展名为“.sldasm”。新建时选择模板“gb_assembly”可进入装配体环境，同时弹出如图 4-1 所示的【打开】对话框，选择需装入的零部件并单击【打开】，即可插入第一个零部件。

提示： 由于第一个装入的零部件通常作为装配基准，所以在选择第一个零部件后不要在图形区单击，而是直接单击属性栏中的【确定】，以保证该零部件的原点与装配体的原点重合。

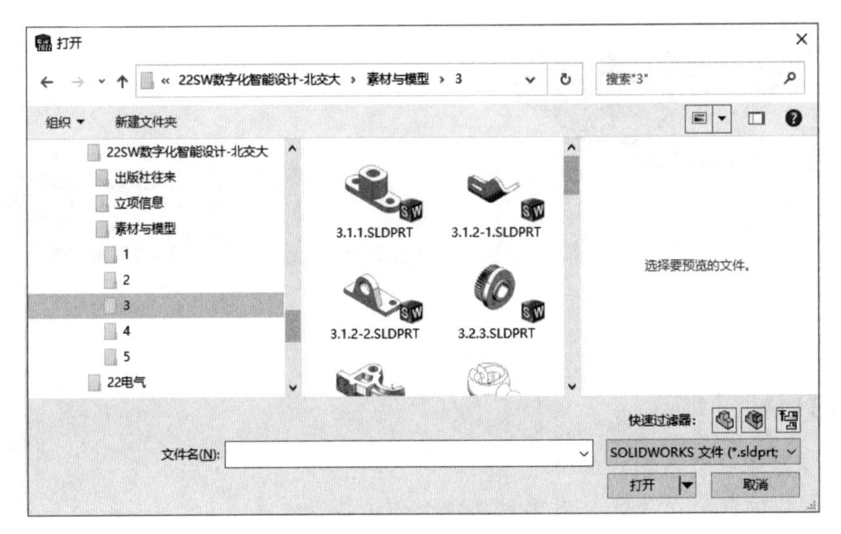

图 4-1　插入零部件

4.2　零部件的插入

装配体装配过程中需要插入所需零部件进行装配，SOLIDWORKS 提供了多种插入零部件的方法。

1）新建时插入。新建装配体时插入零部件，操作方法见 4.1 节。

2）【插入零部件】命令。单击工具栏上的【装配体】/【插入零部件】，弹出如图 4-1 所示对话框，选择所需的零部件。

3）从资源管理器中插入。在 Windows 资源管理器中找到相应的零部件，按住鼠标左键将其拖动至装配环境，此时会显示该零部件的预览，同时光标一侧出现提示符“+”，如图 4-2 所示。

提示： 如果该零部件为装配体的第一个装入对象，则系统会默认为“f”（固定）状态，如果装配体已有了零部件，则该零部件默认为“–”（浮动）状态。“f”和“–”可以通过右键快捷菜单上的【固定】和【浮动】进行切换。

4）从【文件探索器】中插入。在 SOLIDWORKS 右侧的任务栏中展开【文件探索器】，【文件探索器】类似于资源管理器中的文件目录，包含了最近文档、当前打开的文档、桌面、我的电脑等内容。如图 4-3 所示，找到需要装配的零部件后，按住鼠标左键拖动至装配环境即可，【文件探索器】支持选择多个零部件同时插入。

5）直接拖放插入。当需要插入的零部件与装配体均处于打开状态时，单击菜单栏上的【窗口】/【纵向平铺】，此时零部件与装配体将在窗口中并列显示，按住鼠标左键拖动待插入零部件到装配体即可，如图 4-4 所示。

6）相同零部件的复制。当同一零件需要多个时，按住 <Ctrl> 键的同时用鼠标选中零件并拖动即可复制零件。当待复制的是部件时，可以按住 <Ctrl> 键，在设计树中用鼠标选中该部件并拖动。在设计树中的操作同样适用于零件。

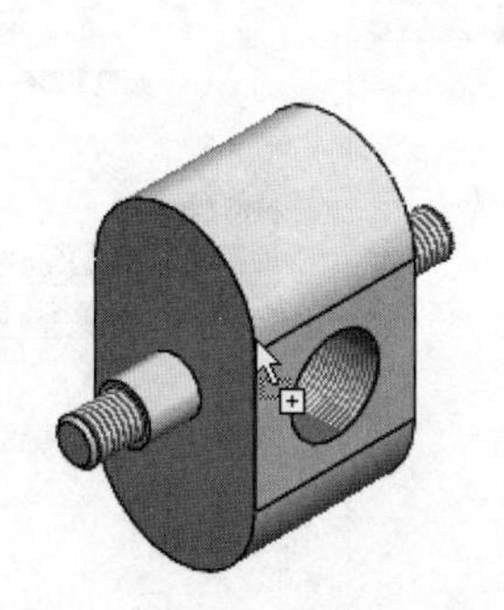

图 4-2　从资源管理器中插入

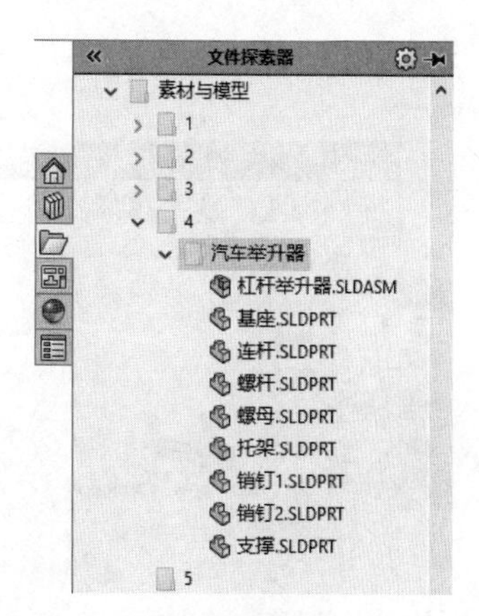

图 4-3　从【文件探索器】中插入

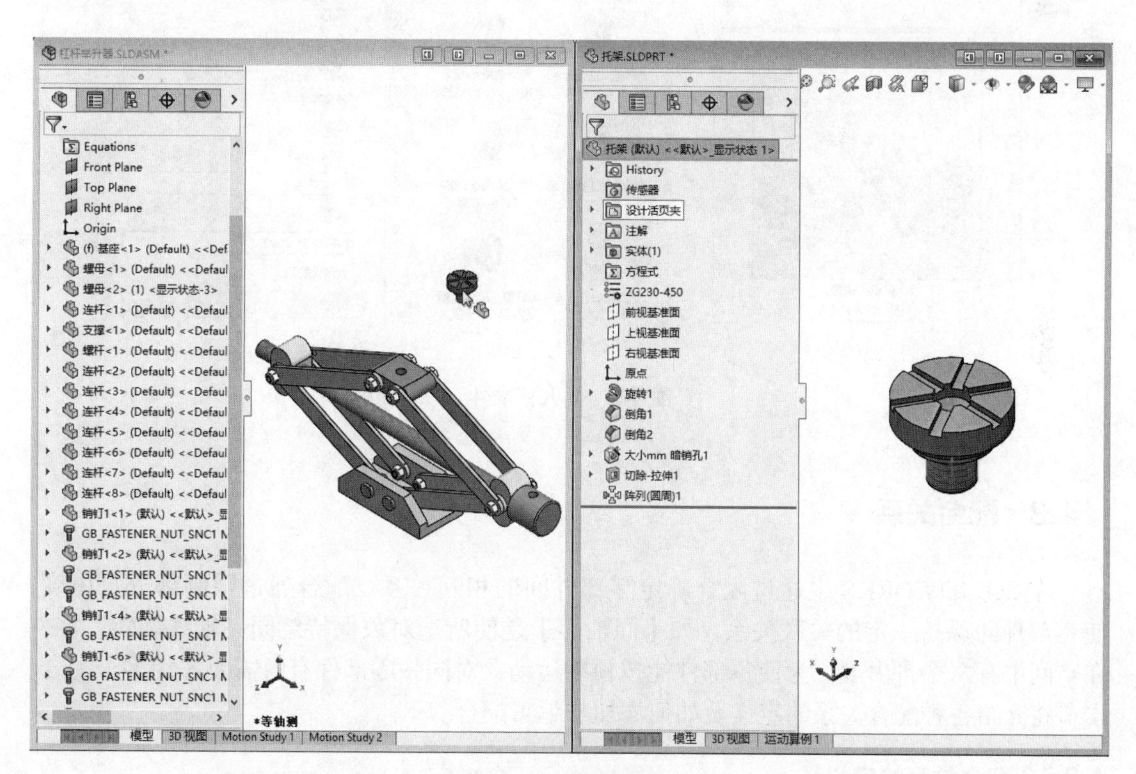

图 4-4　直接拖放插入

7）标准件的插入。需要装入标准件时，可通过 SOLIDWORKS 的【Toolbox】选择所需的标准件。在 SOLIDWORKS 右侧的任务栏中展开【设计库】并选择【Toolbox】，如图 4-5a 所示，单击下方的【现在插入】，此时会启动【Toolbox】库，启动后出现标准件列表。根据需要选择所需的标准件，如图 4-5b 所示，并将其拖至装配环境，在属性栏中可以选择具体的规格型号，如图 4-5c 所示。

实际装配过程中使用哪种方式插入零部件主要取决于操作的便捷性，常常一个装配体中会使用多种方法。

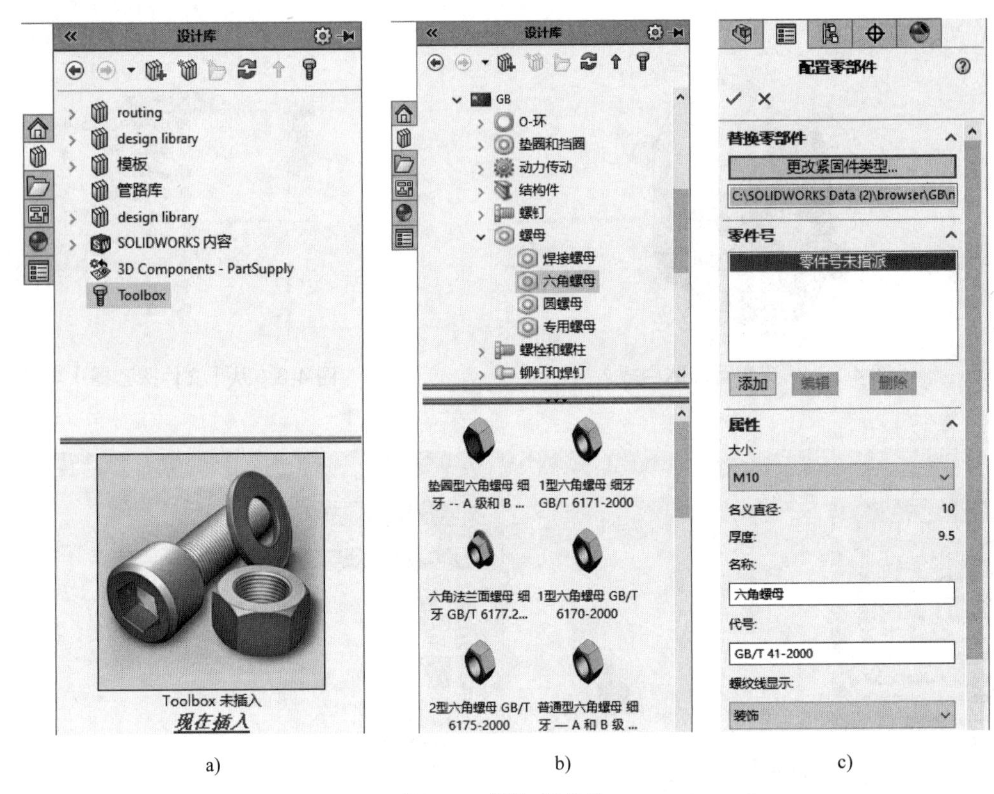

图 4-5　插入标准件

4.3　配合关系

在 SOLIDWORKS 中通过配合确定零部件间的相互关系。配合通过限制部分自由度，使零部件间保持一定的关联关系，如【同轴心】是使所选对象保持绕同一轴线旋转。零件在空间中有六个自由度，为使零部件能按预期运动，对同一零部件有时需要添加多个配合。本节将介绍各种配合关系的定义及如何添加与编辑配合。

4.3.1　配合关系的定义

单击工具栏上的【装配体】/【配合】时，会弹出如图 4-6 所示的【配合】属性栏。在 SOLIDWORKS 中配合有三大类，即标准、高级和机械，默认为标准。如果配合关系不适用当前所选对象，则该配合关系将不可选。当需要添加高级、机械配合时，需先切换至对应的选项卡再选择配合对象。

添加配合时还可以先选择需配合的对象。按住 <Ctrl> 键的同时选择配合零部件的参考对象，选择完成后松开键盘，此时会弹出如图 4-7 所示关联工具栏，其中列出了可用的配合关系，选择所需的配合关系即可添加。所列出的配合关系会根据所选对象的不同智能匹配。

图 4-6 【配合】属性栏

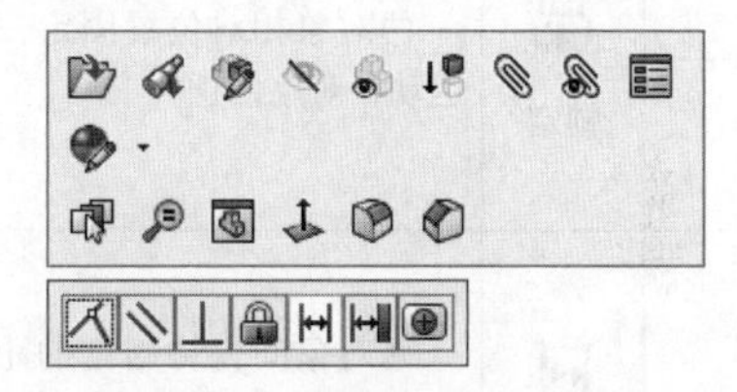

图 4-7　配合关联工具栏

4.3.2　标准配合

标准配合包含了常用的基本配合关系，见表 4-1。

表 4-1　标准配合

序号	配合	描述	配合前	配合后
1	重合	两对象间没有间隙，对象可以是点、线、面		
2	平行	两对象间保持平行，距离任意，对象可以是直线、平面		
3	垂直	两对象夹角为 90°，对象可以是直线、平面、曲面		
4	相切	两对象保持相切，对象可以是线、平面、曲面、回转面		

（续）

序号	配合	描述	配合前	配合后
5	同轴心	两对象保持同轴状态，可转动、轴向移动，对象可以是直线、回转面		
6	锁定	两对象相对位置固定，无法相对运动，对象任意		
7	距离	两对象间保持固定的距离，距离尺寸为 0 时与重合作用相同，对象可以是点、线、面		20
8	角度	两对象间的夹角固定，当角度为 90° 时与垂直作用相同，对象可以是直线、平面		15°

4.3.3 高级配合

高级配合包含了较为复杂的配合关系，见表 4-2。

表 4-2　高级配合

序号	配合	描述	配合前	配合后
1	轮廓中心	将矩形和圆形轮廓互相中心对齐，并完全定义，可以设定偏距及是否锁定旋转自由度		
2	对称	使两个选择对象在对称基准面两侧对称		

（续）

序号	配合	描述	配合前	配合后
3	宽度	零件居中，约束在两个平面中间。圆柱体在两侧面中间，配合还可以是两个零件的四个平面	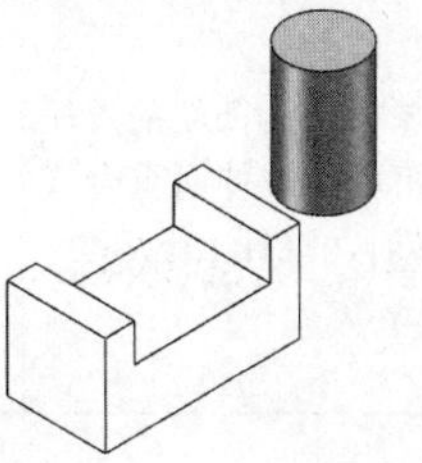	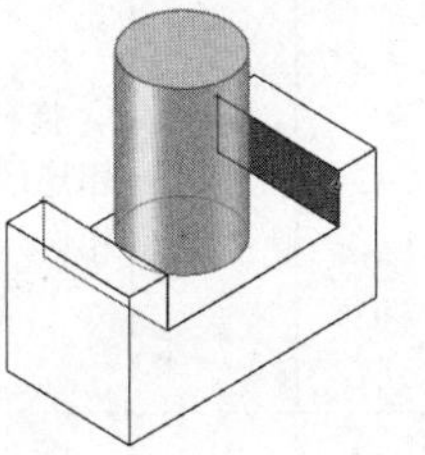
4	路径配合	将所选的点沿空间路径约束，可以设定点在曲线上的相对位置	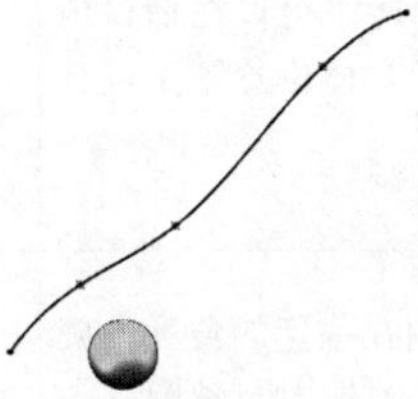	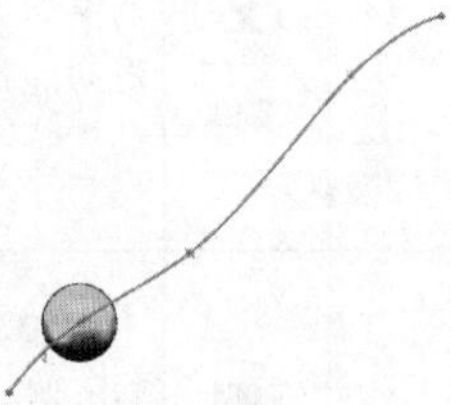
5	线性耦合	使两零部件的移动距离按输入的比率移动，如选择配合对象为圆柱体与长方体端面，比率为 1∶3 时，圆柱体移动 1mm，长方体移动 3mm	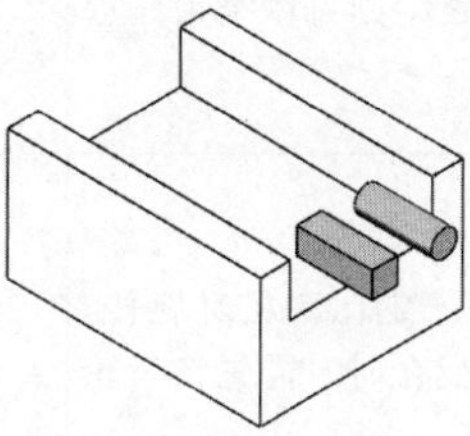	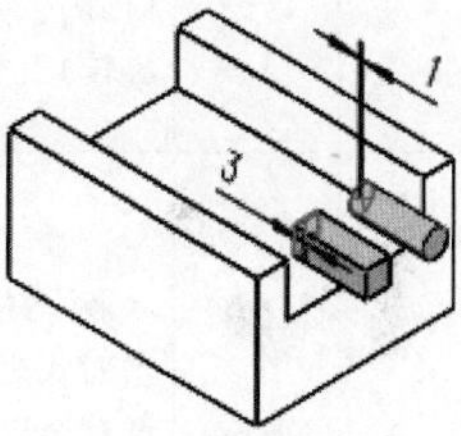 1 3
6	距离限制	零部件在设定的距离范围内移动	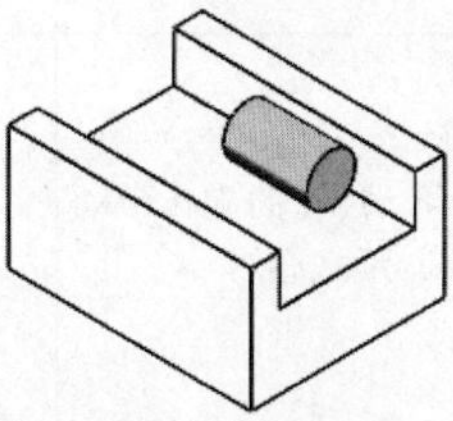	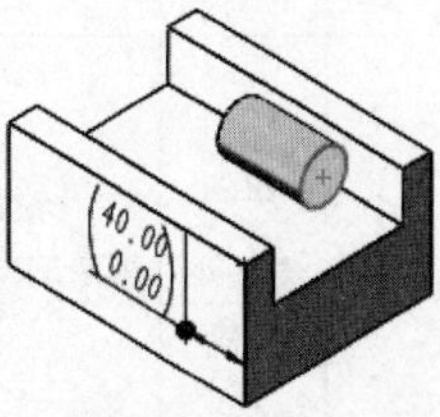 40.00 0.00
7	角度限制	零部件在设定的角度范围内旋转	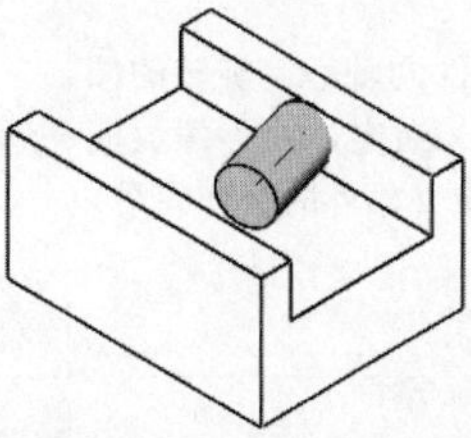	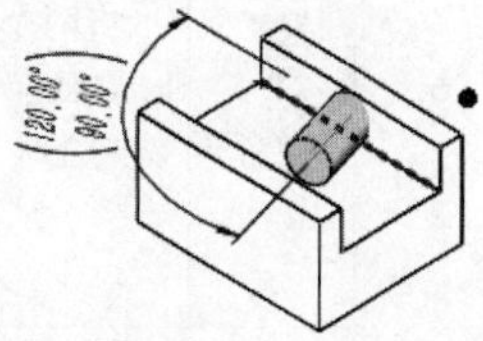 120.00° 90.00°

4.3.4 机械配合

机械配合包含了常用的机械结构配合关系，见表 4-3。

表 4-3　机械配合

序号	配合	描述	配合前	配合后
1	凸轮	推杆参考对象与作为凸轮的首尾相连的一系列相切的拉伸面重合或相切，凸轮旋转时，推杆上下运动	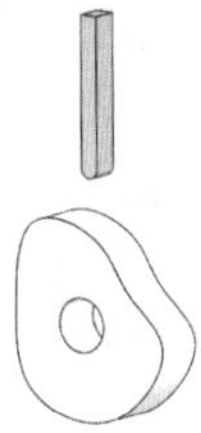	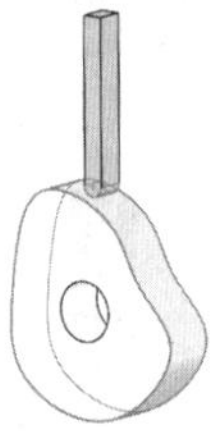
2	槽口	将选择对象配合在槽口孔内。当约束为“自由”时，可以在槽口内滑动；若设定了具体位置则不可移动	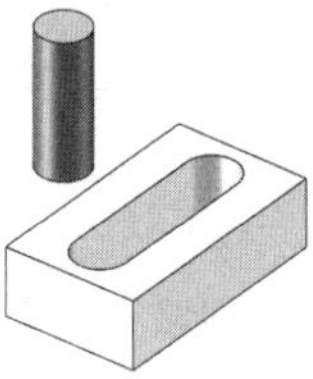	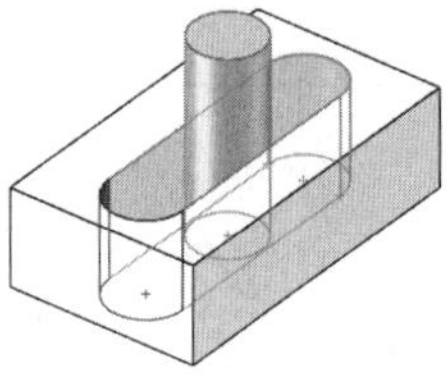
3	铰链	将零部件限制在一定的角度内旋转。例如，铰链圆柱面与轴圆柱面同轴、端面重合，限定在 30° 范围内旋转（如不限制则可以绕轴任意旋转）	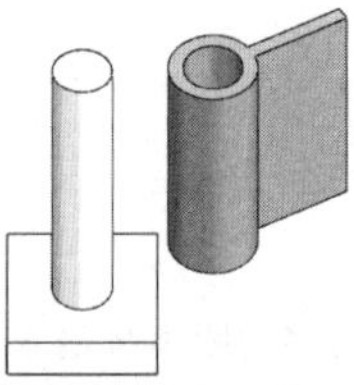	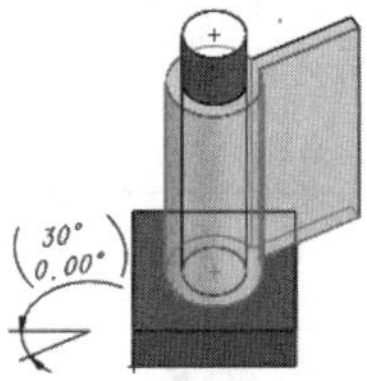 30° 0.00°
4	齿轮	两圆柱体按一定比率相对旋转。当对齿轮进行配合时，需先将齿轮调整至合理位置		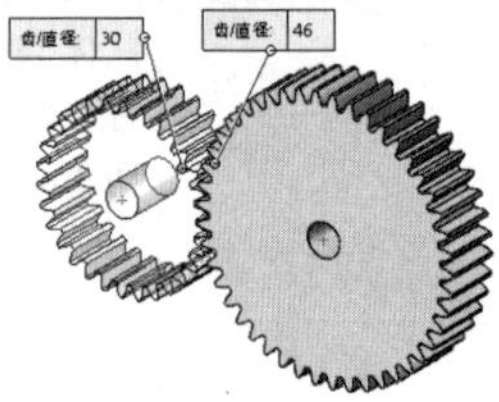 齿/直径: 30 齿/直径: 46
5	齿条小齿轮	齿轮齿条配合，齿轮的旋转带动齿条的线性平移，反之亦然	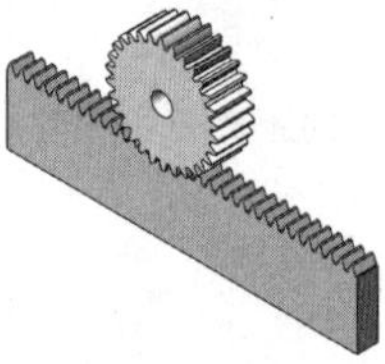	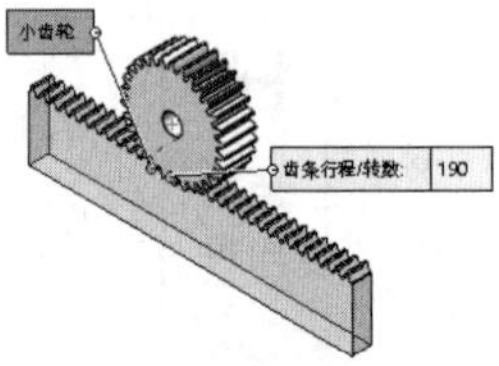 小齿轮 齿条行程/转数: 190
6	螺旋	将两个零部件同轴心，旋转的同时沿轴向移动（当实体内外螺纹间需拟合时，要定义额外的配合关系）	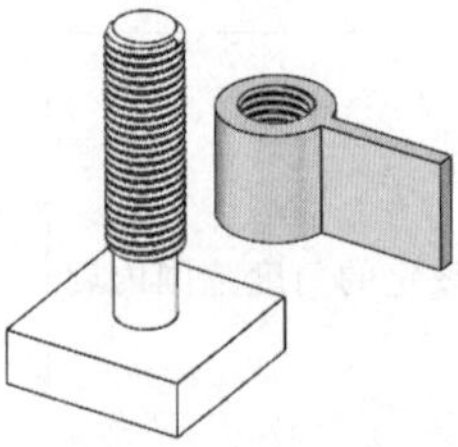	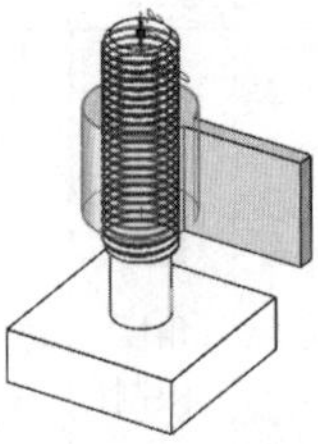
7	万向节	两个轴绕各自轴线同步旋转，一个为驱动轴，另一个为从动轴	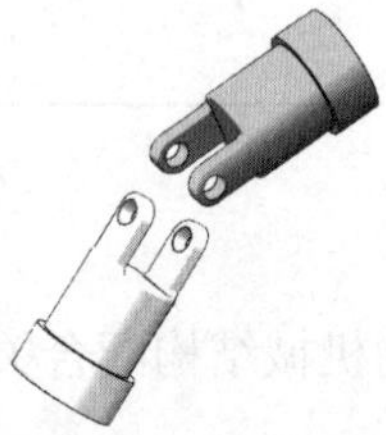	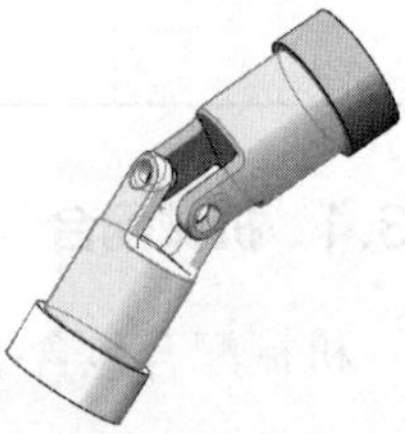

4.4　零部件的编辑修改

零部件在装配后会由于各种原因进行修改，SOLIDWORKS 提供了多种编辑修改的方法，用户可根据需要选择合适的方法。

4.4.1　重新命名

当零部件装入装配体后，其与装配体就产生了关联，装配体只是引用了该零部件，此时如果直接更改零部件的文件名，会造成关联丢失，打开装配体时会由于查找不到相应的文件而报错，如图 4-8 所示。除了引用的装配体打开报错，其对应的工程图也将无法正常打开，所以在需要修改文件名时一定要用正确的方法进行修改。

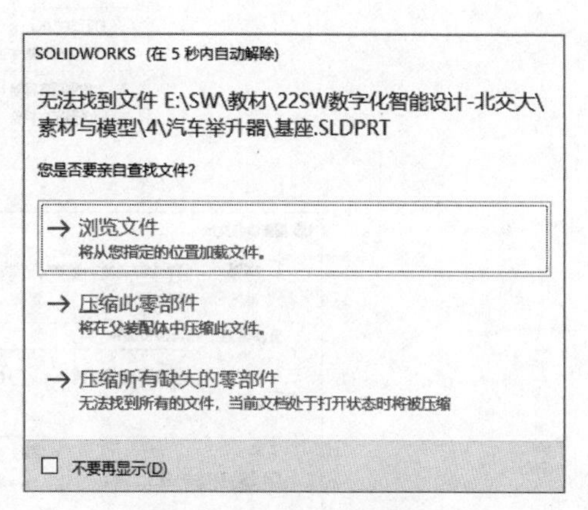

图 4-8　打开装配体报错

1）在设计树中直接重命名。在【选项】/【系统选项】/【FeatureManager】中将【允许通过 FeatureManager 设计树重命名零部件文件】选项选中。在设计树中双击需修改的零部件名，或者右击，如图 4-9a 所示，在快捷菜单中选择【重新命名零件】，两种操作方法均可直接输入新的文件名覆盖原名称，如图 4-9b 所示。当保存装配体时，将会以新的文件名覆盖原有文件名。

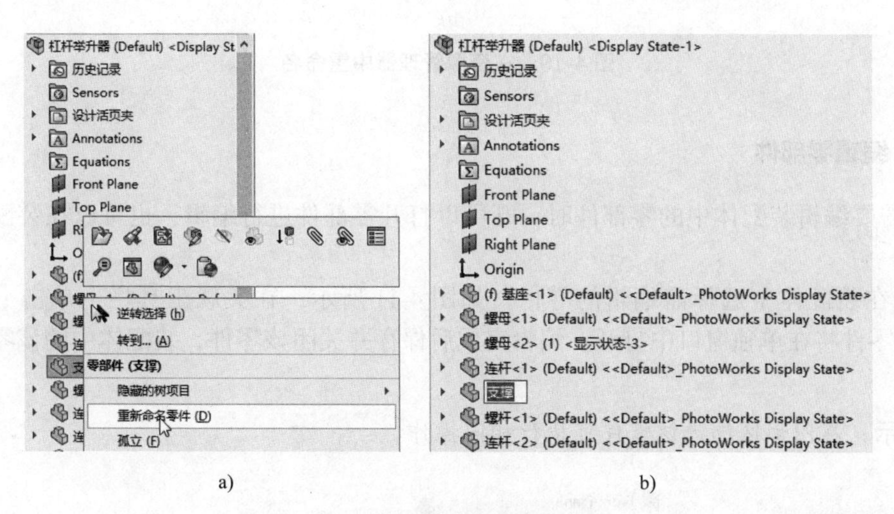

图 4-9　在设计树中重命名

2）在 Windows 的资源管理器中找到需重命名的文件，右击，如图 4-10a 所示，在快捷菜单上选择【SOLIDWORKS】/【重新命名】，弹出如图 4-10b 所示对话框，输入新的文件名，系统会自动更新装配体引用处。

注意： 系统默认只查找同一目录下的该零部件的使用位置，如需同时查找其他目录下的使用位置，可再单击【文件位置】，在弹出的对话框中添加额外的查找文件夹。

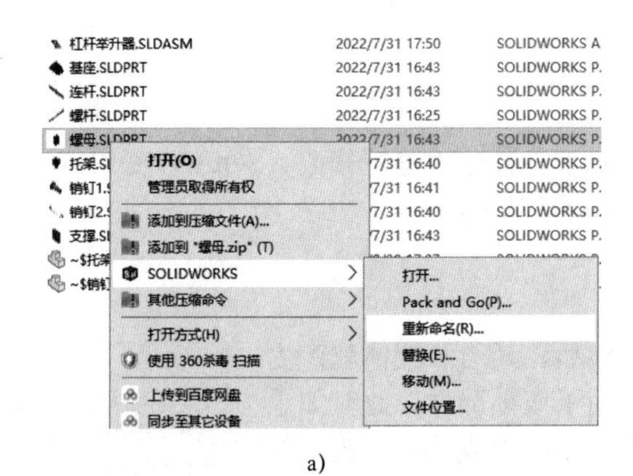

a)

重新命名文档

路径：E:\SW\教材\22SW数字化智能设计-北交大\素材与模型\4\汽车举升器

名称：螺母.SLDPRT

重命名为：螺母.SLDPRT

☑更新所使用之处　☐包括虚拟零部件

使用位置　文件位置...

名称	路径
☑ 杠杆举升器.SLDASM	e:\sw\教材\22sw数字化智能设计-北交大\素材与模型\4\汽车举升器\...

找到的总数：1

确定　取消　帮助

b)

图 4-10　在资源管理器中重命名

4.4.2　编辑零部件

当需要编辑装配体中的零部件时，既可以打开零部件进行编辑，也可以在装配体中直接编辑。

1）在装配体中选择需编辑的零件，如图 4-11 所示，在关联工具栏上单击【打开零件】，该零件将在单独窗口中打开。编辑完成后保存并关闭该零件，装配体中的该零件将自动更新。

提示：在图形区选择该零件可执行相同操作。

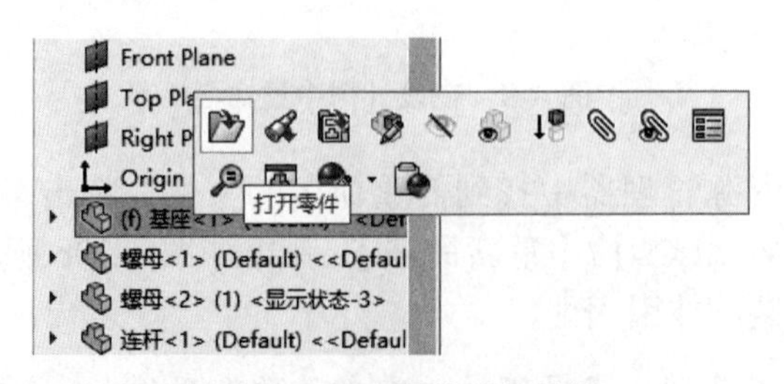

图 4-11　打开零件进行编辑

2）在装配体中选择需编辑的零件，如图 4-12a 所示，在关联工具栏上单击【编辑零件】，此时除所编辑零件外，其余零件均变为半透明状态，如图 4-12b 所示，修改完成后退出编辑即可。这种方式有利于编辑时参考其他零件，可直接引用关联特征对象。

提示：非编辑零件的透明度可以用【选项】/【系统选项】/【显示】中的【关联编辑中的装配体透明度】进行调节。如果不需要透明显示其他零件，编辑时可在工具栏的【装配体透明度】下拉列表中选择。

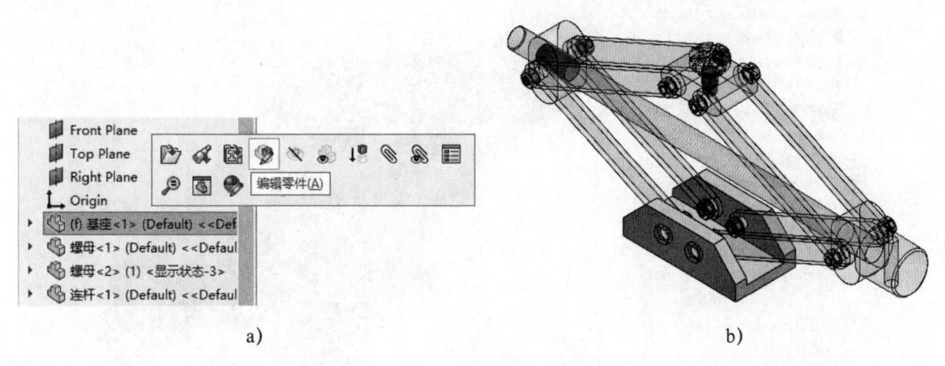

图 4-12　在装配体中编辑

3）在装配体中选择需编辑的零件，右击，如图 4-13a 所示，在快捷菜单中选择【孤立】，此时其他零件均隐藏，只显示所选零件。进入零件编辑状态对该零件进行编辑，编辑完成后单击如图 4-13b 所示的【退出孤立】完成编辑。

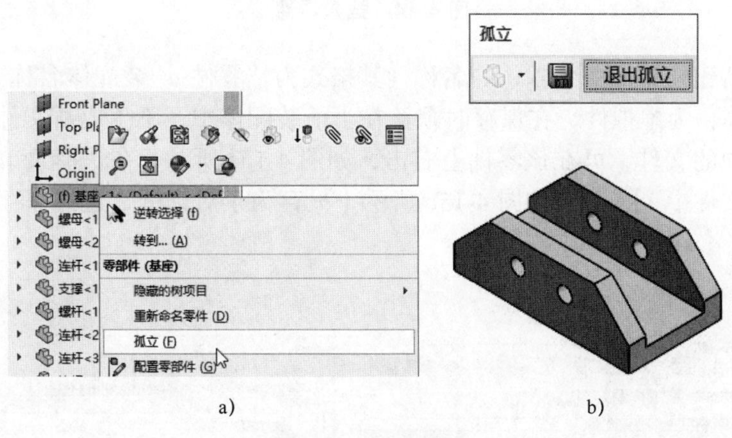

图 4-13　孤立零件

对零部件进行编辑时，需注意所做的编辑是否会引起其他零部件的修改。若完成零部件编辑后装配体报错，要及时排查原因并做相应的修改，有可能是关联引用产生的特征报错，也可能是装配关系报错。

4.4.3　插入新零部件

装配过程中需要新建零部件时可以在装配体中直接添加。

1. 插入零件

在【装配体】工具栏上单击【插入零部件】/【新零件】，此时鼠标指针变为，提示选择放置新零件的面或基准面。如在图形区空白处单击，则新零件的坐标系与装配体的坐标系重合；如选择一已有的平面或基准面，则进入该零件的编辑状态，所选面将作为新零件的“前视基准面”，如图 4-14 所示。

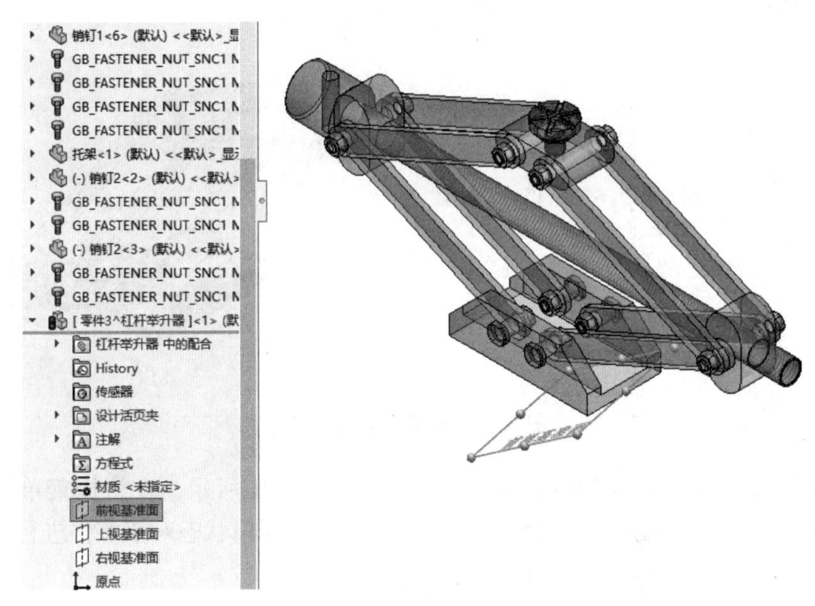

图 4-14　插入零件

系统将给新建的零件一个默认的名称，其格式为“零件 n^ 装配体名称”，表示该零件属于当前装配体，为虚拟件，在保存时默认在当前装配体中，不生成新文件。如果该零件需要保存为单独的文件，可在该零件上右击，如图 4-15a 所示，在快捷菜单上选择【保存零件（在外部文件中）】，弹出如图 4-15b 所示【另存为】对话框，选择保存位置，指定文件名称，再单击【确定】完成保存。

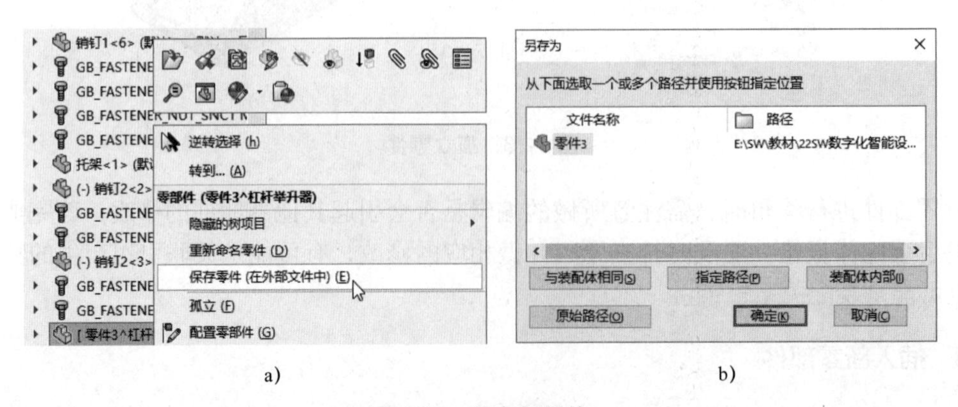

a)　　　　　　　　　　b)

图 4-15　保存新零件

2. 插入部件

当装配体零件较多时，为清晰地表达零件间的关联关系，避免把所有零件添加到一个装配体中，通常会按照产品的层次结构使用子装配体组织产品。使用子装配体时，一旦设计需要变更，只需更新相应的子装配体，这样可以提高更新效率。

与插入新零件相似，SOLIDWORKS 的装配体中可以直接插入新装配体。单击【装配体】工具栏上的【插入零部件】/【新装配体】，系统将在当前装配体中新增加一个子装配体。系统将给新建的装配体一个默认的名称，其格式为“装配体 *n*^ 装配体名称”，如图 4-16a 所示。可通过鼠标将已有零部件拖入该子装配体中，如图 4-16b 所示，拖入的零部件将属于该新建的装配体。

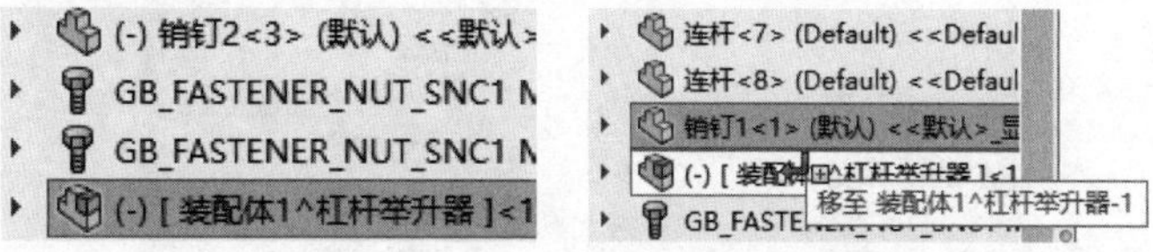

a)　　　　　　b)

图 4-16　插入装配体

新建的子装配体在保存时默认在当前装配体中，不生成新文件，如需保存为单独的文件，其操作方法与新建零件相同。

4.4.4　零部件复制

当同一零部件需要的数量较多又具备一定规律时，通过重复插入并添加配合关系，其效率显然较低，SOLIDWORKS 提供了多种零部件复制方法，用于根据一定规律复制零部件。

1. 随配合复制

如图 4-17 所示，在另一侧也需要相同的销钉与两端的螺母，且配合关系相同，此时可使用【随配合复制】进行快速复制。

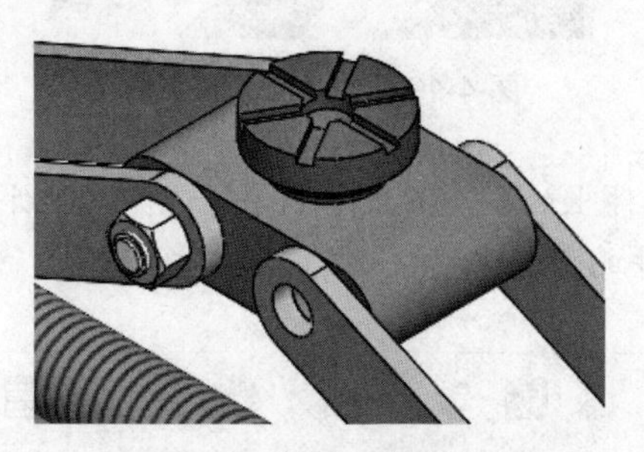

图 4-17　随配合复制示例

单击【装配体】工具栏上的【插入零部件】/【随配合复制】，弹出如图 4-18a 所示属性栏，选择三个需复制的零件，单击【下一步】。系统列出了三个零件的所有相关配合关系，如果原有的配合参考可以继续使用，勾选【重复】复选框；如果需要参考新的配合对象，则选择新的配合参考。在这里两个“同心”配合需要选择另一侧的参考孔，如图 4-18b 所示。

注意：在这里只显示所选零件与其他零件的配合关系，所选零件之间的配合不会出现在配合列表中，而将自动带入复制后的零件之间。

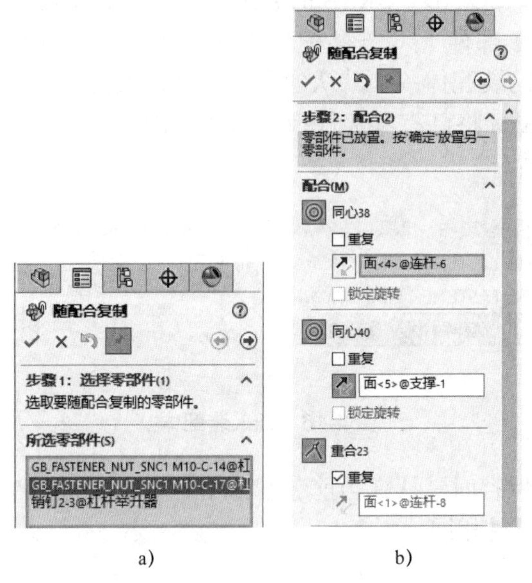

a) b)

图 4-18 随配合复制

单击【确定】完成复制，结果如图 4-19 所示。

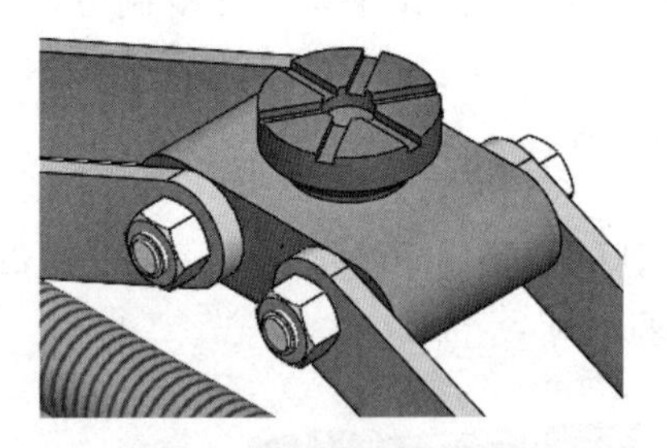

图 4-19 随配合复制结果

技巧：在图形区单击零件上的任一元素，弹出如图 4-20 所示关联工具栏，单击【查看配合】，可以查到该零件的所有配合关系，可以对配合进行编辑、删除等操作。

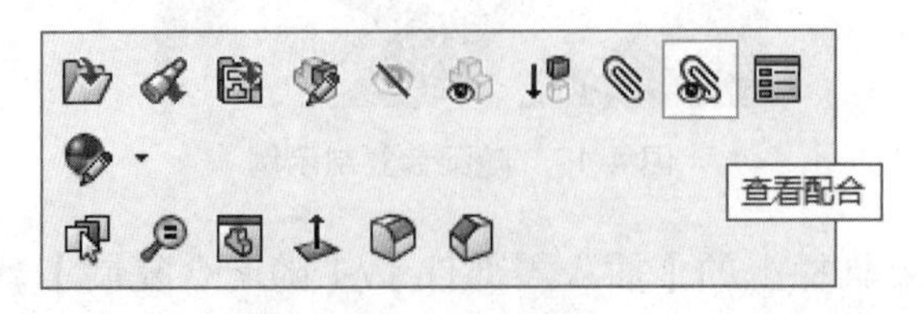

图 4-20 查看配合

2. 零部件阵列

当零部件按矩形排列、圆周排列等规则分布时，可以使用相应的阵列功能快速进行零部件的复制。SOLIDWORKS 提供了多种阵列方法，见表 4-4。

表 4-4　零部件阵列

序号	阵列	描述	阵列前	阵列后
1	线性零部件阵列	在装配体中的一个或两个方向生成零部件线性阵列		
2	圆周零部件阵列	生成零部件的圆周阵列		
3	阵列驱动零部件阵列	根据零部件上的已有阵列特征生成零部件阵列		
4	草图驱动零部件阵列	通过零件或装配体中含点的二维、三维草图阵列零部件		
5	曲线驱动零部件阵列	利用连续相切线的 二维、三维草图阵列零部件。当曲线起点不是零件参考点时，系统将曲线平移至参考点作为参考		
6	链零部件阵列	沿着开环或闭环路径阵列零部件，特别需要注意位置基准面的选择		
7	镜像零部件	通过平面或基准面对零部件复制，复制后的对象可以是源对象的复制版本或相反方位版本		

4.4.5 零部件替换

设计过程中会经常对设计方案进行修改，除了在已有设计上直接修改或是通过配置修改外，当差异较大时，通常会重新创建新零件，新零件需要插入到装配体进行重新装配。此时可以通过零部件替换，将已有零件直接替换成新零件，其相应的配合关系均会自动匹配。

打开示例文件“4.4.5.SLDASM”，如图 4-21 所示，其中大齿轮有新的设计方案，需要替换装配体中原有零件。

图 4-21 原始装配

在设计树上找到“4.4.5- 大齿轮”，右击，如图 4-22a 所示，在快捷菜单上选择【替换零部件】，弹出如图 4-22b 所示【替换】属性栏。单击【浏览】，选择替换零件“4.4.5- 大齿轮 - 方案 2”，单击【确定】，出现【配合的实体】属性栏，如图 4-22c 所示。系统会自动匹配相关的配合，这一点对于在原零部件复制的基础上编辑修改的新零部件尤其有效。单击【确定】完成替换，结果如图 4-22d 所示。

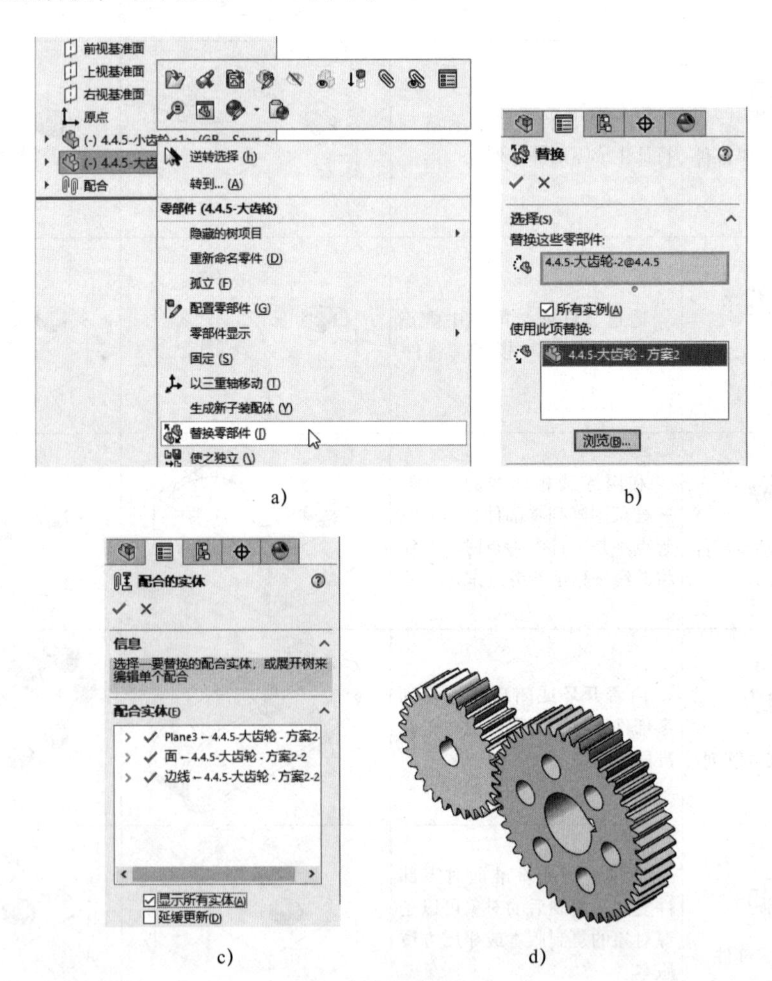

图 4-22 替换零部件

提示：如果替换零部件无法匹配到相应的配合关系，系统会给出提示，可以根据需要删除配合关系或重新选择配合对象。

4.5　装配实例

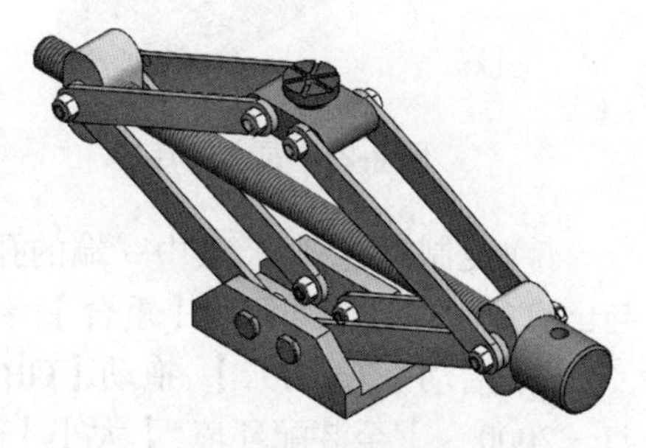

图 4-23　装配实例

请根据本教材提供的素材，按图 4-23 所示的装配示意生成相应的装配体。其中，“螺杆”的螺纹为“M24 × 2”，请根据需要选用合适的标准件，要求配合合理，装配完成后用鼠标拖动连杆时，托架上下移动，装配完成后将“销钉 2”重命名为“双头螺杆”，生成爆炸视图，并打包至其他计算机验证是否能正常打开。

分析：对于装配体而言，首先需要确定作为装配基准的零件；插入基准零件后通常按零件主次或装配工艺顺序装配其余零件；所需标准件选用【Toolbox】中的标准件；装配完成后检查装配结果是否符合预期，最后生成爆炸视图。具体操作步骤如下：

1）新建文件并选择“gb_assembly”为模板，新文件保存为“杠杆举升器 .sldasm”。

2）插入作为基准的零件“基座”，如图 4-24 所示，其原点默认与装配体原点重合，默认为固定状态。

3）插入“销钉 1”，圆柱体表面与“基座”孔添加【同轴心】配合，台阶面与“基座”侧面【重合】，结果如图 4-25 所示。

提示：添加配合关系时如果方向与预期的相反，可通过【配合对齐】更改方向。

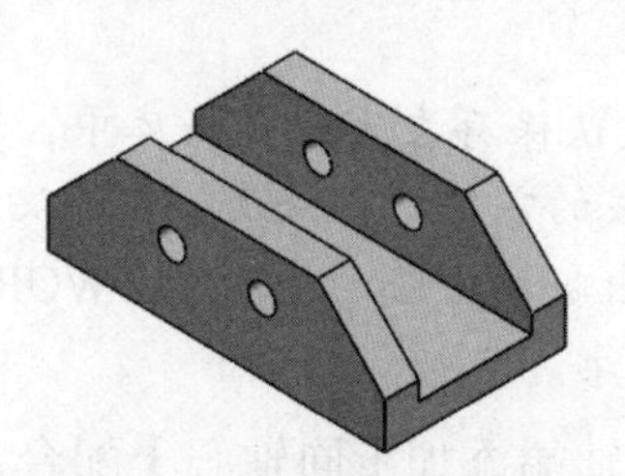

图 4-24　插入基准零件

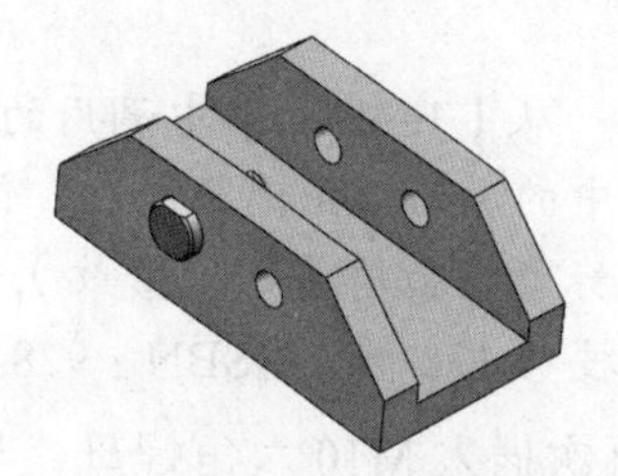

图 4-25　插入“销钉 1”

注意：添加完两个配合关系后，“销钉 1”的铣平面位置在任意方向，为了保持装配的整体协调性，通常会额外添加该铣平面与参考面的平行配合，该配合称为辅助配合，非必须配合。

4）插入“连杆”，其中一端的孔与“销钉 1”圆柱表面为【同轴心】配合，侧面与“基座”内侧面【重合】，结果如图 4-26 所示。

5）插入“连接螺母”，其中一端的轴与“连杆”另一孔为【同轴心】配合，侧面与“连杆”内侧面【重合】，结果如图 4-27 所示。

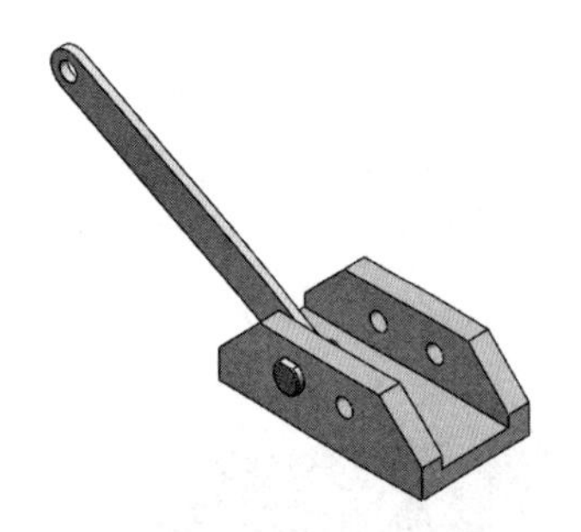

图 4-26　插入“连杆”

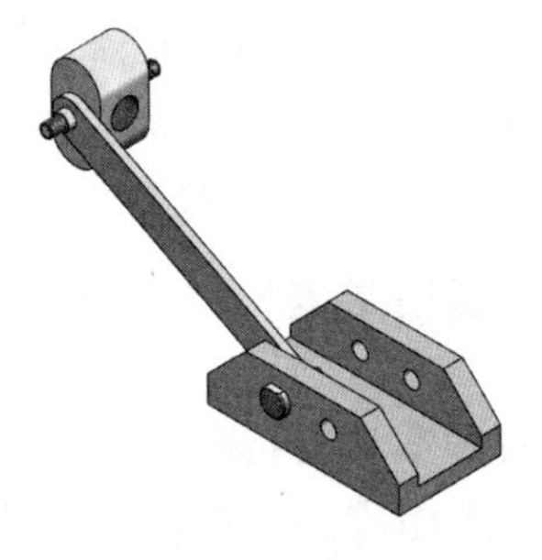

图 4-27　插入“连接螺母”

6）复制“连杆”，其中一端的孔与“连接螺母”圆柱表面为【同轴心】配合，内侧面与已有的“连杆”外侧面【重合】，结果如图 4-28 所示。

7）启动【Toolbox】，拖动【GB】/【螺母】/【六角螺母】中的【六角螺母 C 级 GB/T 41—2000[㊀]】至装配环境，【大小】选择【M10】，与“销钉 1”添加【同轴心】和【重合】配合关系，结果如图 4-29 所示。

图 4-28　复制“连杆”

图 4-29　插入六角螺母

提示：从【Toolbox】中调用的标准件，其数据默认保存在系统数据库中，不能对数据库中的原始数据进行修改，但可对调用后所生成的零件进行修改。需修改时（如在调用标准的齿轮基础上修改），可参考机械工业出版社出版的《SOLIDWORKS 操作进阶技巧 150 例》（ISBN：978-7-111-65508-4）一书。

8）再次插入 M10 六角螺母，与“连接螺母”的轴端添加【同轴心】配合，与外侧“连杆”添加【重合】配合，结果如图 4-30 所示。

9）插入“支撑”，其中一端孔与“连杆”孔为【同轴心】配合，侧面与“连杆”内侧面【重合】，结果如图 4-31 所示。

提示：支撑的宽度在实际设计时可能会小于两连杆的中间距离，那么采用侧面【重合】显然不合理。为了适应这类设计方案，在对支撑建模时可采用对称拉伸，在此可以通过基准面与装配体基准面重合的配合方法。实际操作中使用的配合关系并非一成不变，而是根据设计方案、建模方法等综合考虑使用适当的配合关系。

㊀ 目前 SOLIDWORKS 中标准编号滞后于国标现行标准，为不影响操作，本教材使用软件中实际引用的标准编号，请读者注意其对应关系，下同。

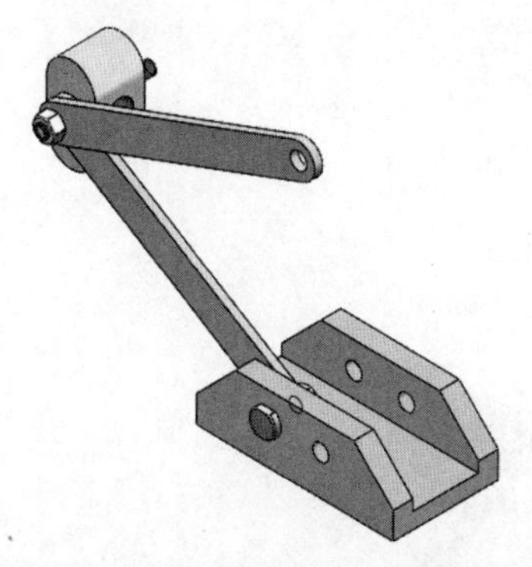

图 4-30　插入第二个六角螺母

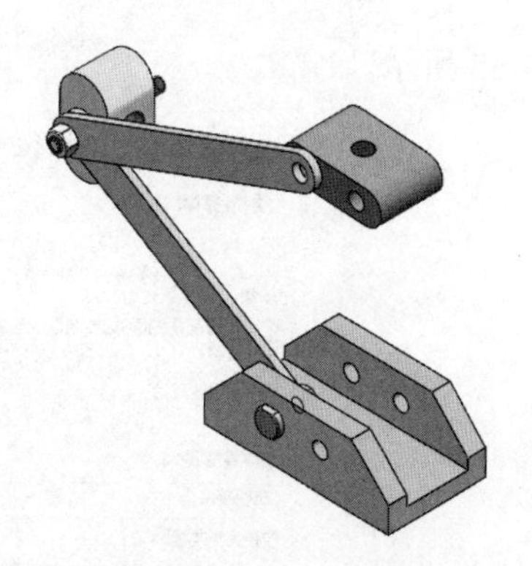

图 4-31　插入“支撑”

10）插入“销钉 2”。为了保证“销钉 2”在装配体中保持对称，在此使用高级配合中的【宽度】配合，分别选择“销钉 2”与“支撑”的两端面添加配合，再添加圆柱面与“支撑”孔的【同轴心】配合，结果如图 4-32 所示。

11）使用【随配合复制】命令复制第二个装入的螺母，其中【重合】选择【重复】，【同心】则选择“销钉 2”的圆柱面，结果如图 4-33 所示。

注意：螺母的插入可以使用再次插入、复制已有螺母、随配合复制等多种方法，其配合方法也有多种，实际操作时使用什么方法主要从操作效率、编辑的便捷性等方面考虑。

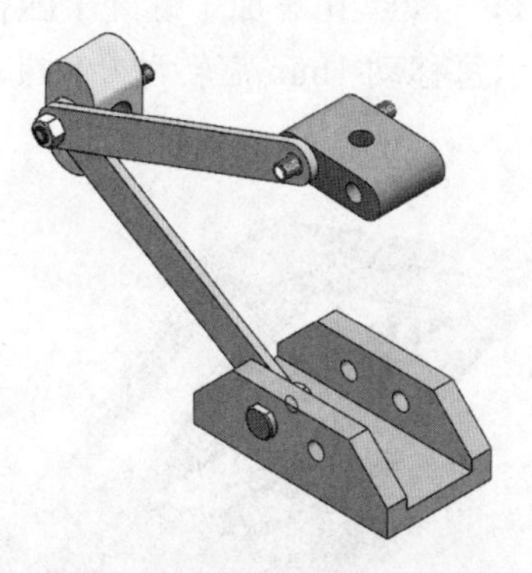

图 4-32　插入“销钉 2”

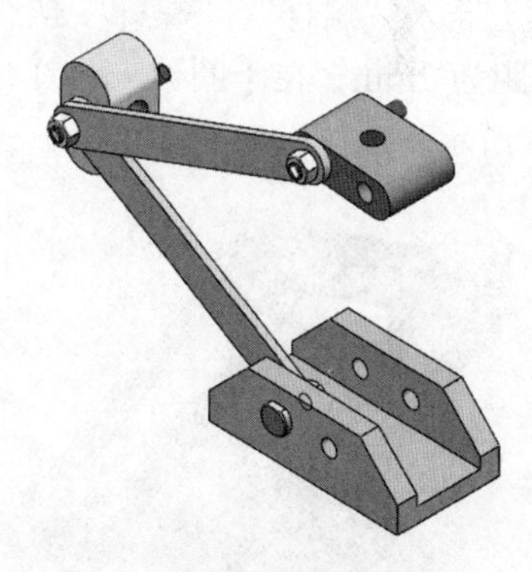

图 4-33　复制螺母

12）单击【装配体】工具栏上的【镜像零部件】，【镜像基准面】选择“右视基准面”，【要镜像的零部件】选择除“基座”和“支撑”之外的其余零件，如图 4-34a 所示，单击【确定】，结果如图 4-34b 所示。为了两个“连接螺母”能同轴动作，添加两个螺纹孔的【同轴心】配合。

注意：镜像完成后可以用鼠标拖动右侧连杆零件，观察其是否按预期动作。此时最容易出现的问题是“支撑”的另一孔与镜像的“销钉 2”并未关联，可以添加【同轴心】配合辅助。

13）单击【装配体】工具栏上的【镜像零部件】，【镜像基准面】选择“前视基准面”，【要镜像的零部件】选择除“基座”“支撑”“连接螺母”“销钉 2”之外的其余零件，结果如图 4-35 所示。

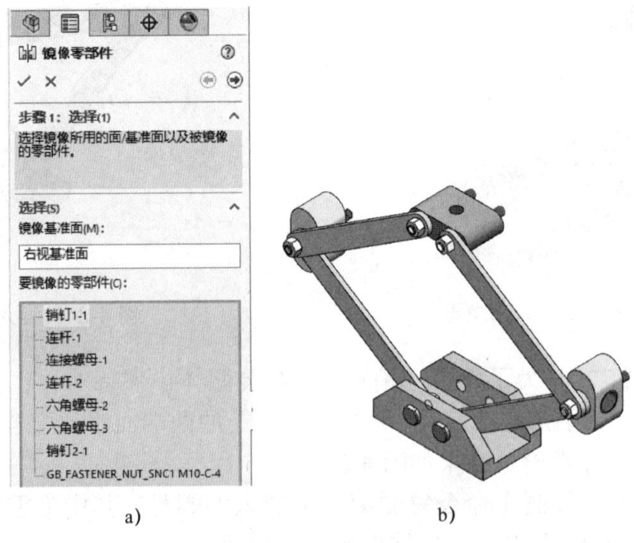

图 4-34　镜像（1）

技巧：随着带螺纹零件的增多，模型会显示众多螺纹线，通常会关闭这些螺纹线以方便观察，可以将【选项】/【文档属性】/【出详图】中的【装饰螺纹线】复选框取消勾选。

14）插入“螺杆”，“螺杆”螺纹与左侧“连接螺母”螺纹孔添加【螺旋】配合。由于螺纹螺距为 2mm，在【圈数 /mm】中输入“0.5”，表示每移动 1mm 需转动 0.5 圈，结果如图 4-36 所示。

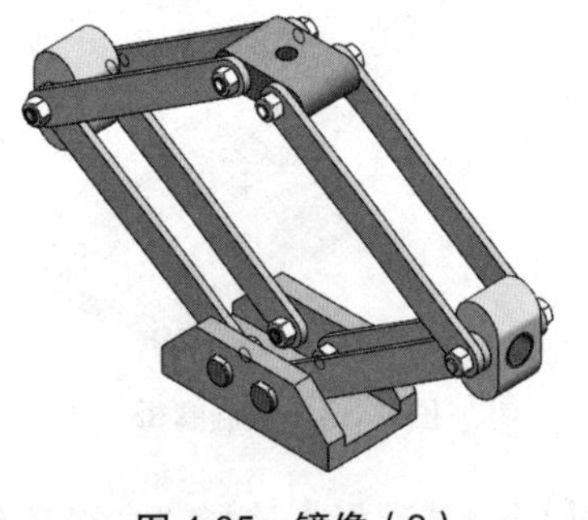

图 4-35　镜像（2）

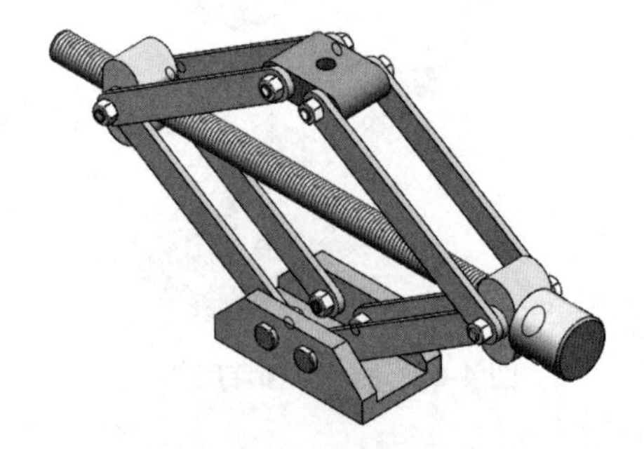

图 4-36　插入“螺杆”

提示：可以看到零件前有符号“f”和“-”，分别表示该零件为“固定”和“未完全定义”；而“完全定义”的零件前没有任何符号。如果产生了“过定义”，则以“+”提示。用鼠标拖动时要拖动带“-”的零件，其他符号的零件均无法拖动，但无法拖动不代表其不可以动，其可以作为其他零部件的从动件而运动。

15）插入“托架”，螺纹与“支撑”竖直的螺纹孔为【同轴心】配合，螺纹台阶面与“支撑”上表面【重合】，结果如图 4-37 所示。

16）插入新装配体并命名为“托架组件”，将“支撑”与“托架”拖至新的装配体中形成子装配体，结果如图 4-38 所示。

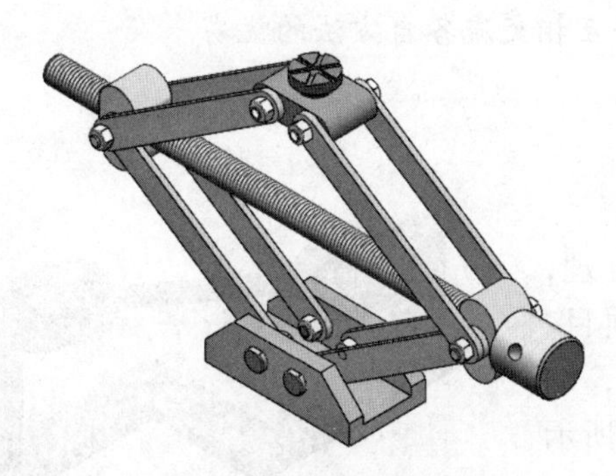

图 4-37　插入“托架”

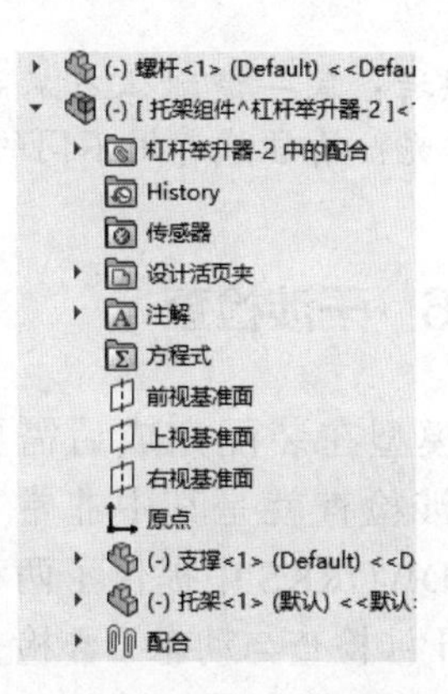

图 4-38　创建子装配体

17）双击设计树中的“销钉 2”，输入新的名称“双头螺杆”，结果如图 4-39 所示。

18）保存所生成的装配体。

19）在菜单中选择【文件】/【Pack and Go】，弹出如图 4-40 所示对话框，系统列出装配体所有关联文件，可以保存到其他文件夹或压缩包中。

提示：如果关联的工程图需要一起打包，需要勾选【包括工程图】复选框。当装配体所包含的文件在其他文件夹时，单击【文件位置】添加相应的文件夹，以确保不会遗漏文件。

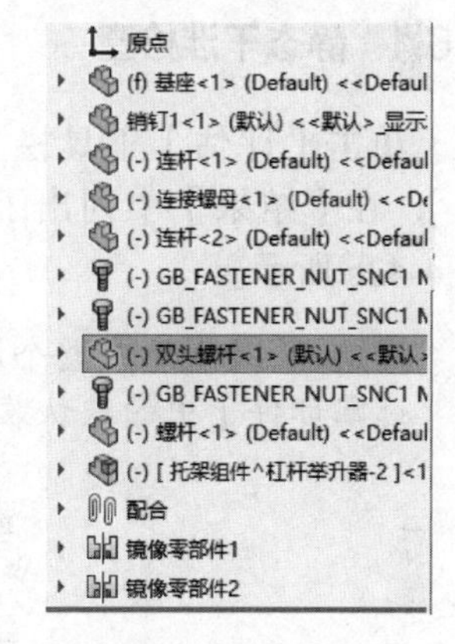

图 4-39　重命名零件

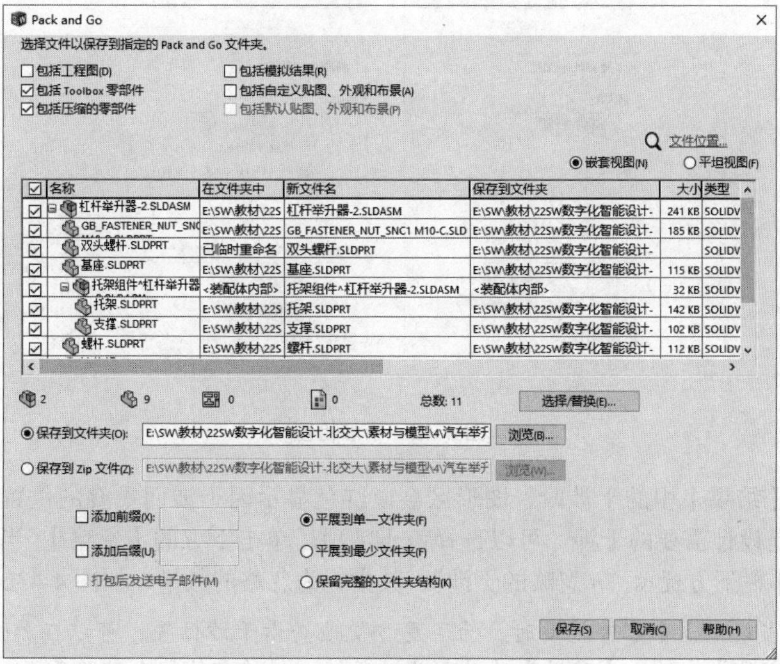

图 4-40　【Pack and Go】对话框

思考：同一装配体有不同的装配方法，如果不使用【镜像零部件】该如何装配该装配体呢？请尝试着用不同的方法进行装配，并互相交流各自方法的优劣。

4.6 干涉检查

模型在装配完成后需要验证设计是否合理，而干涉检查就是其中非常重要的一项验证项目。SOLIDWORKS 中提供了两种干涉检查的方法，即静态干涉检查与动态干涉检查。下面以图 4-41 所示万向传动示教仪模型为例分别进行讲解。

图 4-41 万向传动示教仪

4.6.1 静态干涉检查

单击【评估】工具栏上的【干涉检查】，弹出如图 4-42a 所示属性栏。单击【计算】，在【结果】中列出了检查出的干涉，展开干涉可以看到干涉相关的两个零件，如图 4-42b 所示。

注意：系统默认对整个装配体进行检查，如果需要对部分零件进行检查，可以删除【所选零部件】中的默认装配体，再选择需要检查的零件，以减少计算量，提高检查效率。

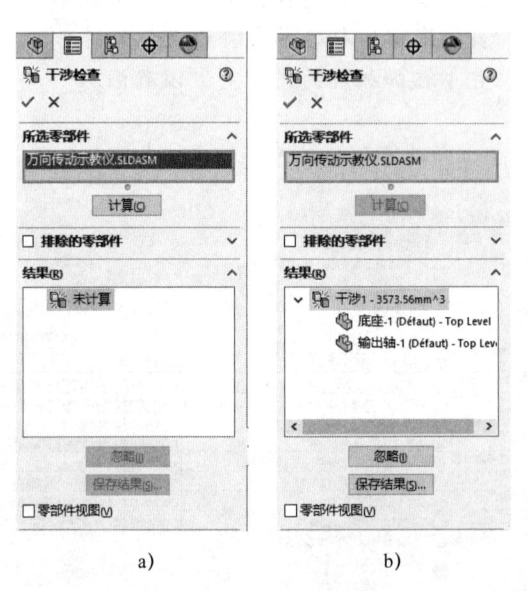

a) b)

图 4-42 干涉检查

当选择【结果】中的干涉时，图形区会以红色显示因干涉而重叠的位置，如图 4-43a 所示。如果是设计需要的干涉，可以选择该干涉项后单击下方的【忽略】。当有忽略项时，会在【结果】栏下方提示“*n* 忽略的干涉”，其中 *n* 为忽略的数量，如图 4-43b 所示。

提示：当装配体中零件较多时，为了更方便地查看干涉位置，可以在属性栏中的【非干涉零部件】中选中【隐藏】选项，此时干涉之外的零件将全部隐藏。

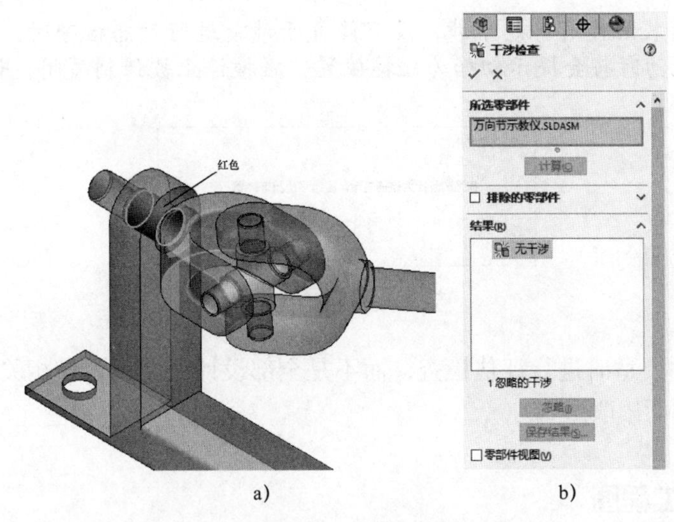

a)　　　　　　　　b)

图 4-43　查看干涉

由于标准件的特殊性，通常外螺纹是按大径建模而内螺纹是按小径建模，所以必然存在干涉，对标准件而言可以选中【选项】中的【生成扣件文件夹】，以区别于其他干涉。

4.6.2　动态干涉检查

除静态干涉外，对于一个产品而言，在运动过程中是否有干涉直接影响到产品能否正常工作，而这可以通过动态干涉检查进行验证。

单击【装配体】工具栏上的【移动零部件】，弹出如图 4-44a 所示属性栏，将【选项】更改为【碰撞检查】，勾选【碰撞时停止】复选框，【检查范围】选择【这些零部件之间】，并选择“输入轴 -1”与“传动轴 -1”作为检查对象，单击【恢复拖动】。用鼠标左键拖动“手柄”，当移动过程中有碰撞时，系统会给出反馈声音并高亮显示当前碰撞的面，如图 4-44b 所示。

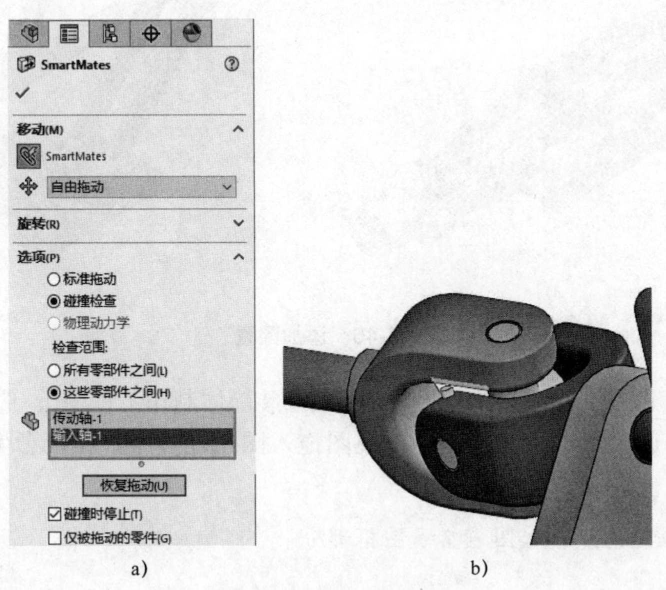

a)　　　　　　　　b)

图 4-44　动态干涉检查

注意：由于该装配体有静态干涉，没有修复干涉前进行动态检查时，如果不选择检查的零件，在拖动时将会提示初始为碰撞位置，碰撞停止被强制关闭，如图 4-45 所示。

图 4-45　碰撞提示

在设计过程中要适时进行评估检查，而不是全部设计完成后再做相关工作，以减少错误的累积而导致后期修改困难。

4.7　装配体工程图

装配体工程图的基本视图生成方法与零件工程图相同，但其中多了一个【交替位置视图】(针对装配体的视图功能)，标注方面增加了零件序号与材料明细表。

打开 4.5 节所生成的装配体，添加顶面至底面的【距离】配合关系，尺寸输入“120”，结果如图 4-46a 所示。在 ConfigurationManager（配置管理器）中添加一个新配置，配置名称输入“使用限高”，选择上一步添加的【距离】配合尺寸，右击，在快捷菜单中选择【配置尺寸】，将“使用限高”尺寸更改为“350”，单击【确定】，结果如图 4-46b 所示。

提示：此处添加配置是为了表达【交替位置视图】的作用。

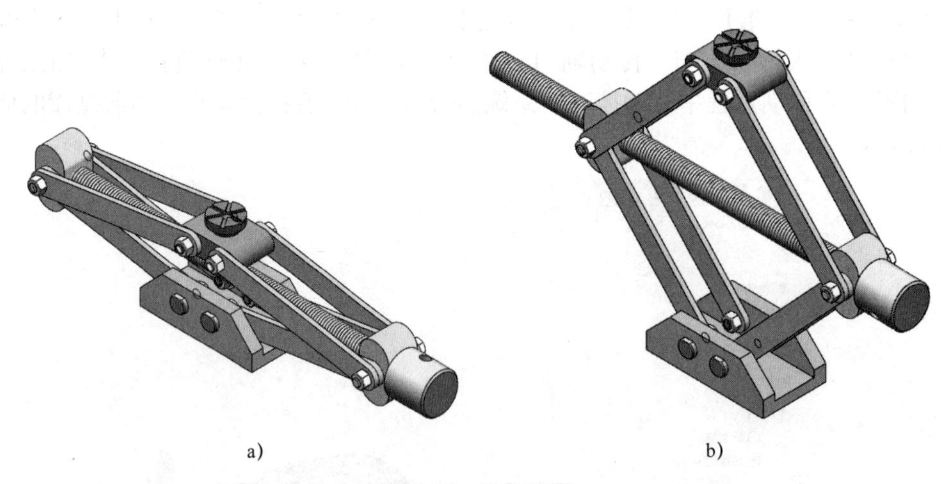

图 4-46　添加配置

1）单击标准工具栏上的【新建】/【从零件 / 装配体制作工程图】，选择模板“gb_a3”。

2）从【视图调色板】中将“前视”视图拖入图纸环境中，并投影生成俯视图，结果如图 4-47 所示。

注意：为了表达清楚，截图省略了图框部分。

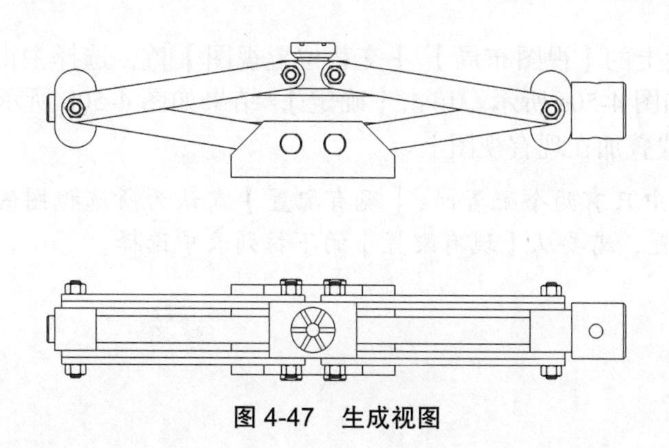

图 4-47　生成视图

提示：检查生成的视图，是否有部分同学所生成视图中的标准件位置不符合工程图投影规范？前面讲配合时提到过，辅助配合虽非必要，但为了视图规范有时添加是不可缺少的。

3）由于装配体工程图中默认不生成螺纹线，此时需要添加螺纹线。单击【注解】/【模型项目】,【来源】选择【整个模型】，取消【为工程图标注】，选择【注解】中的【装饰螺纹线】，单击【确定】，结果如图 4-48 所示。

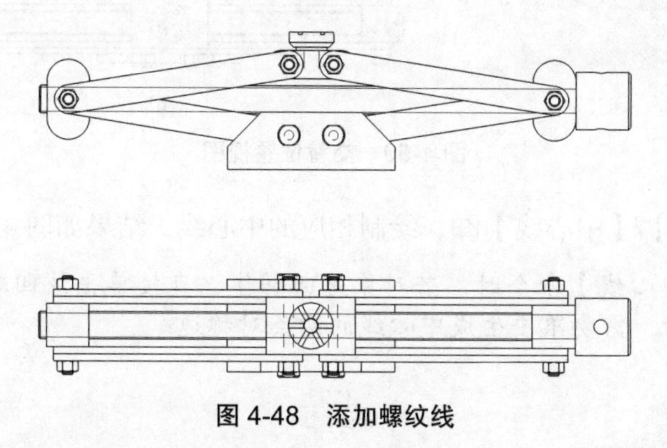

图 4-48　添加螺纹线

4）从视图上看，生成的螺纹线并没有正确消隐。选择主视图，在属性栏中的【装配螺纹线显示】选项中选择【高品质】。对俯视图执行同样的操作，单击【确定】，结果如图 4-49 所示。

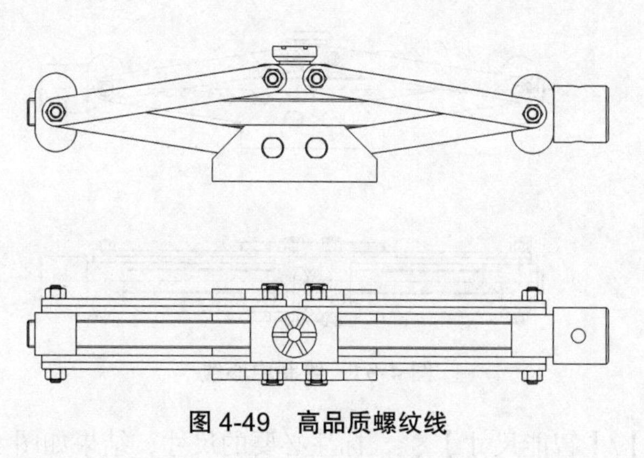

图 4-49　高品质螺纹线

5）单击工具栏上的【视图布局】/【交替位置视图】，选择主视图，在属性栏中选择【现有配置】，如图 4-50a 所示。单击【确定】，结果如图 4-50b 所示，所选配置产生的视图以双点画线形式叠加在现有视图上。

提示：当模型中只有两个配置时，【现有配置】默认为所选视图的另一配置。如果模型中有多个配置，需要从【现有配置】的下拉列表中选择。

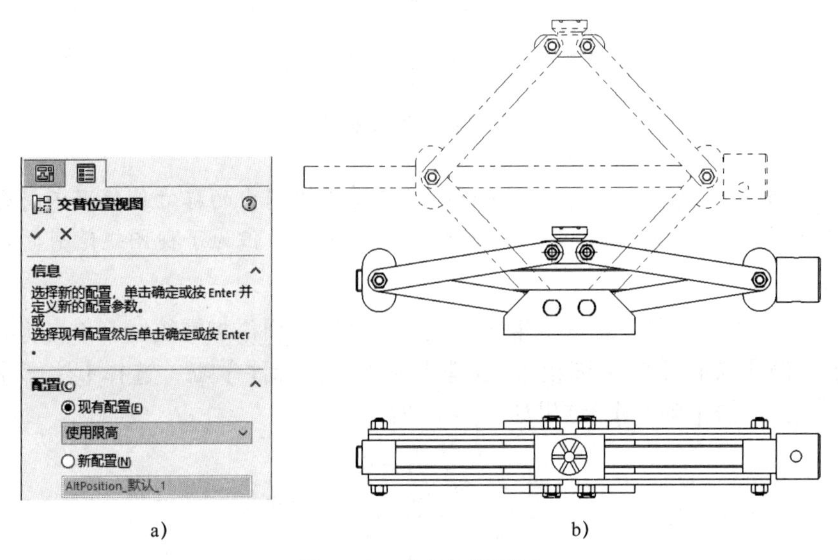

图 4-50　交替位置视图

6）单击【注解】/【中心线】，绘制相应的中心线，结果如图 4-51 所示。

注意：使用【中心线】命令时，若对象是回转体，直接单击该回转体任意位置即可生成；非回转体时，需要单击生成中心线的两条对称边。

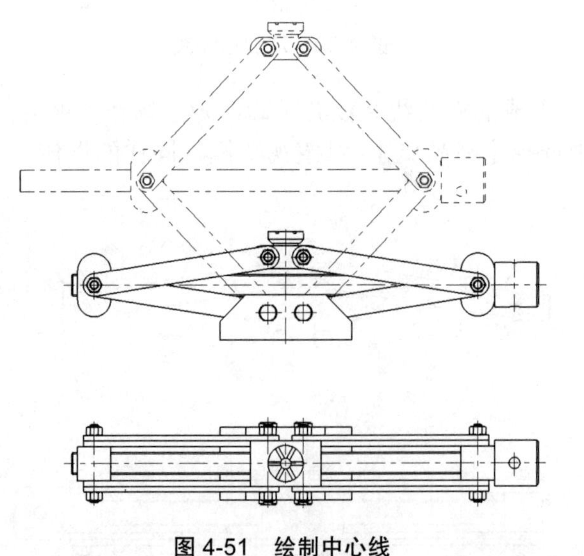

图 4-51　绘制中心线

7）单击【注解】/【智能尺寸】，标注必要的尺寸，结果如图 4-52 所示。

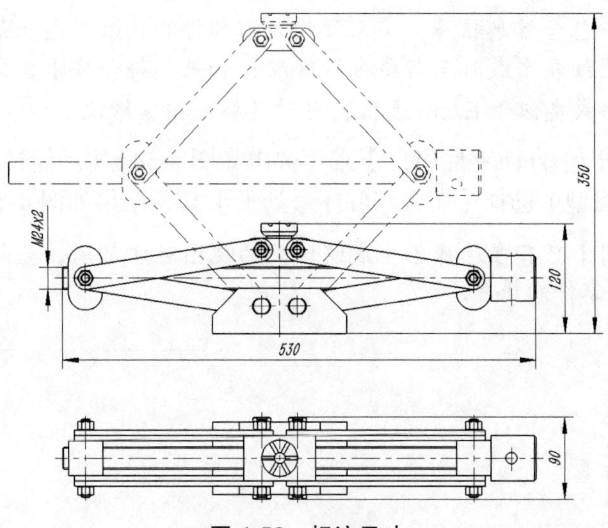

图 4-52　标注尺寸

8）单击【注解】/【表格】/【材料明细表】，系统提示选择关联的工程视图，如果当前图纸的所有视图均属于同一个装配件，选择任意一个视图均可。在弹出的属性栏的【表格模板】中选择“gb-bom-material”模板，如图 4-53a 所示，单击【确定】，出现明细表预览，将其放在合适的位置，生成如图 4-53b 所示明细表。

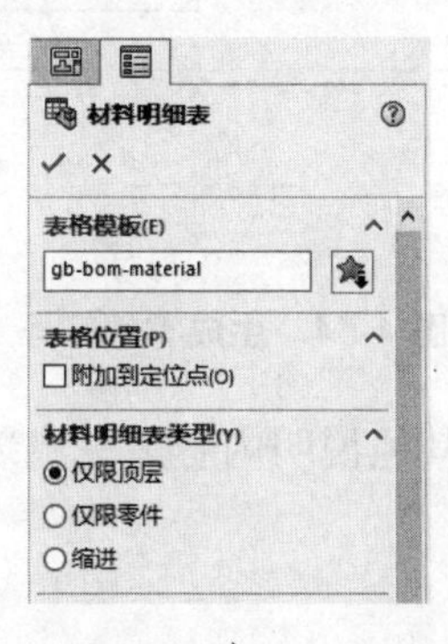

a)

序号	代号	名称	数量	材料	重量	备注
9	T4.5-008	螺杆	1	35	2.409	
8	T4.5-007	托架	1	ZG230-450	0.148	
7	T4.5-006	双头螺杆	2	35	0.074	
6	T4.5-005	支撑	1	ZG230-450	0.602	
5	GB/T 41-2000	六角螺母	12			
4	T4.5-004	连接螺母	2	ZG40Cr	0.625	
3	T4.5-003	连杆	8	Q235	0.245	
2	T4.5-002	销钉1	4	Q235	0.039	
1	T4.5-001	基座	1	ZG230-450	2.189	

b)

图 4-53　生成明细表

提示：明细表中包含信息较多，其来源均为零部件的属性信息。如果零部件属性信息规范准确，则明细表生成时不需要再做修改；如果不符合要求，需要修改零部件对应属性，明细表格式类似于 Excel 表格，可对其格式按需修改。

9）单击【注解】/【自动零件序号】，弹出如图 4-54a 所示属性栏，【项目号】选择【按序排列】,【阵列类型】选择【布置零件序号到下】，结果如图 4-54b 所示。

注意:【按序排列】只有在选择已生成明细表的视图时才可用，重新排列的序号将会同步更改明细表中零件的排序。

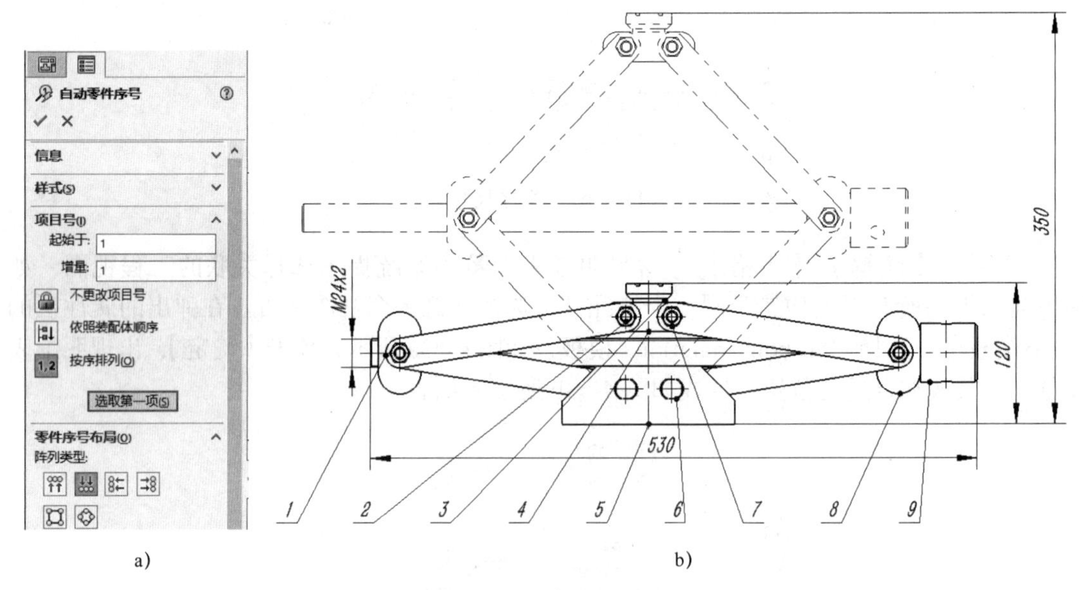

a)　　　　b)

图 4-54　生成零件序号

10）根据需要添加技术要求和其他说明内容，完成装配体工程图。

4.8　智能扣件

【智能扣件】是提高标准件装配效率的非常有效的工具，可以利用零件中已有的孔特征，自动匹配相应的标准件，实现快速调用并自动添加配合关系。

【智能扣件】将零件的孔分为两类，分别对应不同的匹配规则，具体的匹配规则可以根据需要更改。首先启用【Toolbox】插件，再单击菜单栏上的【工具】/【Toolbox】/【配置】，弹出如图 4-55 所示对话框，第一个选项卡为【异型孔向导】。找到【GB】，可以看到生成的基本异型孔参数，选择【直孔】/【钻孔大小】，该类型的孔默认有一个对应的标准件，在使用【智能扣件】时，所生成的标准件类型由此处决定。单击【重新指派】，列出所有可选的标准件，可以更改当前孔所匹配的标准件。

切换到第五个选项卡【智能扣件】，该选项卡用于定义生成扣件时的基本参数，如图 4-56 所示。

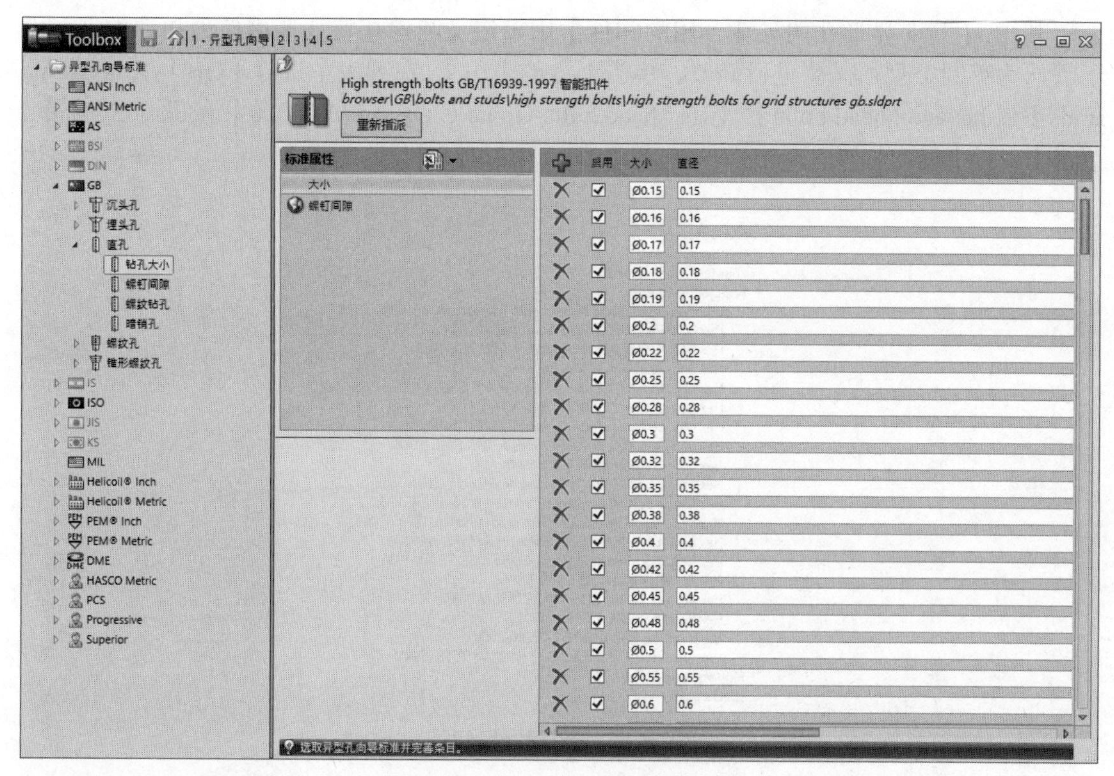

图 4-55 【异型孔向导】选项卡

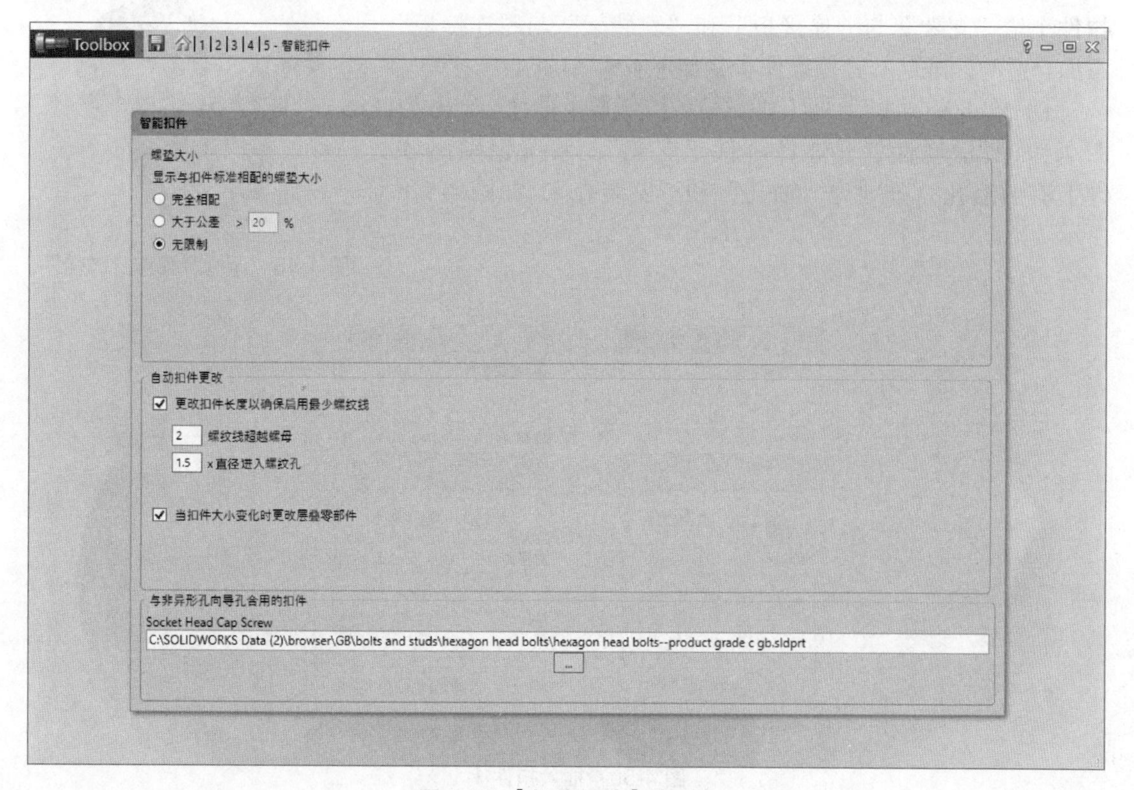

图 4-56 【智能扣件】选项卡

其中,【与非异形孔向导孔合用的扣件】用于定义圆柱孔特征选用何种扣件类型。由于默认为英制类型，需要进行修改，单击下方的【…】，在列表中选择【GB】/【bolts and studs】/【hexagon head bolts】/【Hex head bolts-Grade C GB/T5780-2000】，如图 4-57 所示，单击【保存】退出配置。

- GB
  - bolts and studs
    - ball headed bolts
    - countersunk head bolts
    - hexagon head bolts
      - Cross recessed hexagon bolts with indentation GB/T29.2-1988
      - Hex bolt-Fine pitch thread-Grades AB GB/T31.3-1988
      - Hex bolt-Reduced shank-Grades B GB/T32.2-1988
      - Hex bolts with slot on head-Grades AB GB/T29.1-1988
      - Hex fit bolts with Split pin hole on shank-Grades AB GB/T28-1988
      - Hex bolt-Grades AB GB/T31.1-1988
      - Hex bolt-Reduced shank-Grades B GB/T31.2-1988
      - Hex bolt-Fine pitch thread-Grades AB GB/T32.3-1988
      - Hex bolt-Grades AB GB/T32.1-1988
      - Hex flange bolt-Heavy Series-Grade B GB/T5789-1986
      - Hex flange bolt-Heavy Series-Reduced B GB/T5790-1986
      - Hex head bolt-Fine pitch thread-Grades AB GB/T5785-2000
      - Hex head bolts-Full thread-Grade C GB/T5781-2000
      - Hex head bolt-Reduced shank-Grade B GB/T5784-1986
      - Hex fit bolts-Grades AB GB/T27-1988
      - Hex flange bolt-Small series GB/T16674-1996
      - Hex head bolts GB/T5782-2000
      - Hex head bolts-Grade C GB/T5780-2000
      - Hex head bolt-Full thread-Grades AB GB/T5783-2000
    - high strength bolts
    - special bolts

图 4-57 选择扣件类型

打开示例装配体“脚轮”，如图 4-58 所示，通过【智能扣件】给“支架”与“连接板”和“安装架”与“连接板”添加合适的标准件。具体操作步骤如下：

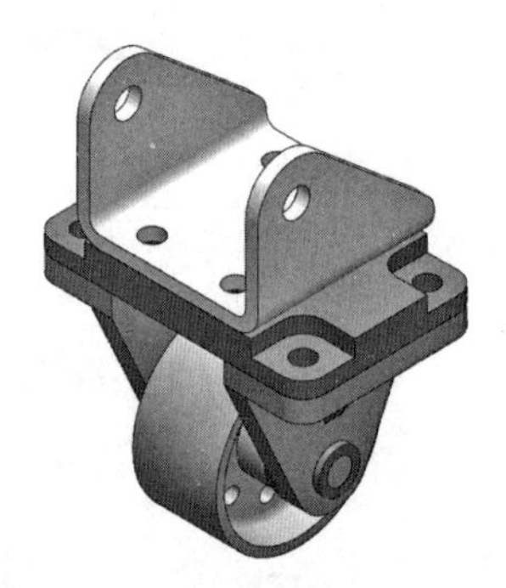

图 4-58 示例装配体“脚轮”

1）单击菜单栏上的【插入】/【智能扣件】，弹出如图 4-59a 所示属性栏，选择零件“支架”，系统识别出零件上有两组孔，分别为“轴孔”和“安装孔”，如图 4-59b 所示。

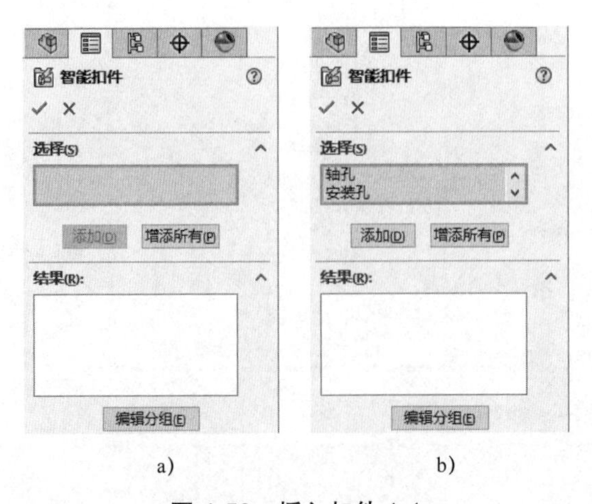

图 4-59 插入扣件 1-1

在此只需对“安装孔”添加扣件，删除“轴孔”，单击【添加】，结果如图 4-60a 所示。由于两零件的连接孔为光孔，需要添加配套的螺母及垫圈等扣件，在【顶部层叠】的下拉列表中选择“Plain washers--Product grade grade C GB/T 95—1985”，在【底部层叠】的下拉列表中选择“Plain washers--Product grade grade C GB/T 95—1985”“Single coil spring lock washers--Normal type GB/T 93—1987”和“Hexagon nuts grade C GB/T 41—2000”，如图 4-60b 所示，单击【确定】完成添加。

提示：如果在【结果】项中生成了多余的“组”，可以在其上右击，选择【删除】。

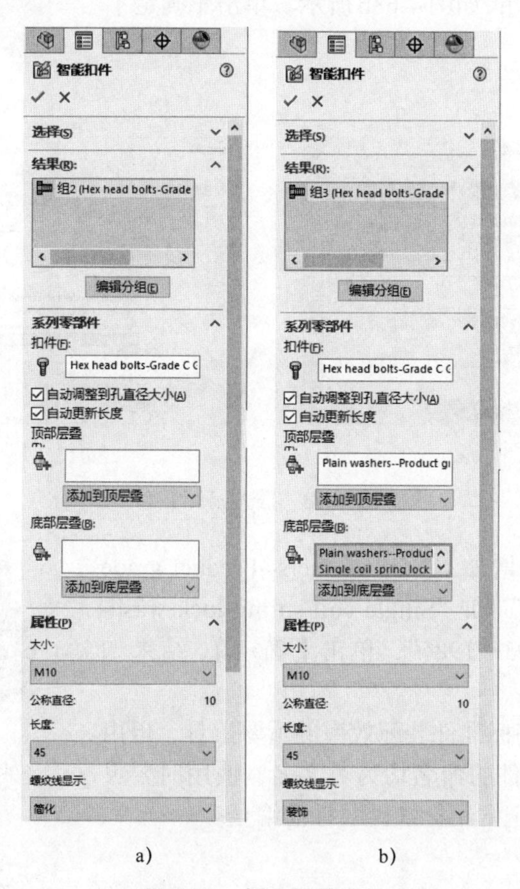

a)　　　　　　　　b)

图 4-60　插入扣件 1-2

如果有不合理的配合关系，需要重新编辑调整。使用同样的方法添加另一侧的标准件，结果如图 4-61 所示。

注意：【智能扣件】默认从圆柱孔特征的圆形草图一侧装入，这也印证了零件建模规范的重要性。如果装入方向相反，可在【结果】里选择分组，单击【编辑分组】，如图 4-62 所示，选择分组下的【系列】，右击选择【反转】。若默认的标准件不是所要的类型，可通过【更改扣件类型】重新选择所需类型。

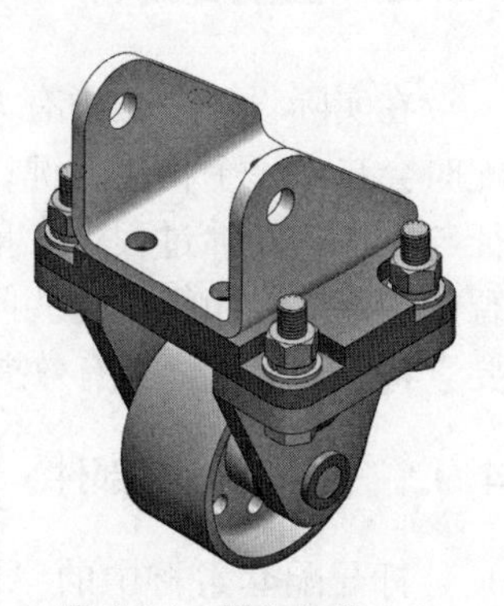

图 4-61　插入扣件 1-3

2）单击菜单栏上的【插入】/【智能扣件】，选择“安装架”，删除“切除 - 拉伸 2”，单击【添加】。由于该零件的孔是用【异型孔向导】生成的四个安装孔，所以系统显示的是 Toolbox【配置】中选择的标准件，在此需要进行修改。在【扣件】文本框中右击，选择【更改扣件类型】，如图 4-63a 所示，弹出【智能扣件】对话框，选择【GB】/【螺钉】/【凹头螺钉】/【Hexagon socket head cap screws GB/T 70.1—2000】，如图 4-63b 所示，单击【确定】完成扣件类型选择。

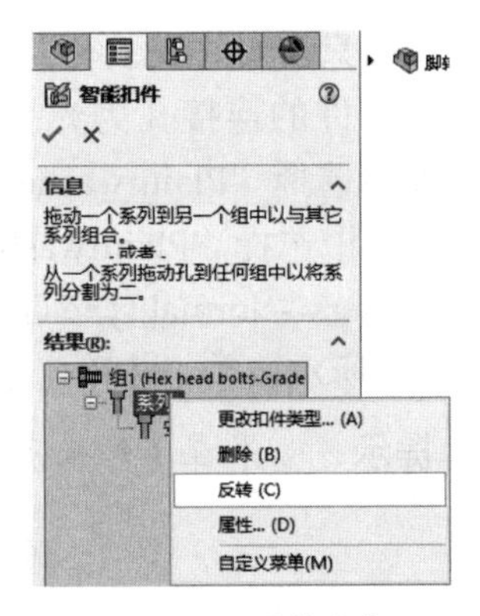

图 4-62　反转方向

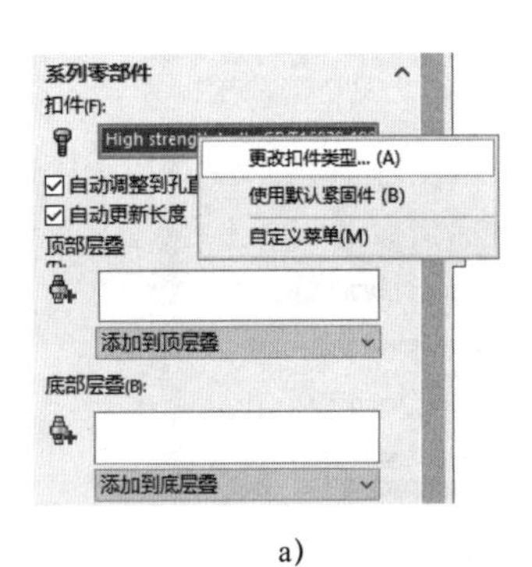

a)

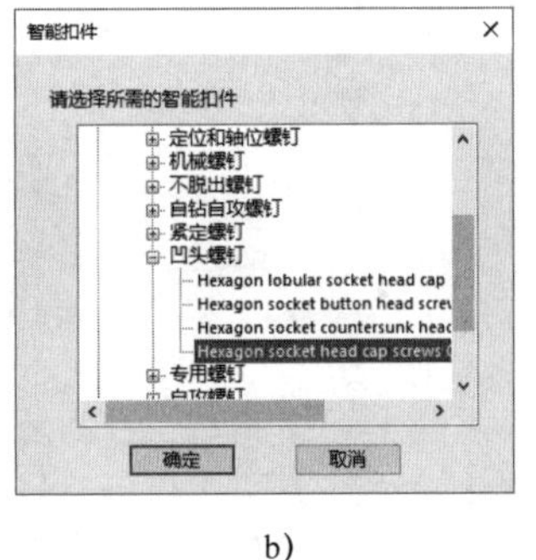

b)

图 4-63　插入扣件 2-1

在【顶部层叠】中增加“Plain washers--Product grade grade C GB/T 95—1985”和“Single coil spring lock washers--Normal type GB/T 93—1987”，单击【确定】，结果如图 4-64 所示。

【智能扣件】是提高标准件装配效率的重要工具，但由于标准差异且相关标准件的命名均为英文名，使用时要灵活使用配置信息，并熟记常用标准件的标准编号。

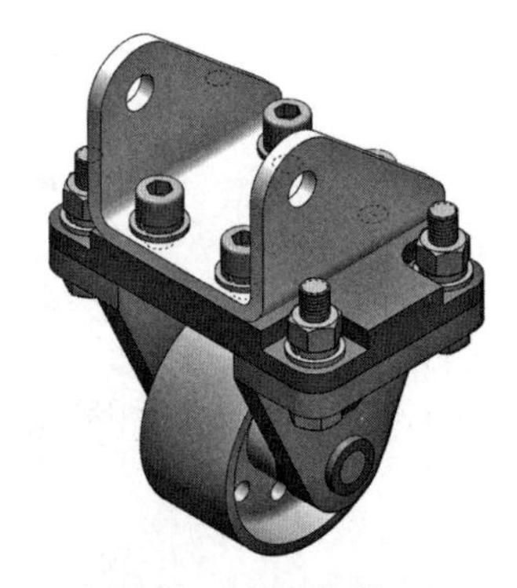

图 4-64　插入扣件 2-2

4.9　智能零部件

在实际设计过程中有大量的重复性设计工作，如在一个模型上创建一个键槽，通常装配时会装入一个相应的键；而装入一个螺钉，其连接零件上有着相应的孔。这些常规性特征与零件在设计过程中大量存在，消耗着大量的研发时间与精力，而 SOLIDWORKS 中的智能零部件专门解决这些问题，在装配体中装入所选的基本设计对象后，其他的相关设计要素将自动生成，能有效提升设计效率，这也是智能设计的一大体现。

4.9.1　插入智能零部件

打开配套素材中的“目标装配体 .SLDASM”，如图 4-65 所示。现因设计需要，要在

"芯轴"的右端装入密封圈，而为了装入密封圈，首先需要查找密封圈的型号，查到相应尺寸，然后编辑零件增加环槽，再回到装配体中装入密封圈并添加配合关系，过程烦琐，工作量较大，而通过插入智能零部件则可以将这些操作一步完成。

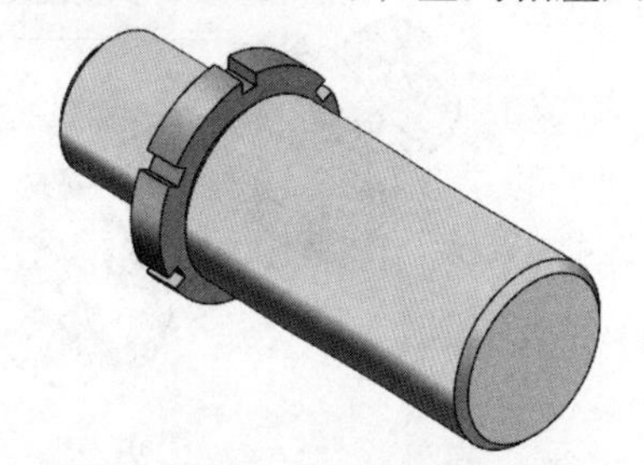

图 4-65　目标装配体

展开任务栏中的【文件探索器】，找到示例零件"密封圈"，如图 4-66a 所示，用鼠标左键拖动其至图形区，出现模型预览，如图 4-66b 所示。

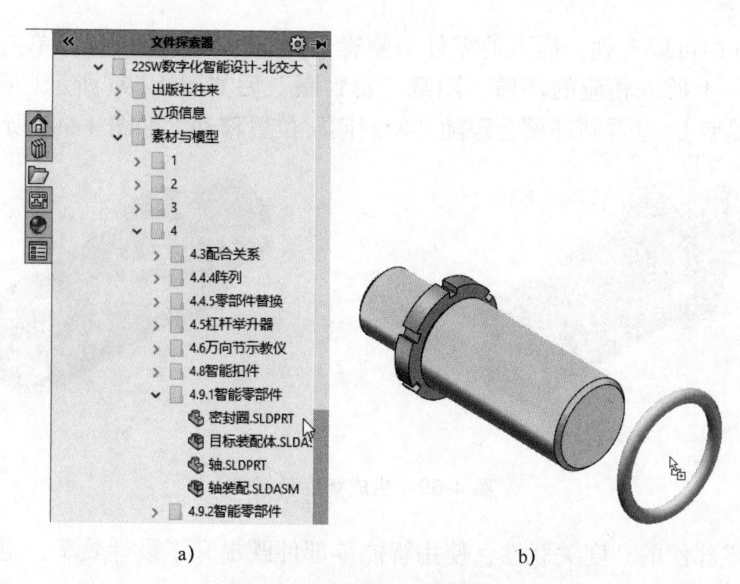

a)　　　　　　　　　　b)

图 4-66　示例零件"密封圈"

将鼠标移至"芯轴"附近，如图 4-67a 所示，系统会根据"芯轴"直径给出推荐的配置并出现配置列表，如图 4-67b 所示，可以根据需要更换所需的配置。

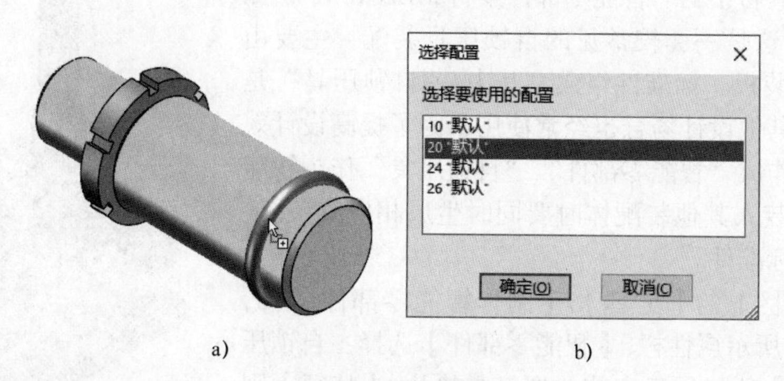

a)　　　　　　　　　　b)

图 4-67　选择配置

选择配置"20"后单击【确定】，弹出如图 4-68a 所示的配合关系列表。如果接受系统默认的配合参考，直接单击【确定】，结果如图 4-68b 所示。

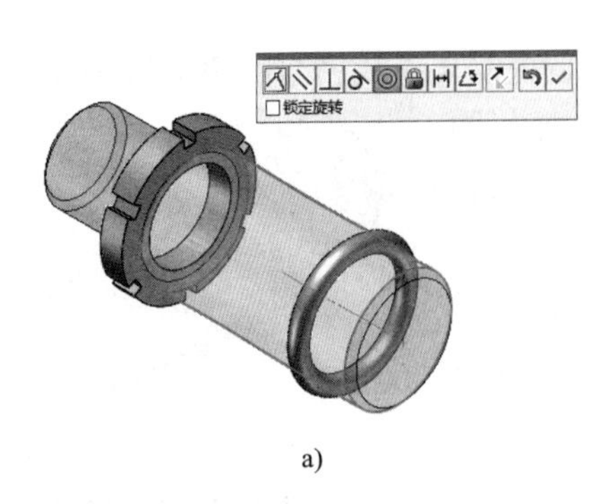

a)

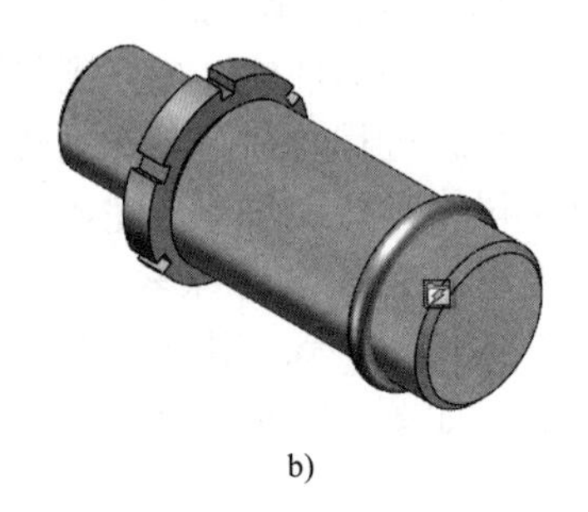

b)

图 4-68　选择配合参考

从图 4-68b 中可以看到，插入的零件一侧有【智能特征】图标，单击该图标，系统自动在“芯轴”上插入相应的环槽，隐藏“密封圈”后如图 4-69a 所示。移动“密封圈”再单击【重建模型】，会看到环槽会跟随“密封圈”位置移动，如图 4-69b 所示。

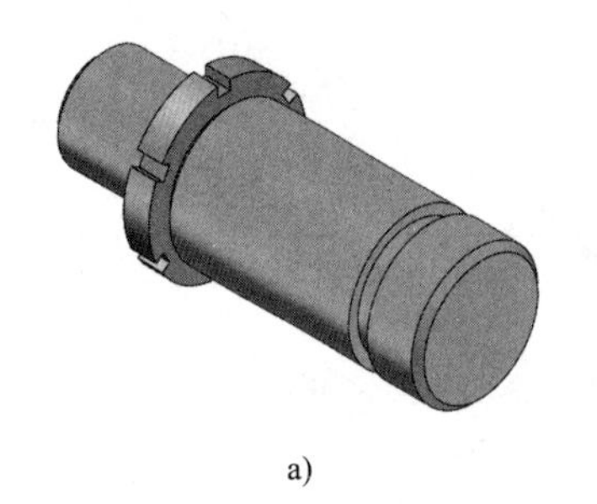

a)

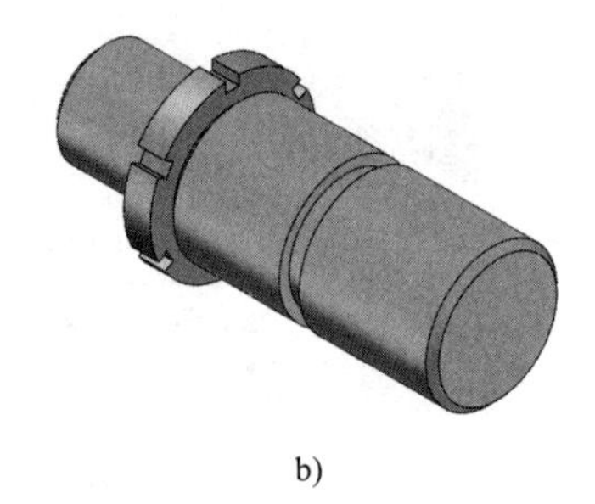

b)

图 4-69　生成智能特征

由于智能零部件的高度关联性，使用智能零部件既提升了设计效率，也降低了设计出错的可能性，对于设计标准化也比较有利。

4.9.2　制作智能零部件

打开配套素材中的“智能零部件素材 .SLDASM”，如图 4-70 所示，这是一套较常见的自锁压具装配，主要由自锁压具、安装板、标准件组成。其中，“自锁压具”是常用组件，在其他设计场合也经常使用，为了提高设计效率，需将其制作成“智能零部件”。“自锁压具”作为智能零部件主体，装入其他装配体时要同时生成相应安装孔，并装入对应的标准件。

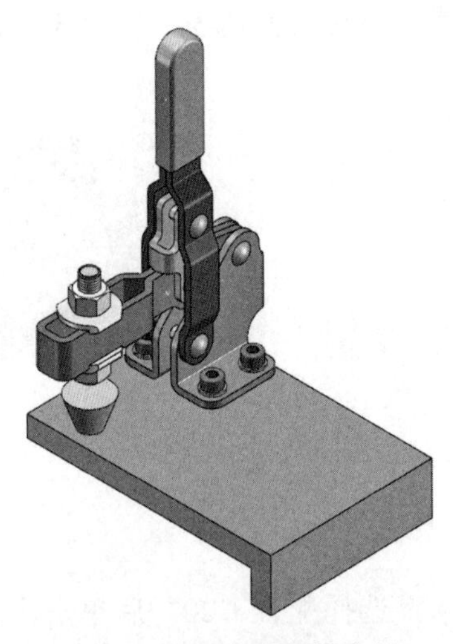

图 4-70　智能零部件素材

单击菜单栏上的【工具】/【制作智能零部件】，弹出如图 4-71 所示属性栏，【智能零部件】选择“自锁压具”，【零部件】选择用于安装的螺钉与垫片，【特征】则选择“安装板”上的螺纹孔，单击【确定】完成智能零部件的定义。此时设计树中的“自锁压具”的图标会变更为，表示已定义完成。保存当前装配体。

为了保证智能零部件在新装配体中能合理地添加配合关系，需要添加配合参考。打开“自锁压具”装配体，单击菜单栏上的【插入】/【参考几何体】/【配合参考】，弹出如图 4-72 所示属性栏，选择“基座”的底面作为【主要参考实体】，单击【确定】完成配合参考的添加。

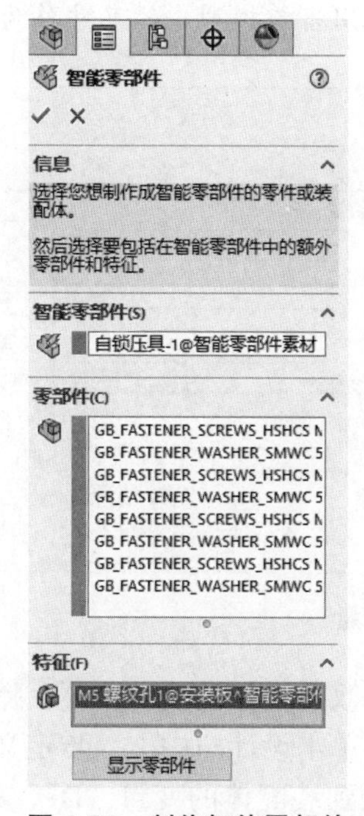

图 4-71　制作智能零部件

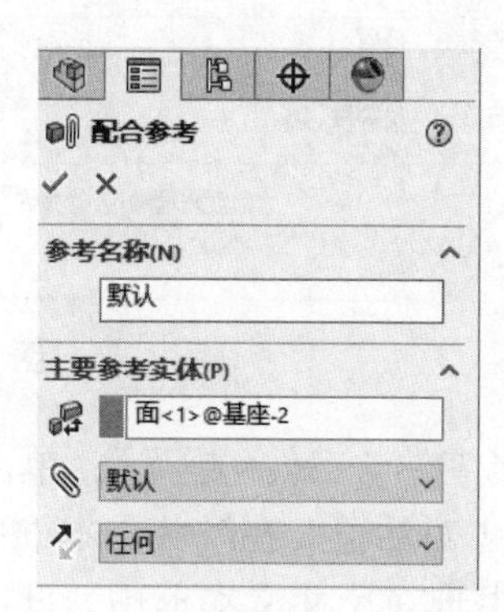

图 4-72　添加配合参考

注意：添加配合参考并非生成智能零部件的必要步骤，可以对生成的智能零部件进行测试，如果自动添加的配合关系符合需求则无须额外添加，不符合要求时再打开智能零部件进行添加。

生成的智能零部件需要进行测试，以确保能按预期生成相应的零部件、特征及配合。在企业实际应用中需要不断提炼标准化零部件，对其进行智能化处理，随着智能零部件的不断维护扩充，设计效率将会逐步得到相应的提升。

4.10　方程式在装配体中的应用

装配体中的方程式与零件中的方程式使用方法相同，其变量的功能定义也相同。方程式可以驱动的对象包括含尺寸的配合关系、装配体特征尺寸、零件尺寸等，更改一处，相关尺寸均同步更新，可以利用零件间的尺寸关系方程式提高设计效率。

打开配套素材中的“拔叉夹具 .SLDASM”，如图 4-73 所示。设计中“拔叉”的左侧外圆半径是需要变化的，当外圆直径小于 60mm 时，V 型槽的开

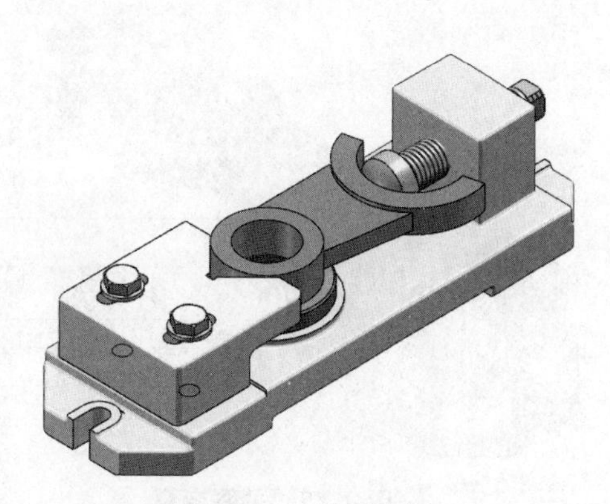

图 4-73　拔叉夹具

口角度为 90°；当直径大于等于 60mm 时，V 型槽的开口角度需要变更为 120°。下面通过变量与方程式进行关联控制。

1）在设计树的“方程式”上右击，选择【管理方程式】，弹出如图 4-74 所示对话框，在【全局变量】中输入“D”，在【数值 / 方程式】中输入“55”作为初始值。

提示：当变量与模型尺寸直接关联时，通常会使用当前模型中的尺寸作为初始值。

方程式、整体变量、及尺寸

过滤所有栏区

名称	数值/方程式	估算到	评论
⊟ 全局变量			
"D"	= 55	55	
添加整体变量			
⊟ 特征			
添加特征压缩			
⊟ 方程式 - 顶层			
添加方程式			
⊟ 方程式 - 零部件			
添加方程式			

确定 取消 输入(I)... 输出(E)... 帮助(H)

☑自动重建　角度方程单位: 度数　☑自动求解组序

☐链接至外部文件:

图 4-74　添加全局变量

2）编辑零件“工件 - 拔叉”，单击“拉伸 1”，并双击直径尺寸“ϕ55”，弹出如图 4-75 所示【修改】对话框。在尺寸文本框中输入“=”，再单击设计树中上一步定义的全局变量“D”，变量出现在尺寸文本框中，此时该直径已关联到装配体的变量“D”，单击【确定】完成变量赋予，退出零件编辑状态。

注意：装配体中的变量引用与零件中的变量引用操作有所区别，零件中的变量在输入“=”时直接显示在列表中，而装配体中的变量需要在设计树中选择引用。

3）编辑零件“V 型块”，单击“拉伸 -V 型面”，并双击角度尺寸“90°”，弹出如图 4-76 所示【修改】对话框。在尺寸文本框中输入“=”，在函数列表中选择“if ( )”，单击设计树中的全局变量“D”，并在变量名后输入“<60，90，120”，单击【确定】完成方程式的输入，退出零件编辑状态。

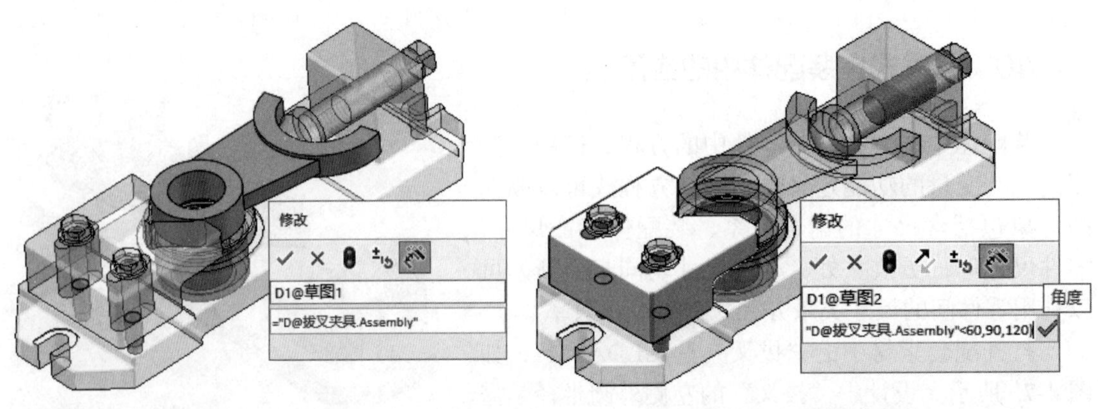

图 4-75　关联变量　　图 4-76　添加方程式

4）将装配体中全局变量“D”的值更改为65，此时模型如图4-77所示，可以通过【评估】/【测量】进一步对变化的部分进行尺寸验证。

提示：如更改后模型未实时改变，需要单击【重建模型】进行更新。

装配体中的变量与方程式的配合使用，能最大限度地减少设计的工作量，但也需要注意方程式不能随意添加，冗余的方程式会使模型重建时间变长，且使模型出错的可能性加大。

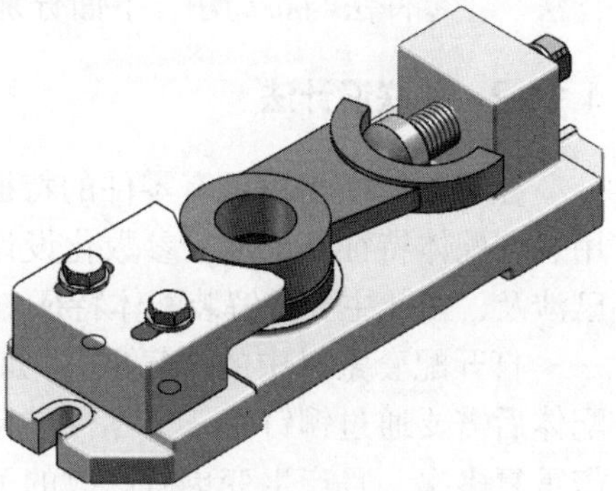

图 4-77　关联修改结果

4.11　Top-down 数字化设计方法

三维软件不仅仅是建模工具，更是设计理念、设计方法的具体体现。初步学习三维软件时可能只需要学会模型怎么创建即可，但作为设计人员来讲，选择合适的设计方法进行设计，进而设计出满足需求的产品才是最终目的。本节主要介绍 Top-down（自上而下）设计方法在三维环境下的常用思路。

4.11.1　设计方法的基本分类

设计方法通常可分为 Bottom-up（自下而上）与 Top-down（自上而下）两类。Bottom-up 强调零件设计、随时修改、制造同步，一旦初步设计方案被指定，就可以开始详细设计。前面章节中从零件创建到装配再到生成工程图，是典型的 Bottom-up 设计思路。这种设计方法的风险是设计时难以全面考虑，项目中不同的分工会存在衔接问题，沟通工作量大，修改频繁。Bottom-up 的设计方法适合老产品改型、仿制等，能迅速产生设计结果，并同步制造生产。

Top-down 则强调项目规划、系统理解、合理分工，要求除非在系统设计中有足够层次的细节信息被定义，否则不设计任何一个零件。通常会由项目负责人进行项目整体规划、原理设计、布局分工，再分配到各子项目的负责人具体设计。项目有变更时，由项目负责人在整体规划层进行修改，其修改内容会自动传导到项目相关人员。Top-down 前期工作量大，后期交流畅通，无须专门装配，设计过程中通常需通过仿真等配合进行验证，未完成设计前通常不做生产制造。其缺点是一旦整体规划有较大变动，会造成大量的设计浪费、周期延长。Top-down 设计方法适合批量产品定义、全新产品设计，能有效掌控项目进展，控制项目整体关联性。

目前大部分 CAD 软件的功能可以较好地完成 Bottom-up 设计（零部件的详细设计），但对于 Top-down 而言问题解决得并非十分理想，这其中既有软件本身的功能限制，也有企业设计规划问题，其中最主要的是如何实现概念模型向装配模型的映射，以便有效地解决装配结构设计问题，而且又很少有企业能完全抛弃历史数据展开研发。所以现代产品设计方法通常是 Top-down 和 Bottom-up 两种方法的结合。尽管优秀产品设计的基础是完整理解整个系统，理论上趋向 Top-down 方法；但是机械产品的类似性使设计趋向于在一定程度上利用已有的设计数据，这使设计又具备 Bottom-up 的味道。

在 SOLIDWORKS 中使用 Top-down 方法进行设计时主要有三种思路，分别为关联设计法、主零件法与布局法，下面分别进行介绍。

4.11.2 关联设计法

在装配体中引用已有零件的特征要素形成新零件的特征条件，如方程式、转换实体引用、装配体特征等，属于参数化设计的范畴。关于方程式、转换实体引用在前面章节中均已涉及，在此主要讲解装配体特征。

打开配套素材中的“气爪”，如图 4-78 所示。前期已完成本体、夹块的设计，形成装配体后需要通过铆钉将三个零件进行连接，如果在零件上分别开孔，意味着每个孔特征均需重复多次，且产生变更后修改的工作量较大。此时可通过【装配体特征】在装配体中生成孔特征，一旦需要修改，只需要在装配体中修改一次即可，这在特征同时影响多个零件时特别有效。

1）单击【装配体】/【装配体特征】/【拉伸切除】，选择“夹块”侧面为参考面，绘制如图 4-79 所示草图，单击【确定】完成草图绘制。

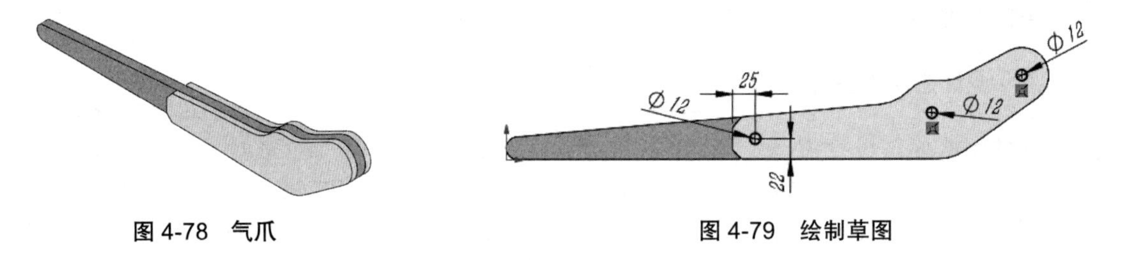

图 4-78　气爪　　　　图 4-79　绘制草图

2）弹出如图 4-80a 所示属性栏，【方向】选择【完全贯穿】，【特征范围】选择【所有零部件】，单击【确定】，结果如图 4-80b 所示。

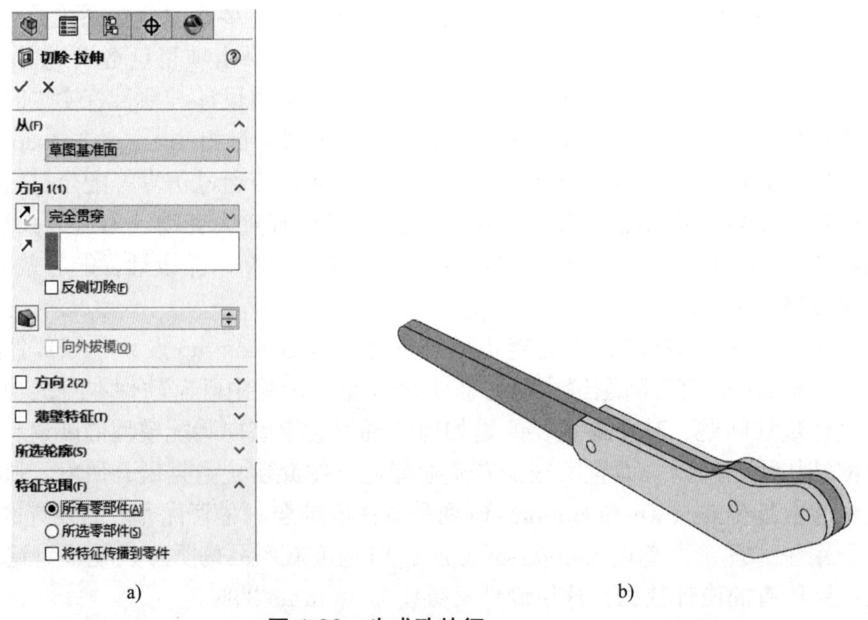

a)　　　　b)

图 4-80　生成孔特征

3）从设计树中可以看到此时生成的孔属于装配体。打开零件“夹块”，如图 4-81a 所示，可以看到零件中并没有生成孔。编辑该装配体的孔特征，勾选【将特征传播到零件】复选框，单击【确定】后再次打开“夹块”，如图 4-81b 所示，且零件中有一“派生”特征表明其关联性。

提示：如果不需要保持关联，可以在零件的相应特征上右击，选择【使之独立】，从而解除关联性。

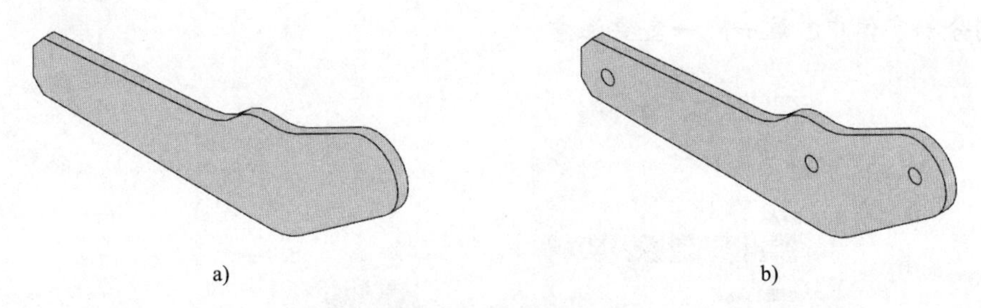

a)　　　　b)

图 4-81　将特征传播到零件

关联设计能很好地保持相关零部件的同步修改，是设计中较常用的一种方法，其中【装配体特征】也是设计中表达“配作”工艺的较好方法。但关联设计也有缺点，当一个产品设计中的关联较多时，会造成参数传递表达不清，驱动与从动区分困难，一旦完成设计，后期的编辑将较为困难。所以在关联使用较多的模型中，一定要做好备注，以方便后期编辑。

4.11.3　主零件法

主零件法是指设计中确定主零件，先对主零件进行建模，然后将主零件分拆成多个子零件，再对分拆后的子零件进行细化设计。需要修改时，只需要对主零件进行修改，其所影响的子零件将自动传递修改信息。主零件法关联传导层次清晰，对于外形复杂、位置确定的产品设计尤为有利。

打开配套素材中的“剃须刀外形”，如图 4-82 所示，这是一个已完成整体外形的产品，需要拆分成头部、上壳体、下壳体三个零件再进行详细设计，下面使用【分割】进行拆分。

1）以“头部拉伸”特征侧平面为基准面绘制草图，如图 4-83 所示。为便于传递设计意图，将当前草图更名为“头部分割”。

技巧：当草图的轴向与期望的不一致时，可按住 <Shift> 键，同时按方向键，每按一次，视向旋转 90°。

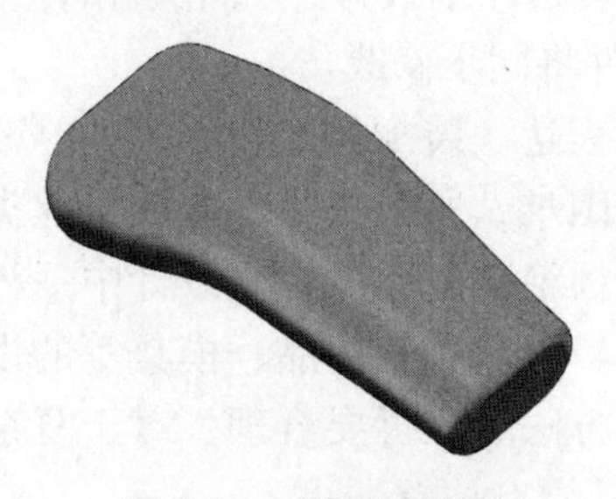

图 4-82　剃须刀外形

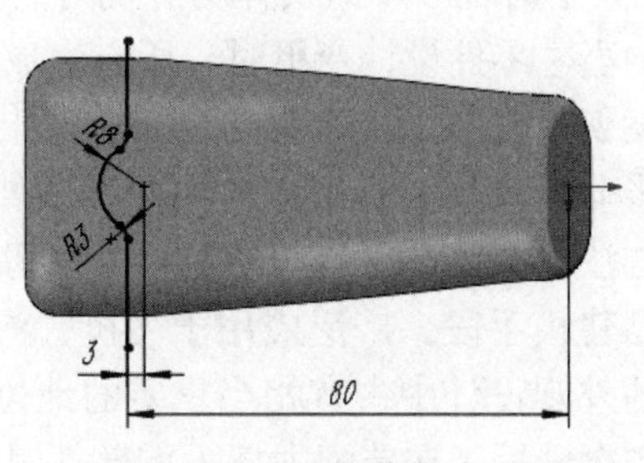

图 4-83　绘制草图（1）

2）单击【特征】工具栏上的【分割】，弹出如图 4-84a 所示属性栏，【剪裁工具】选择上一步绘制的草图“头部分割”，单击【切除零件】，系统对零件进行分割并产生两个实体，结果如图 4-84b 所示。

注意： 在【所产生实体】选项组的对应【标题】文本框双击，将弹出【另存为】对话框，可以将生成的实体单独保存为独立的文件。所生成的零件与原零件保持关联，【分割】特征生成前所做的修改，将自动反馈至分割实体中，而【分割】后的特征不会反馈到分割实体中，这一点一定要注意。

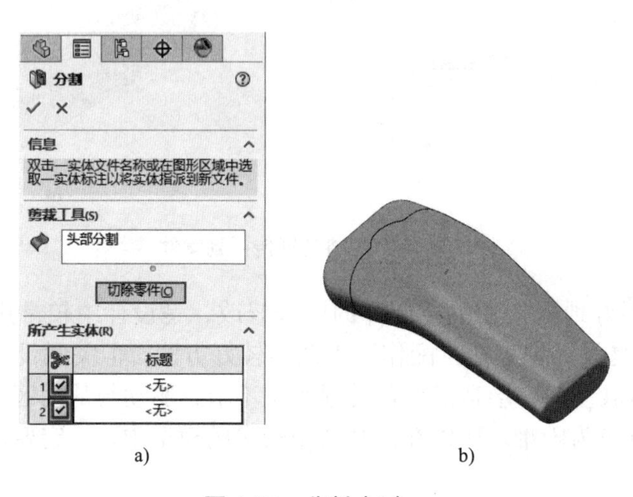

图 4-84　分割（1）

提示： 如果工具栏上没有【分割】命令，可通过“自定义”方法将其拖放至工具栏。

3）以“右视基准面”为基准面绘制草图，将“草图 2”通过【转换实体引用】投射至当前草图，并延长左侧斜线段，如图 4-85 所示，草图名称更改为“本体分割”。

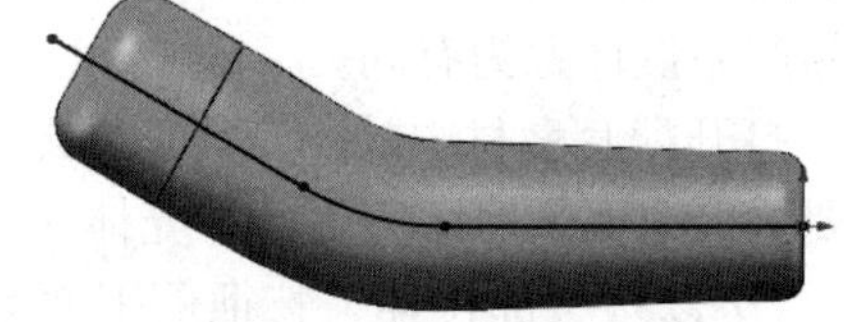

图 4-85　绘制草图（2）

4）单击【特征】工具栏上的【分割】，弹出如图 4-86a 所示属性栏，【剪裁工具】选择上一步绘制的草图“本体分割”，【目标实体】选择分割后的本体部分，单击【切割实体】，系统对所选实体进行分割并产生两个实体，结果如图 4-86b 所示。

5）将分割后形成的实体另存为零件后进行后续的详细设计，如增加扣合、安装螺柱等特征，当主零件设计变更时，所有生成的关联零件将同步修改。

该案例中如果三个零件分别设计再装配，显然表达、装配均比较困难，修改时让三个零件同步非常麻烦。汽车类的大型复杂外观将更为困难，所以主零件法成了此类产品的最佳设计方法。主零件法既可以保持全关联，也可以杜绝装配问题，是设计中一种非常重要的新产品建模手段，广泛应用于飞机、汽车、家电、玩具、日用品、模具等的设计中，在新产品的外观设计中占有相当重要的地位。使用该方法时分拆要合理，对于复杂的设计可以进行二次分拆，在装配中插入零部件时只需保持其原有位置即可。

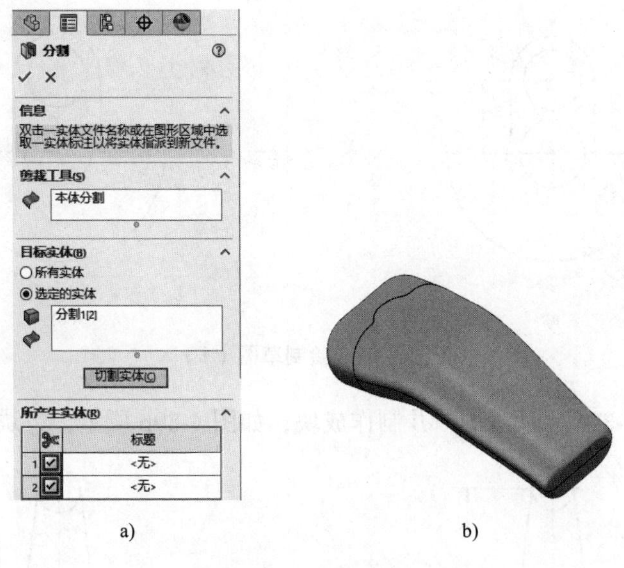

a)　　　　　　　　　　b)

图 4-86　分割（2）

4.11.4　布局法

布局法是指首先建立产品最基本的轮廓布局，并进行初步的分析验证，达到预期要求后，再基于轮廓布局分解，对各零部件进行详细设计，后续的布局修改后会传递到各分零部件中。布局法又分为草图法布局与布局法布局。

草图法布局通过装配体草图进行框架设计，再辅以基准、变量、实体等多种参考对象进行零件设计，也可以看成是关联设计法的一种延伸。草图法布局的缺点是对动态机构无法验证，整体规划性较差，容易形成循环参考，通常只用于较简单的静态结构产品中。

布局法布局通过 SOLIDWORKS 的布局命令创建产品虚拟结构，传递设计参数，分解设计任务。布局法布局可以包含所有全局信息，容易表达机构结构和设计原理。它的缺点是只能装配至零件传导，不能传导到装配体，局限较大，适用于整机及部件级的顶层机构设计。

下面以动力机构的设计为例讲解布局法布局。

1）以“gb_assembly”为模板新建一个装配体。

2）单击【布局】工具栏上的【生成布局】，系统进入布局环境，如图 4-87 所示。同时设计树上的装配体图标后会增加布局图标。

3）通过草图命令绘制如图 4-88a 所示草图。单击【布局】工具栏上的【制作块】，选择草图所有对象并确定生成块，如图 4-88b 所示。将块重命名为“曲轴”，将下侧圆的圆心与原点添加【重合】几何关系，此时拖动块上任一点，块可以绕原点旋转。

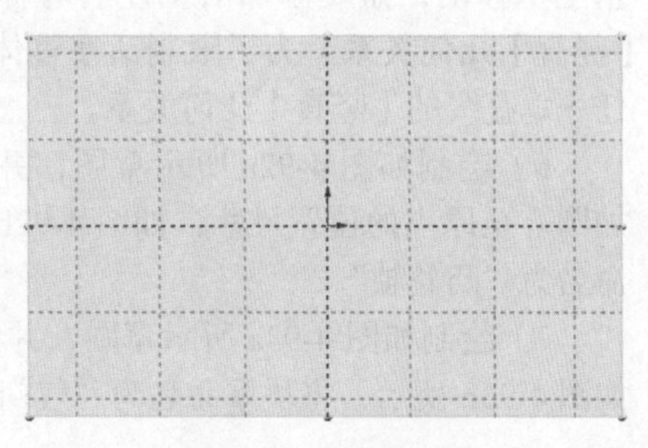

图 4-87　生成布局

提示：由于布局草图为初步设计构思，所以草图通常不需要完全定义，只需要大概轮廓和关键性尺寸标注。

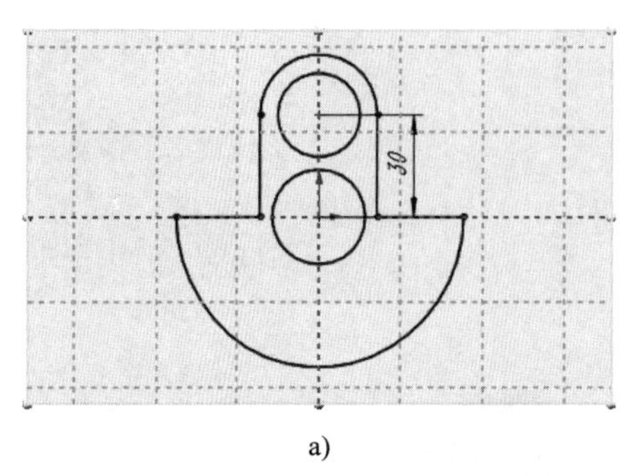

a)

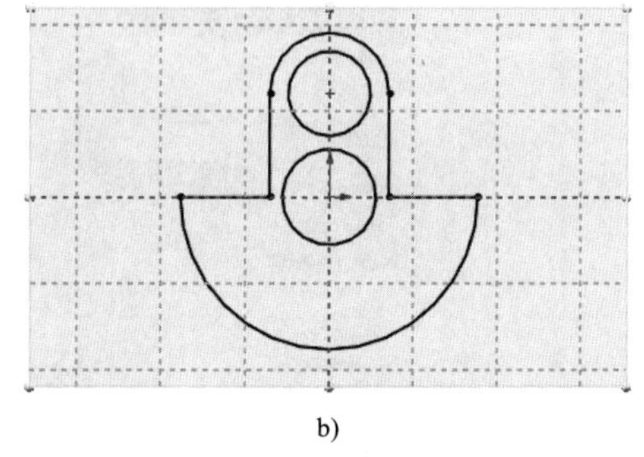

b)

图 4-88 绘制草图（1）

4）绘制如图 4-89a 所示草图，并制作成块，如图 4-89b 所示，将块重命名为“连杆”。

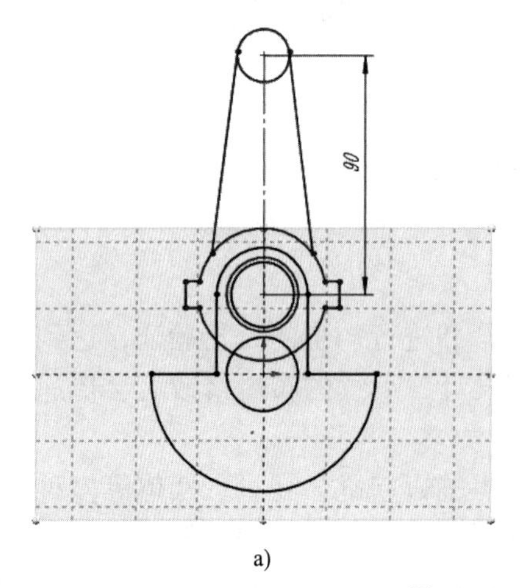

a)

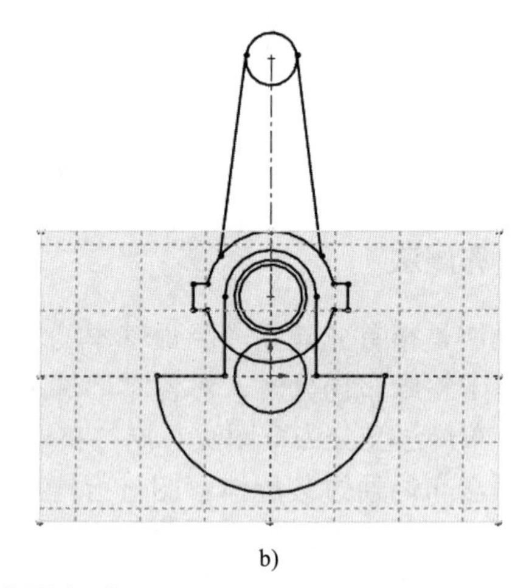

b)

图 4-89 绘制草图（2）

注意： 拖动“连杆”时其下侧圆与“曲轴”上侧圆重合并旋转，如图 4-90 所示。如果没有达到预期，则需要添加合适的几何关系。

5）绘制如图 4-91a 所示草图，并制作成块，如图 4-91b 所示，将块重命名为“活塞”。为了保证活塞上下移动，需要添加活塞左右对称中点与原点的【竖直】几何关系。为了限制活塞整体的竖直，添加任一垂直线的【竖直】几何关系。

6）绘制如图 4-92a 所示草图，并制作成块。添加圆心至原点的位置尺寸，如图 4-92b 所示，将块重命名为“凸轮轴”。

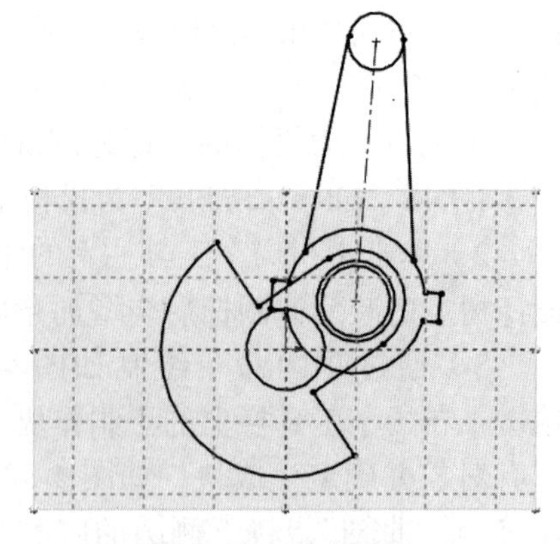

图 4-90 动态验证

7）绘制如图 4-93a 所示草图，并制作成块。添加竖直中心线至原点的水平位置尺寸，如图 4-93b 所示，将块重命名为“气门”。

思考：“气门”的水平位置尺寸是为了让“气门”只能上下移动，在此处还有哪些方法可以达到此要求？

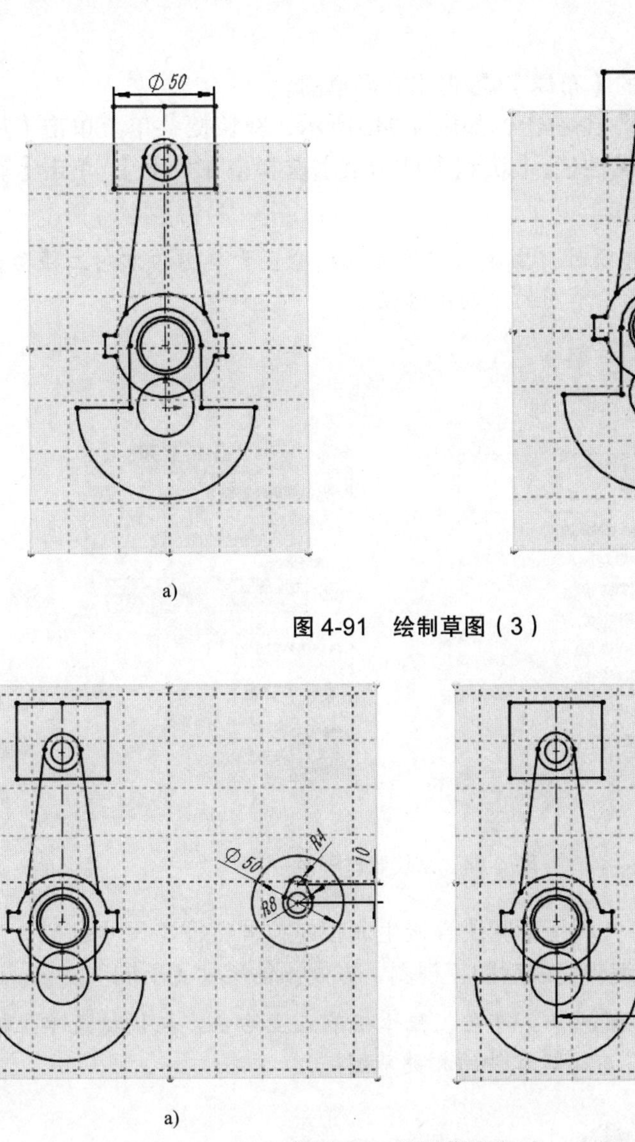

a)　　b)

图 4-91　绘制草图（3）

a)　　b)

图 4-92　绘制草图（4）

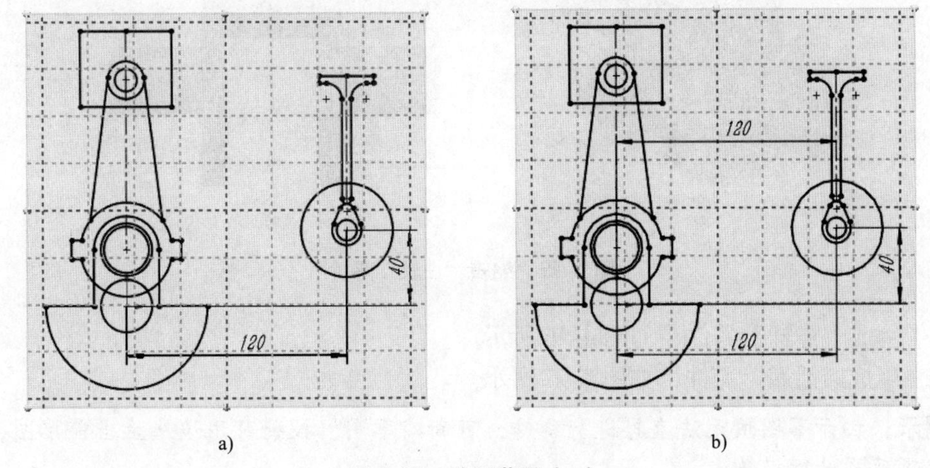

a)　　b)

图 4-93　绘制草图（5）

8）单击图形区右上角的【布局】退出布局草图。

9）在设计树的“曲轴”上右击，如图 4-94a 所示，在快捷菜单上单击【从块制作零件】，弹出如图 4-94b 所示属性栏，【块到零件约束】选择【在块上】，单击【确定】生成“曲轴”零件。

提示： 选择【投影】选项时，生成的零件可以在垂直于草图的方向上移动；选择【在块上】时不可以在垂直于草图的方向上移动。

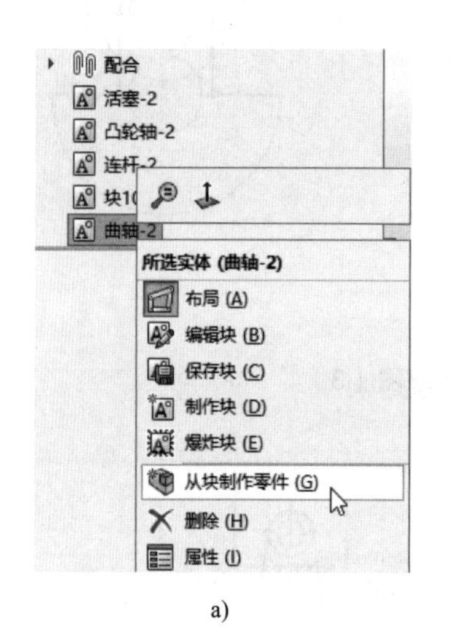

a)

b)

图 4-94　从块制作零件

10）编辑“曲轴”零件，利用草图块直接生成相应拉伸特征（尺寸自拟），如图 4-95a 所示。图 4-95b 所示为零件编辑完成后的正视图，方便预估尺寸（下同）。

技巧： 编辑零件时为方便选择，可在装配体根节点上右击，在快捷菜单上选择【隐藏布局】，此时将只显示当前编辑零件的相关草图。

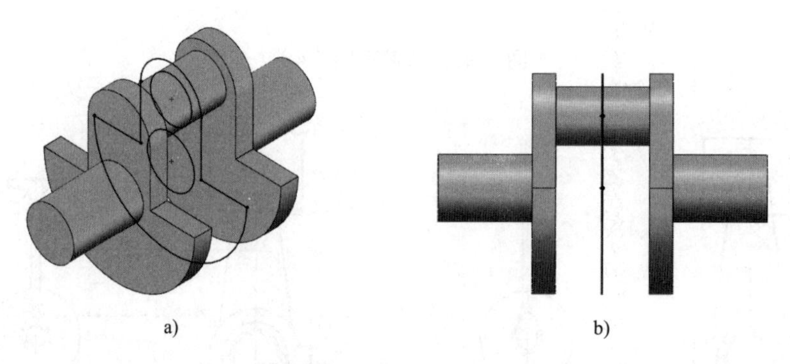

a)　　　　b)

图 4-95　编辑“曲轴”零件

11）生成“连杆”零件，如图 4-96 所示。

12）生成“活塞”零件，如图 4-97 所示。

提示： 由于草图块无法直接进行旋转，可新建草图，投射可用边线至当前草图，适当编辑后再进行旋转。

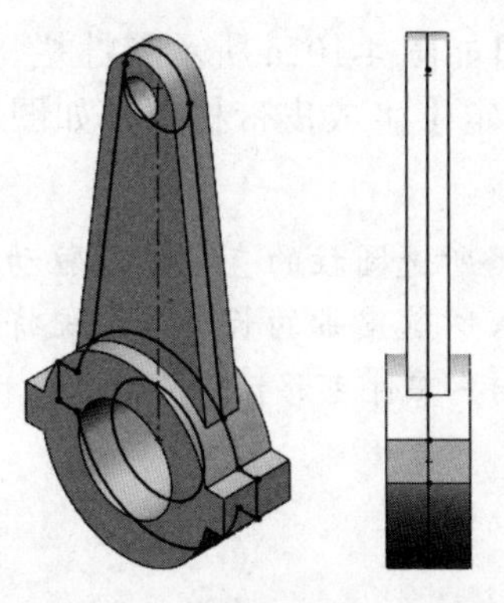

图 4-96　生成“连杆”零件

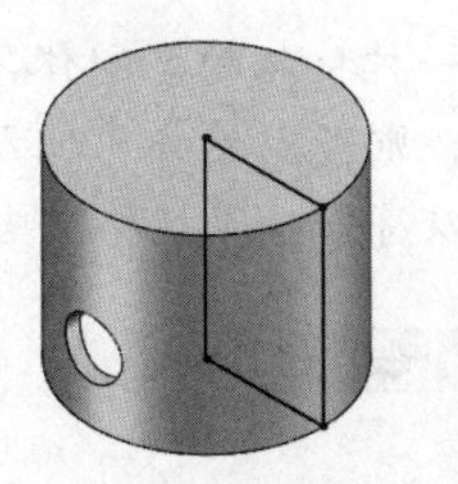

图 4-97　生成“活塞”零件

13）生成“凸轮轴”零件，如图 4-98 所示。

14）生成“气门”零件，如图 4-99 所示。以“前视基准面”为基准绘制草图，草图中绘制一点，与下端顶点重合。

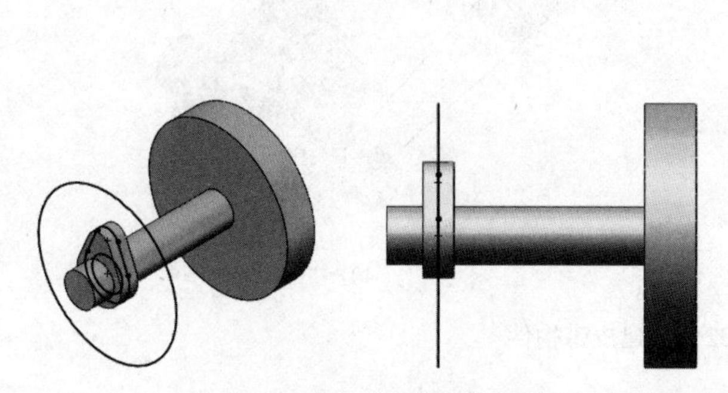

图 4-98　生成“凸轮轴”零件

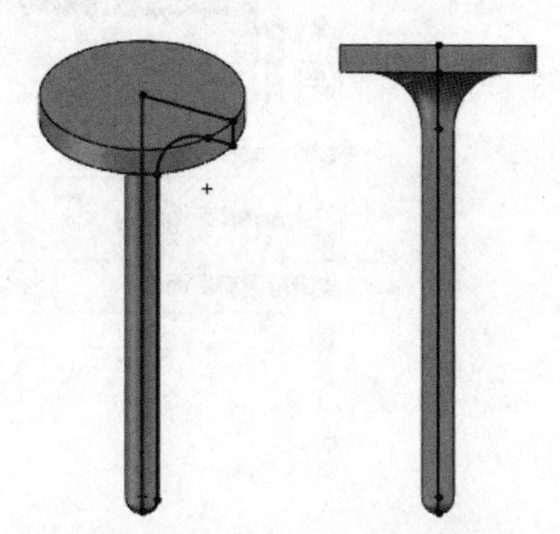

图 4-99　生成“气门”零件

15）显示所有生成的零件，如图 4-100 所示。拖动“曲轴”旋转，验证“连杆”和“活塞”是否按预期运动。此时的关联零件并没有配合关系，其运动约束均来源于布局草图的关联。

16）单击装配体工具栏上的【配合】，为“凸轮轴”与“气门”添加【凸轮】配合，参考对象分别为“凸轮轴”的凸轮面及“气门”的草图点，如图 4-101 所示。

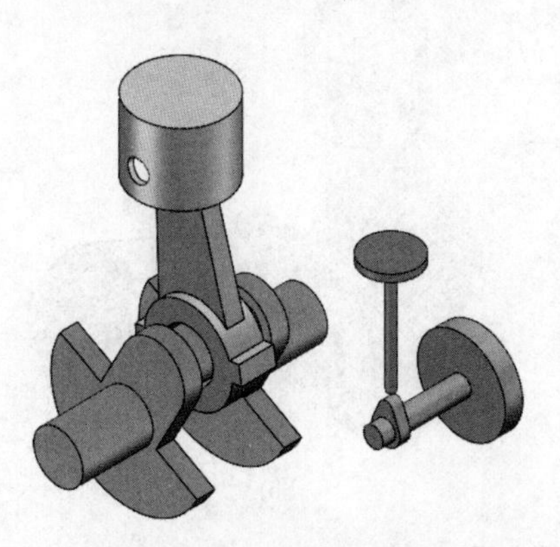

图 4-100　显示所有零件

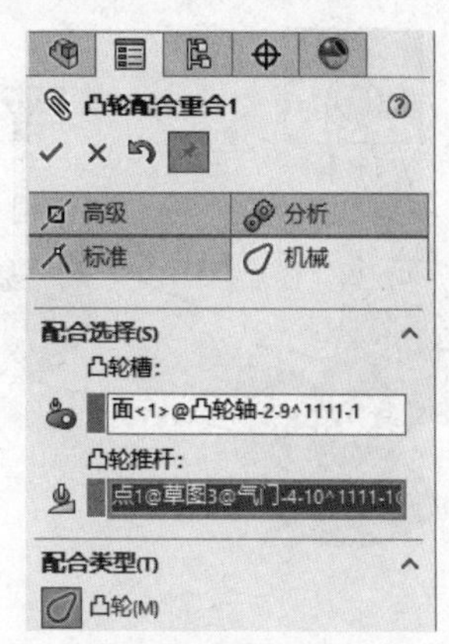

图 4-101　添加【凸轮】配合

17）单击【装配体】工具栏上的【皮带 / 链】，弹出如图 4-102a 所示属性栏，【皮带构件】选择“曲轴”及“凸轮轴”的圆柱面，单击【确定】生成皮带构件，如图 4-102b 所示。

提示：皮带构件是一种特殊的装配体草图，可以根据所选圆柱的直径进行驱动。如果皮带规格是确定的，则可以选择【驱动】选项，输入所选皮带的长度，系统将自动调整两圆柱的中心距以符合皮带规格，当然其前提是相关零件可移动。

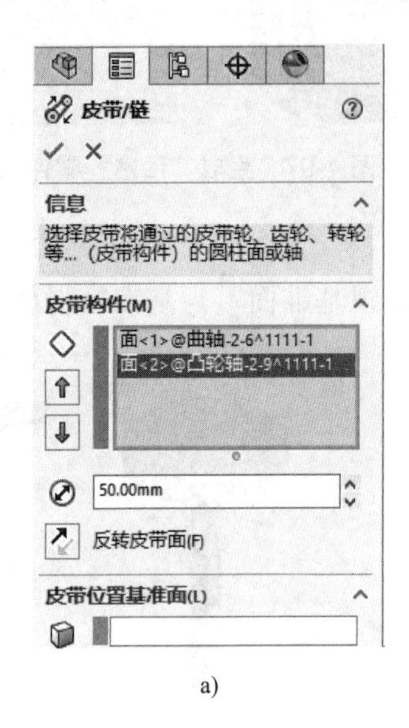

a)

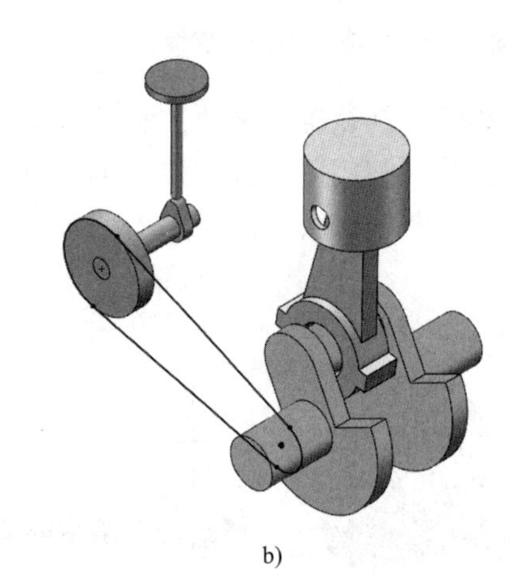

b)

图 4-102 创建皮带构件

18）拖动“曲轴”进行验证，此时“曲轴”的旋转将会带动“凸轮轴”的旋转，“凸轮轴”根据配合关系再驱动“气门”上下移动，形成完整的机构运动。

19）当布局需要变更时，可在任意一个布局零件上右击，在快捷菜单上选择【布局】。在这里对“曲轴”的配重部分增加圆角 $R10$mm。选择“曲轴”块，单击【布局】工具栏上的【编辑块】，增加圆角，如图 4-103a 所示。依次退出编辑块及布局状态，结果如图 4-103b 所示，可以看到修改已传递到了“曲轴”零件。

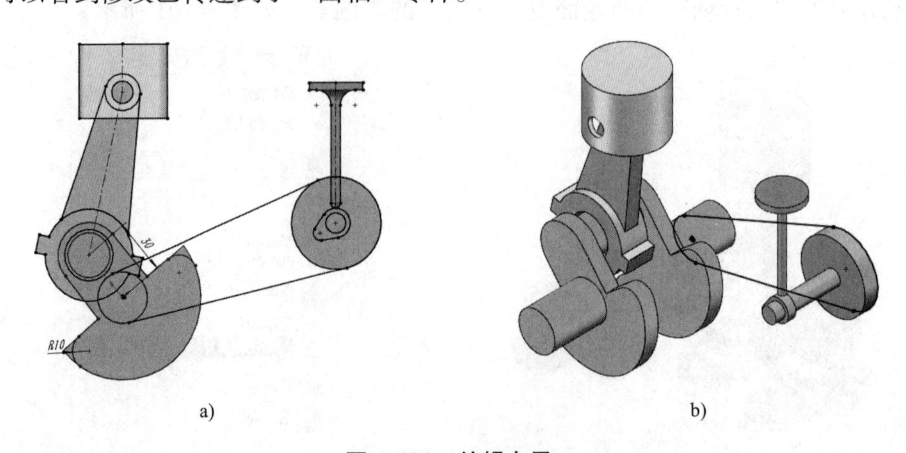

a) b)

图 4-103 编辑布局

20）在基本的机构设计验证完成后，可以将相关零件进行任务分配，分别进行详细设计，而参数的调整只需要在布局中进行编辑。

使用布局法布局时，布局草图起着关键性作用，其修改将会引起一系列变更，所以在生成布局草图时要多方面加以权衡。过于详细的布局草图会引起修改频繁、错误传导、运算缓慢；而过于简单的布局草图则会由于参数不足导致设计意图传达不清，整体控制力差。企业中实际使用时，通常会根据自身产品的特点，形成相对固定的布局方案，当所有设计人员均理解并遵守这种既定的方案时，设计效率将能大幅度提高。

Top-down 的设计方法并非万能，一定要根据产品特点进行选择，合适的方法将使设计事半功倍。

练习题

一、简答题

1. 在装配体中插入零部件有哪些方法？各有什么优缺点？
2. 要达到两平面重合，有哪些配合关系可以实现？
3. 装配体工程图中的零件序号是如何确定的？如何调整？
4. 简述智能扣件与智能零部件的异同。
5. 简述 Top-down 设计方法的几种常见思路。

二、操作题

1. 增加适当的配合关系，使 4.5 节装配实例中的模型在运动过程中总高度限定在 125 ~ 430mm 范围内。
2. 将 4.6 节例题中的有关配合更改为【万向节】配合，并对比与现有配合关系的差异及各自优势。
3. 将 4.6 节例题生成二维工程图，并根据专业课知识添加适当的配合公差、几何公差、技术要求等。
4. 将 4.10 节装配体中的非标准件中的螺纹更改为真实螺纹。
5. 利用布局法对 4.5 节装配实例进行重新设计。

三、思考题

1. 观察生活中的常见产品，思考使用 Top-down 设计方法该如何进行设计。
2. 畅想未来对已设计好的零件进行装配的方法。

第 5 章 SOLIDWORKS Motion 运动仿真

学习目标

1. 熟悉运动仿真的基本功能与应用场景。
2. 了解动画与仿真的差异。
3. 熟练制作基本动画。
4. 在布局中熟练使用仿真功能对布局进行验证。
5. 掌握如何使用仿真对装配体进行分析并输出需要的数据。

5.1 运动仿真的基本概念

机械产品日渐复杂，工程师需要在构建物理原型之前确定新产品的运动学和动力学性能，运动仿真（又称为刚体动力学）提供了用于解决这些问题的模拟方法。

当我们在三维模型中对设计产品装配完成后，可以使模型活动起来，让装配体按预期运动，查看机构各零部件的移动方式，但这只能看到表象，属于动画范畴，其运动速度没有设计上的意义；而要求出速度、加速度、反作用力、功率等具体数据结果，则需要运动仿真功能才能实现。

SOLIDWORKS 中的运动仿真由插件 SOLIDWORKS Motion 实现，可以提供机构的运动学性能（包括位置、速度、加速度等）和动力学性能（包括反作用力、惯性力、功率等）的完整量化信息，其与 CAD 部分完全集成在一起，装配中的所有配合关系在 Motion 中会自动转换为运动单元，且同时支持布局草图的运动仿真。运动仿真过程中默认的机构零部件为刚体，也就是说仿真分析时这些零部件只会产生位置上的变化，而自身的形状不会发生变化，这一点要与 FEA（有限元分析）区别开来（关于 FEA 仿真将在后面的章节中进行介绍）。

5.2 运动仿真与设计的关联性

运动仿真可以覆盖从概念设计到最终验证的全流程。图 5-1 所示为常见的曲柄滑块机构，在完成了初步的机构设计后，如何调整连杆尺寸以保证滑块的上下移动距离达到设计要求？当回转盘以匀速旋转时滑块的上下运动速度是多少？滑块要产生 10000N 的力时，带动回转盘的电动机应该选择多大功率才能达

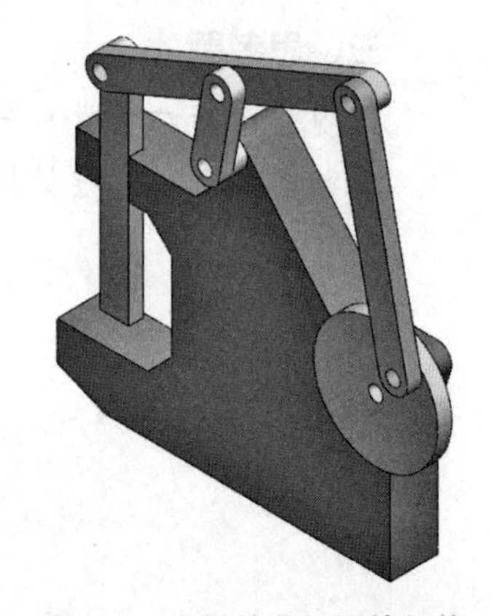

图 5-1　常见的曲柄滑块机构

到要求？这些都是设计中的重要数据。设计中可以使用多种分析方法来解决该问题，例如可以使用理论数学进行运算，但是“手动”解决这样的问题需要进行大量的计算，即使借助计算机求解这些数据，还是会耗费相当长时间来构建速度和加速度图表等。即便如此，如果某一个连杆的设计发生更改，那么整个过程都要从头再来。这样的事情对于还在上学的学生来说是个有趣的作业，但在现实产品开发中却有些不切实际。而运动仿真软件使用 CAD 装配体模型中已有的数据，几乎可以即时地模拟该机构的运动，并得到需要的各项数据结果。

运动仿真还可用于检查干涉，此过程与使用 CAD 装配体动画进行干涉检查有很大的不同。运动仿真对干涉检查进行实时管理，并提供所有机构零部件的精确的空间位置与时间的对应关系以及干涉体积。此外，当几何体发生更改时，系统可以很快地更新所有结果。

除了机构分析之外，产品开发人员还可将运动轨迹转换为 CAD 几何体，并使用该几何体来创建新的零件模型。在完成运动仿真研究后，如果设计工程师想对任一机构零部件执行变形或应力分析，则可以很轻松地将所选零部件提供给 FEA 来进行结构分析。运动分析结果为使用 FEA 进行的结构分析提供所需的输入数据，尤其是动态机构中需要分析某一时间节点的状态时，此时很难得到实时的载荷状况，而运动仿真软件可以将当前结果自动导出到 FEA，确保得到最佳结果。SOLIDWORKS 通过集成的 SOLIDWORKS Motion 和 SOLIDWORKS Simulation 可以对新产品进行更全面的模拟，以提高设计研发效率，提升设计质量，并帮助减少所需物理原型的数量。

5.3 SOLIDWORKS Motion 基本功能

要使用 SOLIDWORKS Motion，首先需要启用对应的插件。单击工具栏上的【选项】/【插件】，弹出如图 5-2a 所示对话框，勾选【SOLIDWORKS Motion】复选框，单击【确定】。打开装配体，切换至“运动算例 1”，单击左上角的下拉列表，如图 5-2b 所示，即可切换至【Motion 分析】。

提示：【插件】对话框中前一个方框勾选时，只在当前程序中启用该插件；【启动】栏中对应方框勾选时，后续每次启动 SOLIDWORKS 均会自动载入该插件。

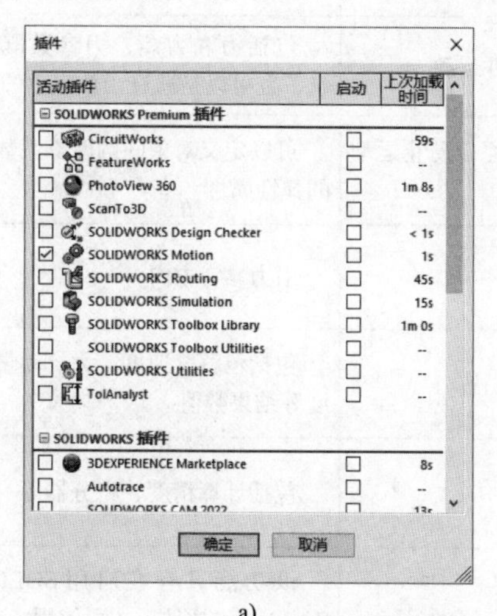

a)

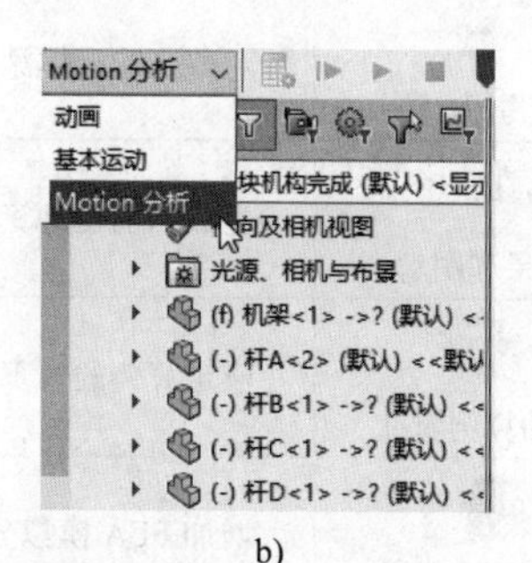

b)

图 5-2 启用 SOLIDWORKS Motion

如图 5-3 所示，SOLIDWORKS Motion 界面称为 MotionManager，主要分为工具栏、设计树、时间栏三个部分，分别位于顶端、左侧、右侧。

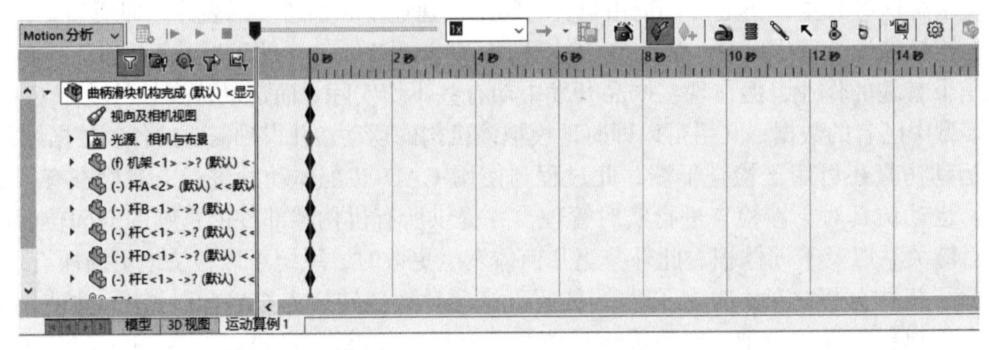

图 5-3　SOLIDWORKS Motion 界面

工具栏包含播放控制、分析工具、结果输出、FEA 模拟设置等，其主要工具见表 5-1。

表 5-1　主要工具

序号	功能	描述	主要参数
1	计算	当添加了条件或更改参数后，该功能变得可用，单击后将以新的参数重新运算	
2	保存动画	将模拟动画以视频格式保存	可以保存为 avi、mp4、mkv、flv 等常用格式或一系列的图片格式
3	马达	输入运动参数以驱动主动件	包括旋转马达、线性马达、路径配合马达，可以输入速度、位移、加速度等
4	弹簧	输入弹簧参数以模拟弹簧在机构中的作用	包括线性弹簧和扭转弹簧，可以输入弹簧参数和显示参数
5	阻尼	输入阻尼参数以模拟阻碍构件运动的阻尼力	包括线性阻尼和扭转阻尼，可以输入阻尼参数
6	力	输入力参数用于驱动或阻碍构件运动	包括力和力矩，力参数既可以是常量，也可以是通过函数表达的值
7	接触	为两个构件间添加接触约束关系以防止运动过程中彼此穿透	可以定义对象间的摩擦系数或碰撞时的弹性属性
8	引力	对整个装配体添加引力参数	引力参考方向
9	结果和图解	生成当前运动算例的计算结果图解	包括位移、速度、力、动量、欧拉角度等结果数值
10	运动算例属性	设定算例的仿真属性参数	包括计算精度、积分器等
11	模拟设置	增加 FEA 模拟分析	该功能只有在启用 SOLIDWORKS Simulation 插件后才可使用

设计树中包含当前装配体的所有装配结构、视向工具、驱动元素（如旋转马达等）、分析结果等。

时间栏用于显示动画帧的状态，可以对动画关键帧进行调整修改。

5.4　布局中的应用

为减少设计错误，提高设计效率，运动仿真应该从设计的一开始就介入。通过布局法进行自上而下的设计时，当完成布局后，就可以通过运动仿真对布局进行分析验证，以便布局能更好地符合设计需求。

5.4.1　布局草图中的应用

打开第 4 章完成的“布局草图 .SLDASM”，如图 5-4 所示。现要通过仿真验证在一定的转速下活塞上下移动的距离及速度，以便根据仿真数据对设计进行调整。

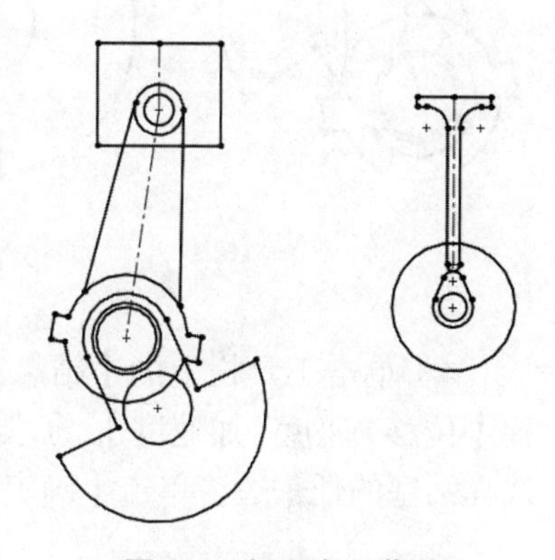

图 5-4　打开布局草图

1）切换至“运动算例 1”，并在 MotionManager 左上角的下拉列表中选择【Motion 分析】。

提示：装配体中默认带有“运动算例 1”，可以通过右击在快捷菜单中增加新的运动算例。

2）单击工具栏上的【马达】，弹出如图 5-5a 所示属性栏，选择【旋转马达】，【零部件 / 方向】选择“曲轴”用于回转参考的圆，【运动】选择【等速】，【速度】输入“20 RPM”，单击【确定】完成马达定义，如图 5-5b 所示。

提示：输入速度值时单位“RPM”可以省略。

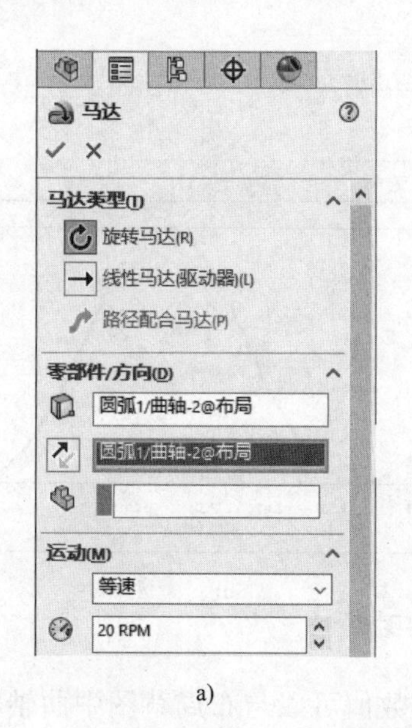

a)

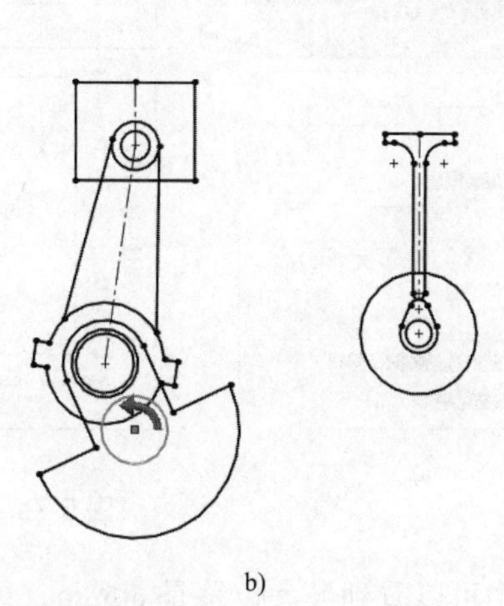

b)

图 5-5　添加马达

3）单击工具栏上的【计算】，可以看到曲轴受马达的驱动，根据布局时各草图块的关系带动连杆、活塞进行运动。系统默认计算时长为 5s，计算完成后单击【播放】，可以流畅地看到运动过程。如图 5-6 所示为运动过程中第 1、2、3、4s 时的状态。

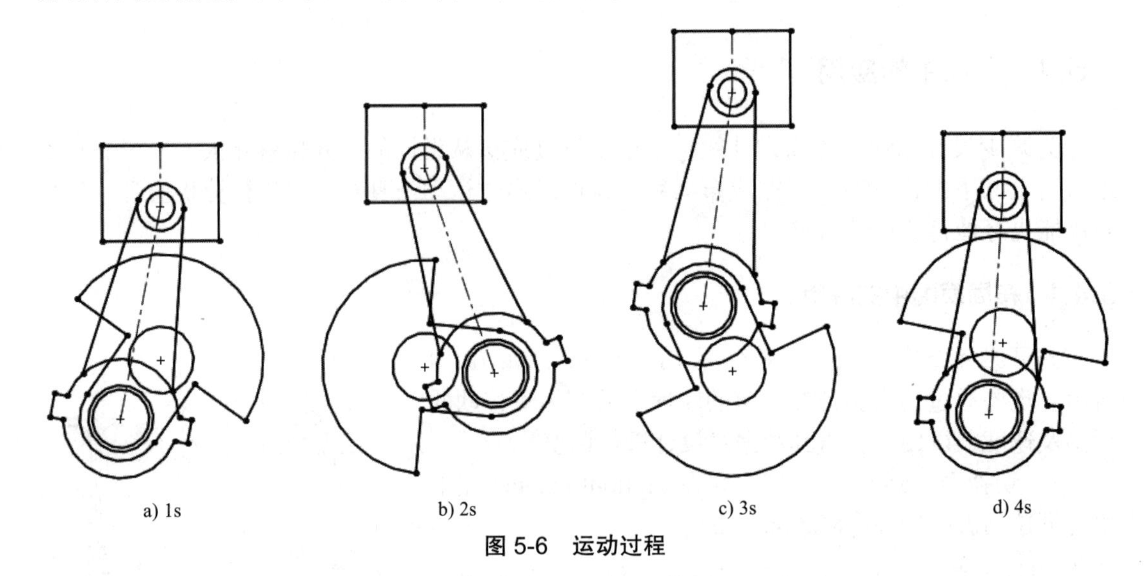

a) 1s　　b) 2s　　c) 3s　　d) 4s

图 5-6　运动过程

4）单击工具栏上的【结果和图解】，弹出如图 5-7a 所示属性栏，【结果】中的类别选择【位移 / 速度 / 加速度】，子类别选择【线性位移】，结果分量选择【Y 分量】，图解对象选择活塞的任一边，单击【确定】生成如图 5-7b 所示位移图解。

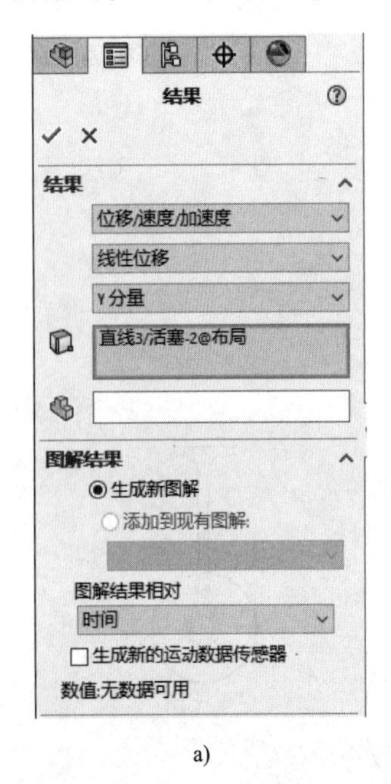

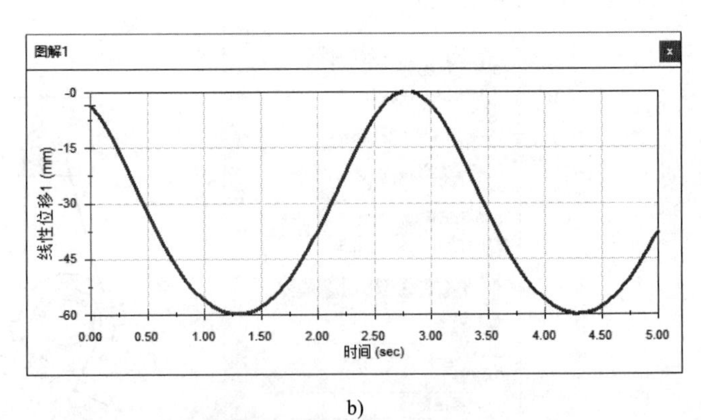

a)　　b)

图 5-7　位移图解

从图解中可以看到最大位移是 60mm，这一数值可以与布局草图中曲轴的偏心距做对比，以验证计算的可靠性。当单击【播放】时，时间轴会在时间栏与图解中同步显示。

注意：可以看到位移的最高点并不在 0s 处，虽然这对结果分析没影响，但直观性有所欠缺，所以在分析时可以将布局的初始状态放在特殊位置上，以便生成的图解更为直观。

5）单击工具栏上的【结果和图解】，弹出如图 5-8a 所示属性栏，【结果】中的类别选择【位移 / 速度 / 加速度】，子类别选择【线性速度】，结果分量选择【Y 分量】，图解对象选择活塞的任一边，单击【确定】生成如图 5-8b 所示速度图解。

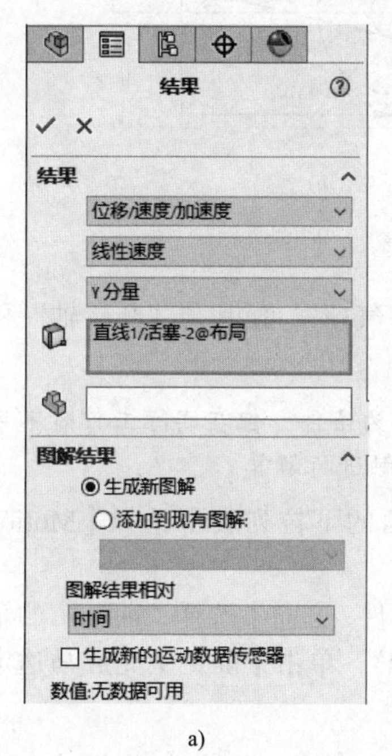

a)

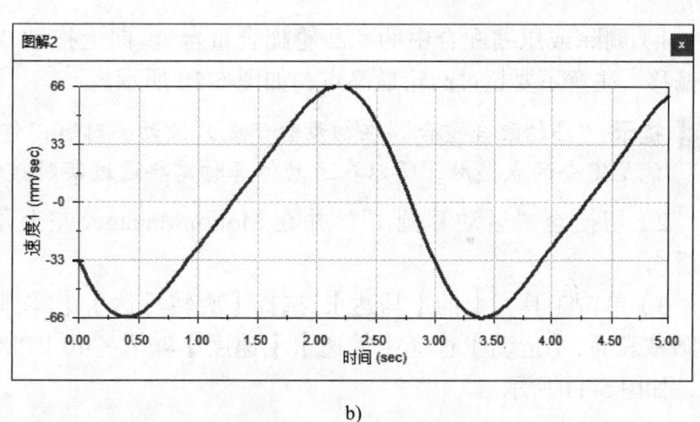

b)

图 5-8　速度图解

6）将【马达】速度更改为“100 RPM”，重新计算并查看图表。

以上案例通过运动仿真求解了活塞的相关数据，为设计提供了数据支撑，而这种数据越早求得就能越早发现设计问题，从而越早地干预设计，及时更改设计方案，以减少后期的修改。

5.4.2　对初步建模的分析

在完成对布局草图的分析后，对产品进行了初步的设计，然后需要进一步根据已完成的设计进行运动仿真，以获取相应数据来支撑设计。

打开素材“布局草图仿真 .SLDASM”，如图 5-9a 所示，此时已对机构完成了初步的零件建模，并通过皮带将曲轴的运动与凸轮轴进行了关联，其布局也演化成了如图 5-9b 所示的结构。现要通过仿真验证曲轴在一定的转速下凸轮轴的旋转速度及气门上下运动状态，以作为后续详细设计的依据。

注意：由于布局草图中的尺寸关系在动画中支持，但在仿真中不支持，所以该素材中已将原有的两个零件尺寸关系用装配关系进行了替换。

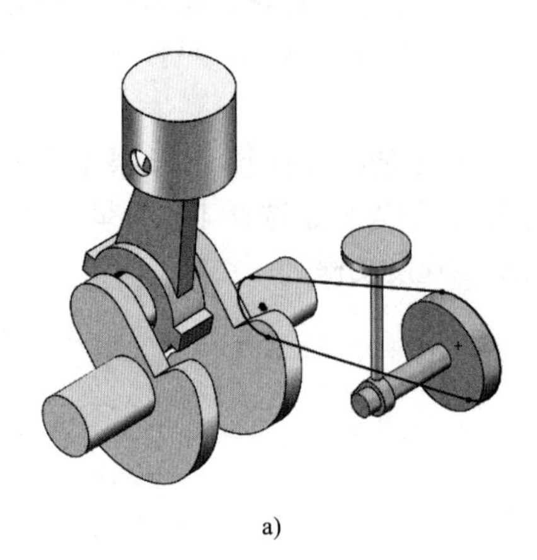

a)

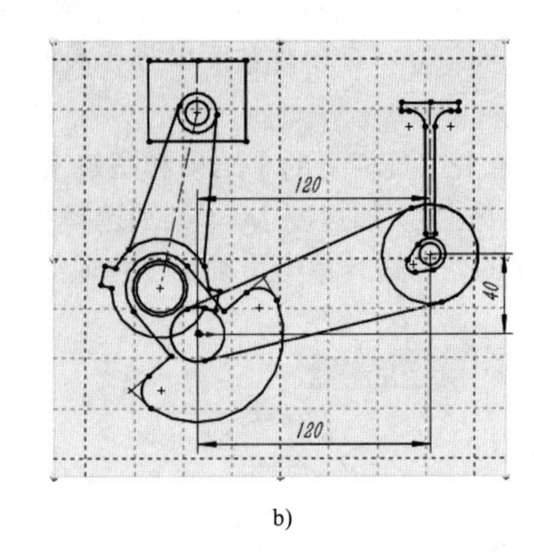

b)

图 5-9　布局草图结果

1）删除或压缩配合中的“凸轮配合重合”。向上拖动“气门”，使其与“凸轮轴”稍有偏移，注意不要超过凸轮最高点，如图 5-10 所示。

提示：“凸轮配合重合”在初步验证或只做动画时可以作为条件，但在实际工作时不可能是完全的点接触，所以在运动仿真时需要通过实时接触进行解算。

2）切换至“运动算例 1”，并在 MotionManager 左上角的下拉列表中选择【Motion 分析】。

3）单击工具栏上的【马达】，选择【旋转马达】，【零部件 / 方向】选择“曲轴”的轴端圆柱表面，【运动】选择【等速】，【速度】输入“40 RPM”，单击【确定】完成马达定义，如图 5-11 所示。

提示：如马达旋转方向与所需方向不一致，可以单击【马达方向】前侧的【反向】。

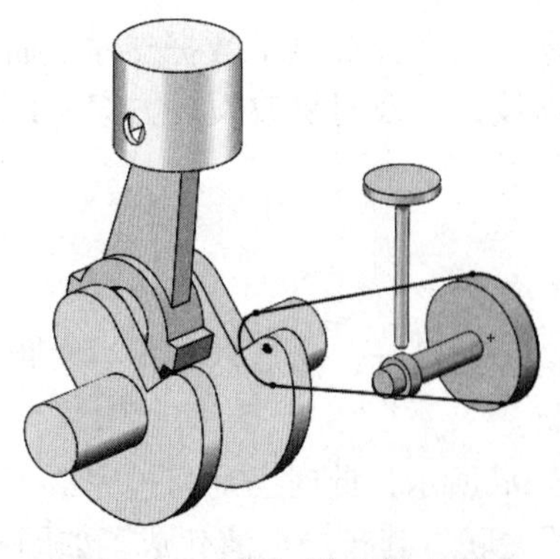

图 5-10　更改“气门”位置

图 5-11　添加马达

4）单击工具栏上的【接触】，【接触类型】选择【实体】，如图 5-12 所示，接触对象选择“凸轮轴”与“气门”，【材料】均选择【Steel（Greasy）】，其余选项保持默认值，单击【确定】完成添加。

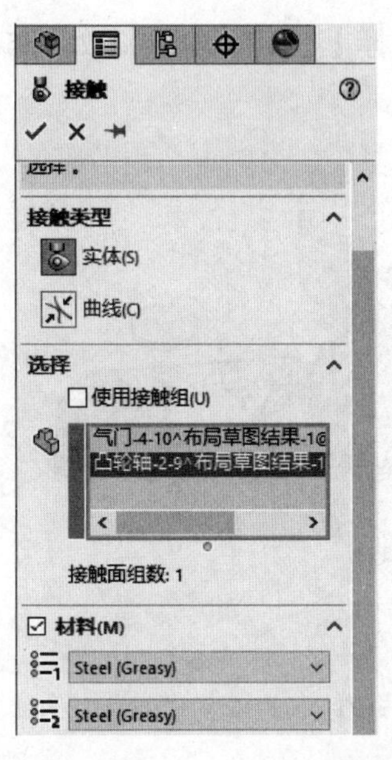

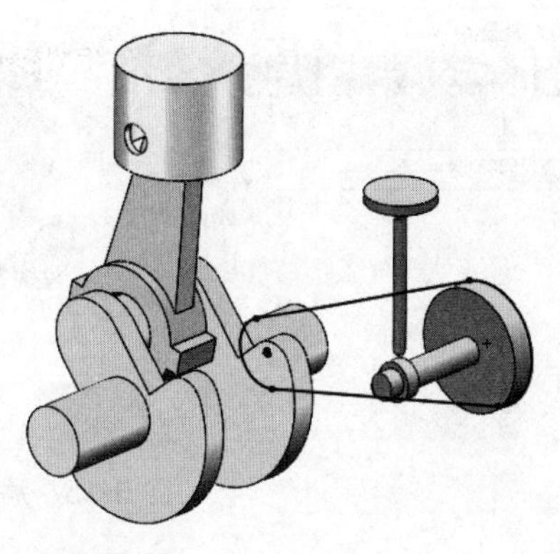

图 5-12　添加接触

5）单击工具栏上的【计算】，可以看到当“凸轮轴”接触到“气门”后，“气门”会被顶起，但随后并没有下落，而是由于惯性一直向上“飞”，如图 5-13 所示，这一结果显然是不合理的。

6）单击工具栏上的【结果和图解】,【结果】中的类别选择【力】，子类别选择【马达力矩】，结果分量选择【幅值】，图解对象选择“旋转马达”，单击【确定】生成如图 5-14 所示马达力矩图解。

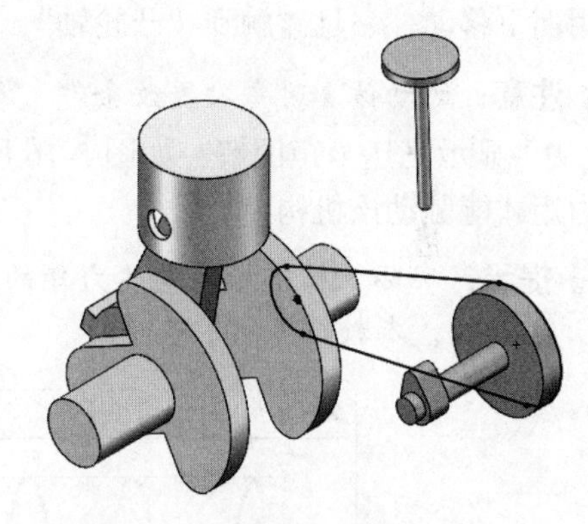

图 5-13　计算

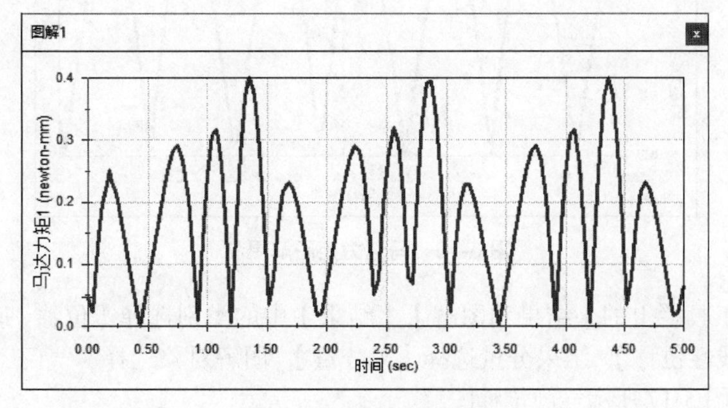

图 5-14　马达力矩图解

从图解中可以看到马达力矩非常小，这一结果显然也是不合理的。现在仿真结果有了多个不合理的问题，所以需要进一步调整仿真条件。下面给装配体增加“引力”条件。

7）单击工具栏上的【引力】,【方向参考】选择【上视基准面】，如图 5-15 所示，单击【确定】完成引力的添加。

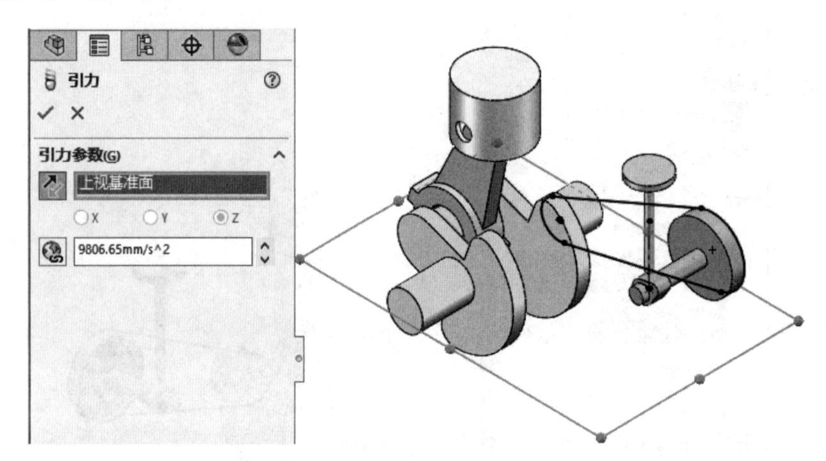

图 5-15　添加引力

8）单击【计算】，可以看到在“凸轮轴”未与“气门”接触前，“气门”会由于引力作用向下移动，一旦碰触到“凸轮轴”，向下移动即停止，其上下位置开始跟随凸轮移动。

注意：运动仿真时每次更改条件、参数，均需再次进行【计算】，以得到正确的结果。

9）显示马达力矩图解，如图 5-16 所示，可以看到为克服引力，马达需要 22.6N · mm 的力矩才能驱动该机构。

提示：实际机构中影响马达力矩的因素还有很多，如载荷、摩擦、阻尼、损耗等，限于篇幅，本教材不做扩展讲解。

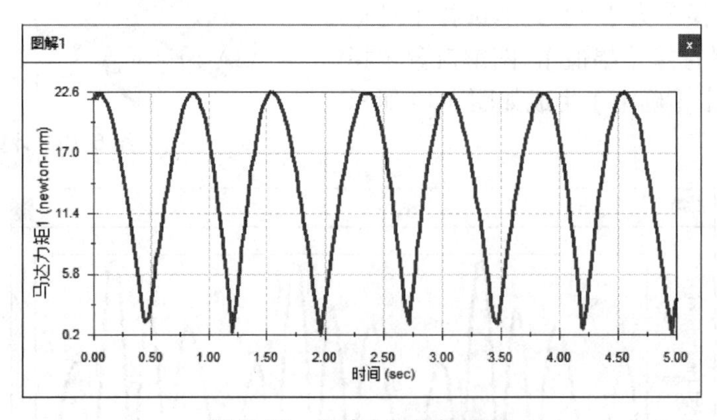

图 5-16　马达力矩图解更新

10）单击工具栏上的【结果和图解】,【结果】中的类别选择【位移 / 速度 / 加速度】，子类别选择【线性位移】，结果分量选择【Y 分量】，图解对象选择“气门”的顶面，单击【确定】生成如图 5-17 所示气门位移图解。

从图解中可以看到“气门”的位置，再结合“曲轴”的转速可以验证“气门”的开闭是否符合设计，但从图解中也可以看到底部有明显的抖动，这是由于解算接触的数值误差引起的，当误差较大时，会影响到对结果的判断，因此需要减小这种误差。

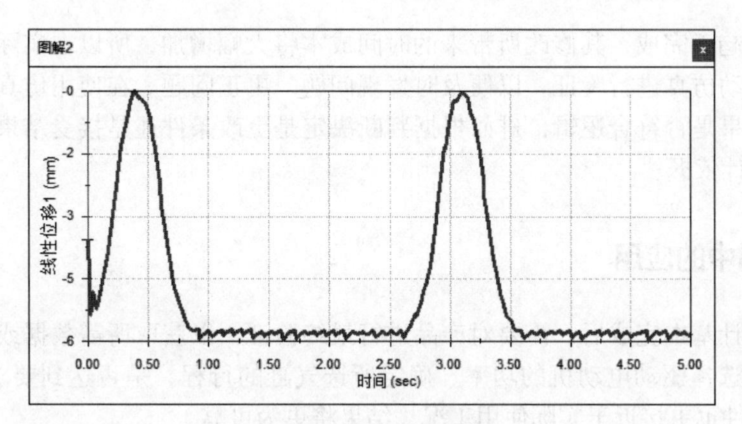

图 5-17　气门位移图解

11）单击工具栏上的【运动算例属性】，在弹出的属性栏中选择【高级选项】，弹出如图 5-18 所示对话框，在【最小积分器步长大小】与【最大积分器步长大小】的数值中增加两位小数，以提高解算精度，单击【确定】完成选项参数更改。

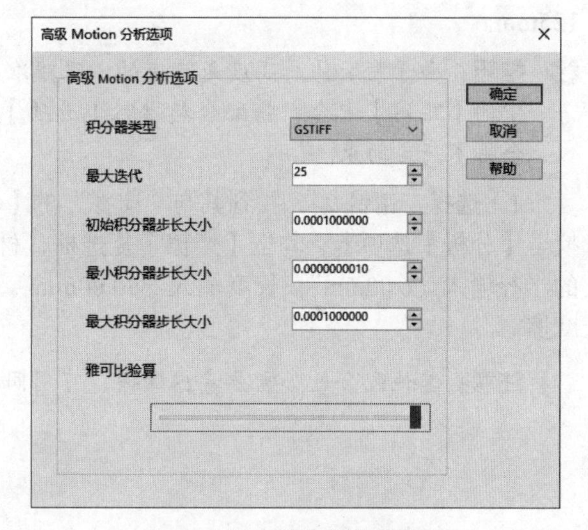

图 5-18　选项参数更改

12）单击【计算】，计算完成后再次查看气门位移图解，如图 5-19 所示，可以看到底部抖动已消失，该数据可以作为参考使用了。

提示：由于提高解算精度后计算时间会延长，在机构中没有接触问题时尽量不要提高解算精度。当接触对象较复杂时，可以在【运动算例属性】选项中选择【使用精确接触】，以提高解算的可靠性。

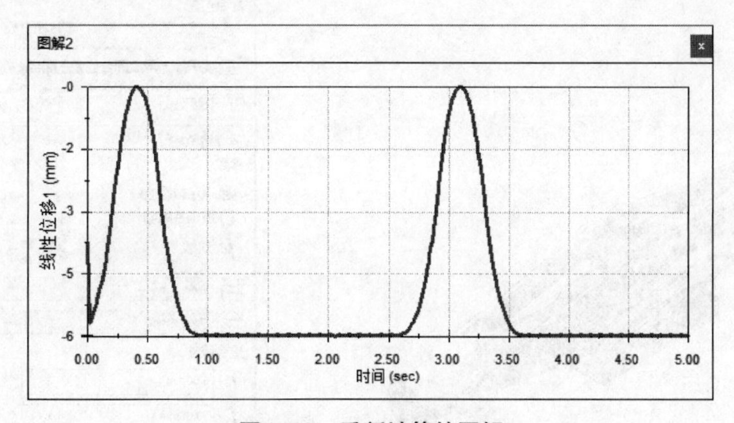

图 5-19　重新计算的图解

随着设计趋于完成，其修改所带来的时间成本将大幅增加，所以在实际设计中要规划好何时使用运动仿真进行验证，以便及时发现问题、更正问题。在使用仿真工具时，一定要判断所得结果是否符合逻辑，进而根据判断决定是更改条件还是接受结果，切不可看到结果就用作设计依据。

5.5 产品中的应用

当产品设计基本完成后，需要对产品进行最终验证，以获取所需数据或确定设计是否符合要求，如选择驱动电动机的功率、确定所选气缸的行程、是否达到要求的加速度等，此时添加的条件也更接近于实际使用工况，结果将更为可靠。

打开素材“杠杆举升器 .SLDASM”，如图 5-20 所示，移动相关零件使装配体总高度为 125mm。

技巧：由于装配体总高度是可变的，很难准确移动至所需的高度，此时可添加【配合】中的【距离】配合，将配合属性栏【选项】中的【只用于定位】选中，这样添加的配合将不产生约束。

1）选择“销钉 2”，找到其与“支撑”的【同轴心】配合并编辑，如图 5-21 所示，切换至【分析】选项卡，勾选【摩擦】复选框，材质均选择【Steel（Dry）】,【接合尺寸】中的半径输入“6.00mm”，长度输入“50.00mm”。使用同样的方法对另一个“销钉 2”添加摩擦。

注意：其他配合处如需要考虑摩擦，可用同样的方法进行操作。

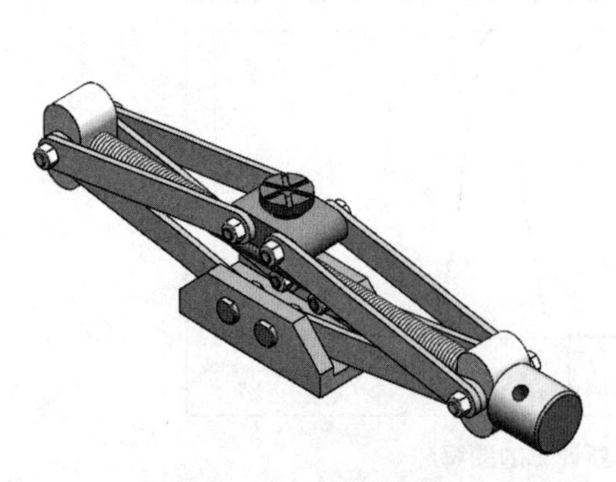

图 5-20　杠杆举升器

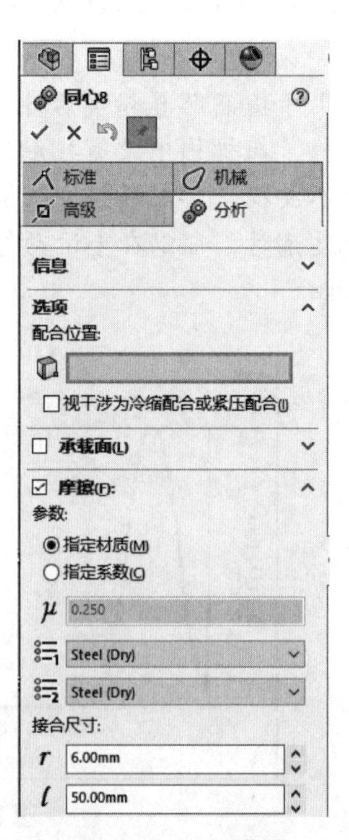

图 5-21　添加摩擦

2）切换至“运动算例 1”，并在 MotionManager 左上角的下拉列表中选择【Motion 分析】。

3）单击工具栏上的【力】,【类型】选择【力】,【作用零件和作用应用点】选择“托架”的台阶圆柱面，方向向下，【常量】输入“9000 牛顿”，如图 5-22 所示。

提示：由于运动仿真中零件视作刚体，为简化选择，在此将力的加载面设置为圆柱面。

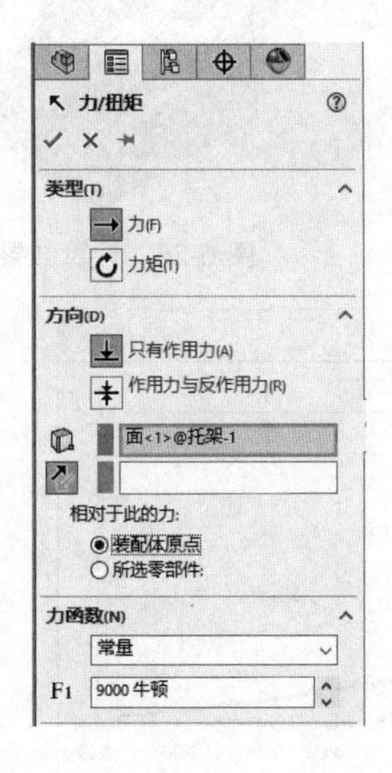

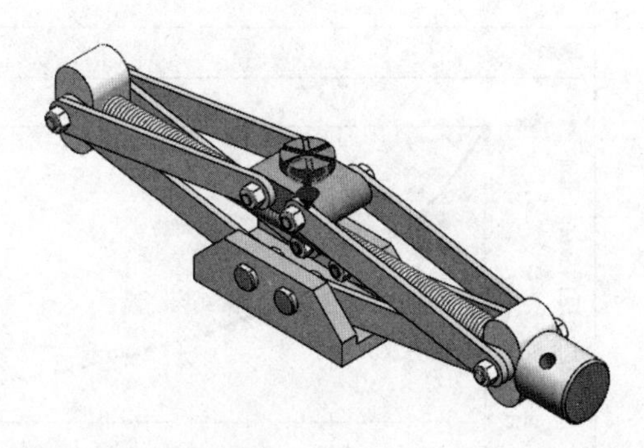

图 5-22　添加力

4）单击工具栏上的【马达】，选择【旋转马达】,【零部件 / 方向】选择“螺杆”的头部圆柱表面,【运动】选择【等速】,【速度】输入“100 RPM”，单击【确定】完成马达定义，如图 5-23 所示。

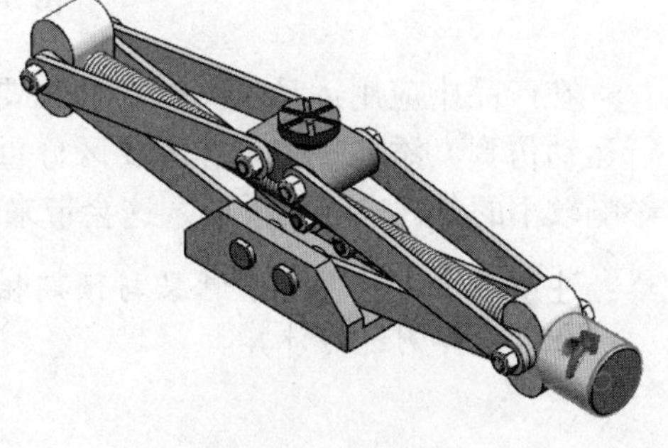

图 5-23　添加马达

5）为进行更长时间的仿真，如图 5-24a 所示，在时间栏中的黑色键码上右击，选择【编辑关键点时间】，弹出如图 5-24b 所示对话框，将时间更改为“10.00 秒”，单击【确定】完成时长更改。

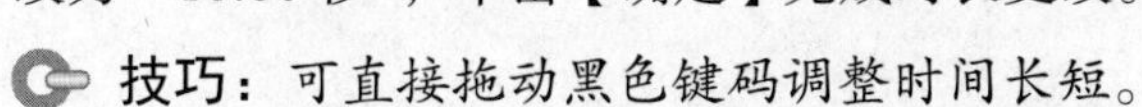

技巧：可直接拖动黑色键码调整时间长短。

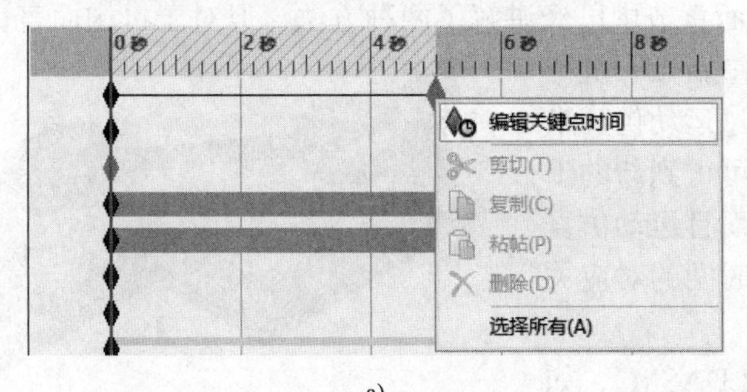

a)

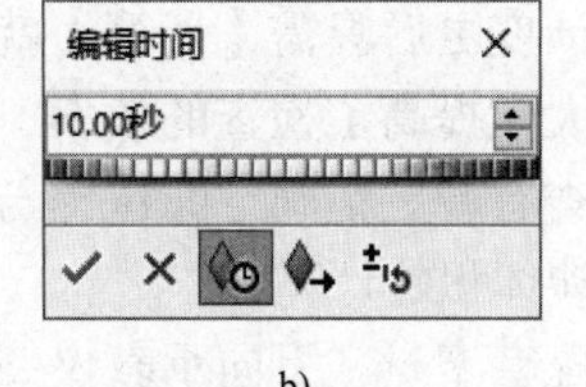

b)

图 5-24　更改仿真时长

6）单击工具栏上的【计算】，可以看到随着“螺杆”的旋转，举升器按预先设定逐渐升高。计算完成后的结果如图 5-25 所示。

7）单击工具栏上的【结果和图解】，【结果】中的类别选择【力】，子类别选择【马达力矩】，结果分量选择【幅值】，图解对象选择“旋转马达”，单击【确定】生成如图 5-26 所示马达力矩图解。

从图解中可以看到马达力矩随着举升器的上升而减小，这符合基本的逻辑，这也是直观判断仿真结果是否符合要求的方法之一。

图 5-25　计算结果

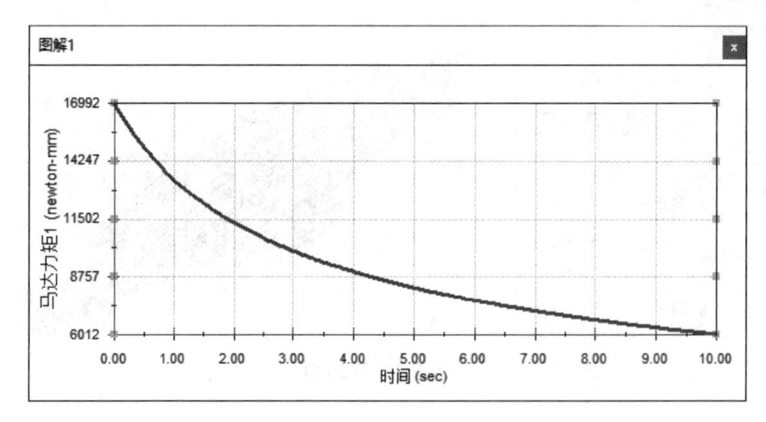

图 5-26　马达力矩图解

在产品中应用运动仿真时，首先要保证装配关系的合理性，装配关系不合理时无法进行运动仿真。添加各类条件时要区分重要性，对结果影响较大的条件不能缺少，但对结果影响较小的条件也不要添加，这会带来额外的计算工作量。

注意：当【计算】后结果与预期相差较大，但操作又检查不出问题时，可重新新建一个运动算例进行计算。

5.6　检查干涉中的应用

对于装配体的干涉检查，在前面章节中已经讲解了两种方法，但对于机构而言，设计变更是经常的事情，每次修改都要重新做一次干涉检查显然比较费时，此时可以通过运动仿真来完成，设计变更后只需【计算】就可得到新的干涉报告，大大提高了检查的效率，而且运动仿真对干涉检查有着更精确空间位置与时间的对应关系以及干涉体积的计算。

打开配套素材“万向示教仪 .SLDASM”，如图 5-27 所示，当该机构旋转一周时，需要分析

图 5-27　万向示教仪

出有没有干涉、干涉位置、干涉时间、干涉体积等数据。

注意：运动仿真干涉分析通常分析一个运动周期，要注意初始位置的设定。

1）切换至“运动算例 1”，并在 MotionManager 左上角的下拉列表中选择【Motion 分析】。

2）单击工具栏上的【马达】，选择【旋转马达】，【零部件 / 方向】选择“输入轴”的圆柱表面，【运动】选择【距离】，位移输入“360 度”，持续时间输入“10.00 秒”，单击【确定】完成马达定义，如图 5-28 所示。

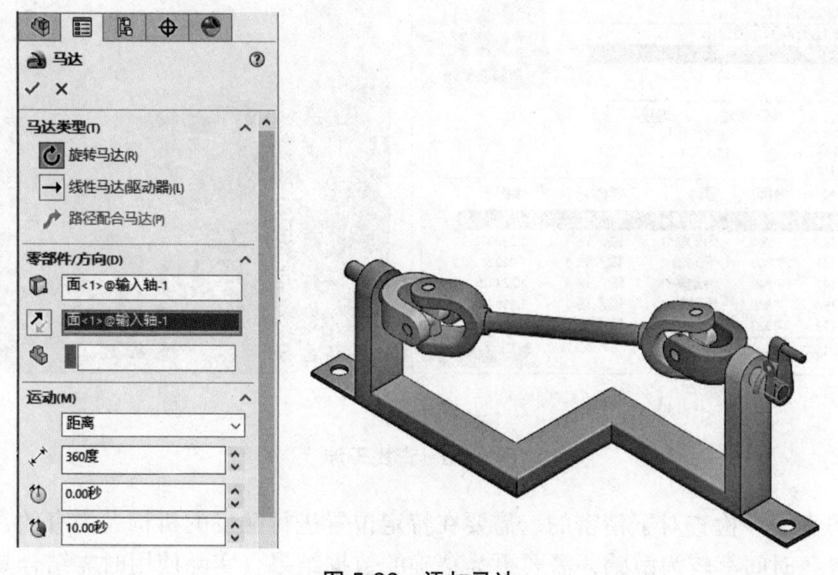

图 5-28　添加马达

3）单击工具栏上的【计算】，机构按设计规则进行运动。

4）在 MotionManager 中的设计树根节点上右击，如图 5-29a 所示，在弹出的快捷菜单上选择【检查干涉】，弹出如图 5-29b 所示对话框，为了减少运算量，在此仅选择可能有干涉的两个零件，即“传动轴”与“输入轴”。

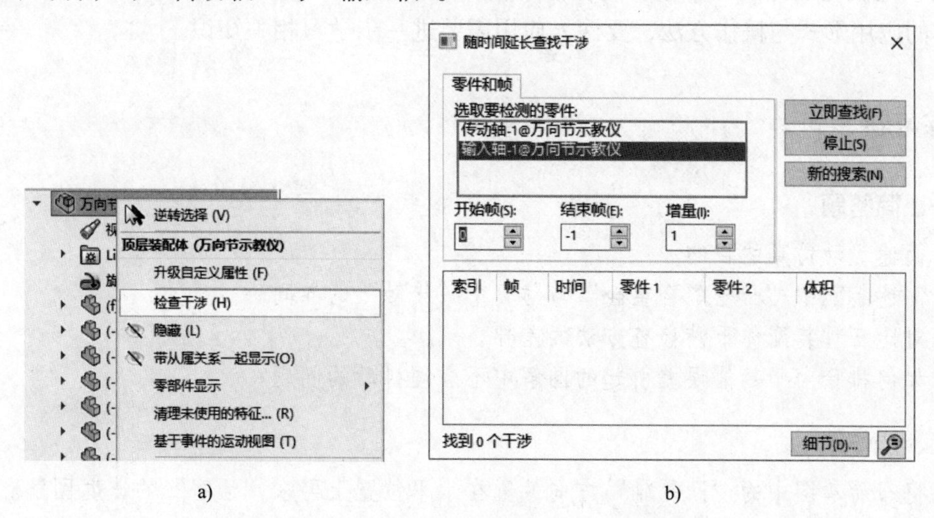

图 5-29　检查干涉

5）单击【立即查找】，系统会根据计算结果查找干涉位置，查找出的干涉均在列表框中显示，如图 5-30a 所示，列表框中给出了产生干涉的时间、干涉体积等参数。当单击某个具体干涉时，运动仿真中的模型会同步显示该位。如果想进一步查看干涉，可单击该对话框中的【放大】，系统将放大干涉位置，如图 5-30b 所示。

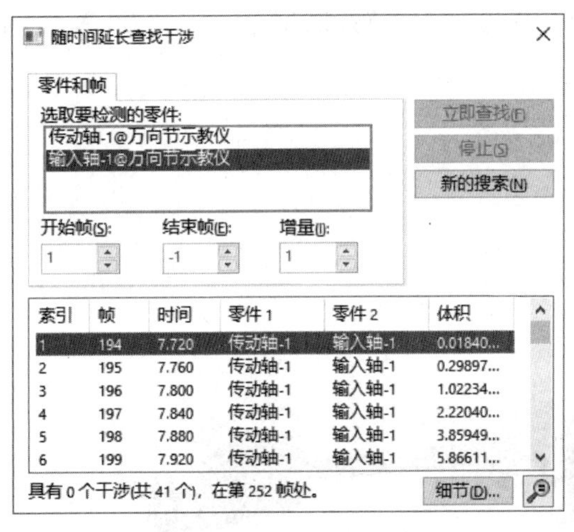

a)

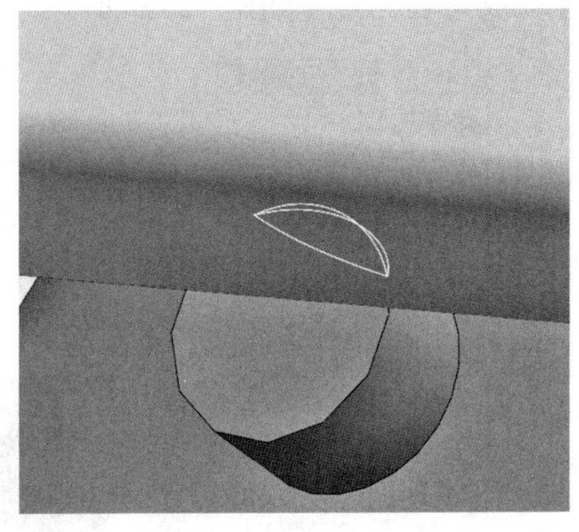

b)

图 5-30　查找干涉

运动仿真干涉检查对于精密的、需要在特定位置进行触发的机构尤为有效，这类机构通常对位置、时间都较为敏感，需要更为精确的数据结果。实际使用时需结合具体设计选用合适的干涉检查方法。

从运动学角度看，机器均是由若干个运动机构组成的，机构又是通过联系在一起的一系列运动副组成，形成各部件合理的相对运动。通过运动仿真可以掌握机构的基本原理、运动性能和动力性能，以便设计出合理的运动机构，为验证和改进设计提供依据。运动仿真是数字化机构设计的一个重要的验证工具，对动力学知识要求也较高，本教材只讲解了最基本的应用形式与操作方法，要深入应用需要进一步学习相关知识。

练习题

一、简答题

1. 简述运动仿真的目的。
2. 简述装配中“凸轮配合重合”与仿真中“接触”的异同。
3. 对比三种装配体干涉检查方法的差异。
4. 如何排除由于数值误差引起的图解中不合理抖动的问题？

二、操作题

1. 将布局草图中的“凸轮轴”方向放置在水平位置上再求“活塞”的速度图解。
2. 对 5.5 节的案例增加引力后生成马达力矩图解，并生成“支撑”的速度图解。

3. 完成一基本的四连杆机构从布局草图到运动仿真再到基本设计的全过程，要求求出旋转的连杆以“120 RPM”的速度旋转时摇杆的角速度。

三、思考题

1. 将本章中的素材“布局草图仿真”与第 4 章中的素材“布局草图结果”进行对比，找出其中的不同，并思考有没有其他方案可以满足仿真的要求。

2. 增加摩擦力是否对干涉检查的结果有影响？为什么？

第 6 章 SOLIDWORKS Simulation 数字化仿真分析

学习目标

1. 熟悉仿真分析的基本流程。
2. 了解网格的分类及其对应的应用场合。
3. 熟练进行网格的划分。
4. 熟练添加各种分析条件及参数。
5. 掌握零件与装配体的分析方法。
6. 理解分析的结果并用于指导设计。

6.1 有限元方法的基本概念

SOLIDWORKS Simulation 是一款基于有限元技术的数字化仿真分析软件。在数学术语中，FEA（Finite Element Analysis，有限元分析）也称为有限单元法，是一种求解关于物理场问题的一系列偏微分方程的数值方法。这种类型的问题涉及许多工程学科，如机械设计、声学、电磁学、岩土力学、流体动力学等。在机械工程中，FEA 被广泛应用在结构、振动和传热问题上。不管项目多复杂或应用领域多广，无论是结构、热传导或是声学分析，所有 FEA 的第一步总是相同的，即都是从几何模型开始，在本章中，几何模型是指 SOLIDWORKS 的零件和装配件。我们给这些模型分配材料属性，定义载荷和约束，再使用数值近似方法，将模型离散化以便分析。离散化过程也就是网格划分过程，即将几何体剖分成相对小且形状简单的实体，这些实体称为有限单元。单元称为“有限”的，是为了强调这样一个事实——它们不是无限的小，而是与整个模型的尺寸相比适度的小。

提示：FEA 并不是唯一的数值分析工具，在工程领域还包括有限差分法、边界元法、有限体积法等，由于 FEA 的多功能性和高数值可靠性，因此被广泛应用在工程设计中。

在外力作用下，一切固体都将发生变形，故称为变形固体；而构件一般均由固体材料制成，所以说构件一般都是变形固体。SOLIDWORKS Simulation 的“静应力分析”的研究对象也是变形固体。

6.1.1　基本假设

由于变形固体种类繁多，工程材料中有金属、合金、工业陶瓷、聚合物等，其特性各不相同，为了方便理论计算，在材料力学中通常会省略一些次要因素，统一通过一定的假设进行简化。

对物体材料的假设如下：

1）连续性假设。认为整个物体在其空间内到处无空隙地充满物质，如不考虑铸件中的因铸造缺陷引起的孔隙。

2）均匀性假设。认为物体内任何部分的力学性能相同，如不考虑因表面热处理产生的表面特性与内部的不同（如需分析此类问题，需使用其他支持的软件）。

3）各向同性假设。认为物体内各个不同方向上的力学性能相同，如不考虑锻造件不同方向的不同力学性能。

对求解条件的假设如下：

1）材料线性假设。物体对应用载荷的响应是成固定比例的，如果载荷加大一倍，那么变形也加大一倍；如果去掉载荷，那么模型不会变形，零件将会恢复最初形状（没有永久变形）。

2）载荷静态假设。载荷是缓慢逐渐地施加的，由于冲击载荷会导致额外的位移、应力和应变，在 SOLIDWORKS Simulation 的“静应力分析”中不考虑该因素。

从基本假设来看，系统对分析对象进行了理想化处理，这必然会带来分析结果的误差，这种误差称为理想化误差，是无法避免的，所以分析结果作为设计参考，而不是等同于实测结果，要学会从分析结果获取有效信息，而不是全盘依赖分析数据。

6.1.2　基本理论

判断分析对象是否满足其强度要求，主要依据四大强度理论，在使用时需要根据分析对象的材料属性，选择对应的判断依据。

1）第一强度理论。第一强度理论又称为最大拉应力理论，其表述是材料发生断裂是由最大拉应力引起，即最大拉应力达到某一极限值时材料发生断裂，适用于脆性材料。该理论较好地解释了石料、铸铁等脆性材料沿最大拉应力所在截面发生断裂的现象，其破坏条件是 $\sigma_1 \geqslant \sigma_b$；而对于单向受压或三向受压等没有拉应力的情况则不适合。

2）第二强度理论。第二强度理论又称为最大伸长线应变理论，适用于极少数脆性材料，应用很少，是根据彭赛列的最大应变理论改进而成的。该理论假定无论材料内一点的应力状态如何，只要材料内该点的最大伸长线应变 ε_1 达到了单向拉伸断裂时最大伸长线应变的极限值 ε_i，材料就会发生断裂破坏，其破坏条件为 $\varepsilon_1 \geqslant \varepsilon_i$（$\varepsilon_i$>0），主要用于石料、混凝土的轴向受拉情况。

3）第三强度理论。第三强度理论又称为最大切应力理论，适用于塑性材料，如低碳钢，形式简单，应用极为广泛。该理论又称为最大剪应力理论或特雷斯卡屈服准则，其塑性破坏条件为 $\sigma_1 - \sigma_3 \geqslant \sigma_y$，式中 σ_y 是屈服正应力。

4）第四强度理论。第四强度理论又称为形状改变比能理论，即 von Mises 强度理论，又称为畸变能密度理论，适用于大多数塑性材料，比第三强度理论准确，但不如第三强度理论方便。该理论适用于塑性材料，其塑性破坏条件为：von Mises 应力 = $\sqrt{\frac{1}{2}[(\sigma_1-\sigma_2)^2+(\sigma_2-\sigma_3)^2+(\sigma_3-\sigma_1)^2]} \geqslant [\sigma]$，式中 σ_1、σ_2、σ_3 为三大主应力，σ 为屈服应力。

在实际使用时只需注意，塑性材料使用第三强度理论时可进行偏保守（安全）的设计；而第四强度理论可用于更精确的设计，要求对材料强度指标、载荷计算较有把握。脆性材料使用第一强度理论，用于拉伸型和拉应力占优的混合型应力状态；而第二强度理论仅用于石料、混凝土等少数材料。

6.1.3 材料

不同材料有着不同的特性，在分析时需要根据物体实际使用的材料给予定义。SOLIDWORKS Simulation 在使用时默认将模型中的材料自动带入分析中，也可以在分析时单独指定材料。创建模型时，材料的特性参数通常只需要“质量密度”就可满足使用，而在进行分析时，则需要弹性模量、泊松比、屈服强度等参数，如图 6-1 所示。

属性	数值	单位
弹性模量	2.12e+11	牛顿/m^2
泊松比	0.288	不适用
抗剪模量	8.23e+10	牛顿/m^2
质量密度	7860	kg/m^3
张力强度	390000000	牛顿/m^2
压缩强度		牛顿/m^2
屈服强度	235000000	牛顿/m^2
热膨胀系数	1.2e-05	/K
热导率	43	W/(m·K)
比热	440	J/(kg·K)
材料阻尼比率		不适用

图 6-1　材料的特性参数

SOLIDWORKS 中只带有最基本的材料库，分析中需要用到其他材料的特性参数时，可以通过查询专业的材料手册再自定义添加，也可通过材料生产商、试验等方法获得较为可靠的特性参数。

6.1.4 约束

约束用于表示所给的模型是如何附着于外部世界的，如物体固定到一个表面、允许滑动等。约束是基本应力分析中的必要基本条件，合理的约束通常可减少零部件算例的大小。SOLIDWORKS Simulation 中提供了丰富的约束类型，见表 6-1。

表 6-1　常用约束类型

序号	约束类型	约束对象	描述	图例
1	固定几何体	顶点、边线、面、桁架接榫	对于实体、桁架接榫，将约束所有平移自由度；对于壳体、梁，将平移和旋转自由度设为 0	
2	不可移动（无平移）	顶点、边线、面、桁架接榫	此约束类型将所有平移自由度设定为 0。这对实体、横梁及桁架都相同，不使用参考几何体	

（续）

序号	约束类型	约束对象	描述	图例
3	滚柱 / 滑杆	平面	可以指定平面能够在其基准面方向自由移动，但不能在垂直于其基准面的方向移动	
4	固定铰链	圆柱面	可以指定圆柱面只能绕自己的轴旋转。在载荷下，圆柱面的半径和长度保持恒定	
5	对称	平面、线性边线	可使用对称性对模型的一部分进行造型，而不是对完整模型进行造型。适当地利用对称性可帮助减少问题的规模并获得更为准确的结果	对称面 X 平移 =0 Y 旋转 =0 Z 旋转 =0 对称面 Y 平移 =0 X 旋转 =0 Z 旋转 =0
6	周期性对称	面及轴线	对周期性阵列零件进行简化。通常可以使用周期性对称来分析涡轮、叶片、飞轮和马达转子	周期性对称:
7	使用参考几何体	基准面、轴、边线、面	可以使用所选参考几何体来应用约束。参考可以是基准面、轴、边线或面	
8	在平面上	平面	每个面均在相对于其自己的方向（方向 1、方向 2 和法向）上受约束	所选平面 滑动方向 面方向 1 面方向 2 滑动方向

（续）

序号	约束类型	约束对象	描述	图例
9	在圆柱面上	圆柱面	每个面的径向、圆周方向和轴向都基于其自己的轴	
10	在球面上	球面	每个面的径向、经度和纬度方向都基于其自己的中心	

在实际工程分析中，要依据具体工况正确地添加约束，约束的过度与缺失均会影响分析结果的准确性。

6.1.5 载荷

载荷是应用于模型的力，SOLIDWORKS Simulation 提供了多种载荷形式。载荷按外力的作用方式分为表面力和体积力。

1）表面力。表面力是指作用于物体表面的力，又可分为分布力和集中力。分布力是连续作用于物体表面一定区域内的力，如船体上的水压力；集中力是作用于一点的力，如火车轮对钢轨的压力等。SOLIDWORKS Simulation 提供了力、扭矩、压力、轴承载荷等载荷形式。

提示：表面力可以是非均布的，通过方程式进行描述。

2）体积力。体积力指载荷作用于整个模型。SOLIDWORKS Simulation 提供了引力、离心力等载荷形式。

载荷按外力的性质分为静载荷和动载荷。

1）静载荷。静载荷是指载荷缓慢地由零增加到某一定值后，不再随时间变化，保持不变或变动很不显著。

2）动载荷。动载荷是指载荷随时间而变化。动载荷可分为构件具有较大加速度、交变载荷、冲击载荷三种情况。交变载荷是随时间做周期性变化的载荷，冲击载荷是在瞬时内发生急剧变化的载荷。本教材不涉及动载荷问题。

6.1.6 网格

所有分析都是从几何模型开始的，将数学模型转化为有限单元模型，用四面体或三角形近似地代表 CAD 模型，这个转化过程，也就是网格划分过程，即将几何体剖分成相对小且形状简单的实体，这些实体称为有限单元，位于不同单元的连接点称为节点。

SOLIDWORKS Simulation 中提供了三种基本的单元类型，即实体单元、壳单元及梁（杆）单元。

（1）实体单元　将模型分解成很小的四面体块并应用相似的变形到每个小块。通过实体单元进行网格划分的前后对比如图 6-2 所示。

a) 划分前

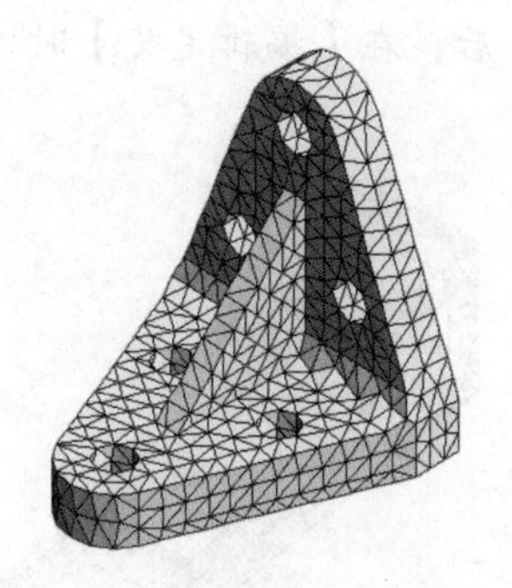

b) 划分后

图 6-2　实体网格

从网格品质上，实体网格又分为草稿品质网格和高品质网格，如图 6-3 所示。应用草稿品质网格计算效率较高，可进行快速评估；若要求得较精确的最终结果，应使用高品质网格。

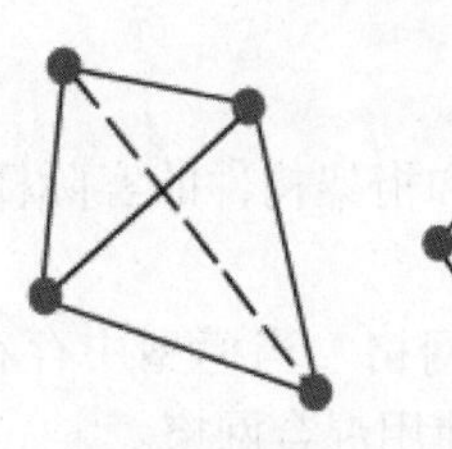

a) 草稿品质网格

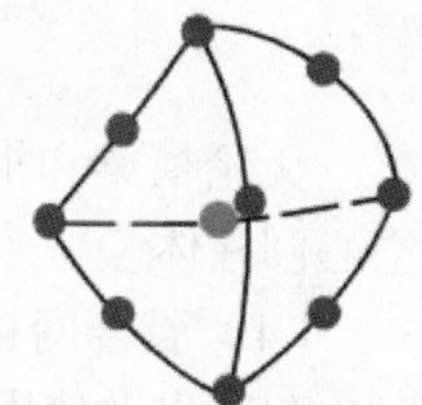

b) 高品质网格

图 6-3　实体网格品质

（2）壳单元　使用实体单元对薄模型进行网格化会导致创建大量单元，而使用较大单元则会使网格品质下降，并导致结果不准确，所以对于钣金和薄零件通常使用壳单元进行划分。通过壳单元进行网格划分的前后对比如图 6-4 所示。

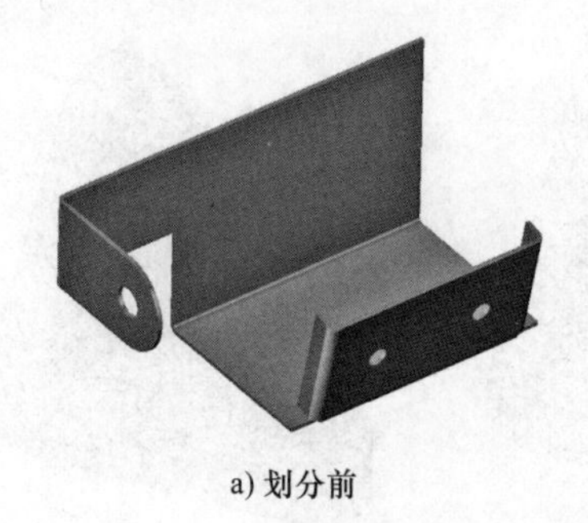

a) 划分前

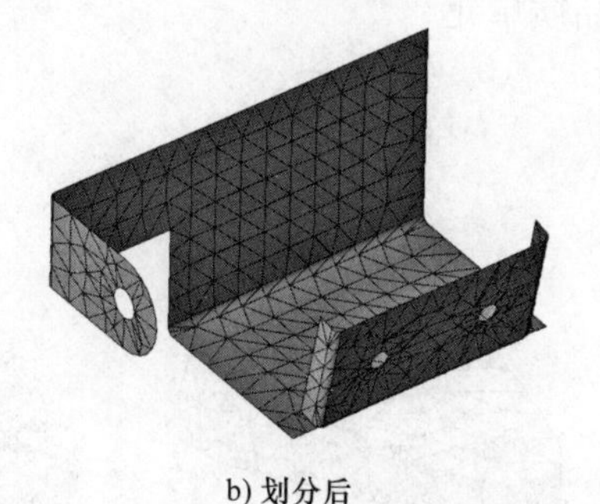

b) 划分后

图 6-4　壳网格

从网格品质上，壳网格也分为草稿品质网格和高品质网格，如图 6-5 所示。

（3）梁（杆）单元　梁单元是由两个端点和一个横断面定义的直线单元。梁单元又分为横梁单元和桁架单元。横梁单元能够承载轴载荷、折弯载荷、抗剪载荷和扭转载荷。桁架单元只能承载轴载荷，通常用在诸如桥梁、屋顶、电塔和其他建筑和结构应用场合。当与焊件一同使用时，SOLIDWORKS Simulation 会定义横断面属性并检测接榫，将框架分解成很小的直杆并应用相似的变形到每个直杆。通过梁单元进行网格划分的前后对比如图 6-6 所示。

注意： 桁架不能直接指定，只有当模型被指定为“横梁”后，在【编辑定义】时才可以选择横梁或桁架。

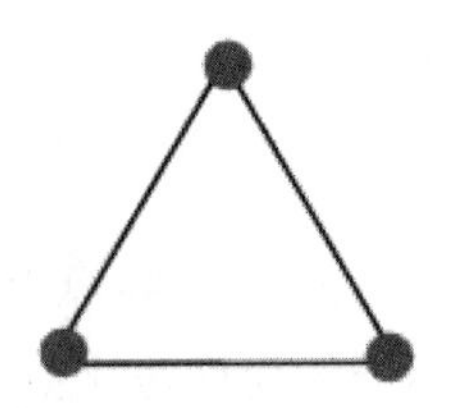

a) 草稿品质网格

b) 高品质网格

图 6-5　壳网格品质

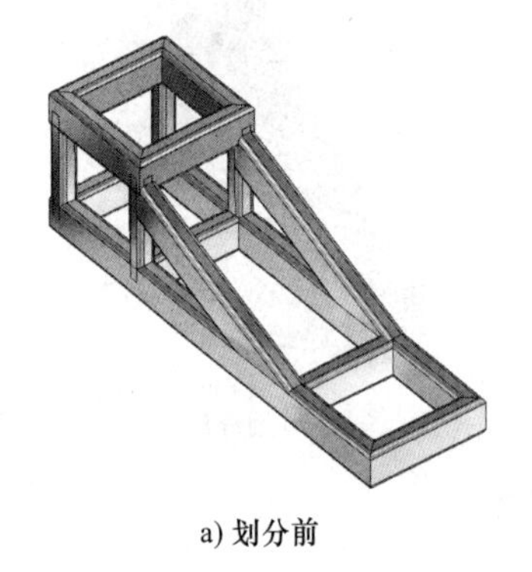

a) 划分前

b) 划分后

图 6-6　梁网格

无论横梁和桁架构件的实际横断面形状如何，都会显示在实际横梁几何体中或显示为空心圆柱体。

（4）混合网格　当模型中存在不同几何体，对不同几何体需要使用不同的网格类型时，程序自动使用混合网格。

对同一模型进行网格划分时，所选网格密度将直接影响到网格数量的多少，如图 6-7 所示，而网格数量的多少又影响到计算效率与精度，所以实际使用时要权衡各项参数。如果要快速评估，则使用较大尺寸的草稿品质单元；如果要获取精确的结果，则使用较小尺寸的高品质单元。

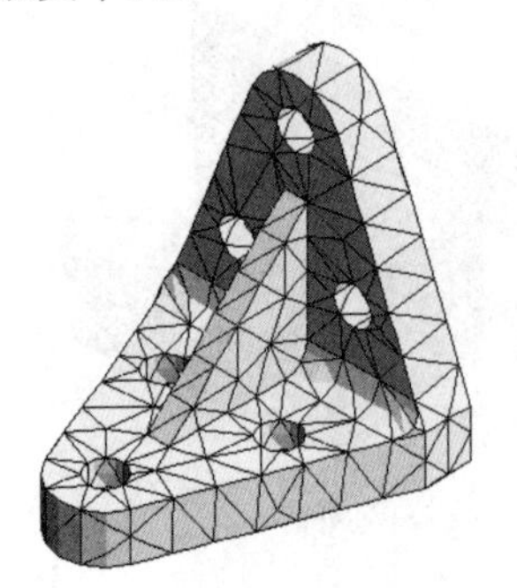

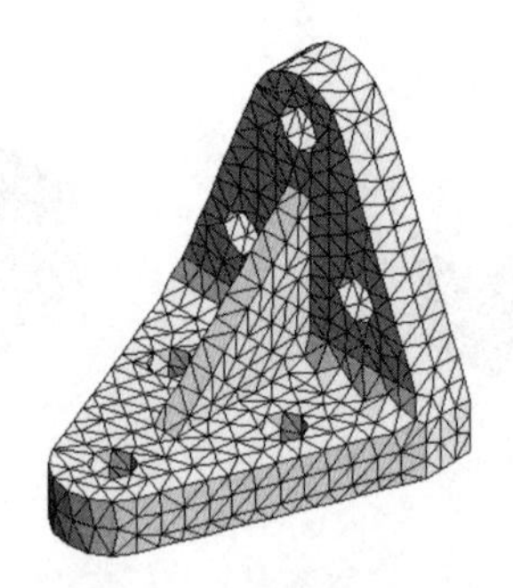

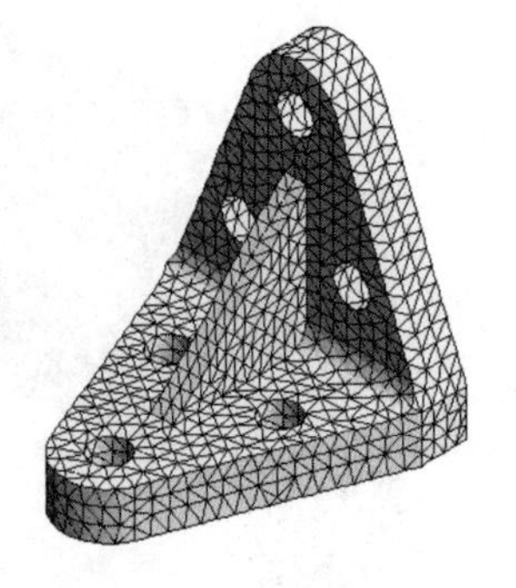

图 6-7　不同密度的网格

很多时候，要在计算效率与准确度之间平衡，此时可以通过网格控制，在模型的不同区域使用不同的网格密度，即针对准确度需求较高的区域使用较高的网格密度，而针对准确度需求较低的区域使用较低的网格密度，再设定过渡参数进行控制。如图 6-8 所示为使用不同网格密度的网格划分结果。

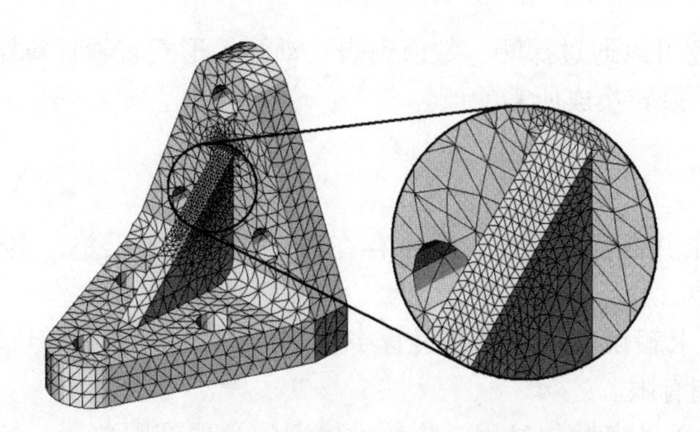

图 6-8　使用不同网格密度的网格划分结果

6.1.7　结果图解

在分析完成后，SOLIDWORKS Simulation 通过图解形式直观地给出结果，常用的有应力图解（图 6-9a）、位移图解（图 6-9b）、应变图解（图 6-9c）和安全系数图解（图 6-9d）。

提示：要在不同的单位系统下查看图解，请右击图解图标，在快捷菜单上单击【编辑定义】，将单位设为所需单位系统。

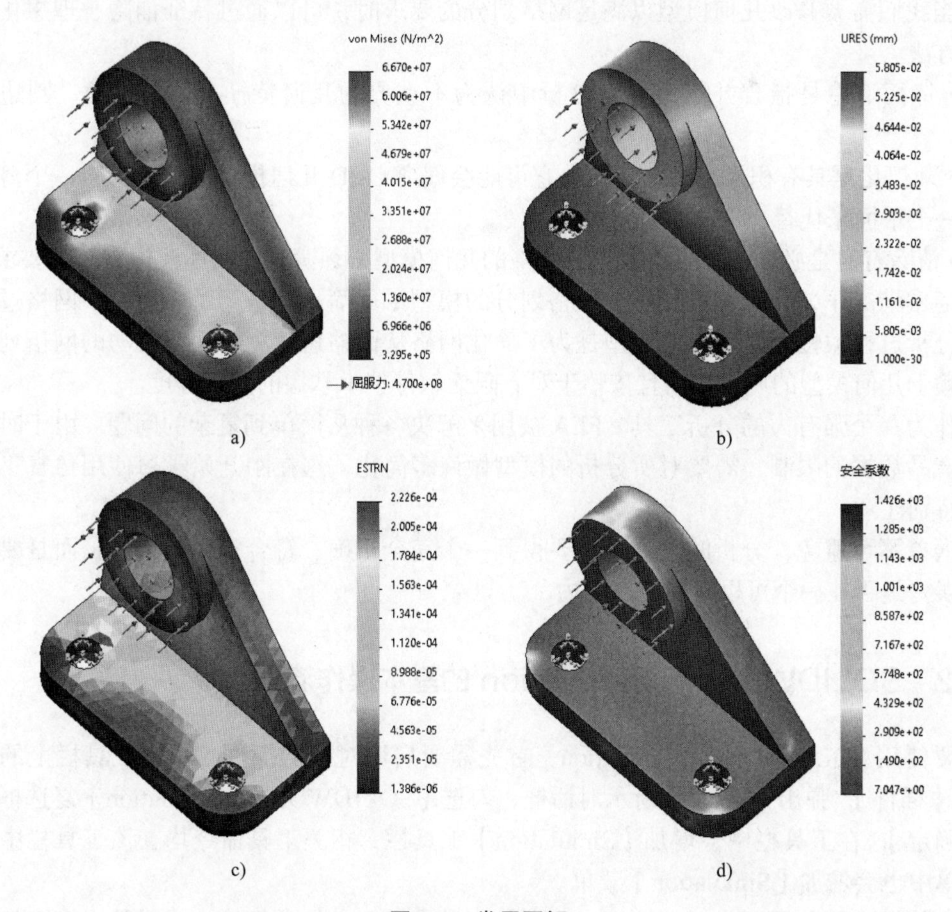

图 6-9　常用图解

除了图解外，还可以通过探测、数值列表、动画等形式查看计算结果，甚至可以通过方程式将当前计算结果转换成所需的值。

6.1.8 误差

数字化仿真结果并非实验数据，其中存在着一些固有的误差，主要误差有求解误差、离散误差和建模误差。

1）求解误差。求解误差是在计算过程中积累的，难以控制，但幸运的是它们通常都很小，对结果的影响有限。

2）离散误差。通过离散化过程，将数学模型划分成有限单元，这一过程称为网格划分。载荷和支撑在网格完成后也需要离散化，离散化的载荷和支撑将施加到有限单元网格的节点上，而这个过程中会产生不可避免的误差。离散误差是 FEA 特有的，也只有这个误差能够在使用 FEA 方法时被控制。

3）建模误差。影响数学模型的建模误差是在 FEA 之前引入的，只能通过正确的建模技术来控制，也称为理想化误差，如实际加工产生的误差、建模时未考虑的铸造缺陷等，而为了提升仿真分析的计算效率，会经常对模型进行简化，去除对结果影响较小的、可以忽略不计的特征等，这些均会产生相应的误差，而这些操作有时是必需的。

当我们需要修改几何模型以满足网格划分的要求时，可以通过特征消隐、理想化或消除的方法。

- 特征消隐是指合并或消除在分析中认为不重要的几何特征，如外圆角、圆边、标志等。
- 理想化是具有积极意义的工作，它可能会偏离 CAD 几何模型原型，如将一个薄壁模型用一个平面来代替。
- 清除有时是必需的，因为可划分网格的几何模型必须满足比实体建模更高的要求。

通常情况下，对能够进行正确网格划分的模型采取简化，是为了避免由于网格过多而导致分析过程太慢。修改几何模型是为了简化网格从而缩短计算时间。成功的网格划分不仅依赖于几何模型的质量，而且依赖于对有限元软件技术掌握的熟练程度。

作为一个强有力的分析工具，FEA 被用来解决各种从简单到复杂的问题。由于时间和可用产品数据的限制，需要对所分析的模型做许多简化，这在刚开始学习使用仿真工具时需要特别注意。

误差不可避免，分析时不能想着要得到一个完全正确、符合实际的结果，而是要判断结果误差是否在一个可以接受的范围内。

6.2 SOLIDWORKS Simulation 的基本操作流程

要使用 SOLIDWORKS Simulation，首先需要启用对应的插件。单击工具栏上的【选项】/【插件】，弹出如图 6-10 所示对话框，勾选【SOLIDWORKS Simulation】复选框，单击【确定】，在工具栏中会增加【Simulation】工具栏，相关工具命令均在该工具栏中，同时菜单中也会增加【Simulation】菜单。

当使用有限单元工作时，FEA 求解器将把单个单元的简单解综合成对整个模型的近似解来得到期望的结果（如变形或应力），因此，应用 FEA 软件分析问题时有三个基本步骤，即预处理、求解、后处理。

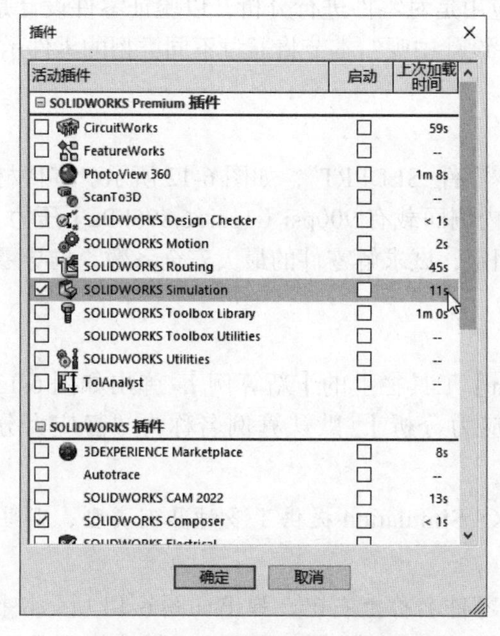

图 6-10　启用 Simulation 插件

在应用 SOLIDWORKS Simulation 时，也同样遵循以上三个步骤，再加上模型处理，一共有四个步骤，即建立数学模型、建立有限元模型、求解有限元模型和分析结果，如图 6-11 所示。

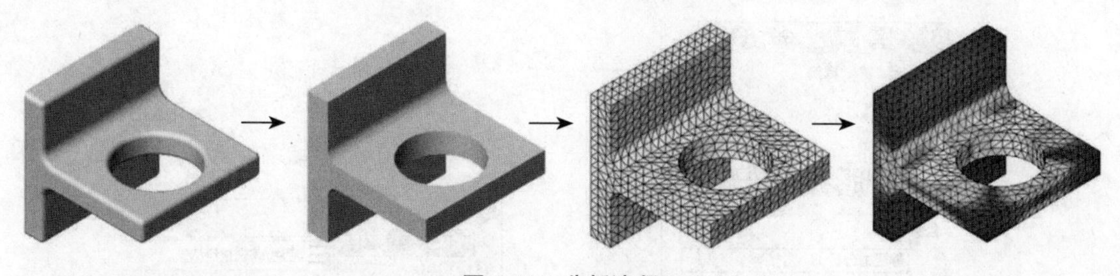

图 6-11　分析流程

1）建立数学模型。根据产品的实际设计创建对应的 CAD 模型，此模型需要满足设计需要，尽可能详细表达设计要素。

2）建立有限元模型。根据分析需要对模型进行合理的简化，选择所需的分析类型，添加相应的材料、约束、载荷。

3）求解有限元模型。运行算例，系统根据给定的条件进行求解。

4）分析结果。通过图解、数值等方式给出分析的结果。

以上四个步骤是在 SOLIDWORKS Simulation 中进行仿真的基本流程，实际操作过程中这些步骤会交替使用。

6.3 零件中的应用

仿真分析最基本的应用是对零件进行分析，以验证零件设计是否满足设计要求，那么仿真如何应用于实际零件设计中呢？本节将通过不同类型的零件示例进行讲解。

6.3.1 基本零件

打开示例文件“基本零件.SLDPRT”，如图6-12所示。零件材料为“普通碳钢”，圆环内侧面载有900psi（1psi≈6.895kPa）压力，底座上的两孔用于安装固定，试求解零件的最大安全系数，推导零件的设计缺陷。

图6-12 基本零件

具体操作步骤如下：

1）单击【Simulation】工具栏上的【新算例】，弹出如图6-13所示属性栏，选择【静应力分析】，默认算例名称为“静应力分析1”。

提示：SOLIDWORKS Simulation提供了多种算例类型，哪些可用取决于软件的许可授权。

2）在分析仿真树的零件名称上右击，弹出如图6-14所示快捷菜单，选择【应用/编辑材料】，弹出与建模时相同的【材料】对话框，选择【普通碳钢】，单击【应用】完成材料的添加。

提示：当零件赋予了材料后，其图标上会显示已有材料的符号。除了系统自带的材料库外，正版用户还可以通过【材料】对话框左下角的“SOLIDWORKS材料门户网站”访问在线材料库。

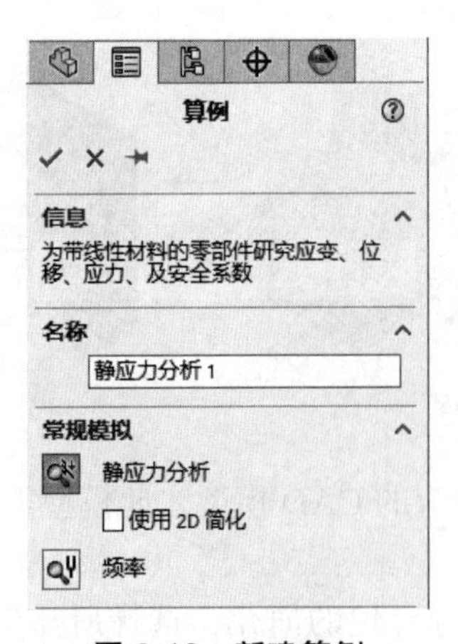

图6-13 新建算例

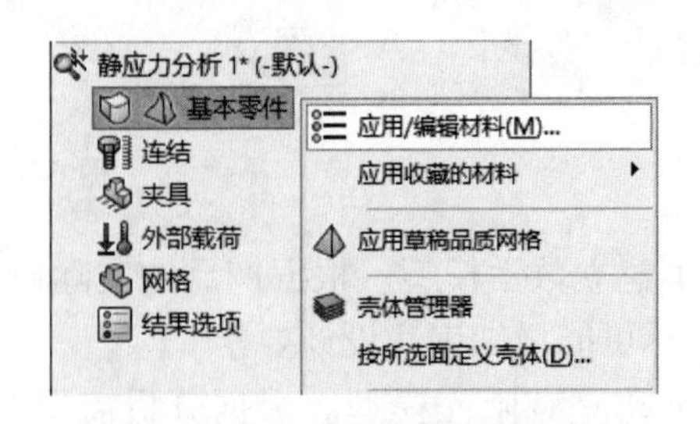

图6-14 【应用/编辑材料】命令

3）在分析仿真树的“夹具”上右击，弹出如图6-15a所示快捷菜单，选择【固定几何体】，弹出如图6-15b所示属性栏，【夹具面、边线、顶点】选择底座的两个安装孔圆柱面，单击【确定】完成夹具的添加。

注意：由于操作方法相同，后面的步骤将省略快捷菜单的截图。

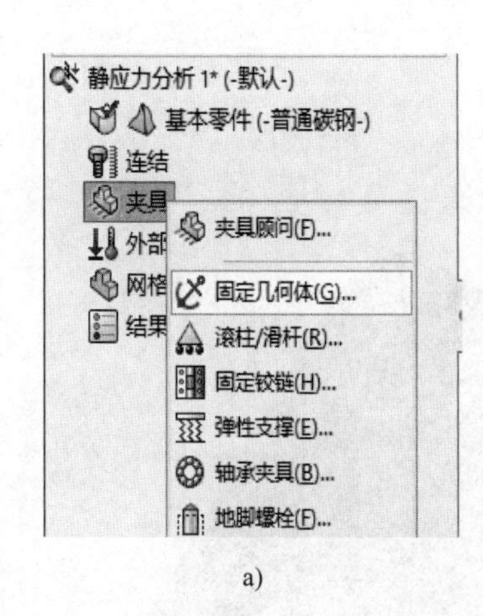

a)

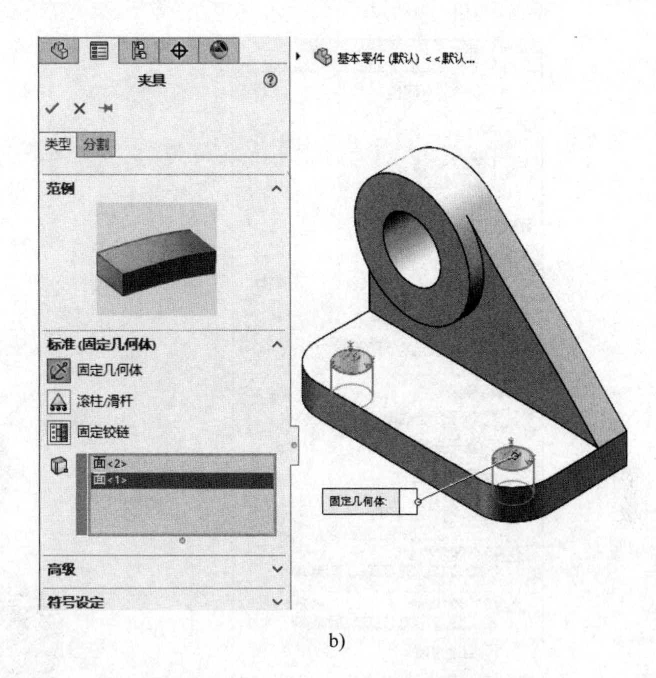

b)

图 6-15　添加夹具

4）在分析仿真树的“外部载荷”上右击，在弹出的快捷菜单上选择【压力】，弹出如图 6-16 所示属性栏，【类型】选择【垂直于所选面】，【压强的面】选择圆环的内侧面，【单位】更改为【psi】，【压强值】输入数值“900”，单击【确定】完成外部载荷的添加。

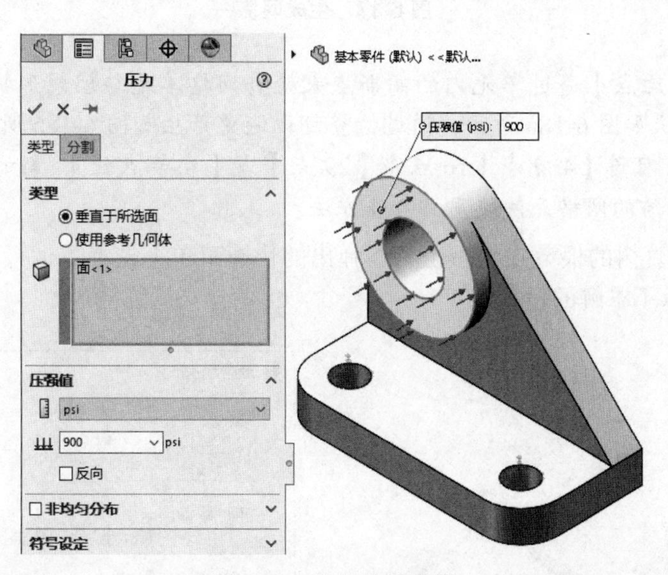

图 6-16　添加外部载荷

5）在分析仿真树的“网格”上右击，在弹出的快捷菜单上选择【生成网格】，弹出如图 6-17a 所示属性栏，【网格参数】选择【标准网格】，【高级】选项组中的【雅可比点】选择【4 点】，其余参数保持默认值，单击【确定】，系统自动生成网格，结果如图 6-17b 所示。

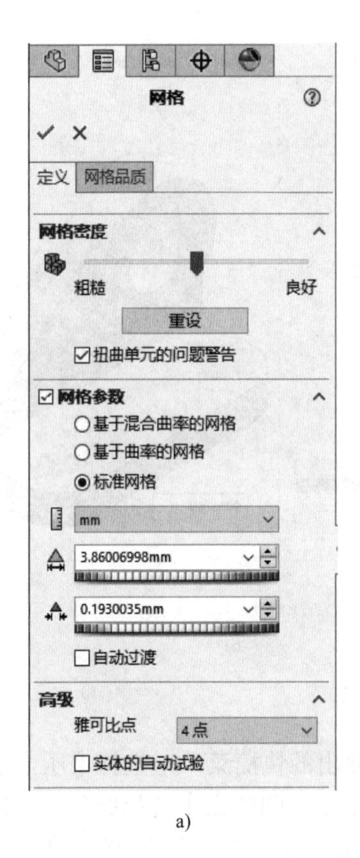

a)

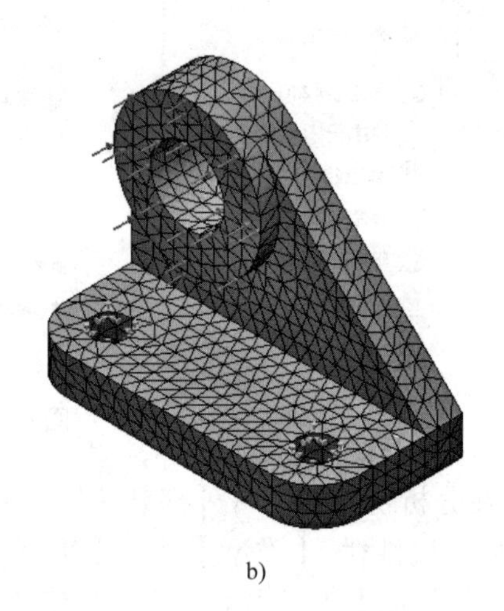

b)

图 6-17 生成网格

提示：【雅可比点】通过单元内的高斯点来检查网格单元与理想形状之间的偏差。正常的单元形状如图 6-18a 所示，通过检查可以避免产生如图 6-18b 所示的自交叉单元。【雅可比点】可选【4 点】、【16 点】、【29 点】或【在节点处】，新的算例默认为【16 点】，草稿品质的网格无法使用该检查方法。

6）在分析仿真树的根节点上右击，在弹出的快捷菜单上选择【运行】，弹出如图 6-19 所示对话框，显示了求解的过程。

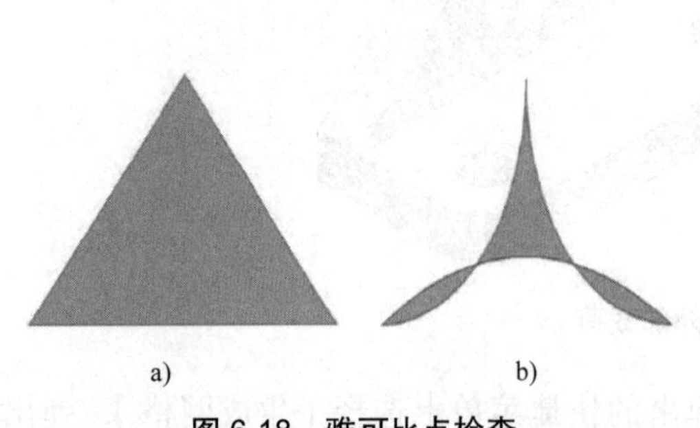

a) b)

图 6-18 雅可比点检查

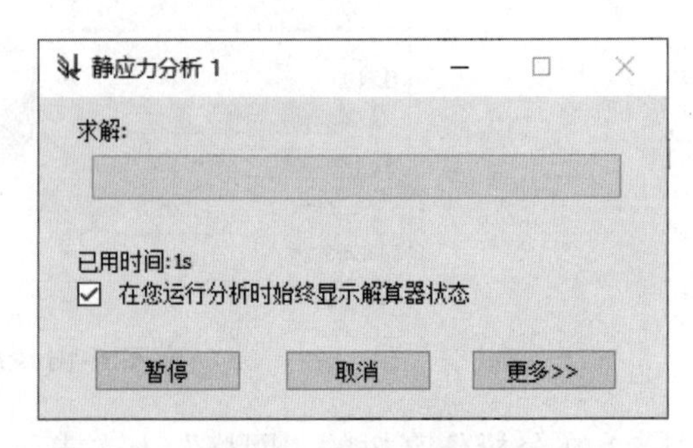

图 6-19 运行求解

7）由于零件较为简单，系统很快完成求解，默认生成三种图解，分别为应力图解、位移图解及应变图解，如图 6-20 所示，可以在分析仿真树的“结果”中进行查看。

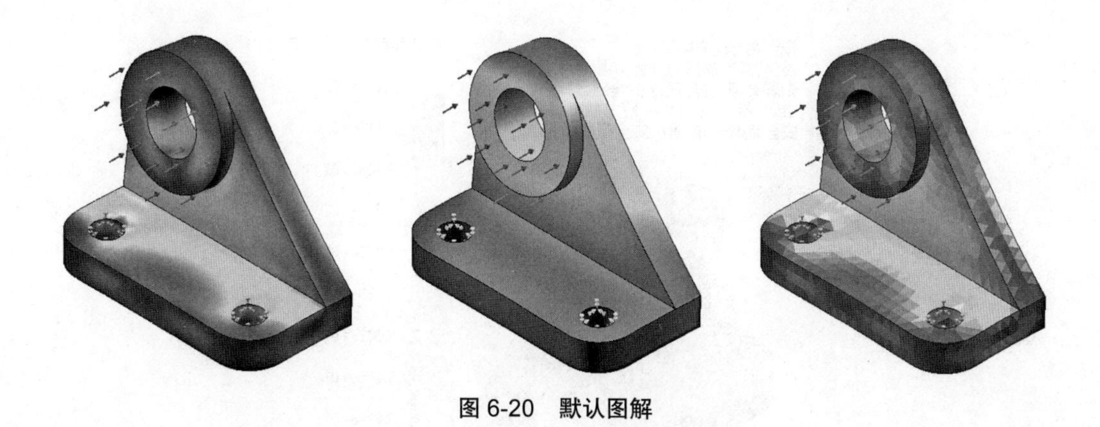

图 6-20　默认图解

8）在分析仿真树的“结果”上右击，在弹出的快捷菜单上选择【定义安全系数图解】，弹出如图 6-21a 所示属性栏，【准则】选择【最大 von Mises 应力】，单击【下一步】，如图 6-21b 所示，【设定应力极限到】选择【屈服强度】，单击【下一步】，如图 6-21c 所示，【最小安全系数】输入“1”。

提示： 由于安全系数比较直观，而且在不同的设计场合通常都有着推荐的安全系数，所以在数字化仿真中是较常用的图解之一。

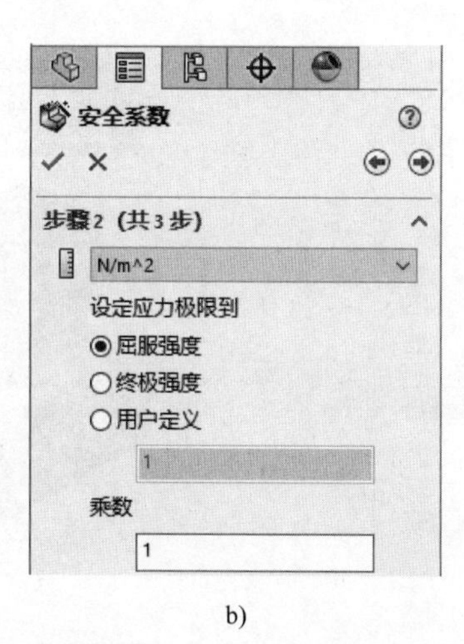

a)　　b)　　c)

图 6-21　定义安全系数图解

9）定义完安全系数图解后单击【确定】，生成如图 6-22 所示图解，可以看到最小安全系数为 0.57，而一般的承受静态载荷的零件，推荐的安全系数在 1.2 ~ 2 之间，承受动态载荷时要求更高，现有结果显然无法满足设计要求，需要进一步查看满足不了要求的具体部位。

10）在上一步生成的安全系数图解上右击，在弹出的快捷菜单中选择【图表选项】，弹出如图 6-23a 所示属性栏，取消勾选【自动定义最大值】复选框，并在下方的【最大】文本框中输入“2”，单击【确定】，图解发生变更，如图 6-23b 所示。从图解中可以看到左侧安装孔位置处为安全系数最低处。

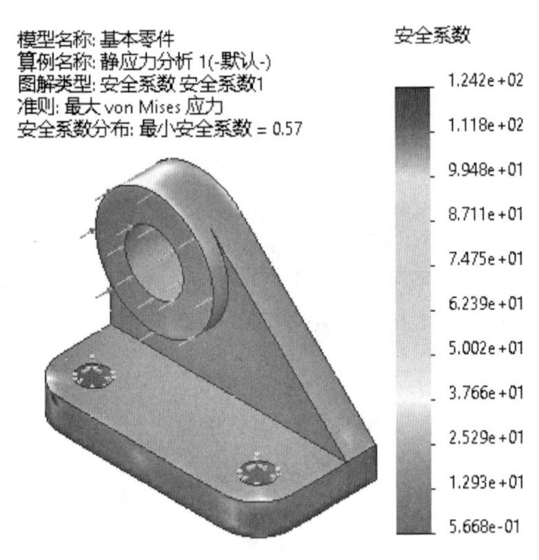

图 6-22　安全系数图解

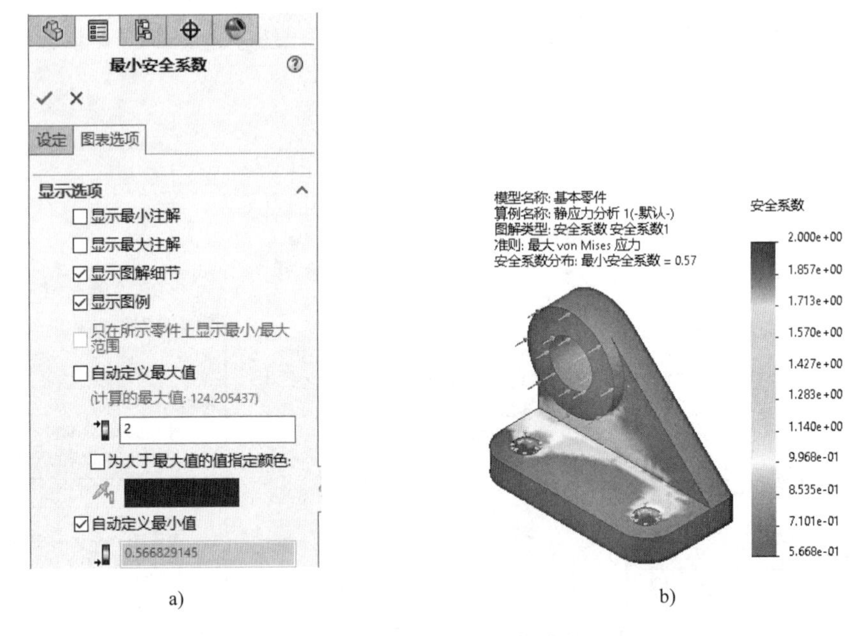

图 6-23　变更安全系数图解参数

思考：在该算例的条件添加中，对两个安装孔添加【固定】约束，这合理吗?

为了更直观地观察问题所在，我们夸大图解的变形比例进行查看。在位移图解上右击，选择【编辑定义】，弹出如图 6-24a 所示属性栏，将【变形形状】更改为“用户定义”，并输入“50”，单击【确定】，沿 X 方向观察，其图解如图 6-24b 所示。

从图 6-24b 所示的图解中可以看到，零件的底板向左上方弯曲变形，而如果该零件是安装在一固定的底座上，该方向会受底座的限制，显然不可能产生这种变形。此时为了模拟这种工况，需要添加额外的条件，SOLIDWORKS Simulation 提供了【虚拟壁】用于模拟此类情形。

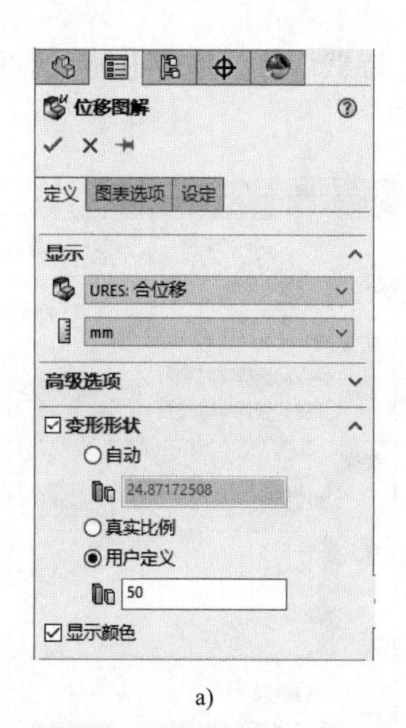

a)

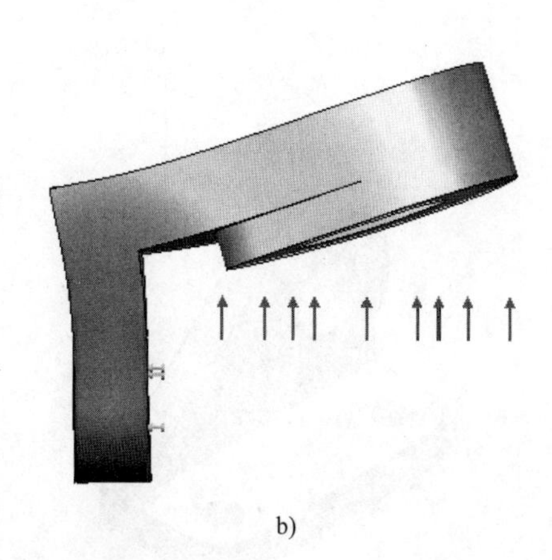

b)

图 6-24　编辑定义位移图解

为了对两种条件的结果进行比对，可以将原有的仿真分析进行复制，在复制后的分析中更改条件并运行。具体操作步骤如下：

1）在窗口下方的“静应力分析 1”选项卡标题上右击，如图 6-25a 所示，选择【复制算例】，弹出如图 6-25b 所示属性栏，输入新的算例名称“增加虚拟壁”，单击【确定】完成算例的复制，原算例中的所有条件均自动带入复制的算例中。

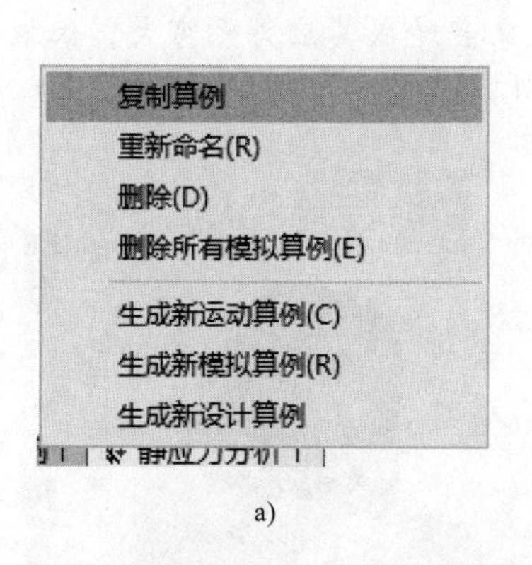

a)

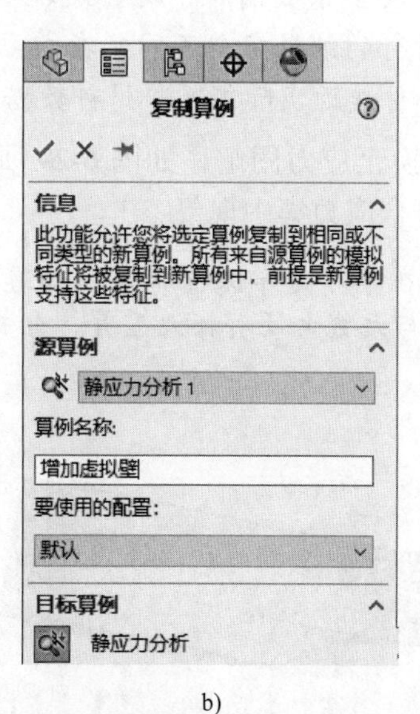

b)

图 6-25　复制算例

2）切换至模型中，通过【基准面】功能在零件的底部添加一基准面，如图 6-26 所示。

3）切换回“增加虚拟壁”分析项。在分析仿真树的“连结”上右击，选择【本地交互】，如图 6-27 所示，【类型】选择【虚拟壁】，【组 1 的面、边线、顶点】选择零件的底面,【目标基准面】选择新建的“基准面 1”,其余保持默认值,单击【确定】完成虚拟壁的添加。

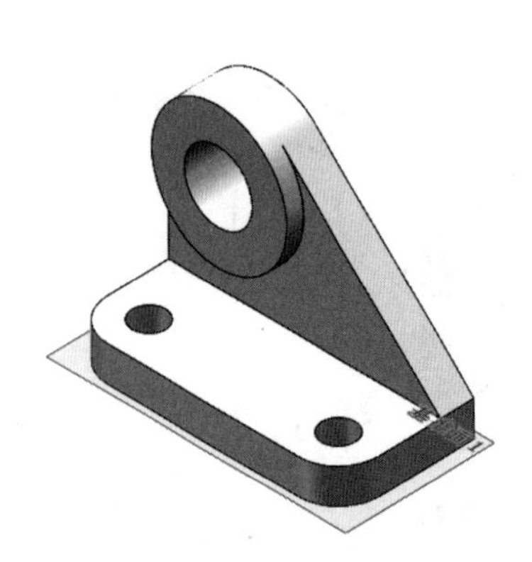

图 6-26　添加基准面

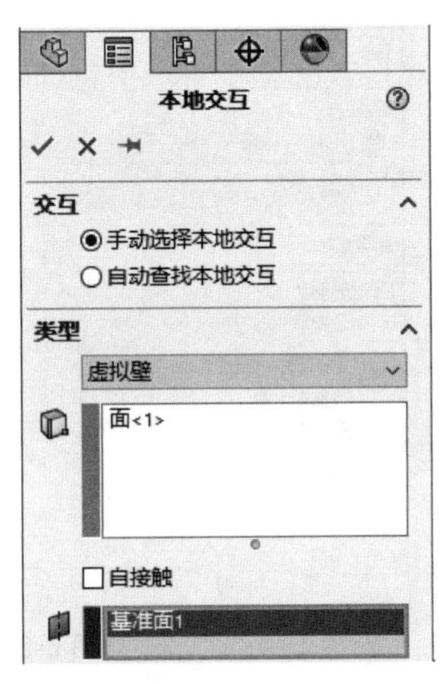

图 6-27　增加虚拟壁

4）运行该算例，切换至位移图解，如图 6-28 所示，可以观察到零件的底板已没有了向左上角的弯曲变形，而是中间稍稍向右凸起，这符合该工况下的变形趋势。

注意：对比一下两个位移图解的最大位移值，会发现两者的差异较大，再对比应力、应变与安全系数图解，均会发现数值差异较大，这充分说明同一零件在不同条件下，分析所得的结果完全不同。在学习分析软件时，软件操作本身并不难，难的是如何使分析条件接近实际工况、材料数据，以及对结果的准确评判。

5）切换至应力图解，如图 6-29 所示，当前的最大应力为“2.175e+08”，且集中在直角处，这符合应力集中现象。

思考：在学习力学课程时我们知道应力集中现象会造成其应力无穷大，但该分析的最大应力与无穷大还有较大差异，分析软件是如何表现该问题的呢？

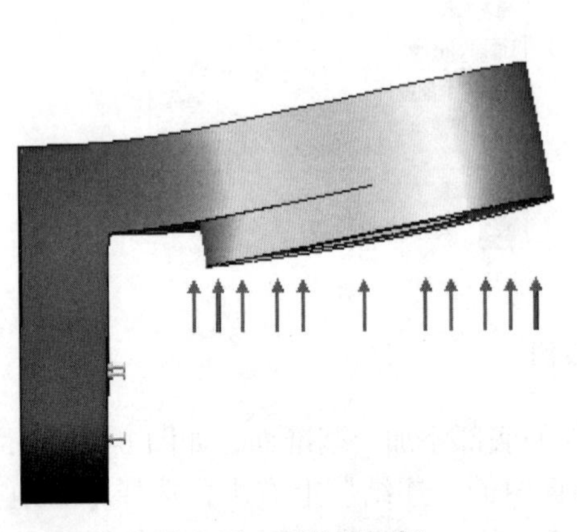

图 6-28　新位移图解

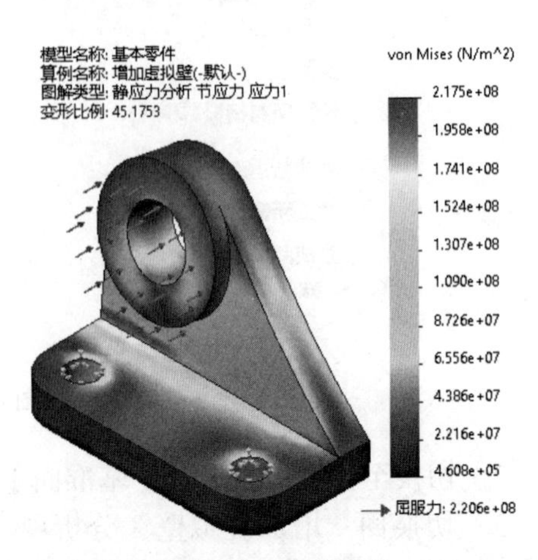

图 6-29　应力图解

6）将算例“增加虚拟壁”进行复制，命名为“中等网格”。

7）在分析仿真树的“网格”上右击，在弹出的快捷菜单上选择【生成网格】，此时会弹出如图 6-30a 所示警告框，提示重新网格化会删除已有的结果，单击【确定】。在网格属性栏中将【网格密度】向【良好】方向拖动，如图 6-30b 所示。

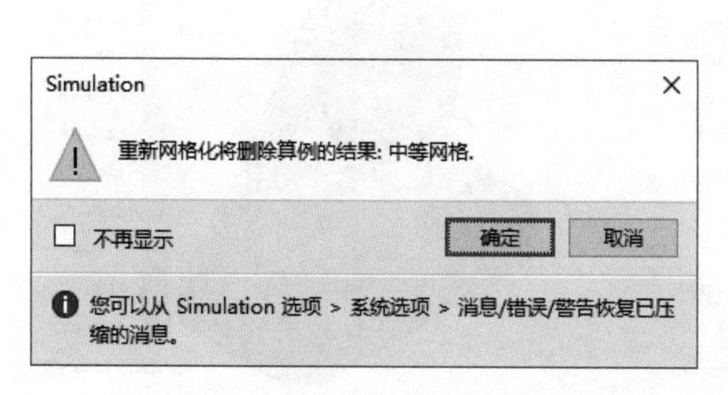

a)

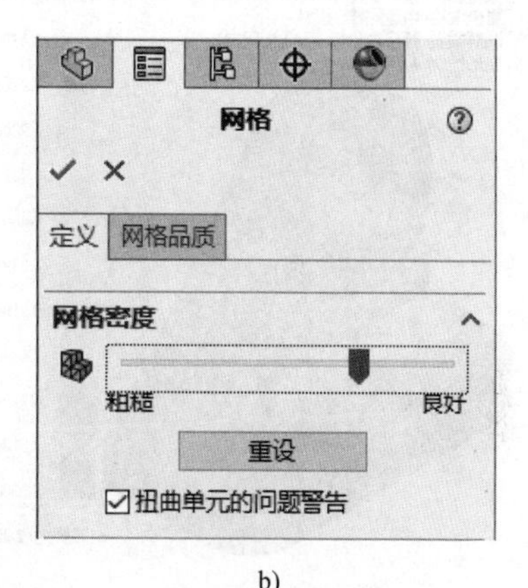

b)

图 6-30　中等网格参数

8）单击【确定】后重新生成网格，如图 6-31 所示，可以看到网格密度比原算例要密。

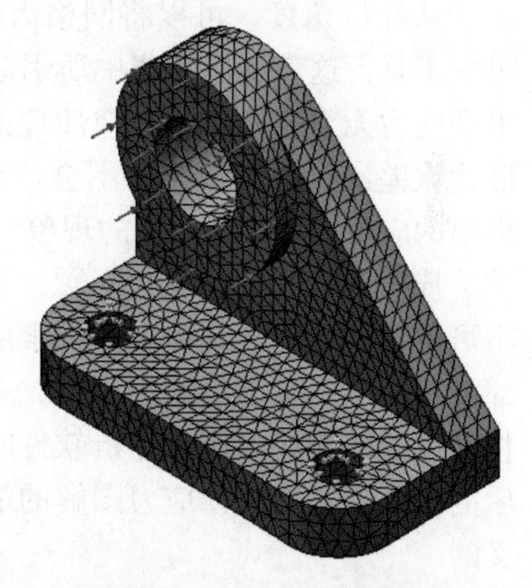

图 6-31　生成中等网格

提示：要查看具体的网格信息，可以在分析仿真树的“网格”上右击，再在快捷菜单上单击【细节】，弹出如图 6-32a 所示对话框，其中列出了当前网格的详细信息。切换至“增加虚拟壁”分析项，列出的网格的详细信息如图 6-32b 所示，可以看到更改后的网格节点接近原网格节点的两倍。

9）运行该算例，切换至应力图解，如图 6-33 所示，可以看到最大应力变为“2.473e+08”，比网格没改变之前高了 13.7%。

网格 细节

算例名称	中等网格*(默认-)
细节网格类型	实体网格
所用网格器	标准网格
自动过渡	关闭
包括网格自动环	关闭
高质量网格的雅可比点	4 点
单元大小：0.00299155 m	
公差：0.000149578 m	
网格品质	高
节总数	23737
单元总数	15117
最大高宽比例：15.918	

a)

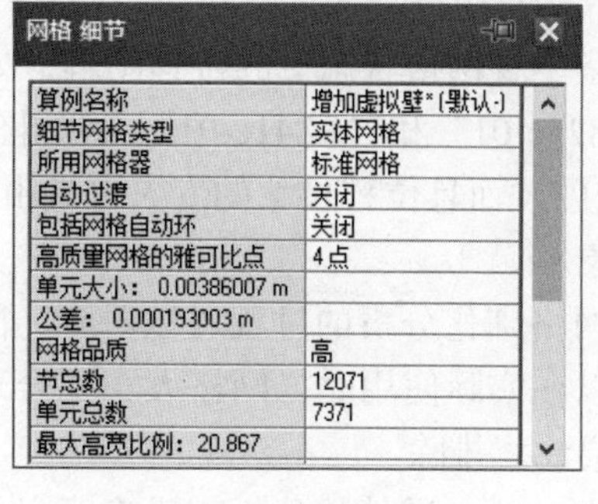

网格 细节

算例名称	增加虚拟壁*(默认-)
细节网格类型	实体网格
所用网格器	标准网格
自动过渡	关闭
包括网格自动环	关闭
高质量网格的雅可比点	4 点
单元大小：0.00386007 m	
公差：0.000193003 m	
网格品质	高
节总数	12071
单元总数	7371
最大高宽比例：20.867	

b)

图 6-32　网格细节对比

10）复制“中等网格”算例，重命名为“细化网格”，将【网格密度】调整至最右侧，运行算例，其应力图解如图 6-34 所示，可以看到最大应力变为“2.851e+08”，比“中等网格”高了 15.3%。

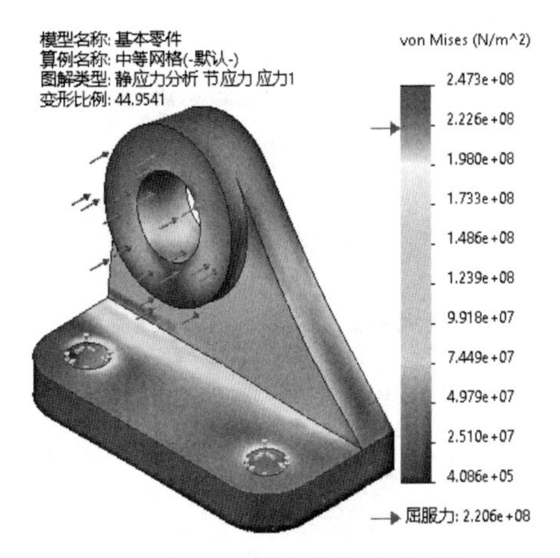

图 6-33 “中等网格”应力图解

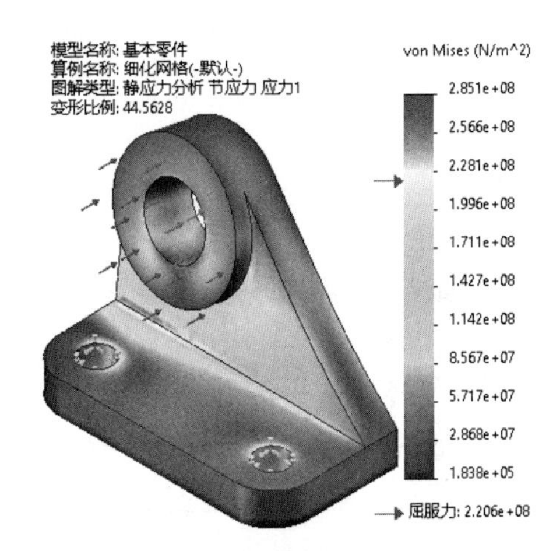

图 6-34 “细化网格”应力图解

从探讨角度，可以将网格大小再次减小，而最大应力还会继续增大，是计算不准确吗？不是，这就是应力集中所引起的应力奇异，受力体由于几何关系，在求解应力函数时出现应力无穷大。而根据弹性理论，在尖角处的应力是无穷大的，由于仿真分析软件的离散化误差，有限元模型并不会产生无穷大的应力结果，而会形成本例中随着网格的细化，得出的应力值大幅度增加的现象。

应力奇异是数学算法问题，无法避免，而应力集中也是设计工程师在设计产品过程中不可避免的问题，是由外界因素或自身因素（如几何形状、外形尺寸）发生突变而引起局部范围内应力显著增大的现象，多出现于尖角、孔洞、缺口、沟槽以及有刚性约束处及其相邻区域。在使用仿真分析软件时，读取模型应力最大值的前提是排除所有应力奇异点之后的最大值，有时候应力图解的最大值和应力奇异点重合，这时候的最大值是没有任何意义的。

注意：通过网格的细化观察应力变化的大小，当应力值的变化百分比越来越小时，可认为分析结果是趋于收敛的，此种方法也是验证分析是否合理的依据之一。

观察三种网格状态下的位移图解，如图 6-35 所示，可以看到最大位移分别为“1.816e-01”“1.825e-01”和“1.841e-01”，可知随着网格大小的改变，其最大位移改变并不大，均在 1% 范围内，而且位移尺寸的变大也是由于网格的细化使模型“软化”所造成的，属于预期内的现象。

从网格细化分析的过程可以看到，随着网格的细化，运算时间明显加长，运算效率降低。所以在实际使用时，网格大小要合理，且一定要对生成的图解进行判断，当产生应力奇异时要注意排除。

那么对这个零件的分析就没有意义了吗？不是，我们可以通过探测远离奇异点位置的应力值得到可靠的数据，而“安全系数”是与应力值直接关联的，在这里以“安全系数”为例介绍如何查看有价值的分析结果图解。

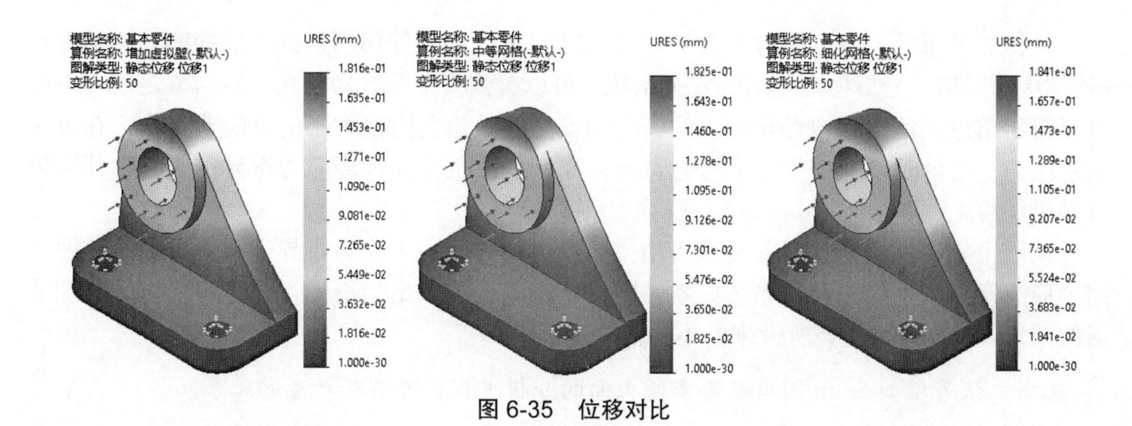

图 6-35　位移对比

首先切换至“细化网格”分析项，双击激活“定全系数”图解，右击选择【设定】，弹出如图 6-36a 所示属性栏，【边界选项】选择【网格】，单击【确定】，网格叠加在当前的图解中，如图 6-36b 所示。

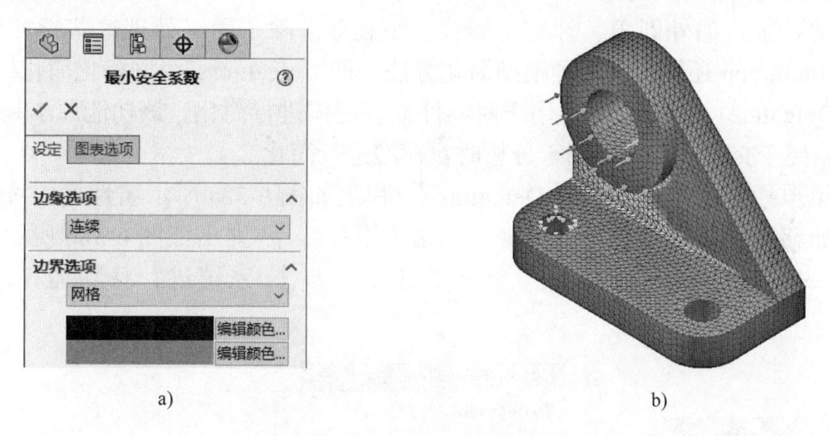

图 6-36　改变边界选项

沿 *Y* 向正视模型，在“安全系数”图解上右击，选择【探测】，弹出如图 6-37a 所示属性栏，选择模型离应力奇异位置上方两个单元后的节点，从左到右选择若干个节点，如图 6-37b 所示。

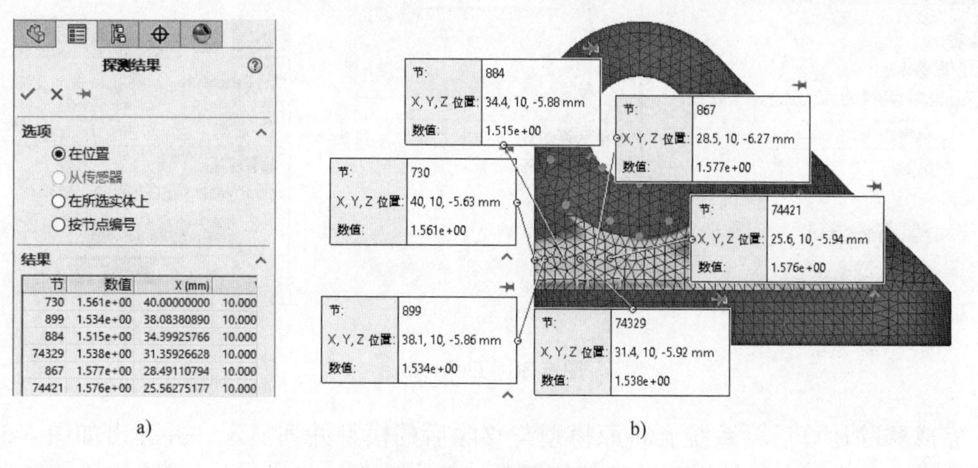

图 6-37　探测结果

从探测结果看，该区间的安全系数在 1.5 ~ 1.6 之间。使用同样的方法探测“增加虚拟壁”“中等网格”分析项该范围的安全系数，可以看到安全系数均落在 1.5 ~ 1.6 之间。由此可以得出结论，远离应力奇异位置的应力和安全系数值受网格大小的影响非常小，在可接受范围内，也就是说即使产生了应力奇异，而所关注位置在远离应力奇异位置时，其结果也是可信的。

从整个零件的分析过程看，分析结果的最大应力值由于应力奇异变得不可信。前面介绍了应力奇异产生的原因，那么该零件的设计缺陷也可得出结论了，在直角处应该添加适当的圆角以减小应力奇异所带来的不可信结果。

思考： 试着增加 5mm 圆角后再重复上面的分析过程，并解释产生的结果。

6.3.2 复杂零件

实际零件结构往往比较复杂，而复杂零件在网格划分、仿真计算等方面都有着较高的挑战。为了提高网格划分效率，降低计算时间，通常会对模型进行简化，去除一些对结果影响较小的特征，如外圆角、标志、螺纹、小孔等。除了手工处理这些特征外，SOLIDWORKS Simulation 还提供了两种模型简化方法，即 Defeature、为网格化简化模型。

（1）Defeature　Defeature 可用于对零件或装配体进行简化。该功能原本是用于减少模型信息量以便于交流，现在也用于分析时对模型进行简化。

单击菜单栏上的【工具】/【Defeature】，弹出如图 6-38a 所示属性栏，可以选择移除的对象，如移除小于设定比例的特征。单击【下一步】，弹出如图 6-38b 所示属性栏，选择根据上一步条件要保留的特征。再单击【下一步】，系统进行移除运算，如图 6-38c 所示。

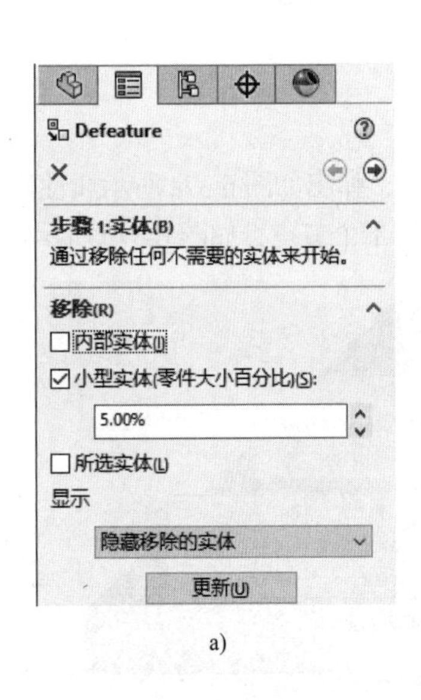

a)

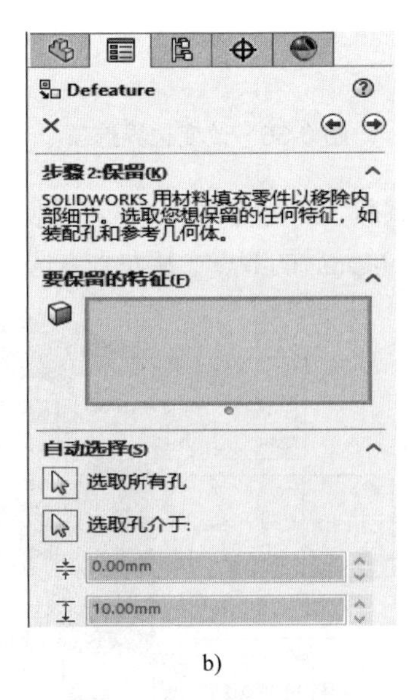

b)

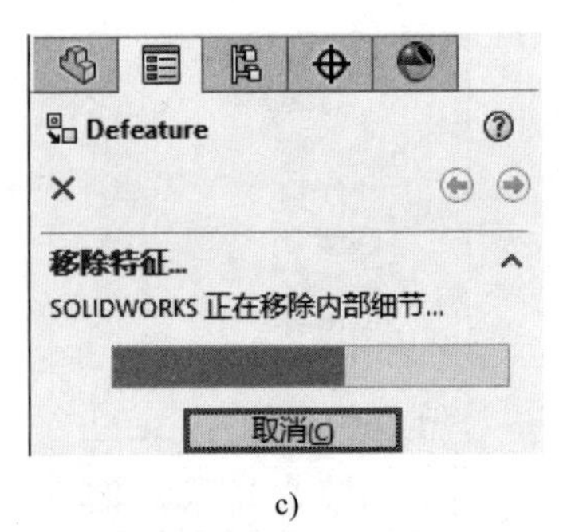

c)

图 6-38　Defeature

完成移除运算后，系统会将原模型与移除后的模型并列显示，并弹出如图 6-39a 所示属性栏，可以再次增加需移除的特征对象。单击【下一步】，提示移除特征已完成，可以选择将移除后的对象保存为新文档或保存设定，如图 6-39b 所示。当选择【储存设定供将来使用】时，在零件设计树上会出现“Defeature”节点，在该节点上右击，选择【保存结果】，如图 6-39c 所示，系统会自动在原文件名中加上“Defeature”进行重命名并保存。

a)

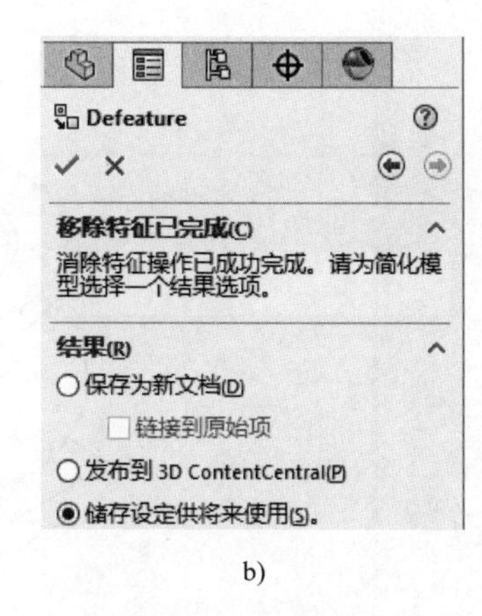

b)

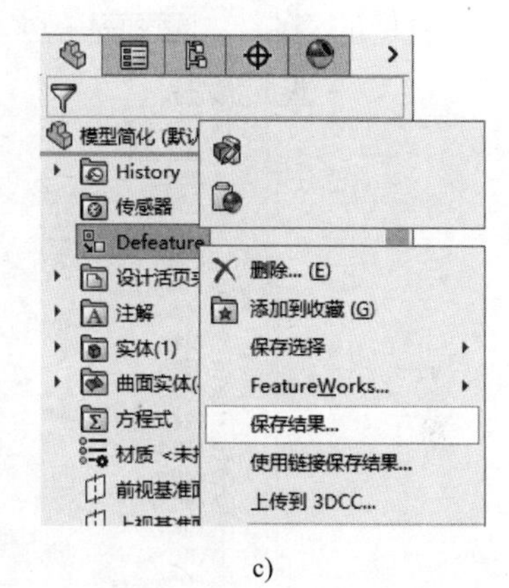

c)

图 6-39　移除特征

提示： 通过 Defeature 简化的模型需重新打开简化后生成的文件进行分析，适合模型保密性较强又需要外发分析结果的场合。

百分比设为 5% 时简化前后的模型对比如图 6-40 所示。

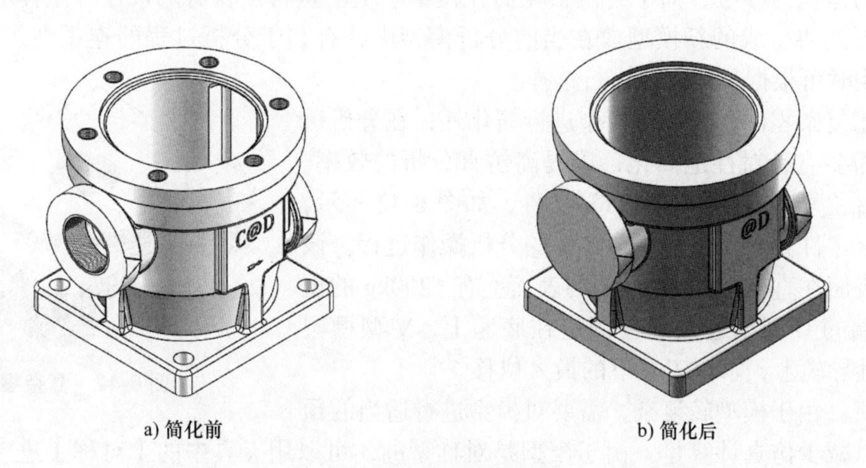

a) 简化前　　　　b) 简化后

图 6-40　简化前后模型对比

（2）为网格化简化模型　该功能根据零件或装配体的大小决定“无意义体积”的特征。该功能针对仿真分析，需要在仿真环境下使用。在分析仿真树中的网格上右击，在弹出的快捷菜单中选择【为网格化简化模型】，在任务窗格中弹出如图 6-41a 所示面板，选择需简化的特征类别，再设置简化因子，单击【现在查找】，系统将根据给定条件查找出可以被简化的特征。勾选【所有】复选框，再单击【压缩】，系统将简化的特征进行压缩，压缩后的模型成为当前配置的子配置；也可以在查找列表中逐一有选择地进行压缩。对图 6-40a 所示模型使用“5%”条件进行压缩后，结果如图 6-41b 所示。

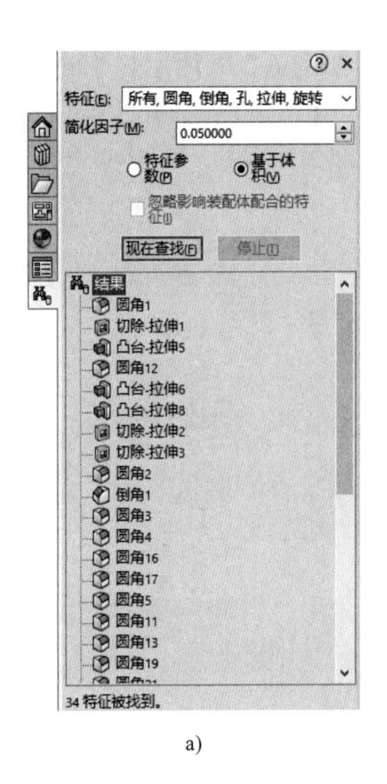

a)

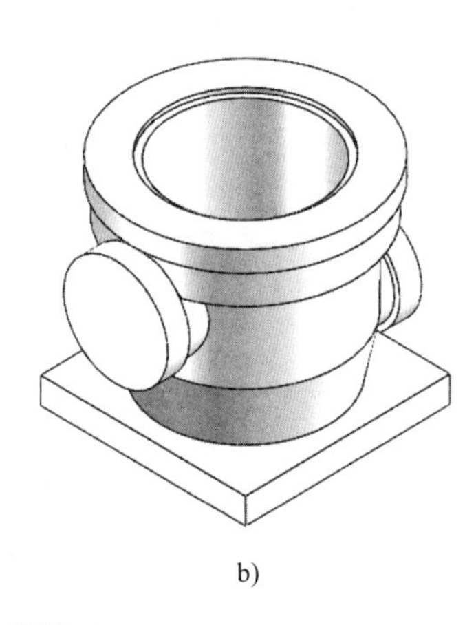

b)

图 6-41　为网格化简化模型

可以看到同样是 5% 的体积条件，但两种压缩的结果是不一样的。【Defeature】以特征生成后的体积为参考；而【为网格化简化模型】更注重特征自身的尺寸与整体的关系，且以配置形式将生成的新模型放在当前分析模型中，有利于分析过程的连贯性，操作方便。实际使用时可根据具体需要进行选择。

对于复杂零件，除了对模型进行简化外，在分析过程中也需要有针对性地简化，以提高仿真分析的效率。打开素材“复杂零件 .SLDPRT”文件，如图 6-42 所示，下面以该零件为例，介绍复杂零件的分析操作过程。该零件上表面在直径 100mm 范围的表面上有 1200kg 的重物，两端的 U 型槽通过螺柱固定在底座上，V 型槽架在一刚性导轨上，求该工况下的最大位移。

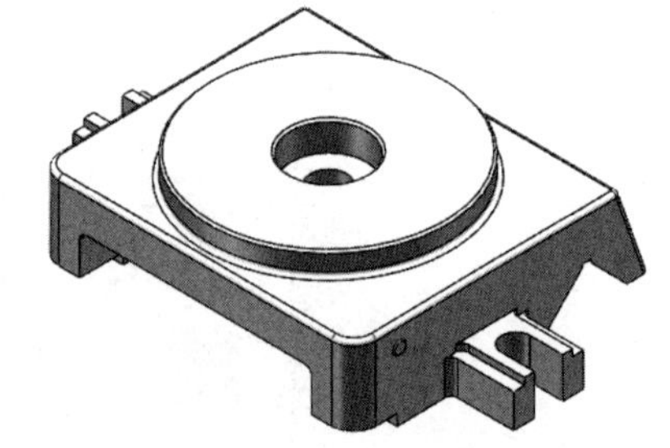

图 6-42　复杂零件

分析：由于模型较复杂，需要对模型进行适当的预处理，以减少仿真计算量。由于模型是对称型的，可以用夹具中的【对称】进一步减少求解量；而载荷对象并非整面，还需要对载荷面进行处理以符合实际工况；V 型槽架在刚性（理想化）导轨上，则需要通过虚拟壁进行模拟。具体操作步骤如下：

1）由于载荷是加载在上表面，方向由上向下，所以模型中的外圆角对分析结果影响非常小，可以将其压缩，其他影响较小的特征也同时进行压缩处理。为了不影响原始模型，新建一配置，命名为“分析模型”，压缩特征外圈小圆角、顶部外倒角、传感器凸台、M4 螺纹孔，模型简化后的结果如图 6-43 所示。

2）由于需要使用对称方法分析模型，单击【曲面】工具栏上的【使用曲面切除】，切除面选择“前视基准面”，切除方向为右侧，结果如图 6-44 所示。

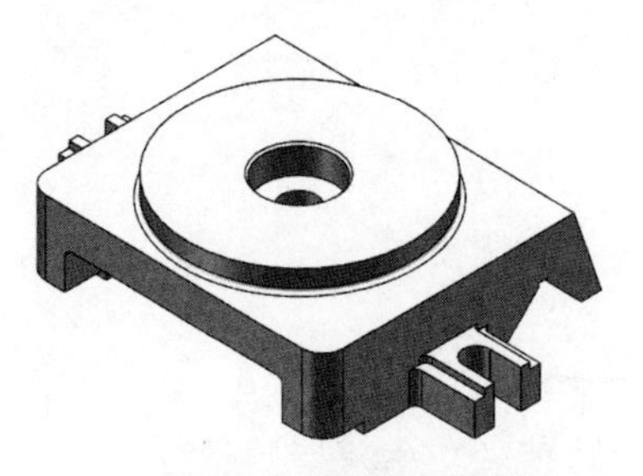

图 6-43 简化模型

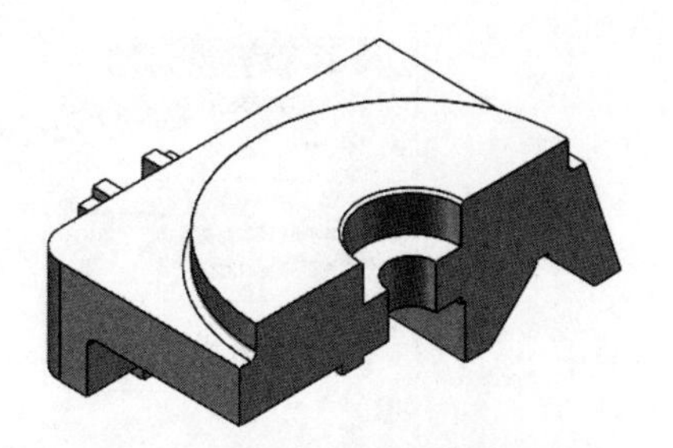

图 6-44 切除模型

3）由于载荷在直径 100mm 范围的表面上，因此需要对上表面进行分割，以界定载荷加载的范围。以上表面为基准面绘制直径 100mm 的草图圆，如图 6-45a 所示。单击【特征】工具栏上的【曲线】/【分割线】，【分割类型】选择【投影】，【要分割的面】选择上表面，单击【确定】，结果如图 6-45b 所示。

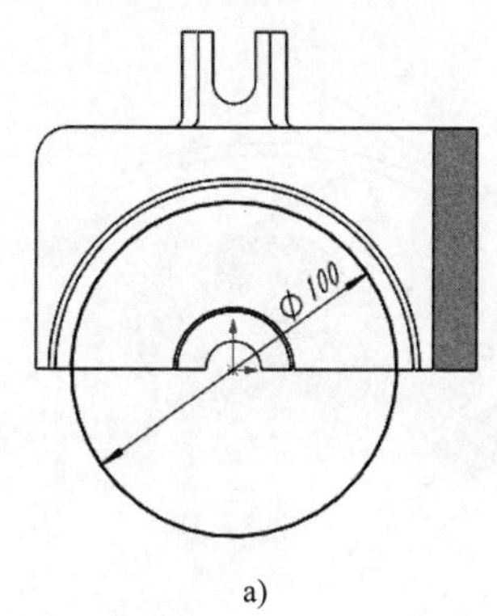

a)

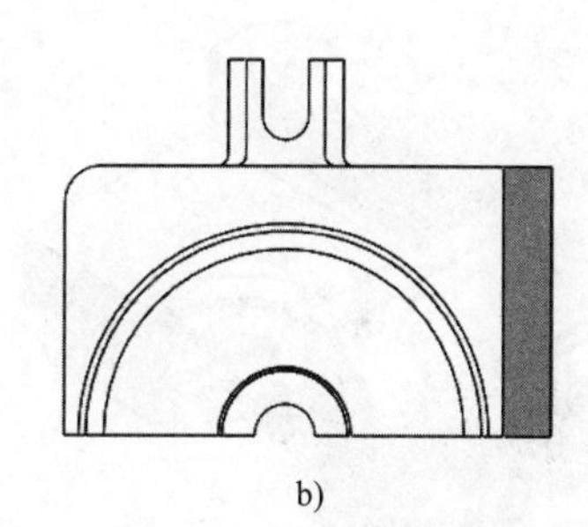

b)

图 6-45 分割面

4）以零件的 V 型槽面为参考建立两个参考面，如图 6-46 所示。

5）新建静应力分析算例。

注意：对于多配置零件，分析算例只对当前配置有效，一旦切换了配置，则该算例变为灰色，不可查看与编辑。

6）在分析仿真树的“连结”上右击，选择【本地交互】，【类型】选择【虚拟壁】，如图 6-47a 所示，【组 1 的面、边线、顶点】选择 V 型槽的一侧面，【目标基准面】选择该侧面所对应的基准面，其余保持默认值，单击【确定】，完成虚拟壁的添加。使用同样的方法设置 V 型槽的另一侧面，结果如图 6-47b 所示。

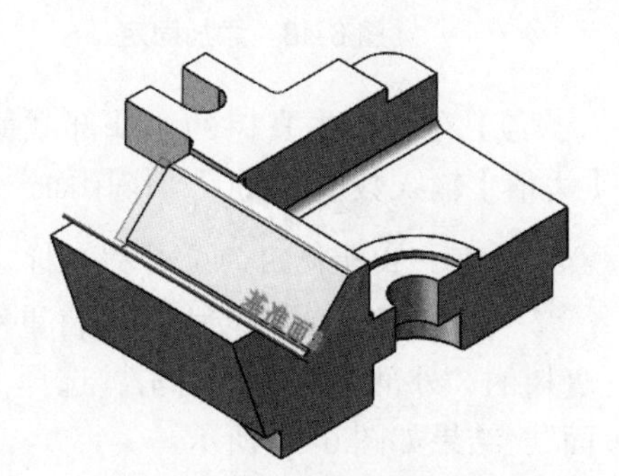

图 6-46 新建基准面

7）在分析仿真树的“夹具”上右击，选择【固定几何体】，【夹具的面、边线、顶点】选择底面，如图 6-48 所示。

8）在分析仿真树的“夹具”上右击，选择【高级夹具】，在弹出的属性栏中选择【对称】，【夹具的平面】选择对称面，如图 6-49 所示。

提示：由于分割面所产生的两个面是不连接的，所以选择对称面时要选择两个面。

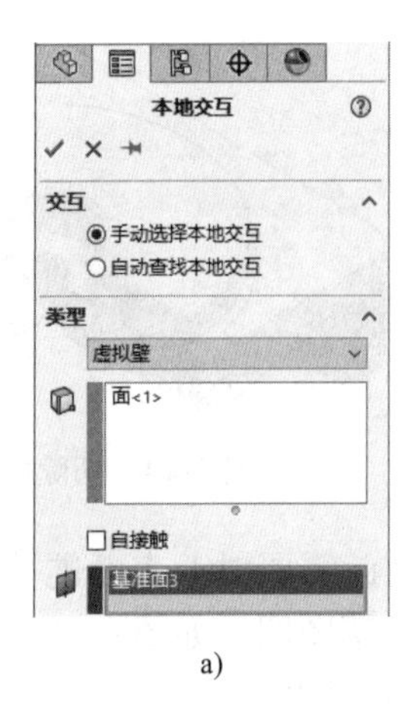

a)

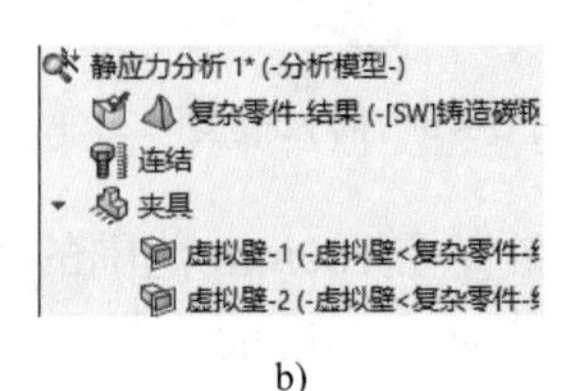

b)

图 6-47　添加虚拟壁

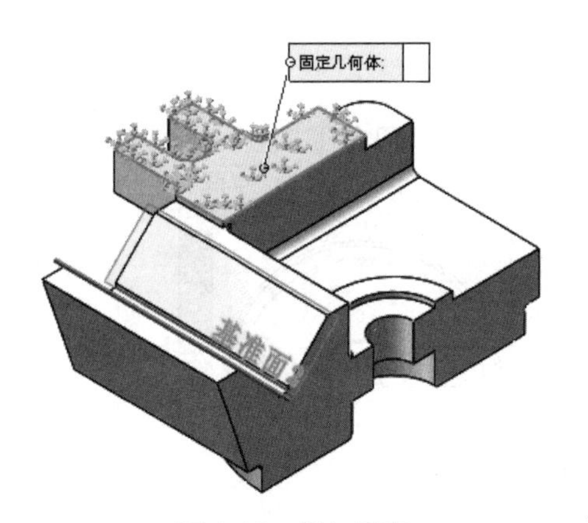

图 6-48　添加固定

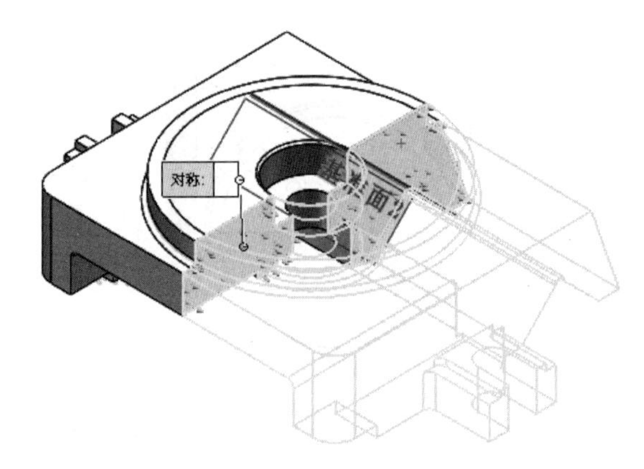

图 6-49　添加对称

9）在分析仿真树的“外部载荷”上右击，选择【力】,【单位】选择【Metric（G）】,【力值】输入数值“600”，作用面选择上表面分割后的内侧面，结果如图 6-50 所示。

注意：由于使用的是对称分析，所以载荷使用实际载荷的一半作为条件。

10）由于该零件较大，其自重对结果有一定影响，所以需要添加引力条件。在分析仿真树的“外部载荷”上右击，选择【引力】,【方向的面、边线、基准面】选择“上视基准面”，结果如图 6-51 所示。

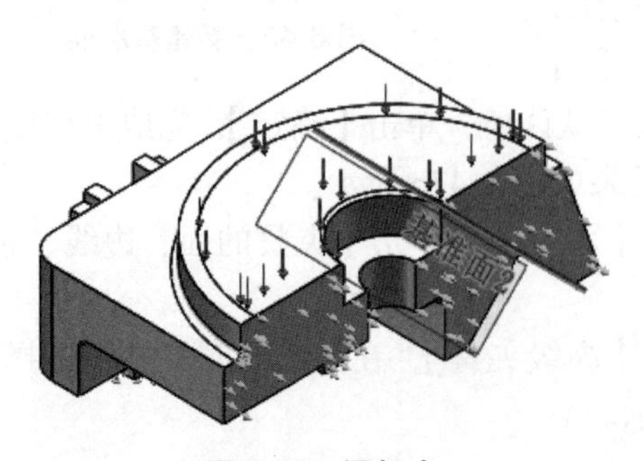

图 6-50　添加力

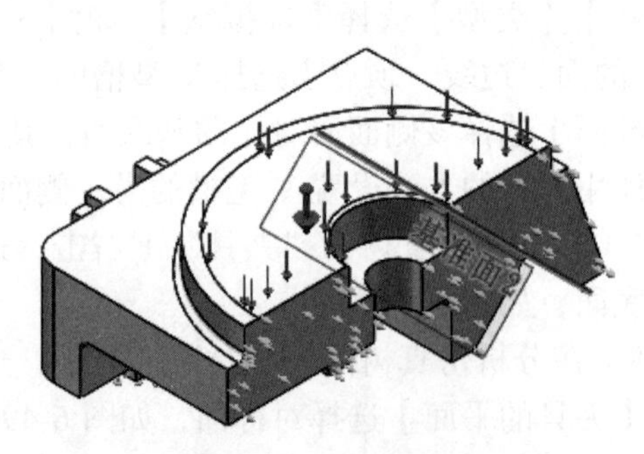

图 6-51　添加引力

11）在分析仿真树的“网格”上右击，选择【生成网格】，【网格参数】选择【标准网格】，【高级】选项组中的【雅可比点】选择【4 点】，其余参数保持默认值，单击【确定】，系统自动生成网格，结果如图 6-52 所示。

提示： 生成的网格并没有因为零件的复杂而对不同部位有所区别，这在复杂零件中是非常不理想的网格。通常需要的是大范围相同的部位用大尺寸网格，而小尺寸特征、重要部位、有可能的应力奇异点用较小的网格。

12）再次进入【生成网格】，【网格参数】选择【基于混合曲率的网格】，生成的网格如图 6-53 所示。

提示： 如果需要对某个局部的网格进行修改，可以在“网格”上右击，在弹出的快捷菜单上选择【应用网格控制】，添加对局部网格的修改。

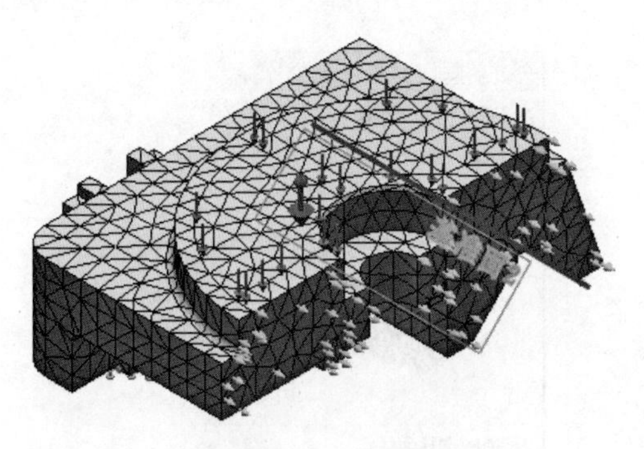

图 6-52　生成网格

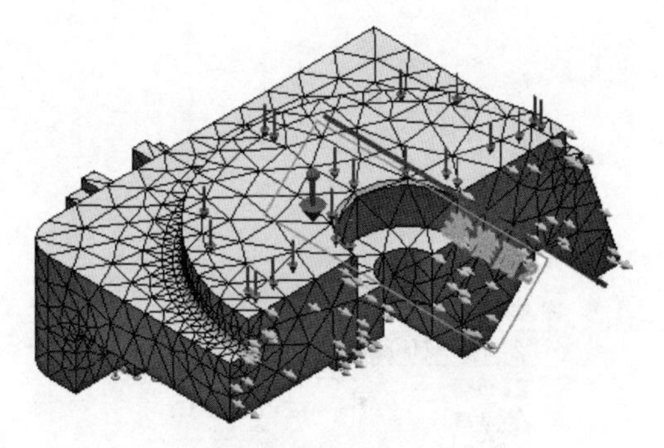

图 6-53　修改网格

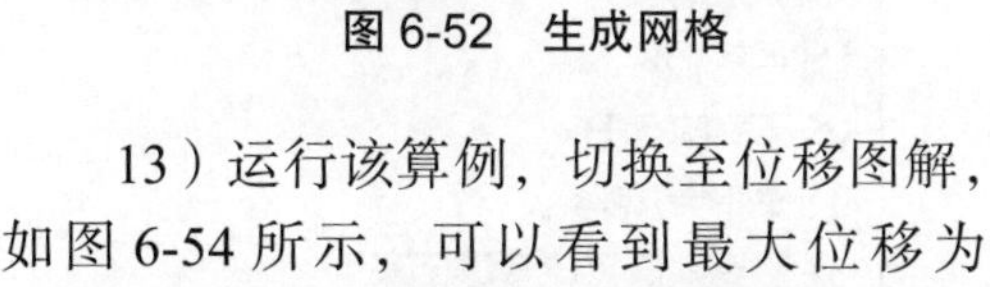

13）运行该算例，切换至位移图解，如图 6-54 所示，可以看到最大位移为“6.135e-03”。

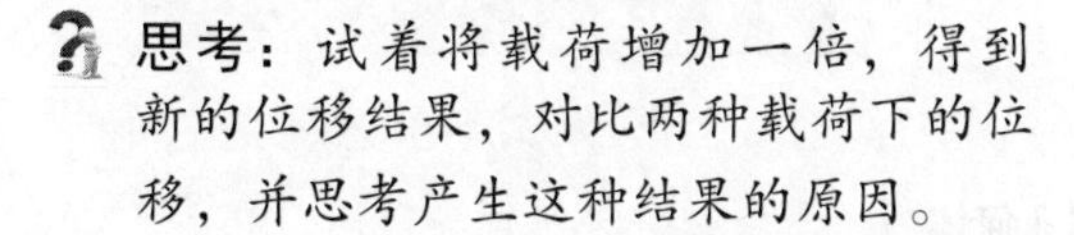

思考： 试着将载荷增加一倍，得到新的位移结果，对比两种载荷下的位移，并思考产生这种结果的原因。

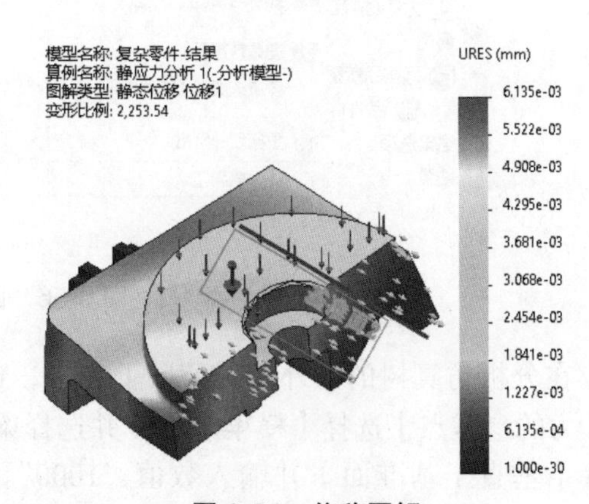

图 6-54　位移图解

当零件达到一定的复杂程度时，其分析时间将大大延长，甚至时长会以天为单位，所以对于模型的简化就显得尤为重要了。实际工作中切不可拿到模型就开始分析，一定要先审慎地评估模型该如何分析，有需要时会采用草稿品质网格快速地做一次评估，以确定相关条件是否添加合理，不然花了很长时间计算却得到不正确的结果，会浪费大量宝贵的时间。

6.3.3　杆梁类零件

现实中梁结构通常都属于大型构件，如果用实体单元进行仿真计算，其计算效率将很难被接受。SOLIDWORKS Simulation 通过梁单元对此类零件进行仿真，在计算效率与结果准确性中有着很好的平衡。

梁单元除了在单元类型上有别于实体单元外，在夹具、载荷添加方面也有差异，其中夹具中的【固定几何体】与【不可移动（无平移）】的差别需要特别注意。如图 6-55 所示是一个典型的拉伸实体，下面分别用这两种夹具条件进行分析，条件为两端固定，自上而下加载 1000N 的载荷。

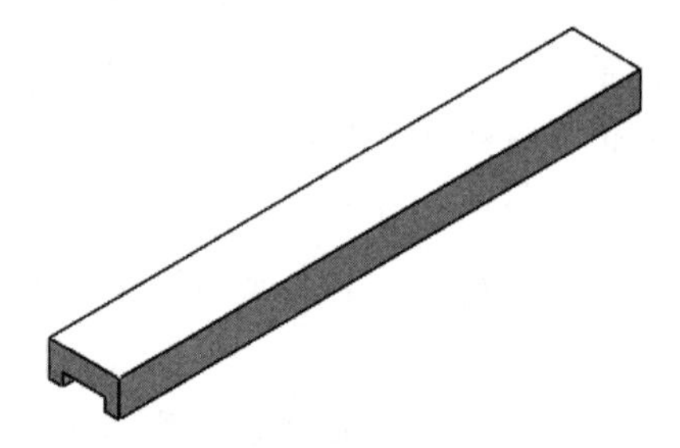

图 6-55　典型的拉伸实体

新建一静应力分析算例，在分析仿真树的零件上右击，如图 6-56a 所示，选择【视为横梁】。在分析仿真树的“夹具”上右击，选择【固定几何体】，弹出如图 6-56b 所示属性栏，【铰接】选择两端的接榫点。

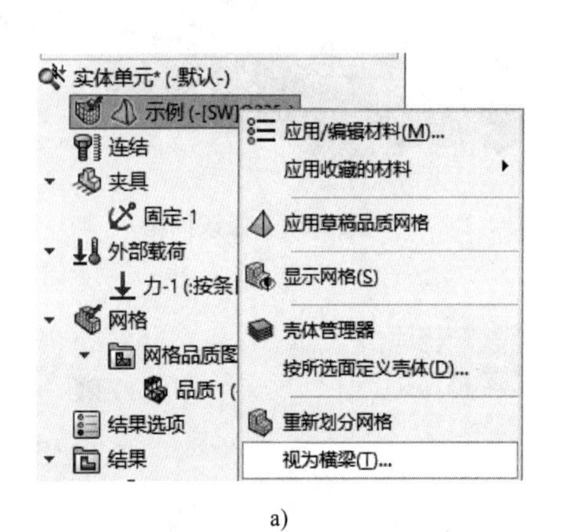

a)

b)

图 6-56　固定几何体

在分析仿真树的“外部载荷”上右击，选择【力】，弹出如图 6-57a 所示属性栏，【顶点、力的参考点】选择【横梁】，并选择梁对象，参考基准面选择“上视基准面”，【力】选择【垂直于基准面】并输入数值“1000”。运行该算例，观察其位移图解，如图 6-57b 所示。

将上一步生成的算例进行复制，在复制后的分析仿真树的“固定”上右击，如图 6-58a 所示，选择【编辑定义】，将夹具更改为【不可移动（无平移）】，如图 6-58b 所示。

运行该算例，观察其位移图解，如图 6-59 所示。

对比两种夹具的位移可以看到其结果完全不一样，【固定几何体】时同时限制位移与旋转自由度，而【不可移动（无平移）】只限制位移自由度，这也进一步验证了在做仿真分析时加载的条件一定要与实际工况吻合，否则其结果不但没有意义，还可能给设计带来负面影响。

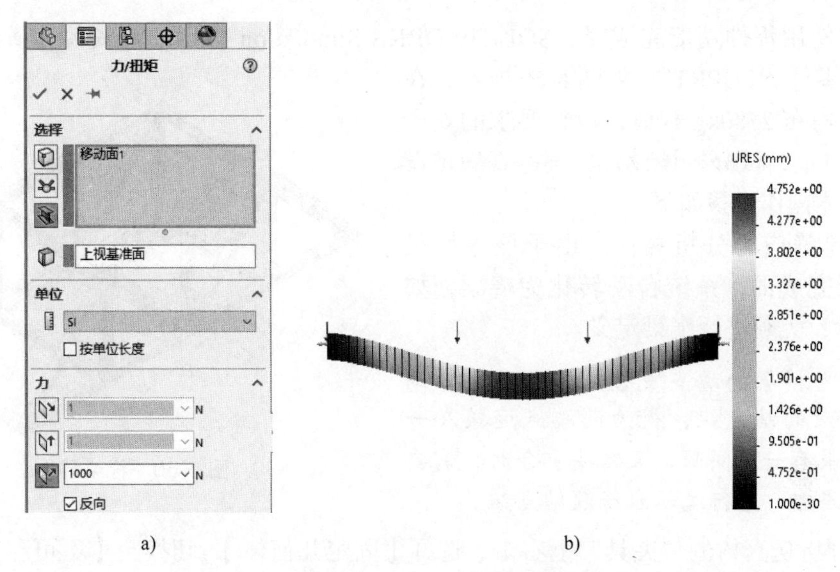

a)　　　　b)

图 6-57　添加载荷并分析

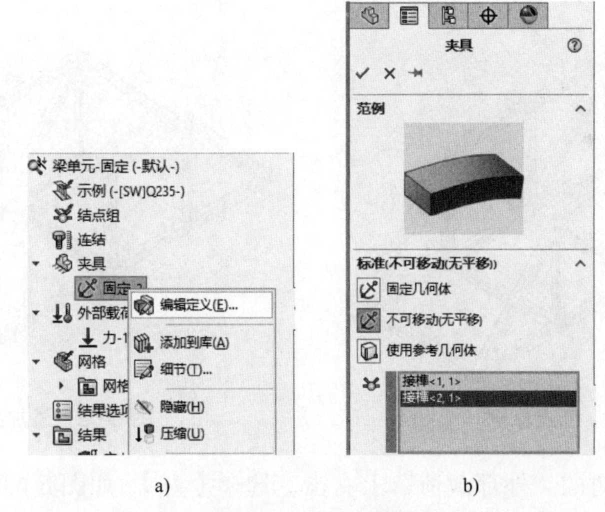

a)　　　　b)

图 6-58　更改夹具

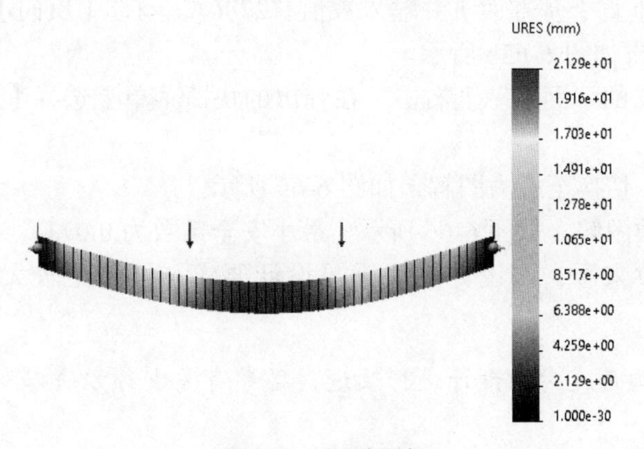

图 6-59　位移图解

当零件使用焊件功能完成时，SOLIDWORKS Simulation 会自动将其视为横梁。打开素材“杆梁零件 .SLDPRT”，如图 6-60 所示，在底部横梁上均布 2780kg 载荷，设计要求的安全系数在 1.5 以上，试分析该设计方案是否满足设计要求。具体操作步骤如下：

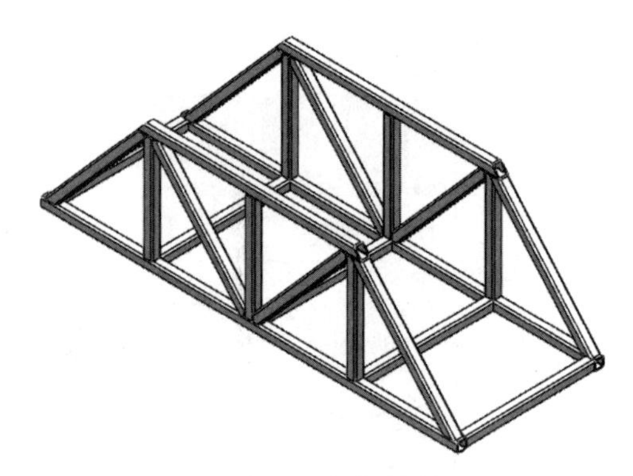

图 6-60　杆梁零件

1）新建静应力分析算例。由于该零件是由焊件功能完成的，系统自动转化为横梁，如图 6-61 所示，无须进行横梁定义。

注意：当横梁的端点重合时，系统会自动生成相应的结点组，视为两端点连接在一起。如果有一定间隙，又需要重合时，需要对“结点组”进行编辑以修改结点组。

2）在分析仿真树的“夹具”上右击，选择【固定几何体】，切换至【不可移动（无平移）】选项，选择底部四个最外侧的接榫，如图 6-62 所示。

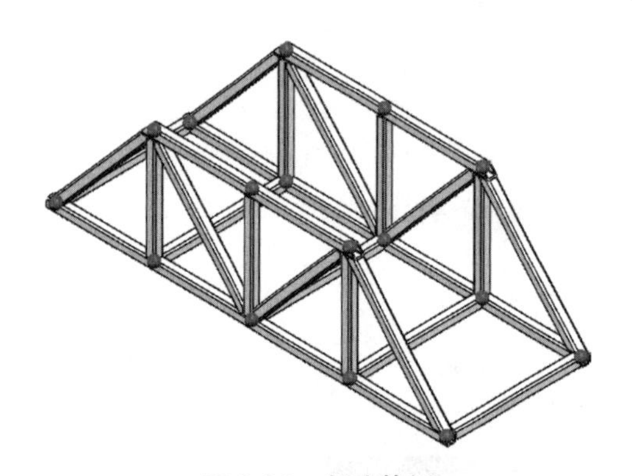

图 6-61　新建算例

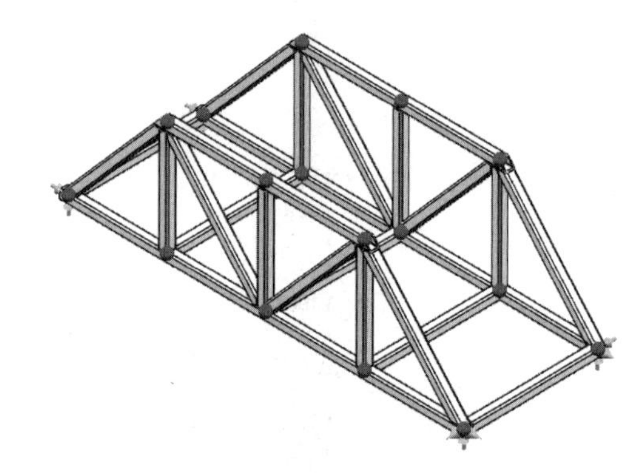

图 6-62　添加夹具

3）在分析仿真树的“外部载荷”上右击，选择【力】。如图 6-63a 所示，【选择】切换至【横梁】，选择底部的五根横梁，参考对象选择“上视基准面”，【单位】选择【Metric（G）】，【力】选择【垂直于基准面】并输入数值“2780”，勾选【反向】复选框，使载荷方向由上向下加载，结果如图 6-63b 所示。

4）在分析仿真树的“网格”上右击，在弹出的快捷菜单上选择【生成网格】，结果如图 6-64 所示。

5）运行该算例，切换至应力图解，如图 6-65 所示。

6）生成安全系数图解，如图 6-66 所示，最小安全系数为 0.073。

从最小安全系数来看，该设计无法满足设计要求，且差距较大，需要对设计进行更改。

思考：试着从结构角度对该设计进行改进，思考有多少种方法以及各方法有哪些限制条件。

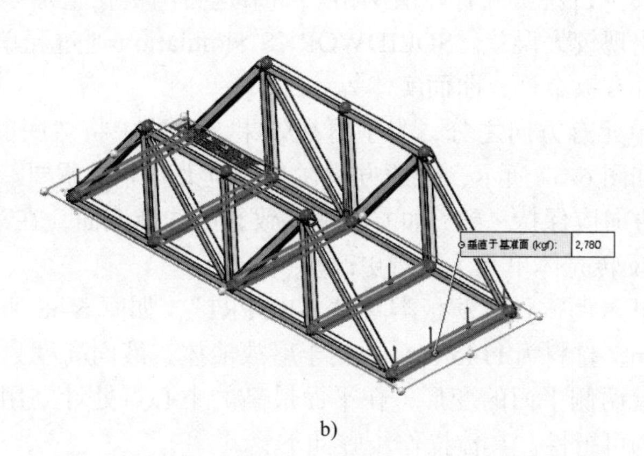

a)　　　　　　　　　　　　b)

图 6-63　添加载荷

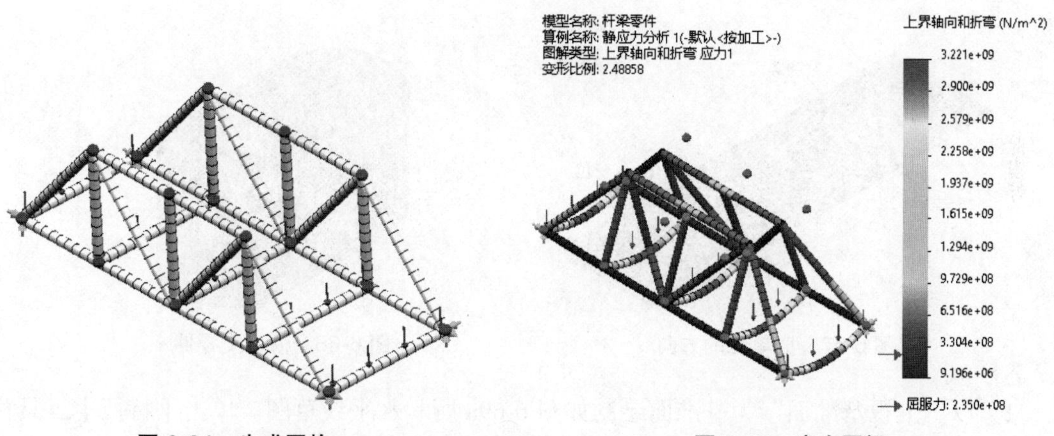

图 6-64　生成网格　　　　　　　　　　　　图 6-65　应力图解

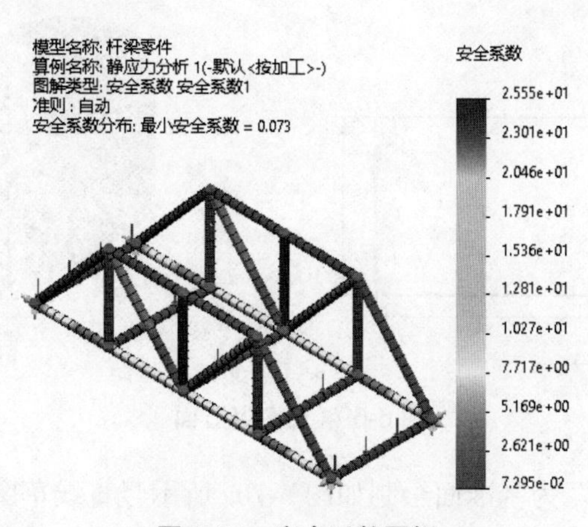

图 6-66　安全系数图解

6.3.4 薄板类零件

对于厚度尺寸远小于长宽尺寸的零件而言，在划分网格时很容易导致在厚度方向的网格层数较少，甚至只有一层网格。如果这类网格在整个零件中占比较高，零件的整体结构刚度会出现较大误差。SOLIDWORKS Simulation 通过壳单元对该类零件进行网格划分，典型的零件有钣金件、曲面实体等。

壳单元有方向之分，为了可视效果，系统中将“底面”显示为橙色，“顶面”显示为灰色，如图 6-67 所示，壳的方向在查看应力时非常重要。划分壳网格时，通常首尾相连的对象其方向应保持一致；如方向不一致，可选择该面，在菜单栏中选择【Simulation】/【网格】/【反转壳体单元】进行更改。

打开示例零件“薄板类零件 .SLDPRT”，如图 6-68 所示。该零件是一箱体零件，壁厚为2.2mm，材料为1145合金，用于盛放液体，液面高度为400mm，液体密度为1320kg/m^3。为了改善两侧平面的变形，在平面最高的中心点处计划用一刚性杆进行连接，试验证该设计方案的可行性。具体操作步骤如下：

注意：该零件用曲面简易表达，是快速验证设计可行性时比较常用的一种建模手段，类似于布局草图的作用。

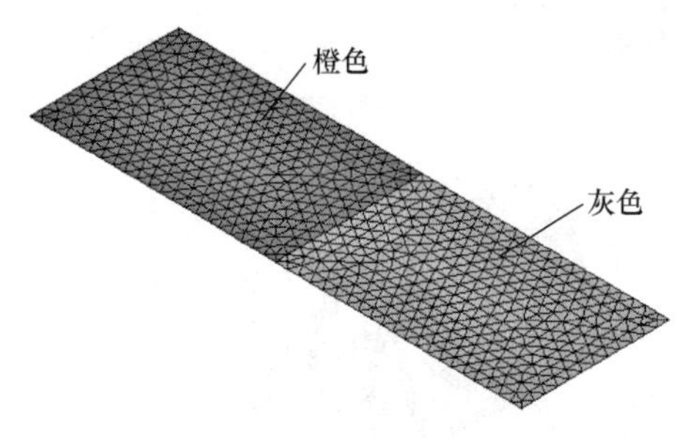

图 6-67　壳单元的方向

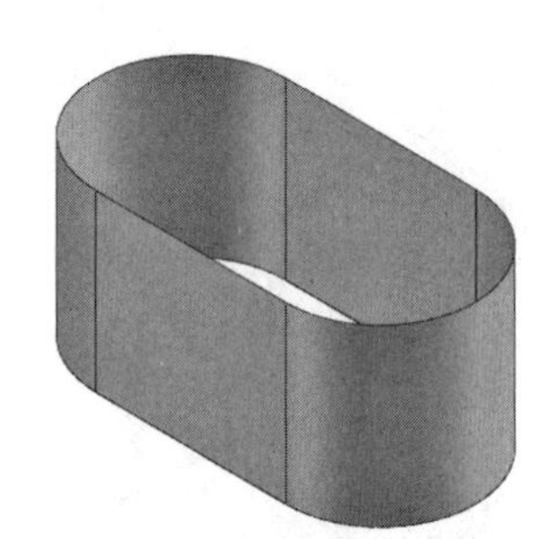

图 6-68　薄板类零件

1）以“上视基准面”为基准面绘制如图 6-69a 所示水平线草图。单击【特征】工具栏上的【曲线】/【分割线】，对所有竖直面进行分割，结果如图 6-69b 所示。

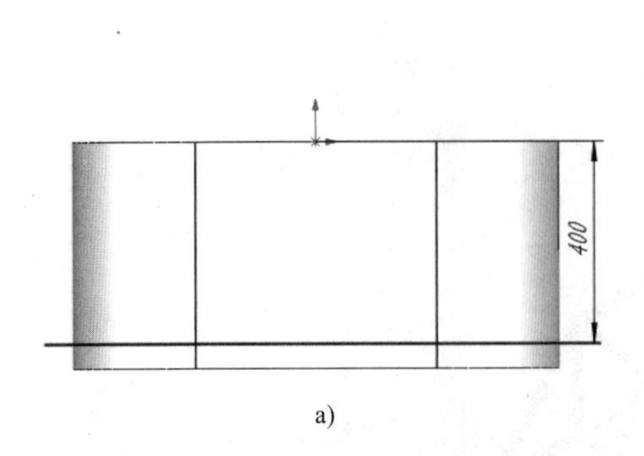

a)

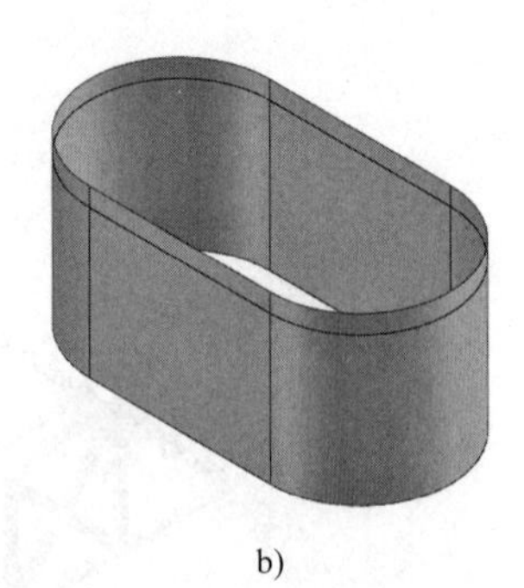

b)

图 6-69　分割竖直面

2）以“上视基准面”为基准面绘制如图 6-70a 所示竖直线草图。单击【特征】工具栏上的【曲线】/【分割线】，对顶部两平面进行分割，结果如图 6-70b 所示。

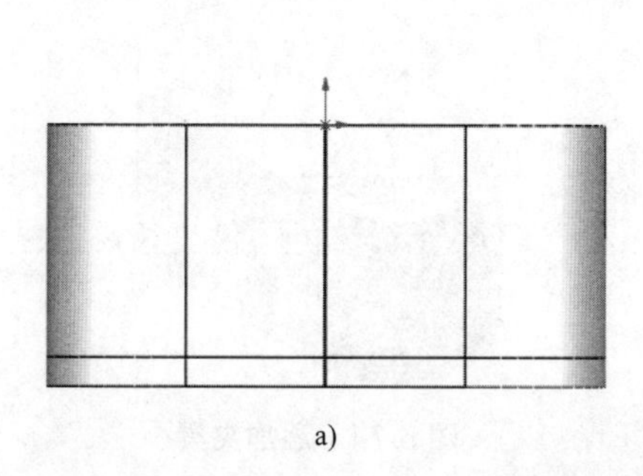
a)

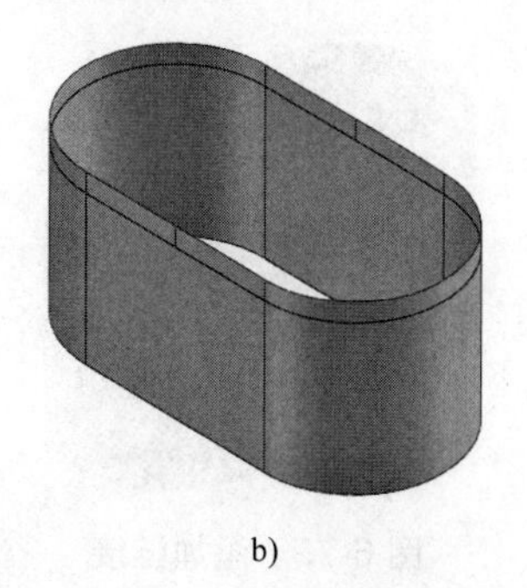
b)

图 6-70　分割顶部两平面

3）单击【特征】工具栏上的【参考几何体】/【坐标系】，顶点选择上一步分割形成的下侧交点，Z 方向向下，结果如图 6-71 所示。

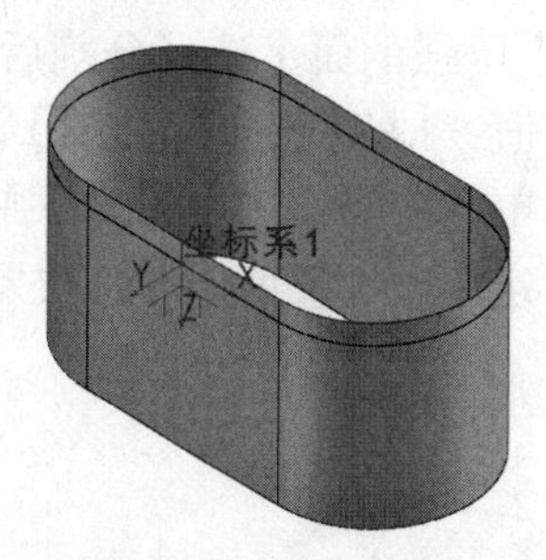

图 6-71　添加坐标系

4）新建静应力分析算例。由于该零件是由曲面组成的，系统自动赋予曲面壳单元属性。由于曲面是零厚度，需要对曲面进行厚度赋值。如图 6-72a 所示，在分析仿真树上选择两个曲面，右击，选择【编辑定义】，弹出如图 6-72b 所示属性栏，【类型】选择【细】，【抽壳厚度】输入“2.20mm”。

提示：【类型】中有三种壳类型，其计算方式各不相同。厚度跨度比小于 0.05 时，通常选择【细】，此时单元的厚度方向上将忽略剪切变形；其余选择【粗】；如果是多层复合材料则选择【复合】，复合材料需进一步定义其复合材料参数。

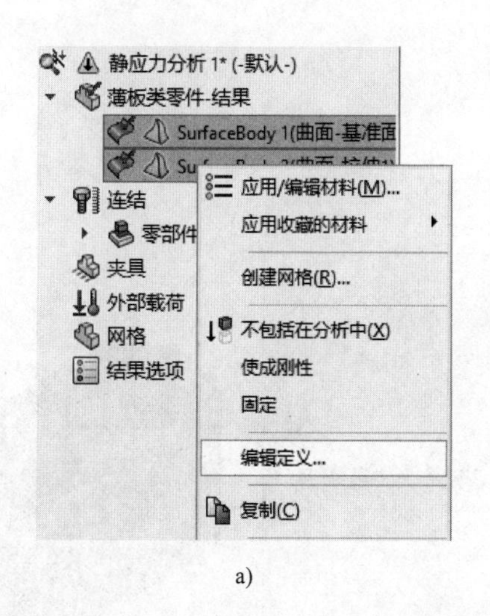

a)

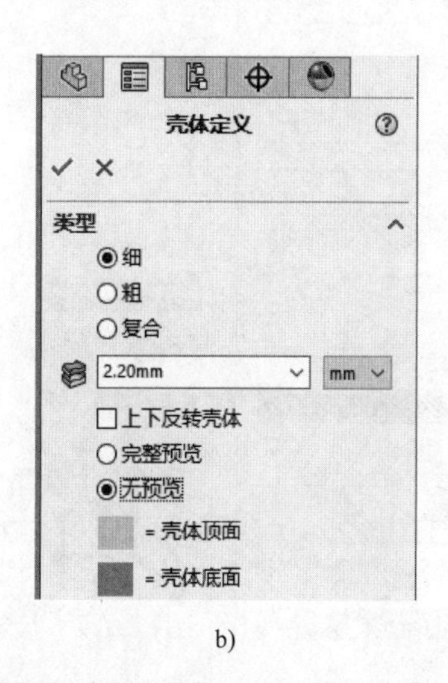

b)

图 6-72　定义壳属性

5）在分析仿真树的“连结”上右击，选择【链接】，链接的两点分别选择第二次分割形成的顶部点，结果如图 6-73 所示。

6）在分析仿真树的“夹具”上右击，选择【固定几何体】，切换至【不可移动（无平移）】选项，选择底面，如图 6-74 所示。

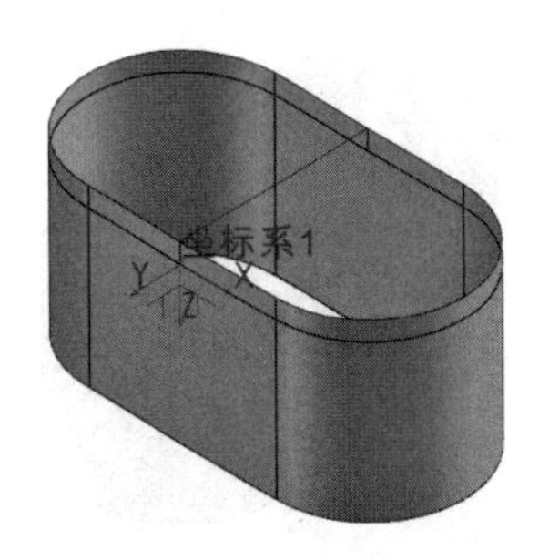

图 6-73 添加链接

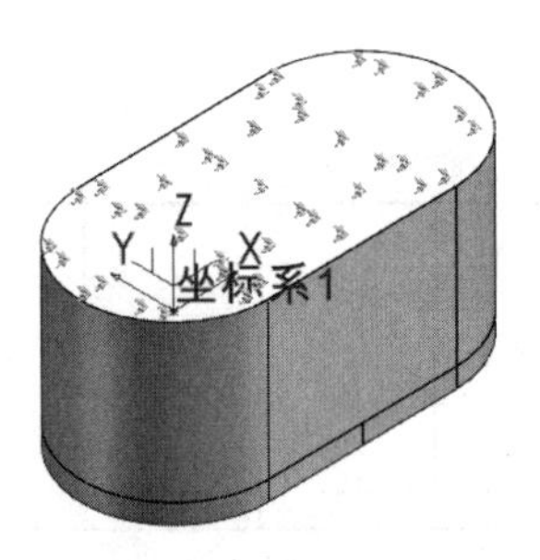

图 6-74 添加夹具

7）在分析仿真树的“外部载荷”上右击，选择【压力】，弹出如图 6-75a 所示属性栏，【压强的面】选择分割后下侧的四个竖直的面，【单位】选择【N/m^2】，【压强值】输入数值“1”，【选择坐标系】选择【坐标系 1】，【坐标系轴】中的【x、y 和 z 的单位】选择【m】，单击【编辑方程式】，弹出如图 6-75b 所示对话框，输入公式“1320*9.8*"z"”，单击【确定】完成载荷添加，结果如图 6-75c 所示。

注意：公式中的“z”从下拉列表中选择，另外需要特别注意各数值单位的统一。

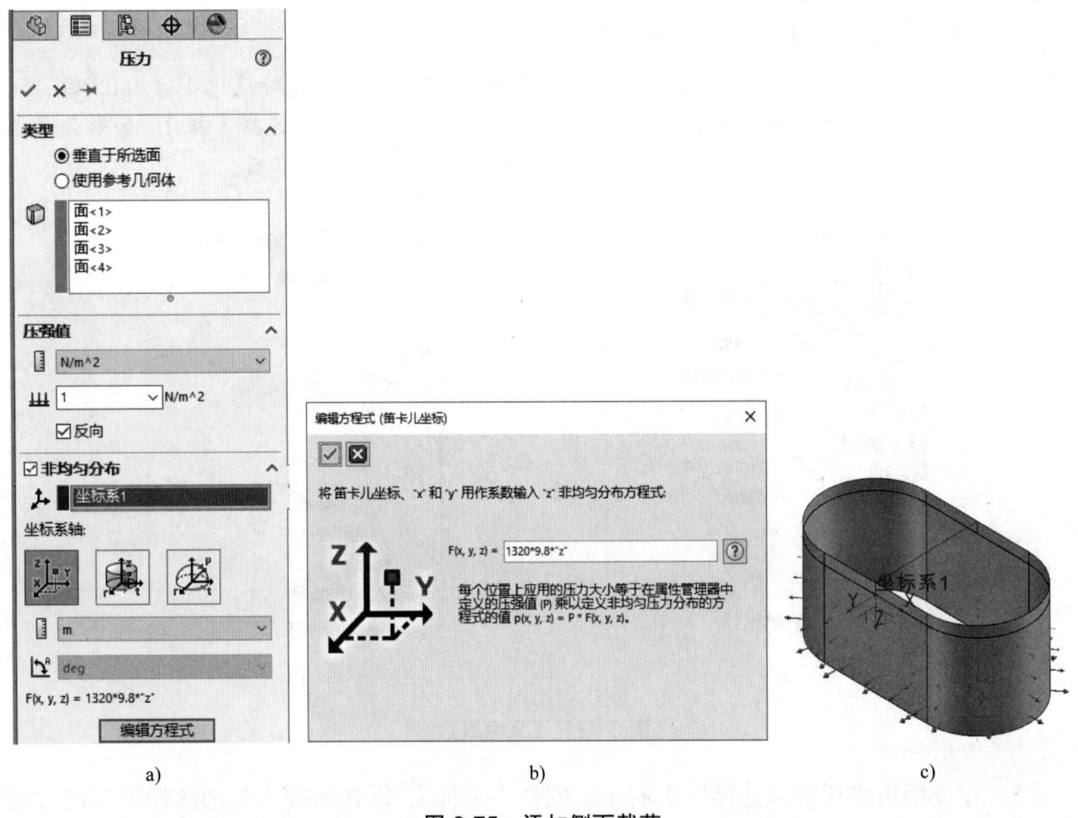

图 6-75 添加侧面载荷

8）对底面添加【压力】，【压强值】输入“5174.4”，该值由“1320*9.8*0.4”计算而来；也可在数值框中直接输入该公式，由系统自动计算出结果。结果如图 6-76 所示。

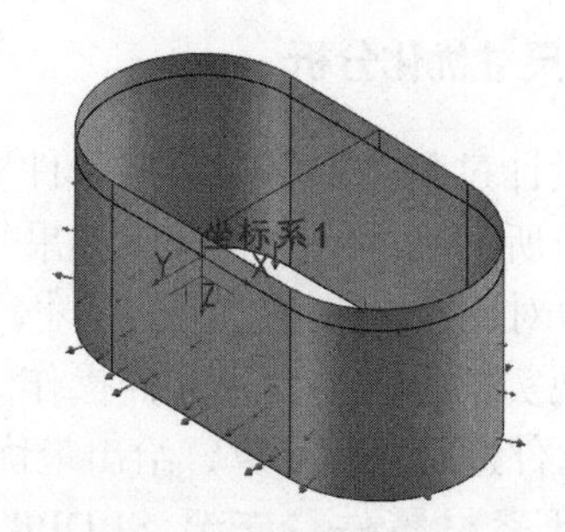

图 6-76　添加底面载荷

9）在分析仿真树的“网格”上右击，在弹出的快捷菜单上选择【生成网格】，结果如图 6-77a 所示。从颜色判断，底面的壳方向与侧面是相反的，选择底面，在菜单栏中选择【Simulation】/【网格】/【反转壳体单元】，结果如图 6-77b 所示。

10）运行该算例，切换至应力图解，如图 6-78 所示，最大应力为“4.256e+07”，超过材料的屈服应力“2.757e+07”。

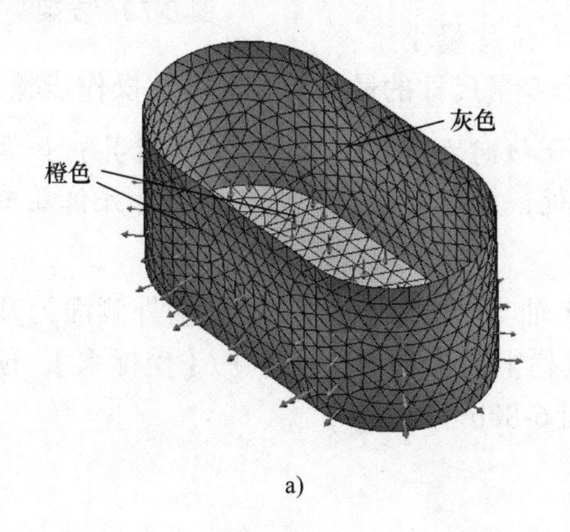

a)

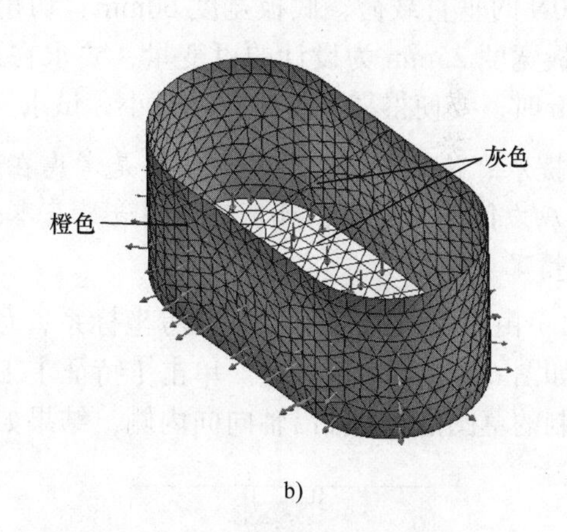

b)

图 6-77　生成网格

注意：壳单元的应力有上下之分，用于表示应力分布于上表面还是下表面，可以在生成的应力图解上右击，选择【编辑定义】，在弹出属性栏的【壳体面】中进行选择。

在没有其他条件时，判断设计是否满足要求，通常以分析应力与材料屈服应力值作为对照，并保留适当的冗余量。

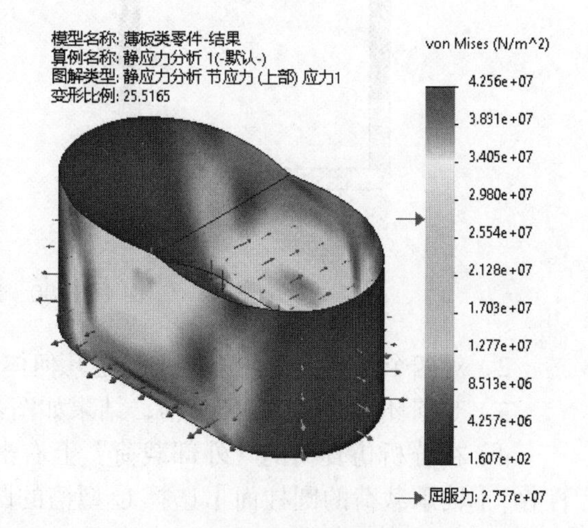

图 6-78　应力图解

思考：该分析中存在应力奇异现象吗？如何判断？

壳单元和梁单元是做了一定近似简化的单元，所以对模型形状有着对应的要求。对于多种单元都可以进行网格划分的模型，通常优先选择计算速度较快的单元类型，同时还要兼顾计算结果的要求，如是否要考察剪切应力、是否要考察节点的扭矩、约束位置是否需要转动自由度等问题，这些对计算结果的要求都限制了单元的类型。SOLIDWORKS Simulation 可以支持同一零件中同时包含多种单元类型。

6.3.5 尺寸优化分析

在设计过程中如何在一定条件下使得尺寸最优，是广大设计人员所面临的一大难题。如果每个尺寸均代入进行仿真分析，再对比各结果确定最优尺寸，显然时间成本是巨大的，甚至说现实中根本不允许这样操作。此时可以输入确定的条件，由软件进行迭代计算，给出最优解。

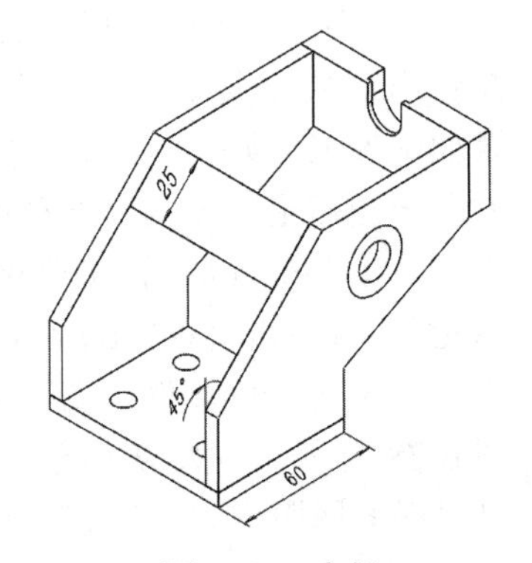

图 6-79 支架

打开素材零件“支架.SLDPRT”，如图 6-79 所示。该零件通过四个孔固定，U 型槽受 800N 的轴承载荷，圆环面受 600N 的垂直载荷，底板宽度 60mm、切角角度 45°、中间连接板宽度 25mm 为设计的可变量，要求在最大位移量小于 0.2mm 时，要使得零件整体质量最小，试求三个变量尺寸的最佳组合。具体操作步骤如下：

提示： 使用位移作为参考主要是考虑在设计初期的模型容易产生应力奇异；如需要以应力值作为参考，可先对模型进行基本分析，以规避最大应力与应力奇异位置重合的情况。

1）由于轴承载荷需要有参考坐标系，且 *Z* 轴与轴线重合，以 U 型槽外侧面为基准面绘制如图 6-80a 所示草图点。单击【特征】工具栏上的【参考几何体】/【坐标系】，顶点选择绘制的草图点，*Z* 轴沿轴向向内侧，结果如图 6-80b 所示。

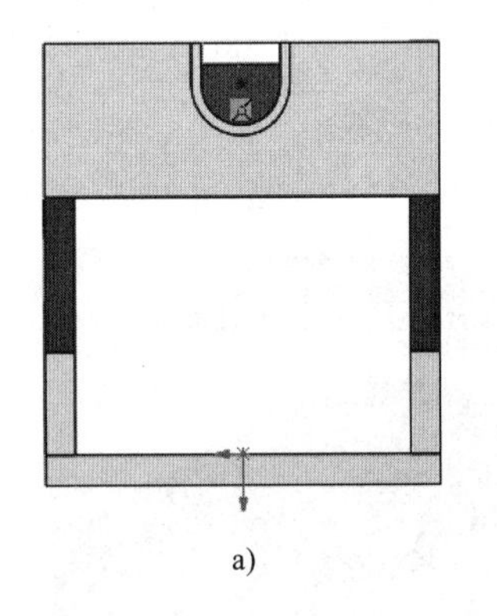

a)

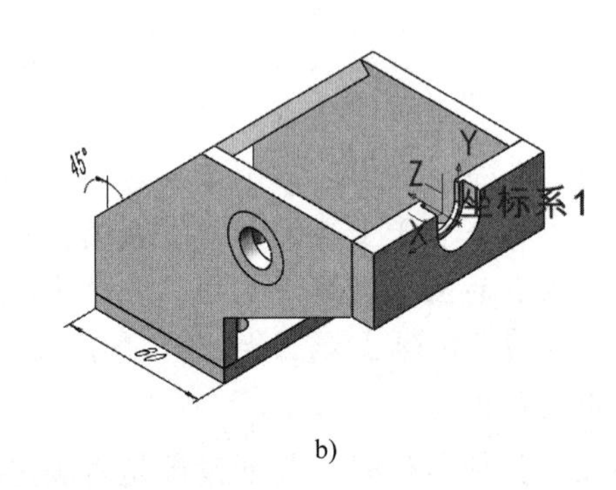

b)

图 6-80 新建坐标系

2）对四个孔的圆柱面添加【固定几何体】夹具，结果如图 6-81 所示。

3）对圆环面添加 600N 载荷，结果如图 6-82 所示。

4）在分析仿真树的“外部载荷”上右击，选择【轴承载荷】，弹出如图 6-83a 所示属性栏，【轴承载荷的圆柱面】选择 U 型槽的圆柱面，【选择坐标系】选择【坐标系 1】，【Y-方向】输入数值“800”，勾选【反向】复选框，结果如图 6-83b 所示。

5）按默认参数生成网格，结果如图 6-84 所示。

6）运行该算例，切换至位移图解，如图 6-85 所示，最大位移为“1.223e-01”。由于条件是位移小于 0.2mm，所以该设计有优化空间。

注意： 实际设计中如果没有优化空间，则没必要做接下来的操作，而应该重新审视条件是否合理。

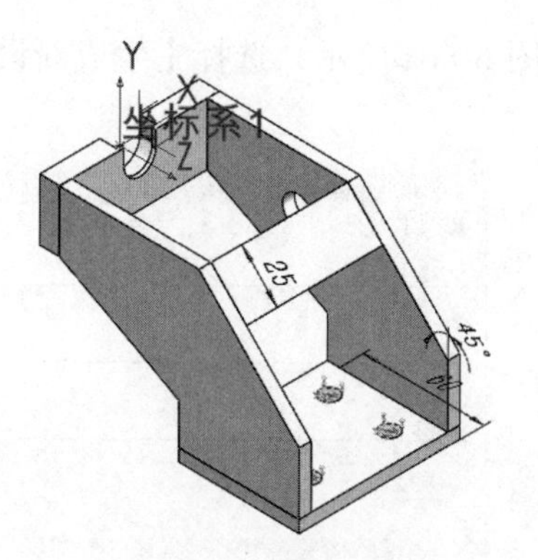

图 6-81　添加夹具

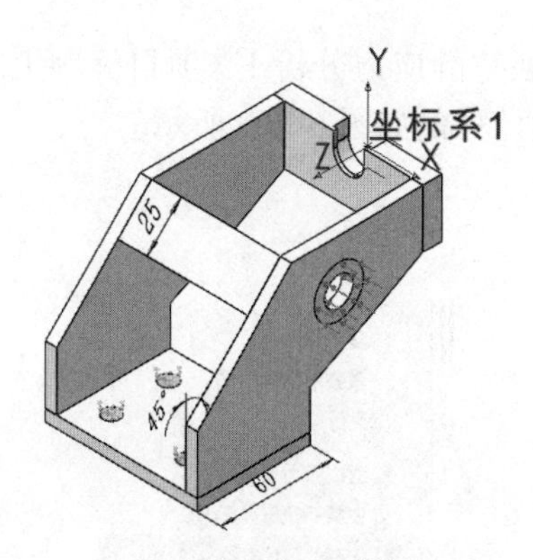

图 6-82　添加载荷

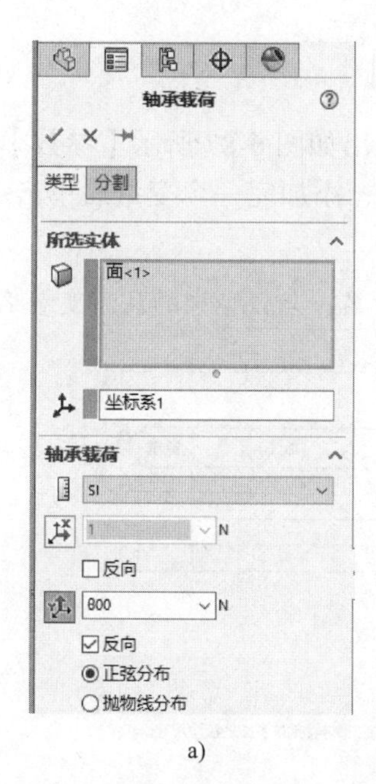

a)

b)

图 6-83　添加轴承载荷

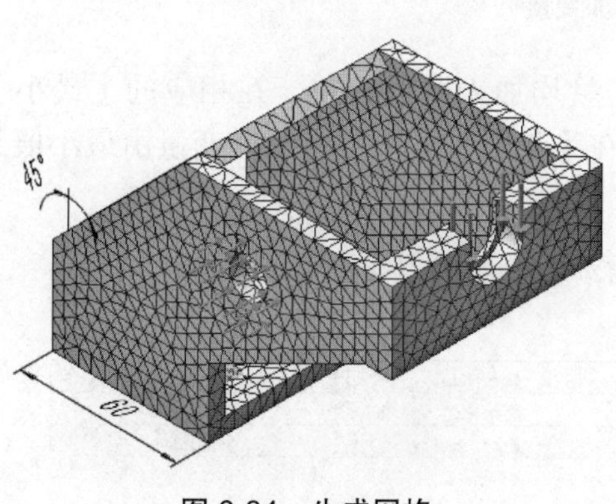

图 6-84　生成网格

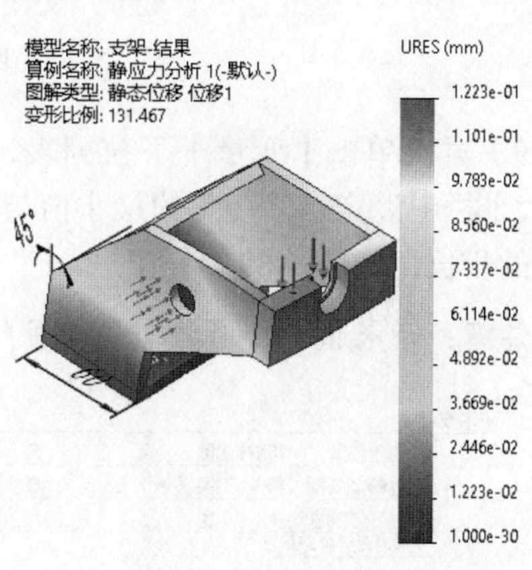

图 6-85　位移图解

7）在“静应力分析 1”项目标题上右击，如图 6-86a 所示，选择【生成新设计算例】，生成的设计算例如图 6-86b 所示。

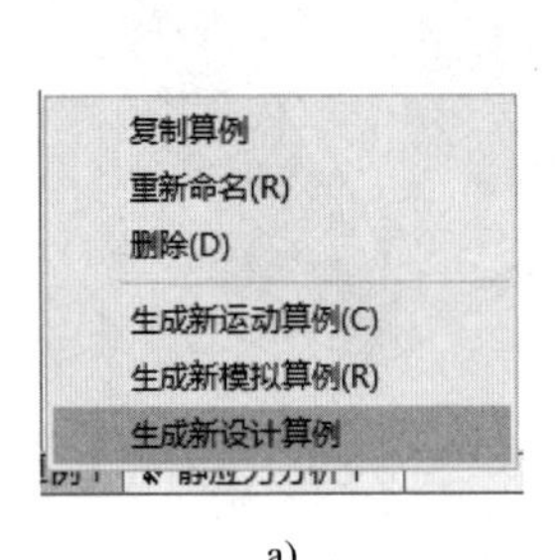

a)

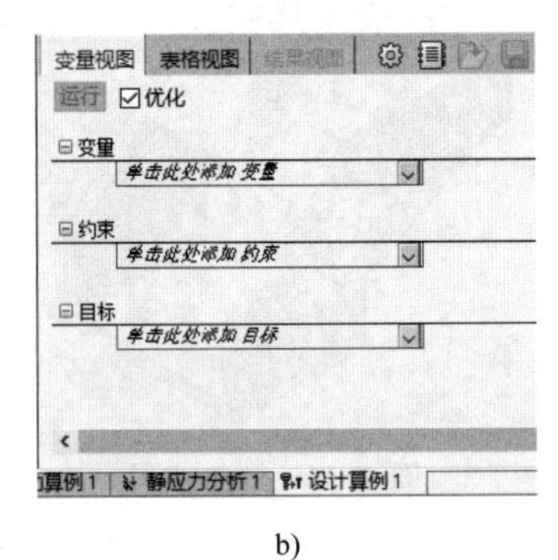

b)

图 6-86　生成新设计算例

8）单击【变量】下拉列表，选择【添加参数】，弹出如图 6-87 所示【参数】对话框。在【名称】处输入变量名称，并单击模型中对应的尺寸，添加完一个变量后单击【应用】。三个变量均添加完成后单击【确定】完成添加。

提示：参数表中的名称仅是为了识别方便而给定的命名，与模型中的尺寸变量名称无关。

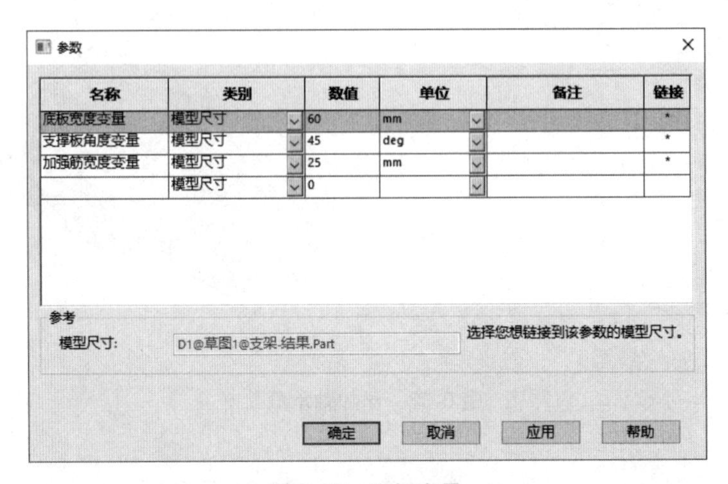

图 6-87　添加变量

9）再次单击【变量】下拉列表，将三个变量均加入变量清单。在相应的【最小】与【最大】栏中设定当前变量的最小值与最大值，在【步长】栏中设定当前变量由最小值到最大值的步长，如图 6-88 所示。

注意：步长值过小时将会使变量组合大大增加，相应的计算量也会大幅延长。

⊟变量

变量	类型	最小	最大	步长
底板宽度变量	带步长范围	最小: 40mm	最大: 70mm	步长: 10mm
支撑板角度变量	带步长范围	最小: 30度	最大: 60度	步长: 15度
加强筋宽度变量	带步长范围	最小: 20mm	最大: 50mm	步长: 15mm
单击此处添加 变量				

图 6-88　设定变量参数

10）单击【约束】下拉列表，选择【添加传感器】，弹出如图 6-89 所示属性栏，【传感器类型】选择【Simulation 数据】，【数据量】选择【位移】，并选择【URES：合位移】，【单位】更改为【mm】，单击【确定】完成传感器的添加。

11）添加的传感器会自动加入约束列表中，如图 6-90 所示，运算符选择【小于】，将【最大】设定为“0.2mm”。

12）单击【目标】下拉列表，选择【添加传感器】，弹出如图 6-91a 所示属性栏，【传感器类型】选择【质量属性】，单击【确定】完成传感器的添加。添加的传感器自动加入目标列表，如图 6-91b 所示，参数选择【最小化】。

13）单击【运行】，系统开始进行分析运算，依次分析可能的解，如图 6-92 所示。

提示：由于可能的解较多，分析时间通常较长，在开始【运行】前可做一次保存。

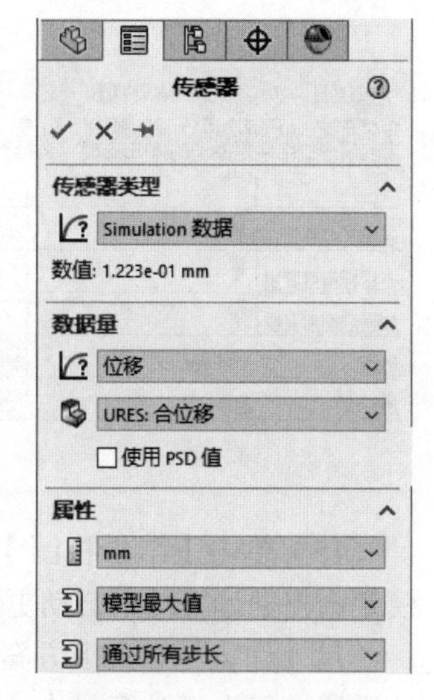

图 6-89　添加传感器

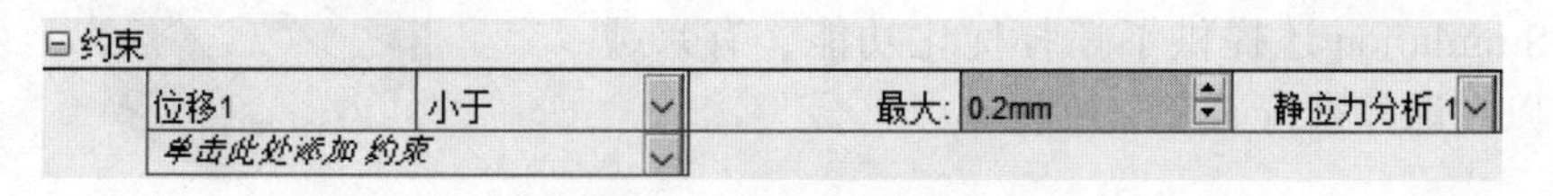

图 6-90　输入约束参数

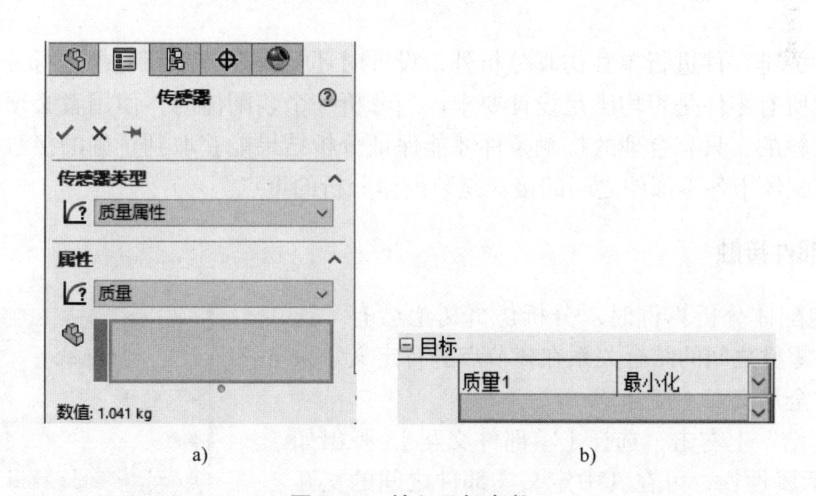

图 6-91　输入目标参数

14）运行结束后所有可能的解均列在【结果视图】选项卡下，如图 6-93 所示。其中【优化】列是最优解，后续列中是所有的解。在“约束”范围内的解以白底显示，在“约束”范围外的解以红底显示。【结果视图】中的表格可以通过单击【保存】存为独立的文件。

图 6-92　分析情形

变量视图 表格视图 结果视图

38 情形之 38 已成功运行 设计算例质量: 高
当前情形的结果是插值的(单击右键 + 运行为情形计算精确结果)

		当前	初始	优化 (10)	情形 1	情形 2	情形 3	情形 4	情形 5
底板宽度变量		40mm	60mm	50mm	40mm	50mm	60mm	70mm	40mm
支撑板角度变量		30度	45度	60度	30度	30度	30度	30度	45度
加强筋宽度变量		20mm	25mm	20mm	20mm	20mm	20mm	20mm	20mm
位移1	< 0.2mm	2.121e-01 mm	1.223e-01 mm	1.875e-01 mm	2.121e-01 mm	1.622e-01 mm	1.365e-01 mm	1.186e-01 mm	2.089e-01 mm
质量1	最小化	0.933 kg	1.041 kg	0.868 kg	0.933 kg	1.004 kg	1.075 kg	1.145 kg	0.883 kg

图 6-93　分析结果

15）单击【结果视图】选项卡中的【优化】列，模型会根据计算结果自动更新，如图 6-94 所示。

尺寸优化是在众多方案中获取最优解的非常有效的手段，但由于计算量大、计算时间长，通常只对重要的零部件进行计算分析。除尺寸优化外，SOLIDWORKS Simulation 还提供了拓扑优化功能，有兴趣的读者可以在课外进行研究学习。

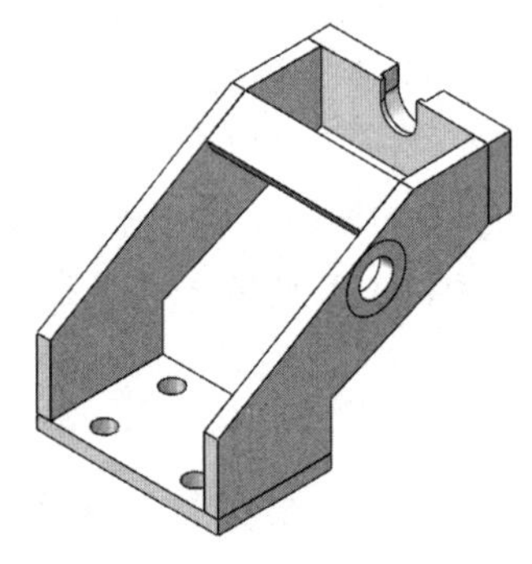

图 6-94　模型优化结果

6.4　装配体中的应用

除了对关键零件进行单独仿真分析外，设计时还需要在装配环境中进行分析，以确定装配体中的所有零件是否均满足设计要求。当分析一个装配体时，使用者必须理解零部件间是如何接触的，只有合理的接触条件才能保证分析结果能获取到正确的接触应力、位移等数据。装配体中各零部件之间的接触是装配体分析的重点。

6.4.1　零部件接触

创建装配体分析算例时，分析仿真树上会有“连结”节点，零件之间的结合关系在该节点进行定义，系统默认为“全局交互（接合）”。

在“连结”上右击，选择【零部件交互】，弹出如图 6-95 所示属性栏，可在其中定义零部件之间的交互类型。其中共有三种交互类型，即接合、接触、空闲。

注意：SOLIDWORKS 以往版本的交互类型为接合（无间隙）、无穿透、允许贯通，分别对应着当前版本的接合、接触、空闲，由于名称上改动较大，使用不同版本时一定要注意区别。

【接合】用于模拟黏合两实体，如图 6-96a 所示，接触面合并在一起且将两零件看成是一个整体。该选项为系统默认值，适用于所有需要网格化的算例类型。

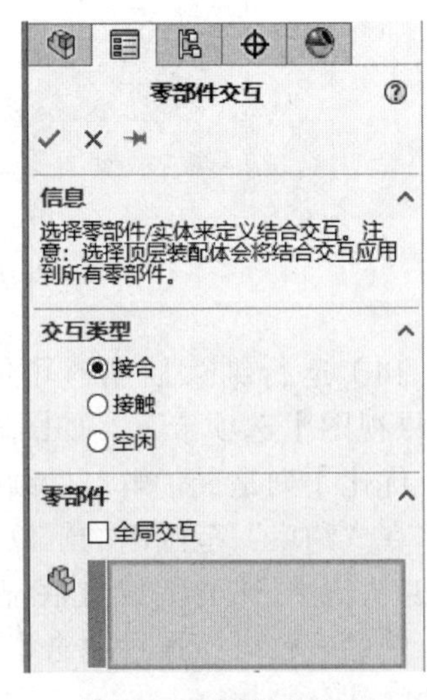

图 6-95　零部件交互

【接触】可以防止两实体由于变形产生交叉干涉，如图 6-96b 所示，零件的变形会被定义为接触零件所阻止。该选项运算较耗时，只有预估到产生过大变形且影响到相邻零件时使用。

【空闲】允许零件因变形侵入另一零件中，如图 6-96c 所示。这种情况实际中并不存在，系统中只是为了研究特定情况下的最大变形的情形。

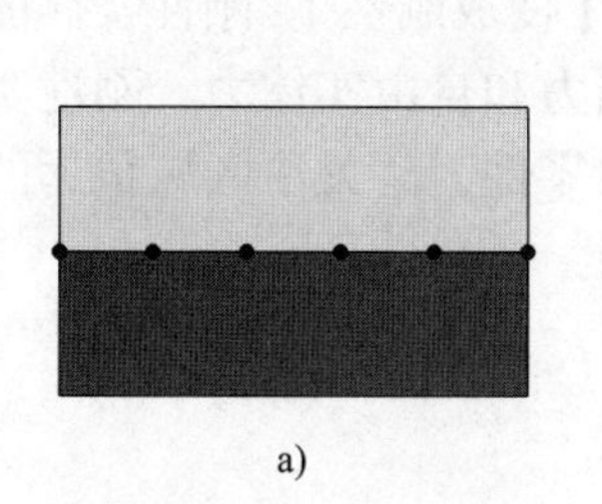

a)

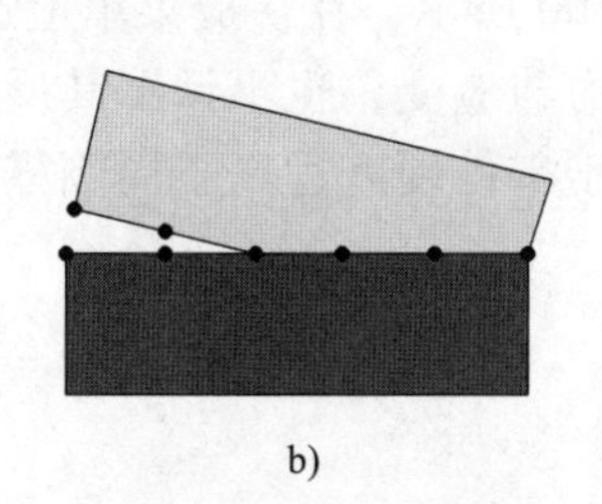

b)

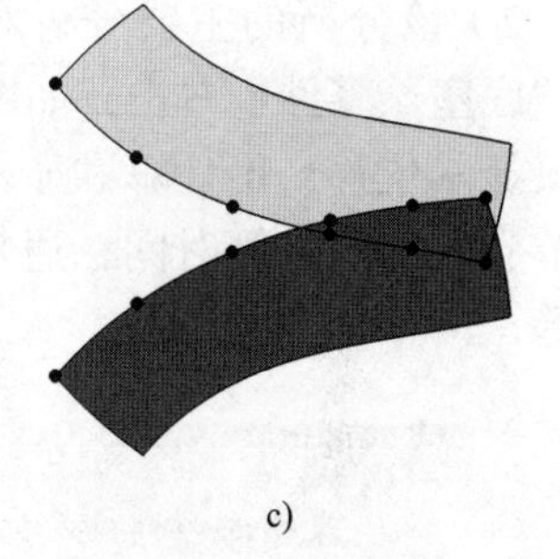

c)

图 6-96　交互类型

在“连结”上右击，选择【本地交互】，弹出如图 6-97 所示属性栏，可在其中定义所选顶点、边线、面之间的交互类型。除了有与零部件交互相同的三种类型外，还增加了冷缩配合、虚拟壁。虚拟壁在前面章节中已介绍过，这里重点介绍冷缩配合。冷缩配合添加在初始状态为干涉的对象之间，仿真分析时，其干涉量将是所选对象的强制位移量，主要用于有一定过盈量配合的分析，如轴承的过盈装配分析等。

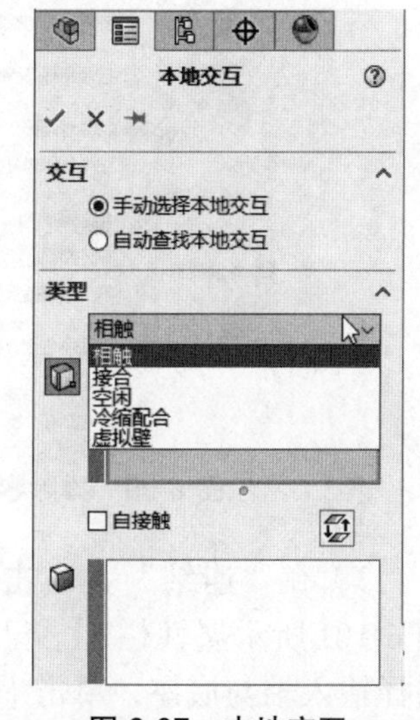

图 6-97　本地交互

6.4.2　基本装配体

打开示例装配体“万向示教仪 .SLDASM”，如图 6-98 所示，当输入轴输入扭矩为 180N · m 时，验证传动轴强度是否满足要求。

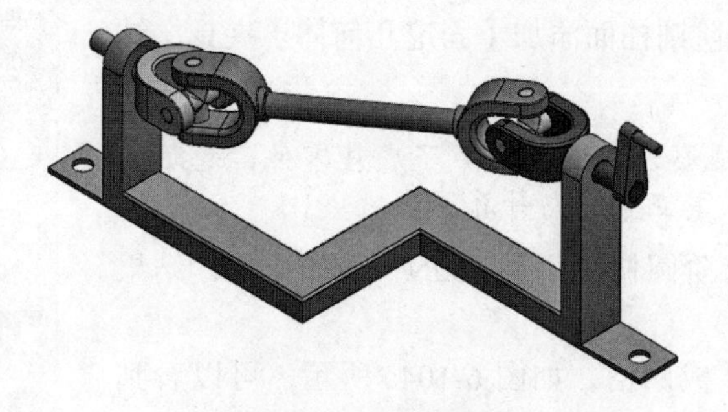

图 6-98　万向示教仪

分析：装配体仿真分析中，由于零件较多，计算量也较大，通常需要进行简化，零件间也要添加合适的连结关系，分析完成后再根据需要查看相应的图解。具体操作步骤如下：

1）新建静应力分析算例。装配体输入载荷位于输入轴上，所以压缩手柄与键，使两个零件排除在分析之外，这样可以有效减少计算量。在“手柄”零件上右击，如图 6-99 所示，在快捷菜单上选择【不包括在分析中】。使用同样的方法排除“键”，被排除的零件将不参与分析。

技巧：若在分析前就确定了需排除的零件，可以在装配体中进行压缩。

2）该分析的主要分析对象为传动部分，且载荷为扭矩，所以可以将底座视为刚体。在“底座”零件上右击，如图 6-100 所示，在快捷菜单上选择【使成刚性】。刚性实体的结果仅显示位移，不计算和显示应力与应变，也不计算其反作用力和自由实体力。刚性实体能节省大量的计算时间，通常用于零件硬度远高于周围零件的零件、离关注区域很远的零件等。

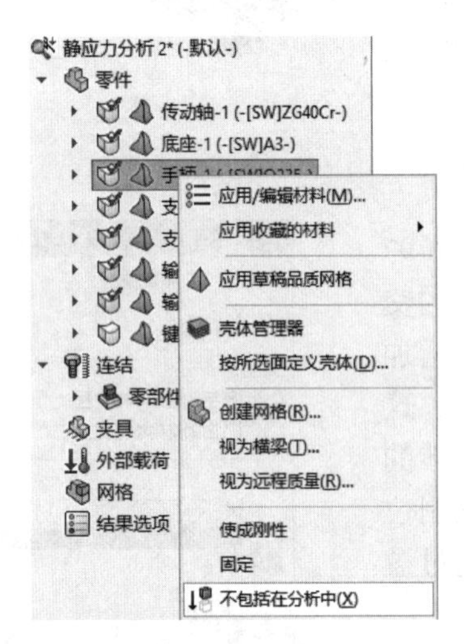

图 6-99　排除零件

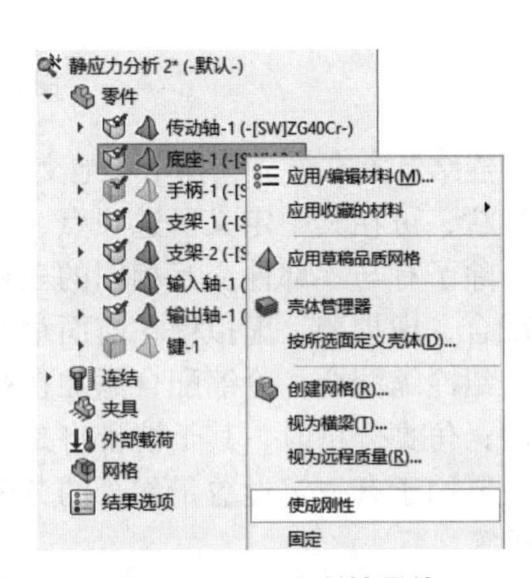

图 6-100　设定刚性零件

3）在“连结”上右击，选择【零部件交互】，弹出如图 6-101 所示属性栏，【交互类型】选择【接触】，【零部件】选择输入轴与底座，单击【确定】完成添加。然后依次对其他有接触的零件进行两两组合添加接触条件。

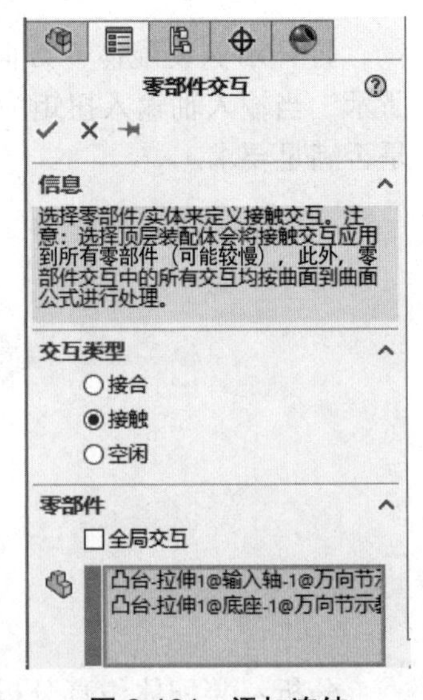

图 6-101　添加连结

4）对输出轴的台阶圆柱面添加【固定几何体】夹具，结果如图 6-102 所示。

注意：为了便于观察，截图中隐藏了底座零件，隐藏的零件只是看不到，其正常参与计算。

5）对输入轴的台阶圆柱面添加 180N · m 的扭矩，结果如图 6-103 所示。

6）按默认参数生成网格，如图 6-104a 所示，可以看到网格非常多。通过【网格细节】进行查看，如图 6-104b 所示，单元总数达到了 17 万余个，如此多的单元数量必然带来非常大的计算量，因此有必要对模型进行简化。

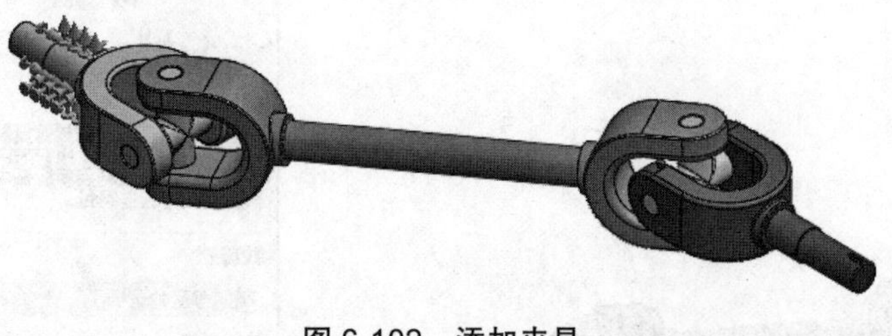

图 6-102　添加夹具

图 6-103　添加载荷

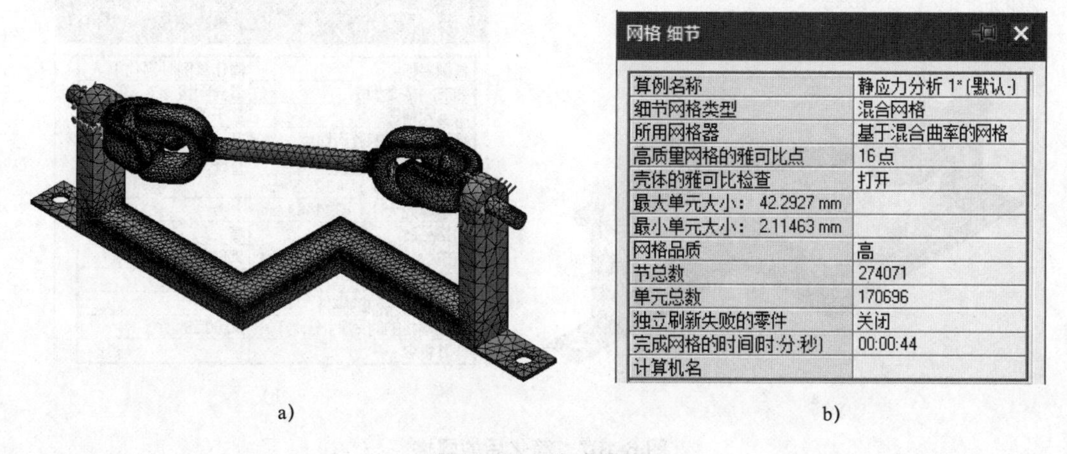

网格 细节

算例名称	静应力分析 1*(默认-)
细节网格类型	混合网格
所用网格器	基于混合曲率的网格
高质量网格的雅可比点	16 点
壳体的雅可比检查	打开
最大单元大小：42.2927 mm	
最小单元大小：2.11463 mm	
网格品质	高
节总数	274071
单元总数	170696
独立刷新失败的零件	关闭
完成网格的时间(时:分:秒)	00:00:44
计算机名	

a)　　　　b)

图 6-104　生成网格

提示： 在零件中通过压缩不重要、细小的特征进行简化的方式在装配体中同样适用，具体思路是先对具体的零件新添加简化配置，然后在装配体中使用简化后的零件进行装配，再进行仿真分析。

7）切换至模型，对所有零件进行简化，压缩外倒角、圆角，并增加简化的装配配置，命名为“简化”，该装配配置中均使用简化后的零件配置进行装配，结果如图 6-105 所示。

8）切换回分析算例，在该算例上右击，选择【复制算例】，弹出如图 6-106 所示属性栏，在【要使用的配置】中选择新的简化配置“简化”，此时原配置的所有条件均会带入新的分析算例中。

图 6-105　简化的装配配置

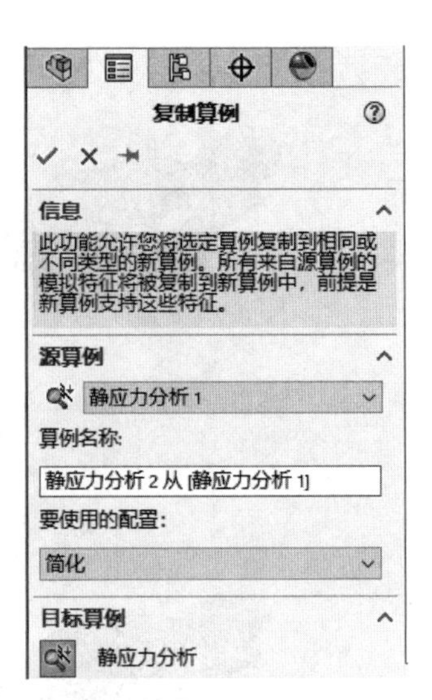

图 6-106　简化算例

9）按默认参数生成网格，如图 6-107a 所示，可以看到网格明显减少了很多。通过【网格细节】进行查看，如图 6-107b 所示，单元总数为 6 万余个，仅为简化前的 1/3 左右，达到了预期的简化效果。

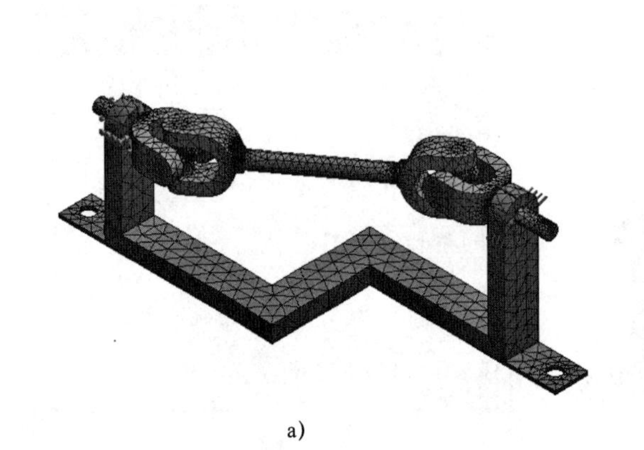

a)

网格 细节

算例名称	简化算例* (-简化-)
细节网格类型	混合网格
所用网格器	基于混合曲率的网格
高质量网格的雅可比点	16 点
壳体的雅可比检查	打开
最大单元大小： 42.2927 mm	
最小单元大小： 2.11463 mm	
网格品质	高
节总数	95603
单元总数	61050
独立刷新失败的零件	关闭
完成网格的时间(时:分:秒)	00:00:28
计算机名	

b)

图 6-107　简化后的网格

提示：由于装配体零件众多，零件简化在装配体中显得尤为重要，甚至可以说是一项必不可少的操作。

10）运行该算例，由于存在接触问题，计算时间明显加长。计算完成后切换至应力图解，如图 6-108 所示，最大应力为“2.996e+07”。由于此时关注的只是传动轴的应力，所以需要单独显示传动轴的应力图解。

11）在分析仿真树的“结果”上右击，选择【定义应力图解】，弹出如图 6-109a 所示属性栏，展开【高级选项】，勾选【仅显示选定实体上的图解】复选框，单击【选择图解的实体】，再选择模型中的“传动轴”零件，单击【确定】，结果如图 6-109b 所示，此时仅显示所选零件的应力图解，方便观察分析。

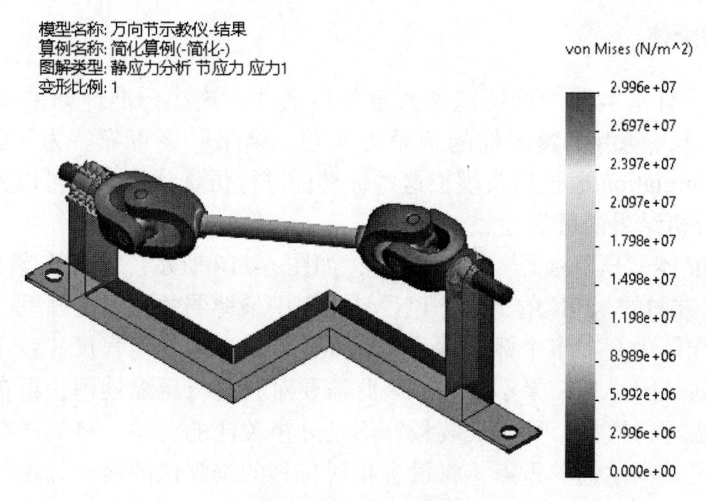

图 6-108　应力图解

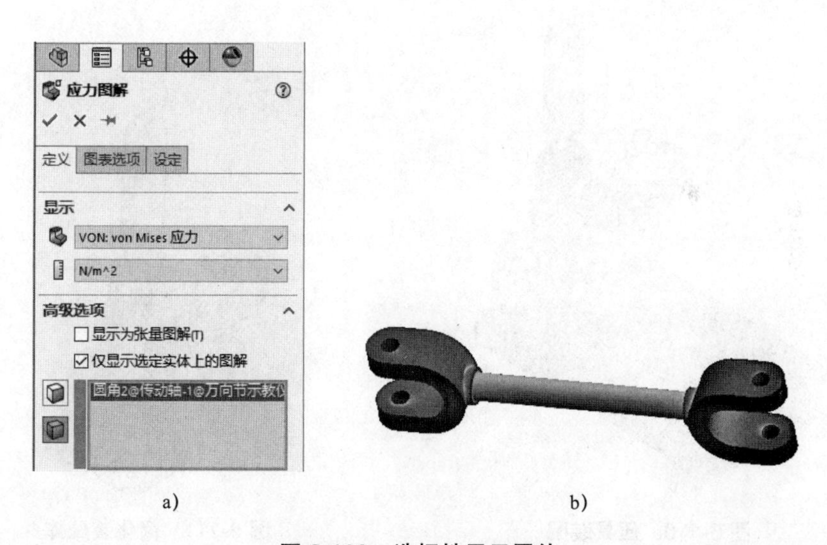

图 6-109　选择性显示零件

提示：在显示图解时，有时并不想查看夹具、载荷符号，这时可以在分析仿真树的相应节点上右击，选择【隐藏】。

12）通过探测传动轴的应力，再对比所用材料的屈服应力，可以得出传动轴满足设计要求。

注意：探测是为了规避应力奇异位置。在进行大量简化的零件中，应力奇异难以避免，在分析实际产品时，应力奇异不应一概忽略，而是要判断其产生的原因再决定是否可信。

对于装配体仿真分析而言，一定要在分析前做好规划，包括关注位置、简化方法、连结要求、图解要求等，不可拿到装配体就开始着手分析，不然会导致耗费大量时间却得到一个毫无意义的结果。

6.4.3 带连接装配体

装配体中除了有基本零件外还包含大量的标准件，这些标准件如果按实体划分网格会大大增加计算量，且由于紧固件的预紧力问题，结果并不可靠。为了解决这些问题，SOLIDWORKS Simulation 通过接头模拟这些标准件进行仿真计算，既可以大大简化分析模型，也可以提高分析结果的可靠性。

打开示例装配体“压具装配 .SLDASM”，如图 6-110 所示。当“夹紧块”夹紧工件，在手柄上施加 $-X$ 方向的 150N 的力时，该设计方案中最薄弱的位置是哪里？

分析：该装配体中存在多个标准件，而标准件相对于零件而言尺寸较小，如果用实体网格会造成网格划分困难且结果不可靠，因此需要对其进行压缩处理，再在仿真分析时通过添加接头的方法进行模拟；而“安装板”不是分析关注的对象，将其压缩并用虚拟壁代替；零部件交互也是本示例的重点，将没有相对位移的按默认的接合处理，有相对位移的按接触处理。具体操作步骤如下：

1）新建一简化配置，配置中压缩螺钉、垫片、销钉、安装板，结果如图 6-111 所示。

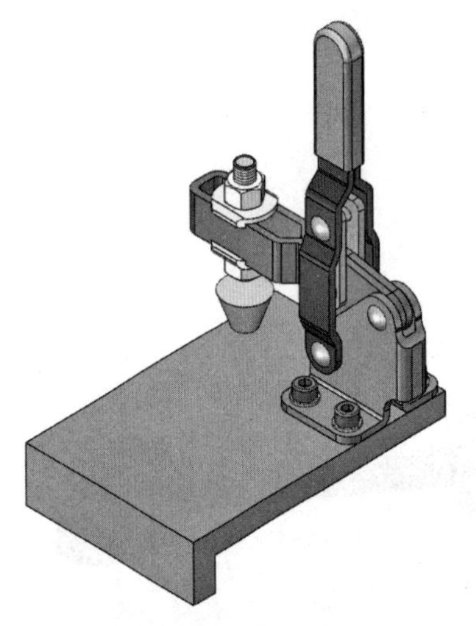

图 6-110 压具装配

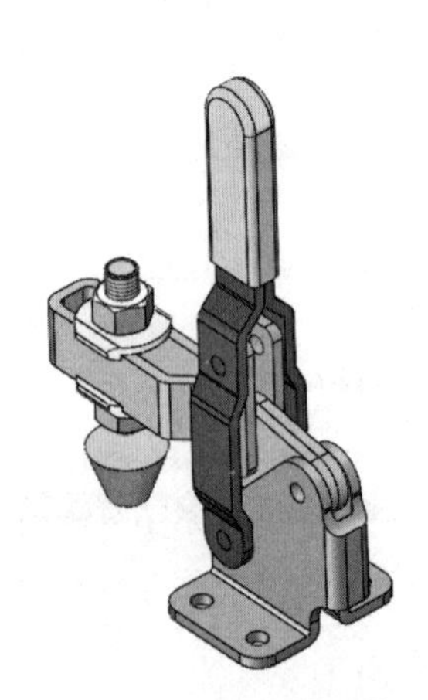

图 6-111 简化装配体

2）新建静应力分析算例。在“连结”上右击，选择【零部件交互】,【交互类型】选择【接触】,对所有有相对位移的零件两两组合（包括基座、连杆、压杆、手柄）共添加六组接触。

3）在“连结”上右击，选择【本地交互】，弹出如图 6-112 所示属性栏，【类型】选择【接合】,【组 1 的面、边线、顶点】选择夹紧块的螺纹面,【组 2 的面】选择螺母的内螺纹面。使用同样的方法对另一螺母与夹紧块添加【接合】。

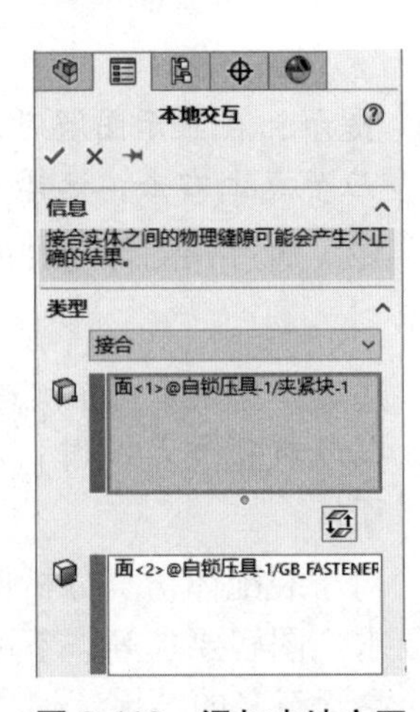

图 6-112 添加本地交互

技巧： 螺母内螺纹面不方便选择时，可在其附近的面上右击，选择【选择其他】，再在弹出的列表中选择。

注意：由于螺母的内径是按螺纹小径尺寸，而外螺纹是按大径尺寸，所以必然存在干涉。添加【接合】后系统可以忽略该干涉，视为整体进行分析，这一点需要特别注意。

4）在“连结”上右击，如图 6-113a 所示，选择【销钉】，弹出如图 6-113b 所示属性栏，【圆柱面 / 边线】选择手柄与连杆通过销钉连接的四个圆柱面，勾选【强度数据】复选框，【张力应力区域】输入数值“19.63”，【安全系数】输入数值“2”，其余保持默认值。使用同样的方法添加其他销钉连结，结果如图 6-113c 所示。

提示：【张力应力区域】输入的数值来源于销钉的截面积，【销钉强度】的数据来源于所选材料的强度，可以在【材料】选项组中更改当前销钉的材料，更改后【销钉强度】的数值自动更新，也可输入新的数值替换材料的强度值。

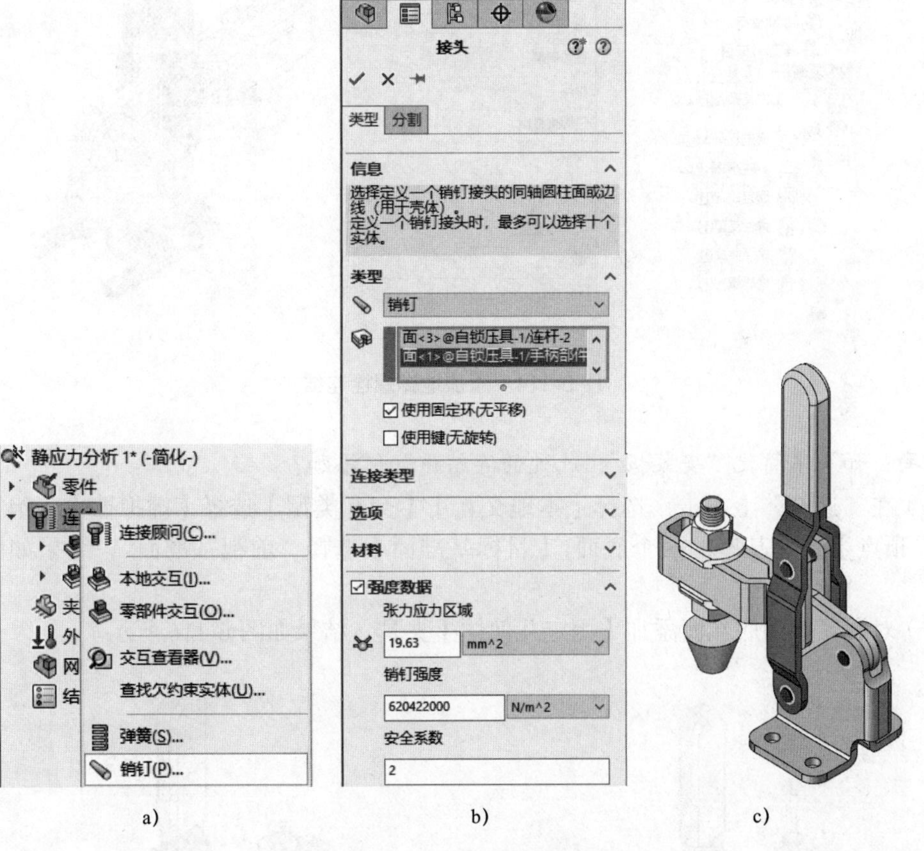

图 6-113　添加销钉连结

5）在“夹具”上右击，如图 6-114a 所示，选择【地脚螺栓】，弹出如图 6-114b 所示属性栏，【螺栓螺母边线】选择基座的其中一个安装孔的上边线，【目标基准面】选择“前视基准面”，【预载】中的【扭矩】输入“20”。使用同样的方法添加另外 3 个孔的连结，结果如图 6-114c 所示。

技巧：由于相关参数较多，重复输入不但浪费时间而且容易出错，可以【复制】再【粘贴】然后修改参数，此时只需修改【螺栓螺母边线】一个参数即可完成添加。

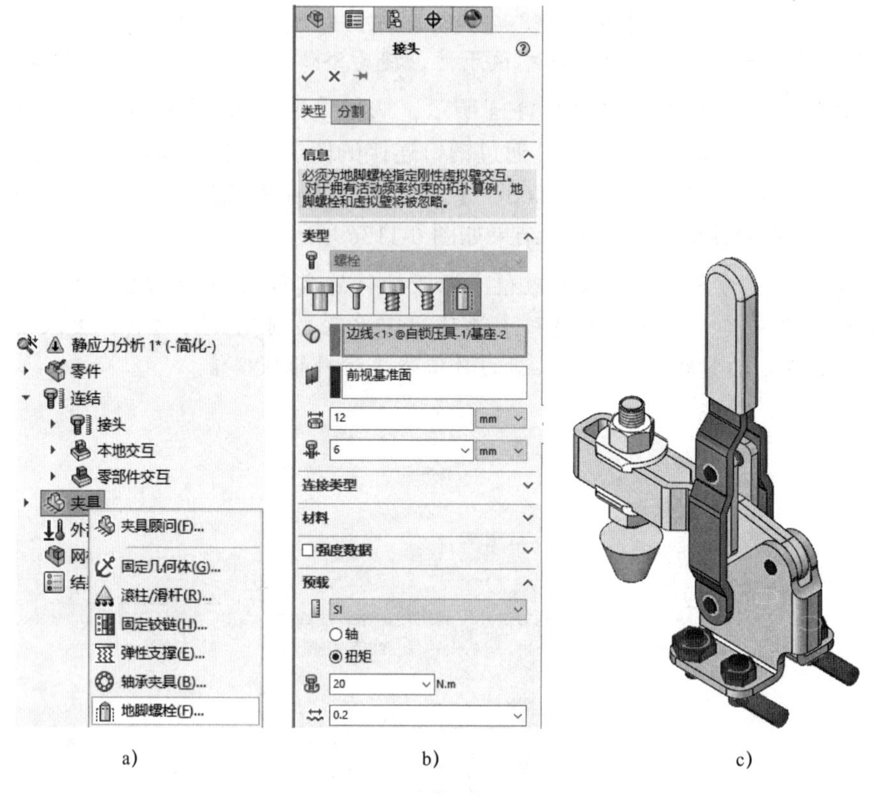

a) b) c)

图 6-114 添加地脚螺栓连结

思考：如果不简化“安装板”，此处的连结该如何添加？

6）在“连结”上右击，选择【本地交互】,【交互类型】选择【虚拟壁】,【组 1 的面、边线、顶点】选择基座的两个底面,【目标基准面】选择“前视基准面”，结果如图 6-115 所示。

7）对夹紧块的底端面添加【固定几何体】夹具，结果如图 6-116 所示。

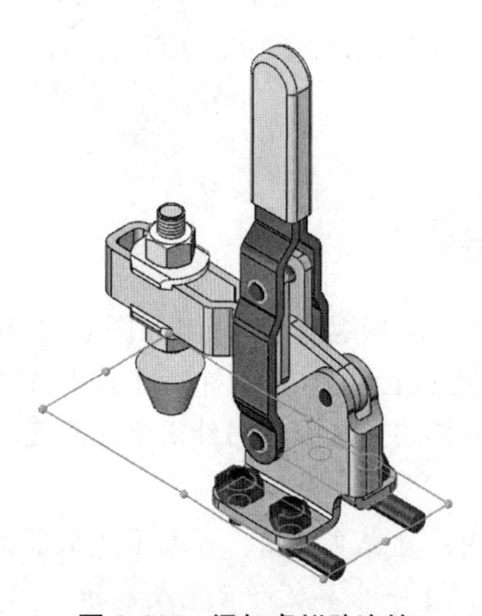

图 6-115 添加虚拟壁连结

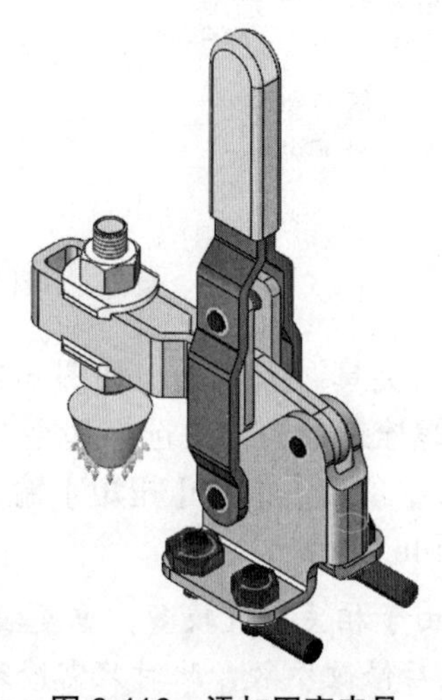

图 6-116 添加固定夹具

8）对手柄添加一个 $-X$ 向的 150N 的载荷，结果如图 6-117 所示。

9）为了减少计算时间，将网格参数中的【最大单元大小】更改为“0.012m”，生成网格，如图 6-118 所示。通过【网格细节】进行查看，单元总数为 2 万余个，在可以接受的范围内。

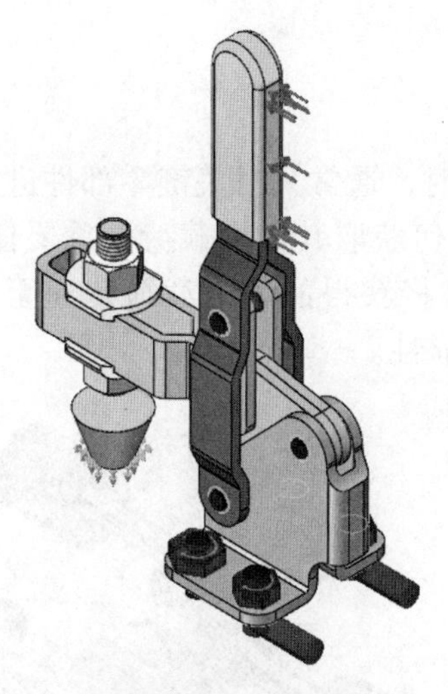

图 6-117　添加载荷

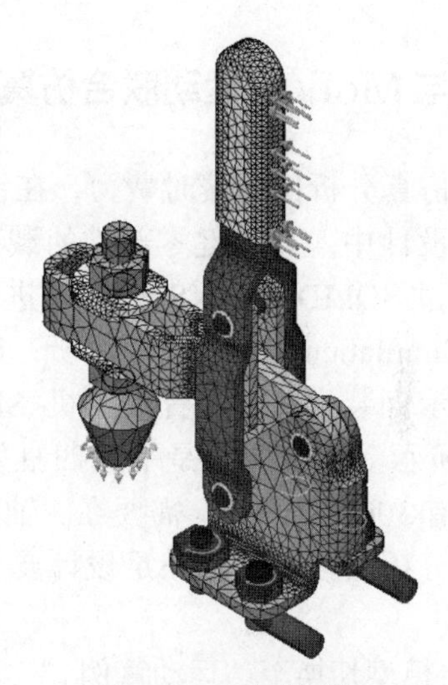

图 6-118　生成网格

10）运行该算例，切换至应力图解，如图 6-119a 所示。为了找到最薄弱的环节，在应力图解上右击，选择【图表选项】，勾选【显示选项】中的【显示最大注解】复选框，结果如图 6-119b 所示。

提示：为更加直观地评估设计的薄弱环节，可以增加安全系数图解。

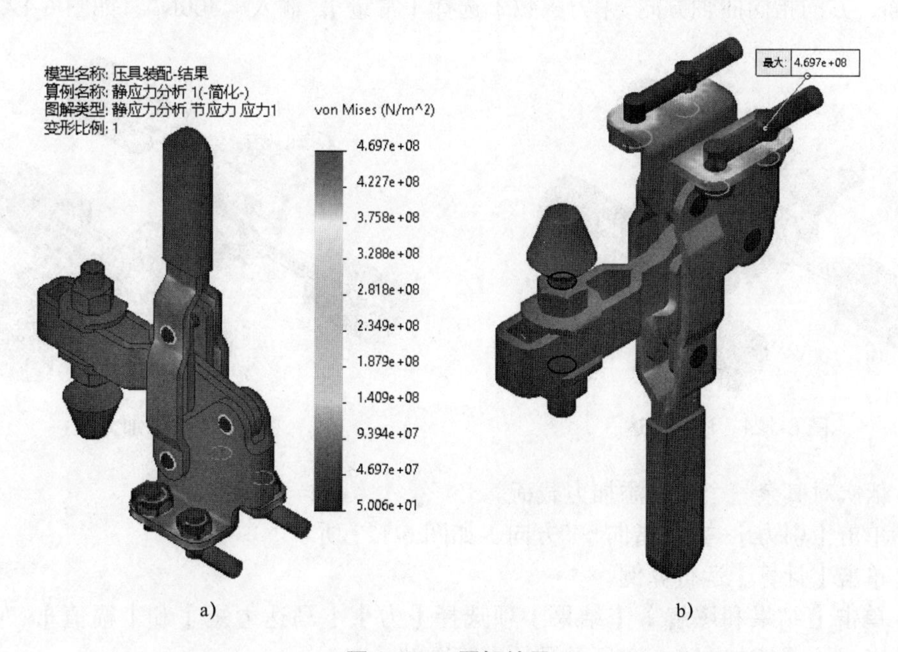

图 6-119　图解结果

装配体分析要考虑的因素要远多于零件的分析，其结果是否可信的判断也更为困难，本教材只是讲解了操作方法，在具体设计过程中，一定要结合相关的实验来分析数据，以积累经验，切不可凭感觉或其他不同产品的经验就下结论，适应所设计产品特性的经验才是可取的、有保障的。

6.5 与 Motion 运动联合仿真

由于仿真分析比较费时费力，在设计周期较紧张时，通常只对关键零部件进行分析，而机构类设计中，其关键零部件的载荷是动态的，如何获取其最大载荷是首要任务。此时可以通过 SOLIDWORKS Motion 进行动力学仿真，将获得的最大载荷传递至 SOLIDWORKS Simulation 进行静力学分析，以验证设计的可靠性。

打开示例装配体“平置发动机 .SLDASM”，如图 6-120 所示。该装配体是平置四缸发动机，每个活塞上均有 300N 的载荷，需要在曲轴承受最大载荷的状态下分析其强度是否满足设计要求。具体操作步骤如下：

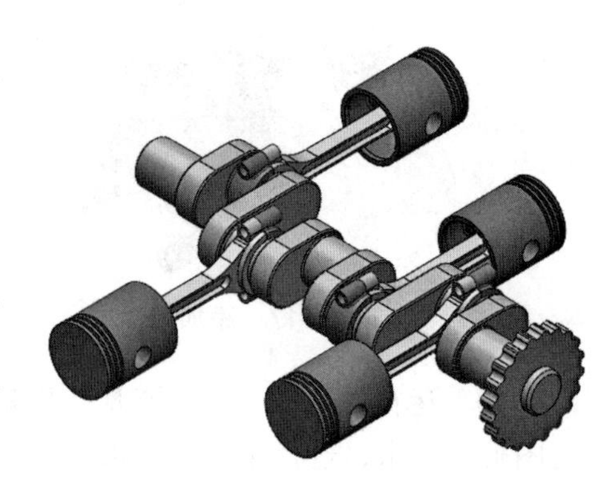

图 6-120　平置发动机

1）将模型切换至“运动算例 1”，选择【Motion 分析】模式。

2）单击【马达】,【零部件 / 方向】选择齿轮后侧的圆柱面,【速度】输入“20 RPM”，方向如图 6-121 所示。

3）单击【力】,【作用零件和作用应用点】选择活塞顶面，方向指向曲轴方向,【力函数】选择【常量】，输入“300N”，如图 6-122 所示。

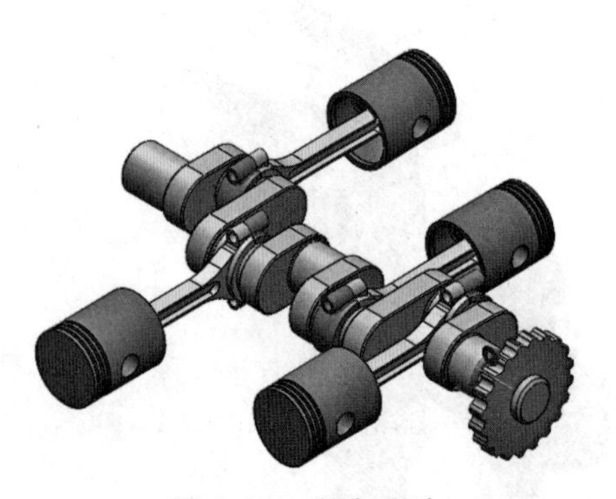

图 6-121　添加马达

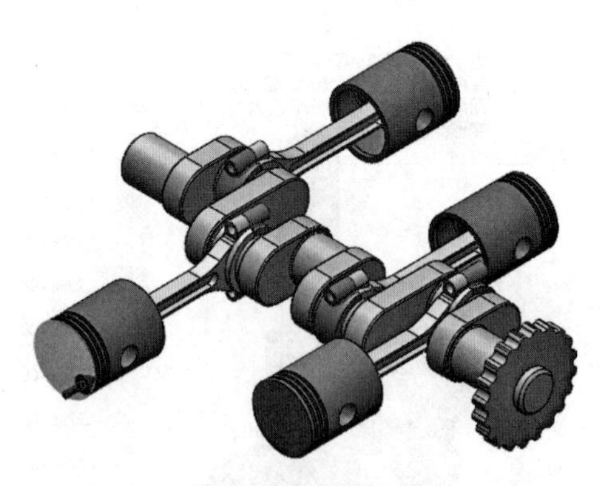

图 6-122　添加力

4）依次对其余三个活塞添加力载荷。

5）单击【引力】，方向指向 $-Y$ 方向，如图 6-123 所示。

6）单击【计算】运行算例。

7）单击【结果和图解】,【结果】项选择【力】、【马达力矩】和【幅值】，对象选择“旋转马达 1”，生成如图 6-124 所示马达力矩图解。

图 6-123　添加引力

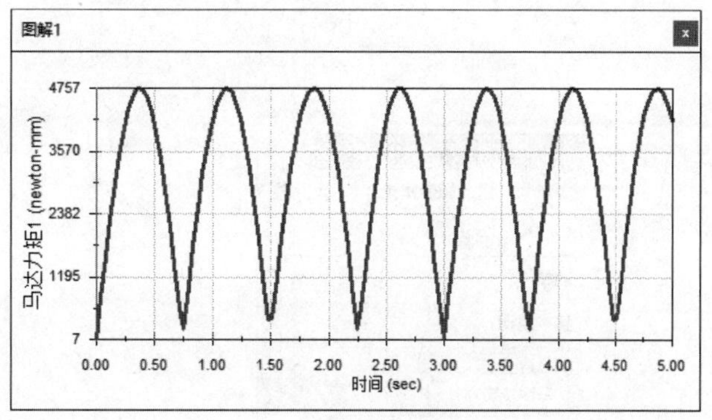

图 6-124　马达力矩图解

8）当马达力矩最大时，曲轴的综合载荷也是最大的，从图解中可以看到最大位置在 0.4s 附近，但具体是在哪一秒呢？在图表上右击，如图 6-125a 所示，选择【输出 CSV】，将图解数据输出为文件。用 Excel 打开输出的文件，如图 6-125b 所示，可以看到最大值在 0.36s 处。

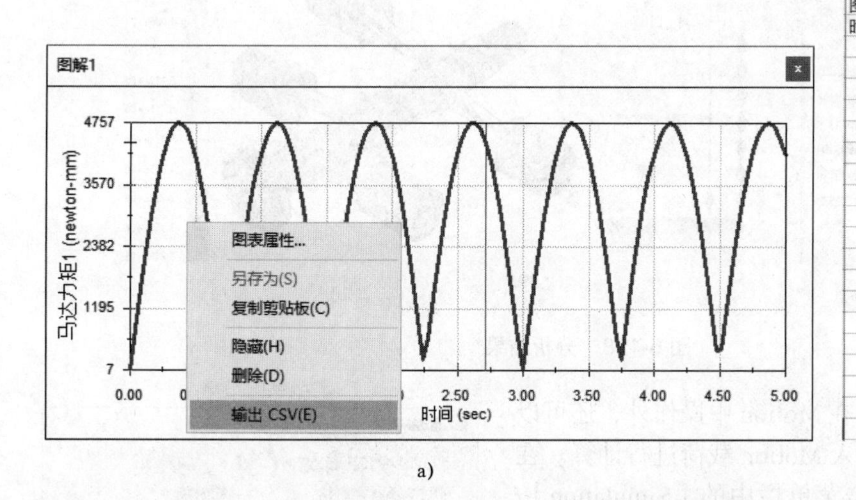

a)

图解1	
时间 (sec)	马达力矩1 (newton-mm)
0	7.219650114
0.04	776.795599
0.08	1539.953963
0.12	2260.95957
0.16	2920.28035
0.2	3499.738391
0.24	3983.168811
0.28	4356.86395
0.32	4609.973726
0.36	4734.849792
0.4	4727.320121
0.44	4586.880269
0.48	4316.788057
0.52	3924.050089
0.56	3419.291443
0.6	2816.504182
0.64	2132.675762
0.68	1387.304718
0.72	601.8180436

b)

图 6-125　找出最大值所处时间

提示：从输出文件中可以看出，时间步长为 0.04s，如果最大值在两个时间之间则取不到最大值。如果计算要求较高，可以改变计算的步长，在 Motion 的【运动算例属性】中调整【每秒帧数】即可，如图 6-126 所示。当载荷为冲击载荷时，该值可以设得较大，同时为了兼顾计算效率，整体的计算时长则会相应地更改至较短时长。

9）单击【模拟设置】，弹出如图 6-127 所示属性栏，零件选择“曲轴”，【模拟开始时间】和【模拟结束时间】均输入“0.36 秒”，单击【添加时间】。

10）单击【计算模拟结果】，系统自动将 Motion 载荷转入应力分析并进行计算。计算完成后将时间轴移至 0.36s 处，如图 6-128a 所示，显示曲轴的应力图解，如图 6-128b 所示。如需其他图解，可以在【应力图解】的下拉列表中选择。

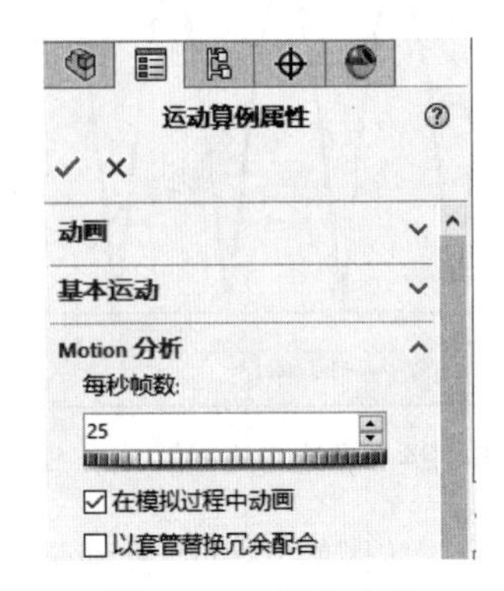

图 6-126　调整步长

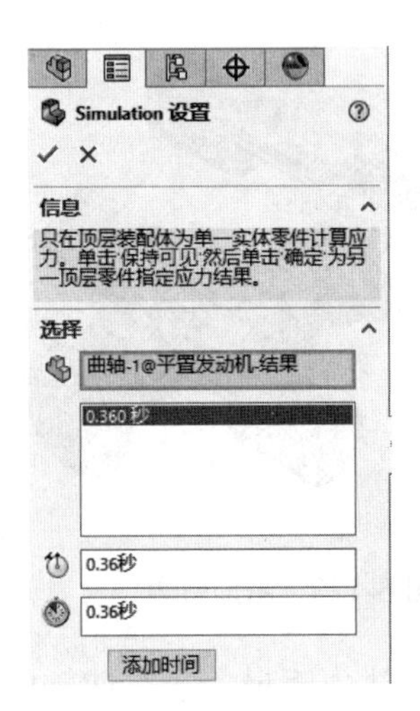

图 6-127　模拟设置

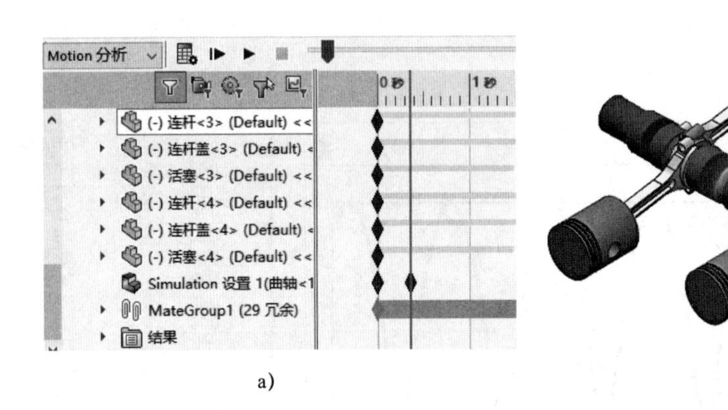

a)　　　　　　　　　　　　　　　　b)

图 6-128　分析结果

联合仿真除了可以在 Motion 中操作外，还可以在静力学仿真算例中输入 Motion 载荷进行计算。在静应力分析环境中单击菜单栏中的【Simulation】/【输入运动载荷】，弹出如图 6-129 所示对话框，选择要输入载荷的零部件，再选择相应的【画面号数】，输入后再按应力分析进行操作即可。

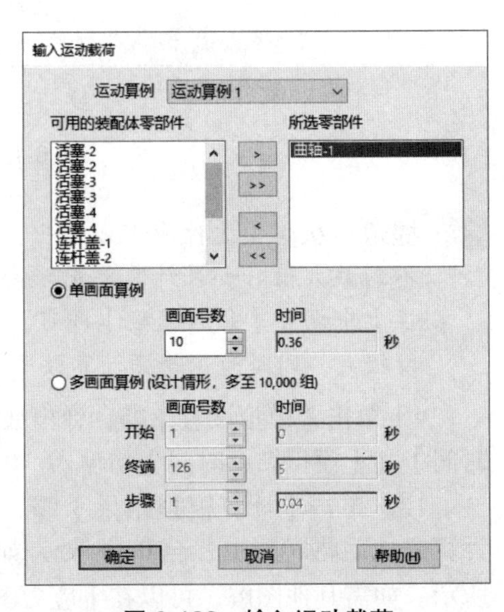

图 6-129　输入运动载荷

仿真分析是为设计服务的，其结果作为设计的参考数据，但不是绝对依据。在对于安全性要求较高的场合，必须要有实物试验作为最终验证，此时仿真分析可以减少实物验证的次数，但不能完全替代。而作为仿真分析工程师，在有实物验证的场合一定要跟踪相关结果，作为数据积累，为后续仿真分析思路的合理性奠定良好的支撑。针对特定的产品、分析场合，要尽可能地收集实践的验证性数据。

练习题

一、简答题

1. 简述网格的作用及其划分中的注意事项。
2. 如何判定壳单元的正反？如何改变正反？
3. 影响计算效率的因素有哪些？哪些措施可以提高计算效率？
4. 本地交互有几种类型？各自的含义是什么？
5. Motion 中的载荷如何加载至静应力仿真场合？

二、操作题

1. 对 6.3.2 节中的模型不采用【对称】夹具进行分析，而采用全模型分析，试将结果与采用【对称】夹具的结果进行对比。

2. 对 6.4.3 节中的模型不添加“连结”，其他条件相同，试完成分析，与带“连结”的结果对比，并分析其原因。

3. 图 6-130a 所示为一普通方桌（尺寸、材料均自拟），其反面结构如图 6-130b 所示，所有桌脚、斜撑材料规格均相同。如图 6-130c 所示，当桌面承重、*Y* 值均一定时，试求斜撑角度 *X* 为何值时桌子的承载性最佳。

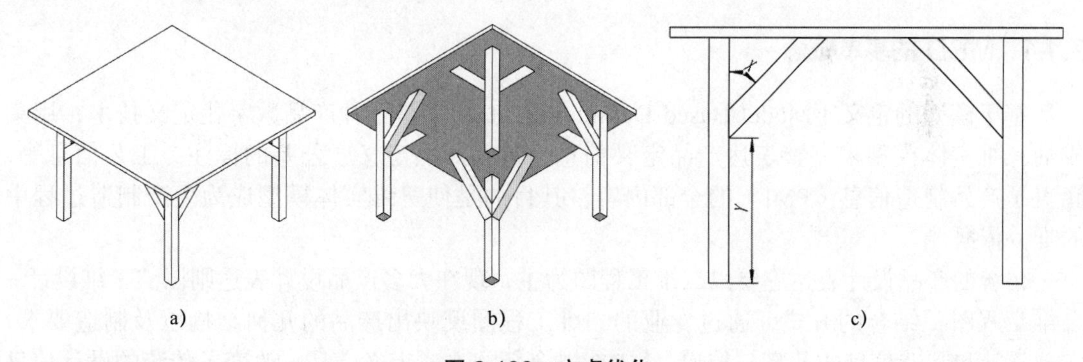

a)　　　　b)　　　　c)

图 6-130　方桌优化

三、思考题

1. 如果 6.3.2 节示例的载荷方向是由下向上，那么在【固定几何体】时还能选择底部的整个接触面吗？为什么？

2. 对 6.3.4 节示例的底面不加载载荷，试计算其结果，与加载载荷的结果对比，并分析其原因。

第 7 章 SOLIDWORKS MBD 数字化应用

| 学习目标 |

1. 了解 MBD 的基本概念。
2. 熟悉 SOLIDWORKS MBD 的功能。
3. 掌握 MBD 的标注方法。
4. 熟悉 MBD 结果文档的输出。

7.1 SOLIDWORKS MBD 介绍

7.1.1 MBD 的基本概念

基于模型的定义（Model Based Definition，MBD）是一种产品数字化定义技术，用集成的三维实体模型来完整表达产品定义信息，包括产品定义、公差的标注、工艺信息等，涵盖了产品制造信息（PMI）的全部内容，其目的是使三维实体模型成为生产制造过程中的唯一依据。

传统的产品设计表达主要以二维工程图为主，现在大多产品设计表达则以“三维设计＋二维工程图”结合的方式，通过专业的二维工程图反映出产品的几何结构以及制造要求，实现设计和制造信息的共享与传递。MBD 以全新的方式定义产品，改变了传统的设计信息传递模式，其以三维产品模型为核心，将产品设计信息、工艺信息、制造要求等均定义到三维数字化模型中，通过对三维产品制造信息和非几何管理信息的定义，实现更高层次的设计制造一体化。

MBD 产品数据模型是对产品信息的完整描述，可以作为设计、制造、检验、维护的主要依据，甚至是唯一依据，是一种超越二维工程图实现产品数字化定义的方法，使工程人员摆脱了对二维工程图的依赖，实现了 CAD 和 CAM（加工、装配、测量、检验）的高度集成。

MBD 信息主要包括三类：

1）几何信息：坐标系统、产品形状、尺寸信息等。

2）属性信息：材料、重量、测试需求、工程说明、注释等辅助信息。

3）标注信息：标注公差、制造工艺、精度要求、表面粗糙度、表面处理方法、热处理方法、结合方式、间隙的设置、连接范围、润滑方式、涂刷范围、颜色、要求符合的规范与标准等。

MBD 技术不是简单地在三维模型上进行三维标注，而是通过一系列规范的方法更好地表达设计思想，具有更强的表现力，同时打破了设计与制造的壁垒，有效地解决了设计、制造一体化的问题。MBD 模型的建立不仅仅是设计部门的任务，工艺、检验都要参与到设计的过程中，最后形成的 MBD 模型才能用于指导工艺制造与检验。将制造信息和设计信息共同定义到产品的三维数字化模型中，从而取消二维工程图，保证设计和制造流程中数据的唯一性。MBD 技术融入知识工程、过程模拟和产品标准规范等，将抽象、分散的知识集中在易于管理的三维模型中，成为企业设计表达、思想传递、知识固化和优化的最佳载体。

在 MBD 技术发展应用的过程中，航空工业始终走在前列。飞机产品作为复杂、制造难度最大的工业产品之一，迫切需要数字化技术尤其是数字化定义技术来提高设计质量以及设计效率。目前航空企业已经使用 CAD 软件建立产品的三维实体模型，但在数据传递过程中不得不经常将三维模型转换成二维图样进行传递。同时，基于图样的信息传递无法有效地实现数据共享，无法大规模推广协同设计。因此，需要通过对 MBD 技术进行研究，来充分继承并行工程数字化定义的要求，同时，需要通过更高集成度的数据集成技术，来实现信息传递过程的无纸化，实现更高应用水平的数据共享技术。

ASME Y14.41、BDS600 系列等标准是 MBD 的重要基础，这些标准的制定促进了 CAD 软件参照其开发软件功能，使 MBD 的思想得以实现。波音公司 787 客机采用了“基于模型的产品定义”技术，实现了产品关联设计，通过建立全球协同平台（GCE）实现了与合作伙伴协同研制，这彻底地改变了研制流程、研制方法和研发模式。新飞机工程全面应用 MBD 技术，采用多场所异地协同的研制模式，为航空产业的跨越发展提供了难得的机遇。

MBD 的重要特点之一是设计信息和工艺信息的融合和一体化，这就需要在产品设计和工艺设计之间进行及时的交流和沟通，构建协同的环境及相应的机制。由于 MBD 模型是设计制造过程中的唯一依据，需要确保 MBD 模型数据的正确性。MBD 模型数据的正确性反映在两个方面：一是 MBD 模型反映了产品的物理和功能需求，即客户需求的满足；二是可制造性，即创建的 MBD 模型能满足制造应用的需求，该 MBD 模型在后续的应用中可直接应用。

随着 MBD 的发展，业界又提出了基于模型的企业（Model Based Enterprise，MBE）的概念。MBE 是一种制造实体，其采用建模与仿真技术对其设计、制造、产品支持的全部技术和业务的流程进行彻底改进、无缝集成以及战略管理；利用产品和过程模型来定义、执行、控制和管理企业的全部过程；并采用科学的模拟与分析工具，在产品生命周期的每一步做出最佳决策，从根本上减少产品创新、开发、制造和支持的时间和成本。术语 MBE 已成为这种先进制造方法的具体体现，MBE 的发展在一定程度上也代表了数字化制造的未来。

7.1.2 SOLIDWORKS MBD 功能概述

SOLIDWORKS MBD 是在 SOLIDWORKS 基础上完全集成的三维模型定义产品，是无纸化制造解决方案中重要的一环，可以帮助制造企业定义和组织三维标注、定制个性化三维 PDF 模板、发布三维模型和标注。

图 7-1a 所示为在 SOLIDWORKS MBD 中所做的尺寸标注，初看与二维工程图相差不

大，但在 MBD 中可以按需灵活查看，如图 7-1b 所示，这能减少查看二维工程图时，在不同视图中切换的时间，且尺寸易于查看、理解。

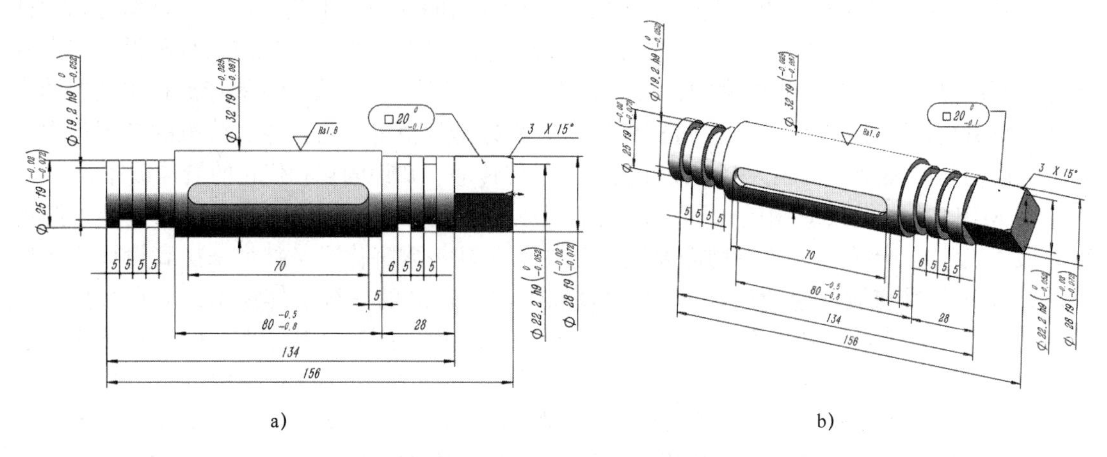

图 7-1　MBD 尺寸标注示例

SOLIDWORKS MBD 可帮助设计人员标注和组织 3D 数据，包括基准、尺寸、公差、表面粗糙度、注释和材料明细表（BOM）等。SOLIDWORKS MBD 还可以将数据发布到可独立打开的格式，如 eDrawings、STEP 242 和 3D PDF。STEP 242 是一种中性格式，可以保存、读取 MBD 所生成的 3D 标注。3D PDF 是一种 PDF 格式，包含 3D 模型和附加的标注，可以在 Adobe Reader 中打开，其通用性可以大大降低 3D 沟通的障碍，输出的格式可通过自定义 3D PDF 模板以创建各种需要的内容格式。通过清晰的沟通和更完整的 3D 文档，减少服务、支持和维护成本。

对于 3D 标注，SOLIDWORKS MBD 为零件和装配体定义基于特征的标注（DimXpert），可在模型上标注基准、基准目标、基本尺寸、公差尺寸、极限尺寸、几何公差、表面粗糙度、焊接符号、拔模符号、零件序号、BOM、注释、坐标系、参考几何体、组合特征以及其他产品制造信息（PMI）。

SOLIDWORKS MBD 还可以按零件类型、公差类型、尺寸样式、参考特征和范围实现一定程度上的自动化标注，也可以从第三方格式导入 3D 标注，如 CATIA、Creo、NX 和 STEP 242。

7.2　使用特征尺寸和注解视图

在没进行 MBD 操作之前，SOLIDWORKS 默认可以通过注解视图显示特征尺寸，在三维模型中显示草图、特征的相关尺寸，快速生成模型的基本尺寸。

打开示例零件“7.2 特征尺寸 .SLDPRT”，如图 7-2a 所示。展开设计树中的“注解”节点，如图 7-2b 所示，可以看到有多个视图，这些视图称为注解视图。展开注解视图时可以看到尺寸列表，这些尺寸是草图尺寸和特征尺寸，在模型创建的过程中，系统自动将尺寸分类放置在合适的注解视图中。双击某个注解视图可以使其成为当前视图，也可以右击，在快捷菜单上选择【激活】。

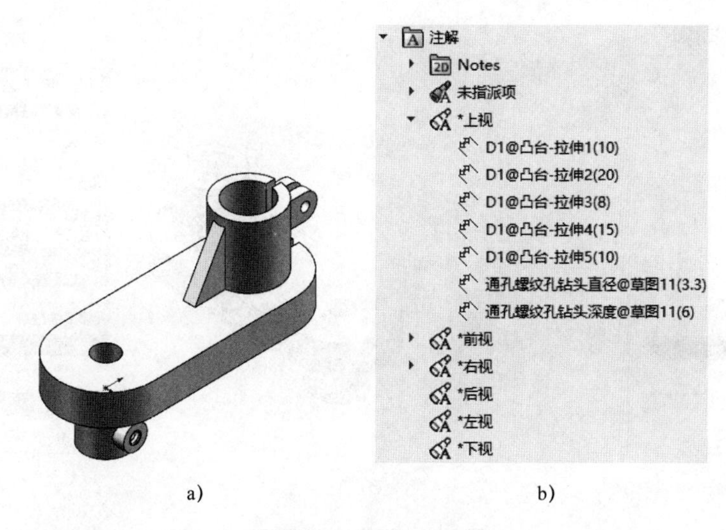

图 7-2 特征尺寸

提示：激活的注解视图图标显示为蓝色，未激活的显示为线框。

在“注解”节点上右击，如图 7-3a 所示，选择【显示特征尺寸】，模型显示出属于当前注解视图的相关尺寸，如图 7-3b 所示。

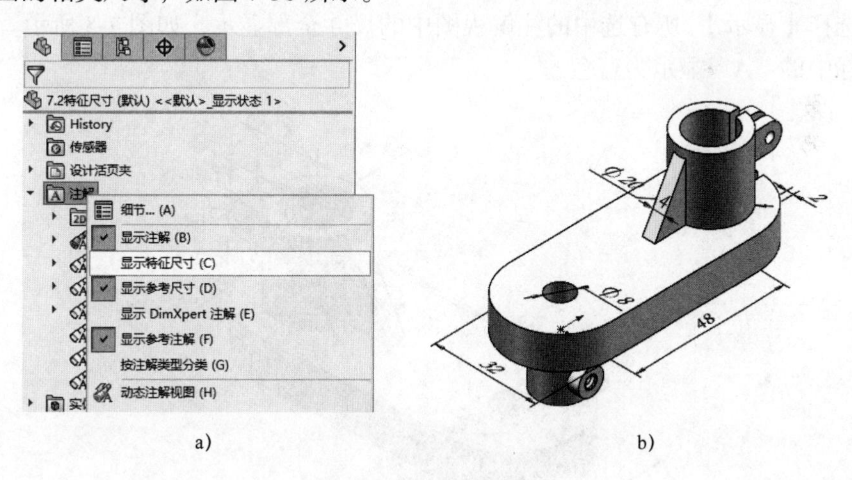

图 7-3 显示特征尺寸

注意：尺寸的位置取决于草图、特征的原始位置，如果草图尺寸不规范，此时尺寸显示同样较乱，所以绘制草图时需要强调其规范性，尺寸也可以通过鼠标拖动进行调整。

分别激活不同的注解视图，可以看到尺寸“D1@ 筋 1（4）”始终处于显示状态。由于该尺寸在斜面上，默认的注解视图均不适合放置，系统将其归类于“未指派项”，该节点下的尺寸默认为显示状态，可以新建注解视图进行放置。

在设计树的“注解”节点上右击，在快捷菜单上选择【插入注解视图】，弹出如图 7-4a 所示属性栏，选择筋的斜面作为参考，如图 7-4b 所示。单击【下一步】，弹出如图 7-4c 所示属性栏，选择尺寸“D1@ 筋 1”，单击【确定】，该尺寸转移到新建视图中，不再默认显示。双击新建的注解视图可修改名称，将其重新命名为“筋尺寸视图”。

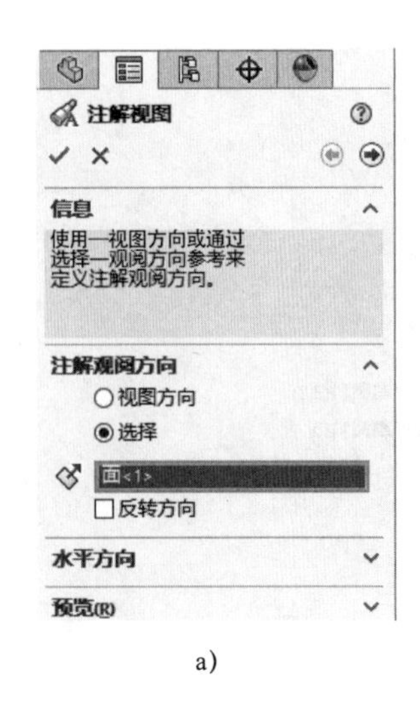

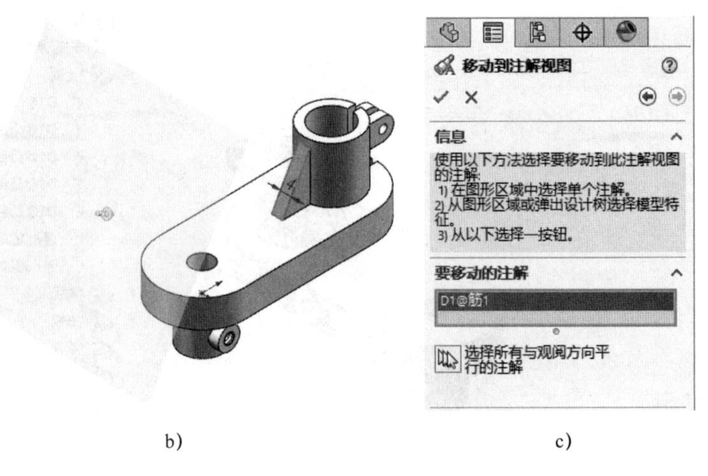

a)　　　　b)　　　　c)

图 7-4　新建注解视图

提示：在尺寸上右击，在快捷菜单上选择【选择注解视图】，弹出注解视图列表，选择所需的注解视图可将尺寸移至该视图中。

虽然激活的注解视图只能是一个，但显示的注解视图可以是多个。选择多个注解视图后右击，选择【显示】，所有选中的注解视图中的尺寸全部显示，如图 7-5 所示。显示的注解视图图标中的“A”显示为蓝色。

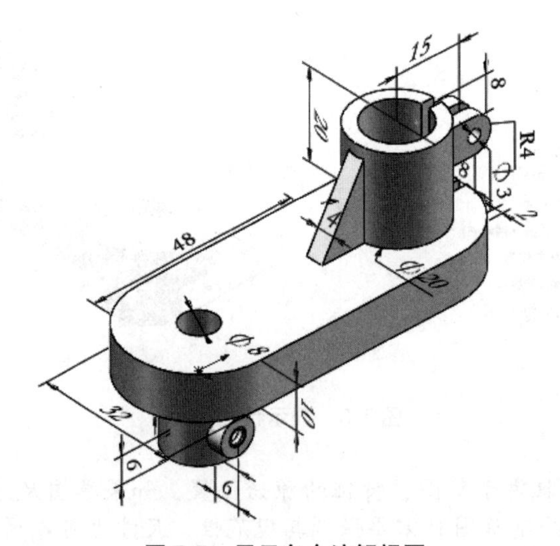

图 7-5　显示多个注解视图

7.3　MBD Dimensions

【MBD Dimensions】工具栏中的命令来源于 DimXpert，该工具栏在 2018 及之前的版本中的名称为 DimXpert，用于对模型进行最基本的尺寸标注，标注尺寸时会同时添加公差值。MBD Dimensions 工具标注不依赖于草图与特征，完全基于模型的几何形状，因此可以对输入的第三方不含特征的模型进行标注。

7.3.1　尺寸标注

尺寸标注从标注方法上分主要有两类，分别是自动标注和手动标注。利用自动标注能最大限度地提高标注效率，对形状不复杂的零件可以达到快速标注的效果。

打开示例零件“7.2 特征尺寸 .SLDPRT”，在设计树中切换至 DimXpertManager 面板。单击工具栏上的【MBD Dimensions】/【自动尺寸方案】，弹出如图 7-6a 所示属性栏，【零件类型】选择【棱柱形】，【公差类型】选择【正负公差】，【主要基准】选择“凸台 - 拉伸 1”的上表面，【第二基准】选择“切除 - 拉伸 1”的孔表面，【第三基准】选择“右视基准面”，单击【确定】，结果如图 7-6b 所示。

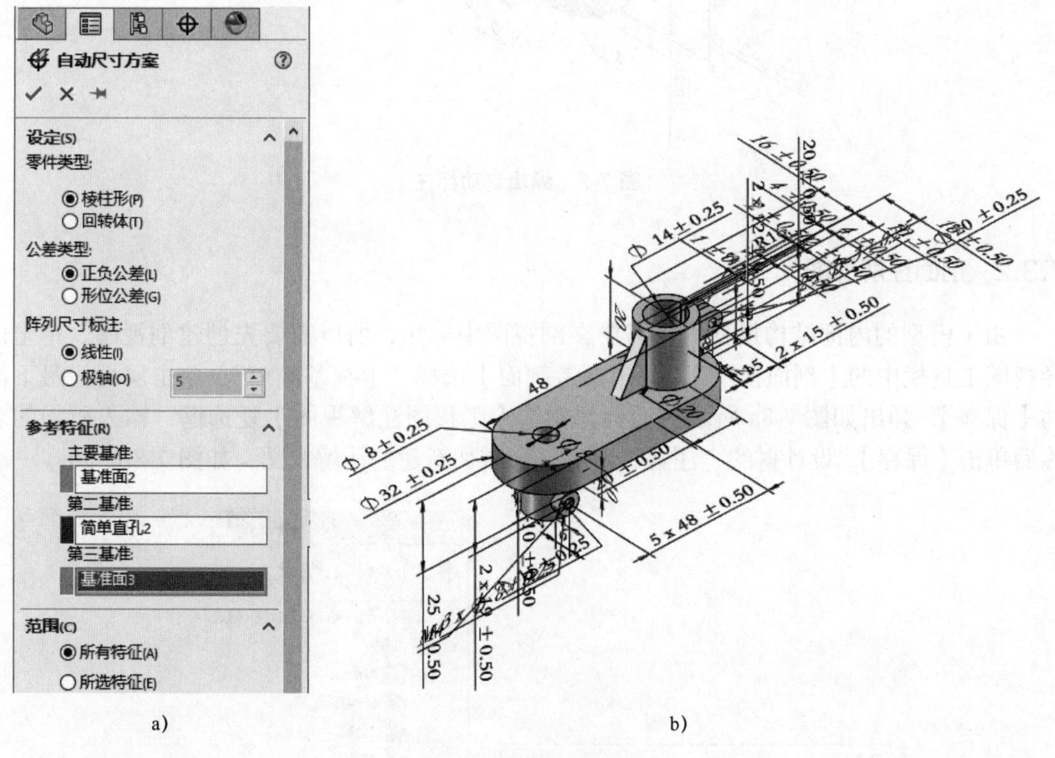

图 7-6　自动尺寸方案

自动标注产生的尺寸、公差、放置位置并不理想，需要进行调整，删除冗余的尺寸，再编辑尺寸。单击需要调整的尺寸，在属性栏中进行编辑，编辑方法与草图方法类似，编辑完成后如图 7-7 所示。

尺寸标注还可以用【位置尺寸】、【大小尺寸】、【角度尺寸】手工标注，选择命令后再选择标注对象即可完成相应的标注。

提示：如果需要隐藏全部的 DimXpert 尺寸，可以在设计树的“注解”节点上右击，在快捷菜单上取消选择【显示 DimXpert 注解】。

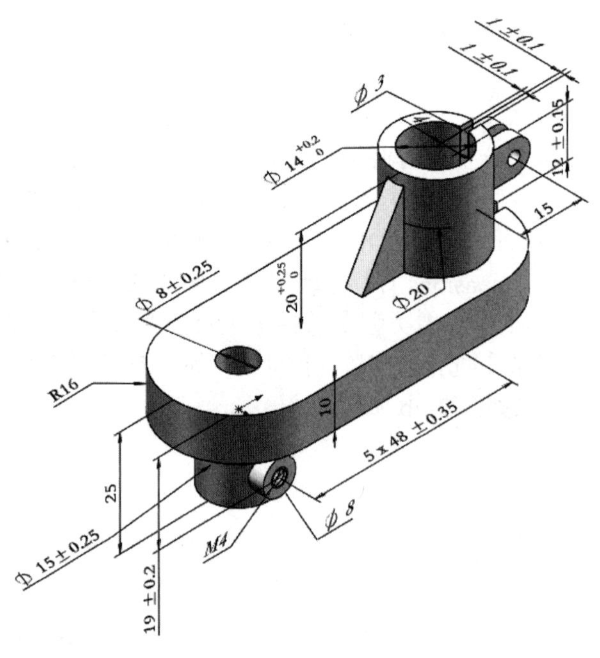

图 7-7　编辑自动标注

7.3.2　剖面注解视图

由于模型的内部结构尺寸通常需要在剖视图中标注，所以需要先创建剖视图。单击前导视图工具栏中的【剖面视图】，【参考剖面】选择“上视基准面”，单击属性栏最下侧的【保存】，弹出如图 7-8a 所示对话框，勾选【工程图注解视图】复选框，输入所需的名称后单击【保存】，设计树的“注解”节点下会增加新建的注解视图，如图 7-8b 所示。

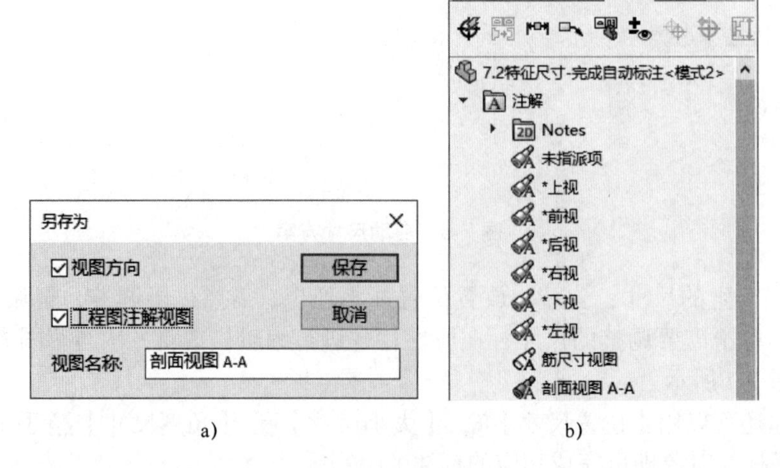

a)　　　　　b)

图 7-8　保存剖视图

提示：FeatureManager 与 DimXpertManager 的“注解”节点下的显示内容相同。

选择尺寸“10”“19”“25”后右击，如图 7-9a 所示，在快捷菜单上选择【选择注解视图】，弹出如图 7-9b 所示列表，选择“剖面视图 A-A”。

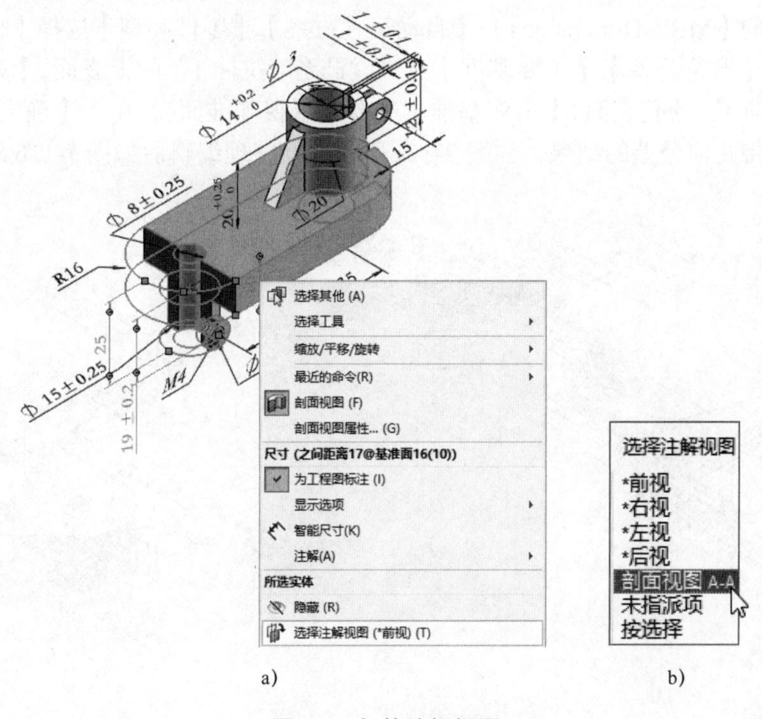

a)　　　　　　　　　　　　b)

图 7-9　切换注解视图

将“剖面视图 A-A”之外的其余注解视图全部隐藏，结果如图 7-10a 所示。正视剖视图并调整尺寸位置，结果如图 7-10b 所示。

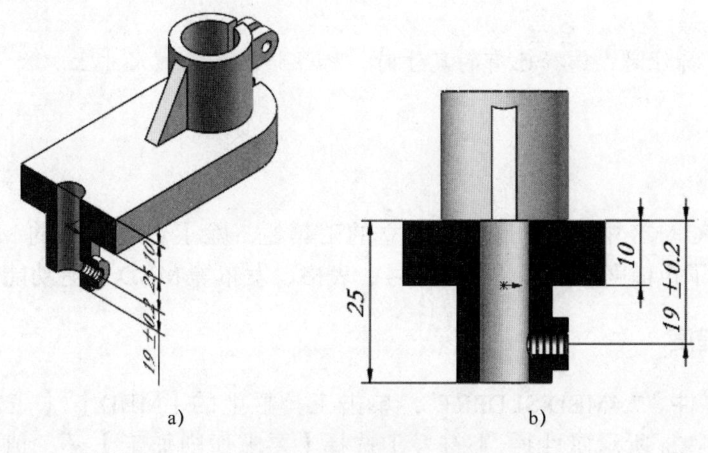

a)　　　　　　　　　　　　b)

图 7-10　整理尺寸

复杂的零件其尺寸众多，全部在轴测图或某单一视图中显示显然行不通，使用时要适时地增加合适的注解视图，并调整尺寸所处位置，方便查看，并为后续的 3D 视图捕获做好准备。

7.3.3 几何公差标注

打开示例零件“7.2 特征尺寸 .SLDPRT”，在设计树中切换至 DimXpertManager 面板。单击工具栏上的【MBD Dimensions】/【自动尺寸方案】,【零件类型】选择【棱柱形】,【公差类型】选择【形位公差】,【主要基准】选择“凸台 - 拉伸 1”的上表面,【第二基准】选择“切除 - 拉伸 1”的孔表面,【第三基准】选择“右视基准面”，单击【确定】，系统根据所选基准生成带几何公差的结果，如图 7-11a 所示，经整理编辑后如图 7-11b 所示。

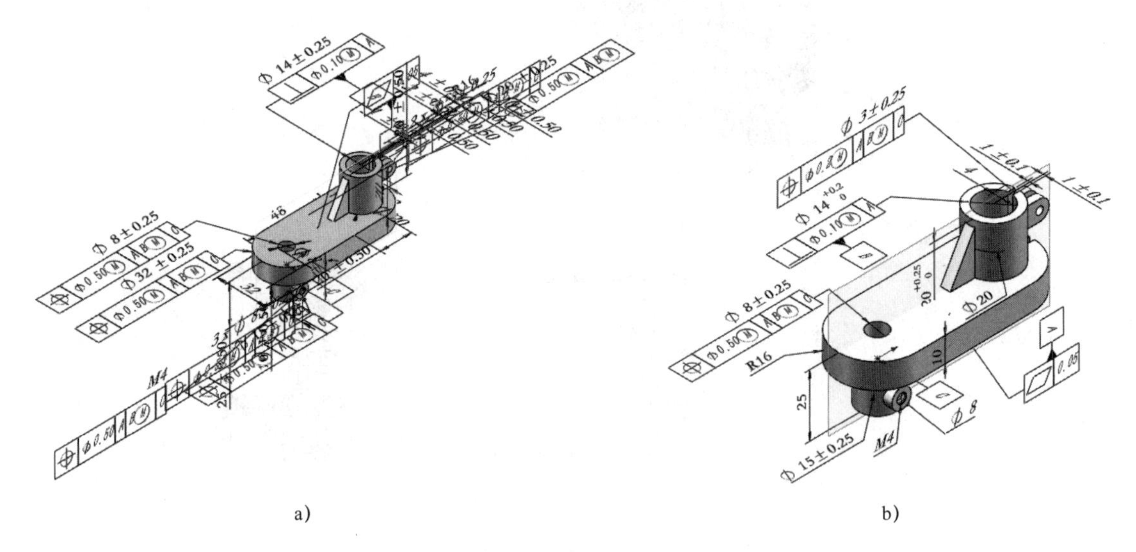

图 7-11 公差标注

以上自动公差标注的结果不是太理想，修改工作量较大，所以自动公差标注通常适用于简单的精度要求较高的零件，而其他零件更适合用【基准】、【形位公差】命令进行手工标注。

提示：手工标注时，选择已有的尺寸时，标注将附加在该尺寸上。

7.4 MBD

在 SOLIDWORKS 中 MBD 是一个独立的工具栏，除了包含所有的 MBD Dimensions 功能外，还包含了粗糙度、注释、零件序号、表格、发布等 MBD 专有功能。

7.4.1 表面粗糙度

打开示例零件“7.4MBD.SLDPRT”，单击工具栏上的【MBD】/【表面粗糙度符号】√，弹出如图 7-12a 所示属性栏,【符号】选择【要求切削加工】√，值输入“Ra 1.6”，选择 V 槽底面及半圆内孔面，结果如图 7-12b 所示。

注意：标注完成再次选择该标注时，所附加的对象会以红色边框显示，移动符号时只能在红色边框范围内，超过了就会转移到其他面上。

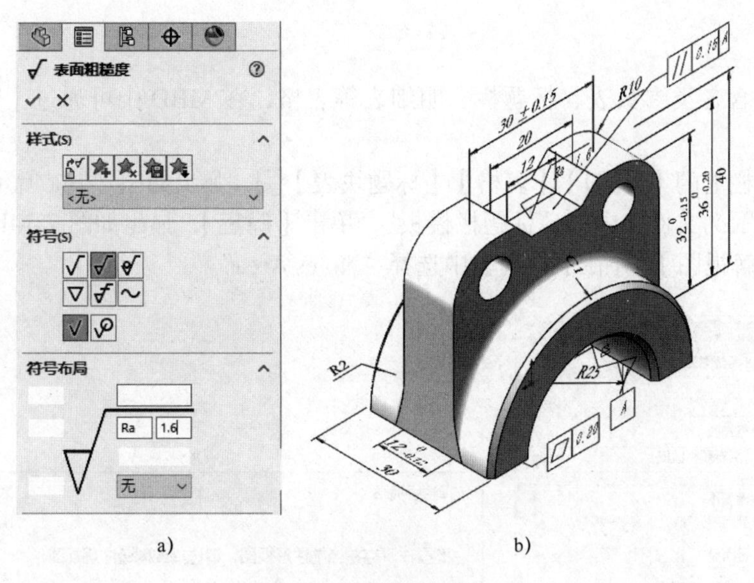

图 7-12　粗糙度标注

7.4.2　注释

注释是一个比较特别的标注，其并不随附加的注解视图转动，生成的注释平行于屏幕，不随模型的旋转而旋转。

单击工具栏上的【MBD】/【注释】，弹出如图 7-13a 所示属性栏，在图形区单击放置位置，输入所需注释内容，如图 7-13b 所示。所生成的注释虽然不会旋转，但位置还会发生变动，而作为技术要求的文字通常希望固定位置，此时可将其附加的注解视图更改为“Notes Area”，更改后的注释位置也将保持不变。

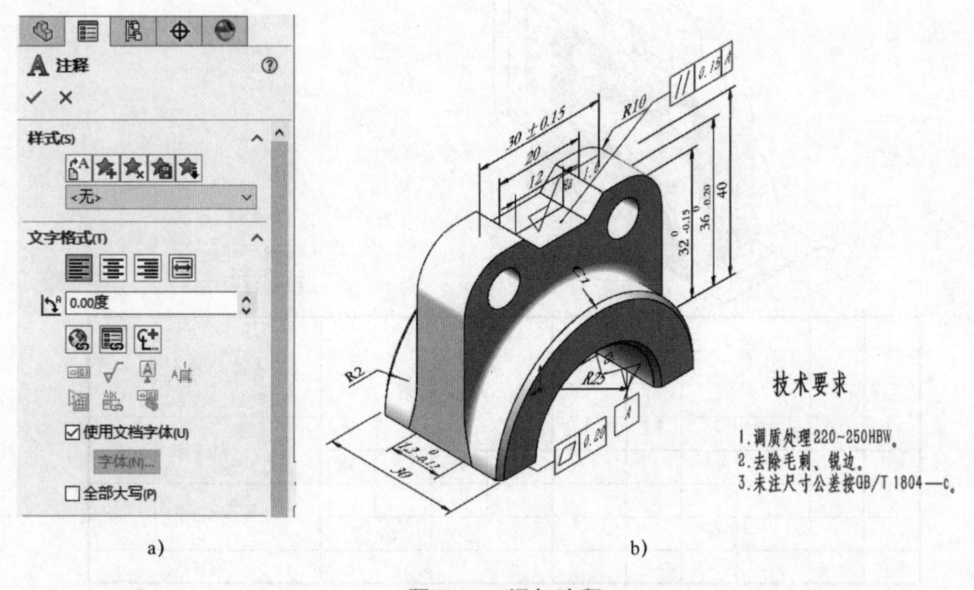

图 7-13　添加注释

7.4.3 表格

模型中包含各类参数表、标题栏、明细表等表格，在 MBD 中可通过【表格】功能插入这些表格。

单击工具栏上的【MBD】/【表格】/【标题块表】，弹出如图 7-14a 所示属性栏，【表格模板】选择示例文件夹中的“标题栏模板”，单击【确定】，弹出如图 7-14b 所示对话框，选择【现有注解视图】，并在下拉列表中选择“Notes Area”。

a)

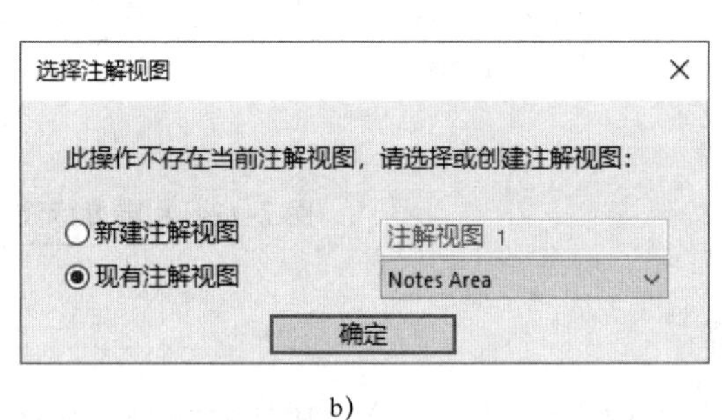

b)

图 7-14 插入标题栏

单击【确定】，生成如图 7-15 所示标题栏。

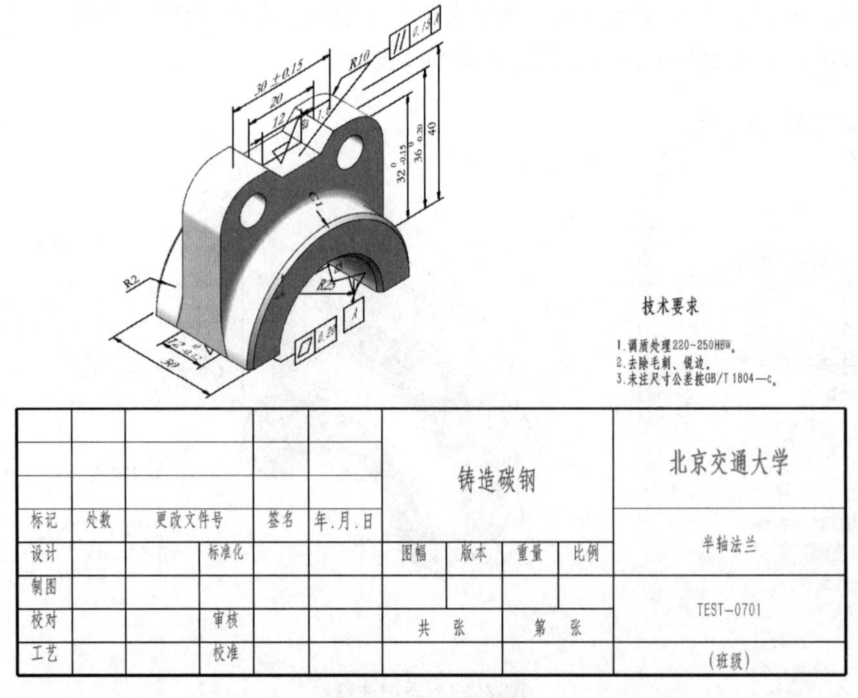

图 7-15 生成标题栏

提示：不同场合所使用的标题栏格式并不相同，可以在此基础上修改成所需的格式。可在表格任何位置上右击，在快捷菜单上选择【另存为】，将当前格式保存为模板文件供下次调用。

7.4.4　材料明细表

【材料明细表】用于在模型状态下直接生成明细表，其数据来源与二维工程图中的明细表相同。

打开示例装配体“杠杆举升器 .SLDASM”。单击工具栏上的【MBD】/【材料明细表】，弹出如图 7-16a 所示属性栏，【表格模板】选择“gb-bom-material”模板，单击【确定】，在弹出的【选择注解视图】对话框中选择【现有注解视图】中的【注释区域】，再次单击【确定】，明细表吸附在鼠标上，选择合适的位置放置，结果如图 7-16b 所示。

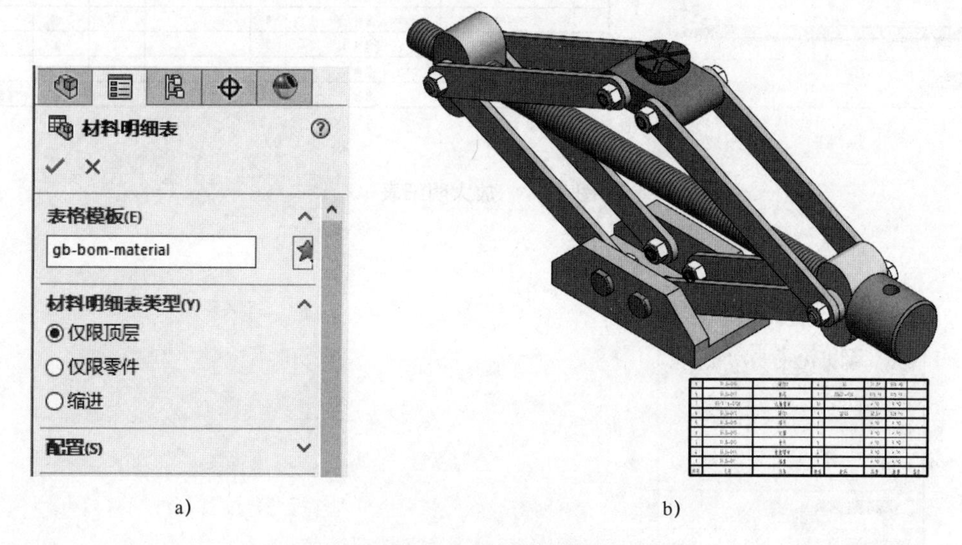

图 7-16　插入明细表

注意：“注释区域”与“Notes Area”为同一注解视图，显示中文还是英文取决于新建文件时所使用的模板。

从生成的明细表来看，其大小明显与模型不协调。选中明细表弹出如图 7-17a 所示属性栏，将其中的【材料明细表比例缩放】调整为“3.0”，单击【确定】，结果如图 7-17b 所示。

7.4.5　零件序号

零件序号是装配体中基本的表达信息，当前打开的是装配体时，【MBD】工具栏中会增加【零件序号】命令。

单击工具栏上的【MBD】/【零件序号】，弹出如图 7-18a 所示属性栏，【零件序号文字源处】选择“材料明细表”，依次选择标注序号的零件，结果如图 7-18b 所示。

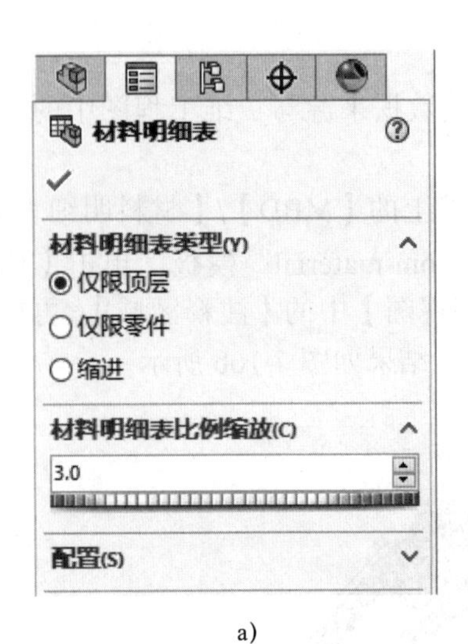

a)

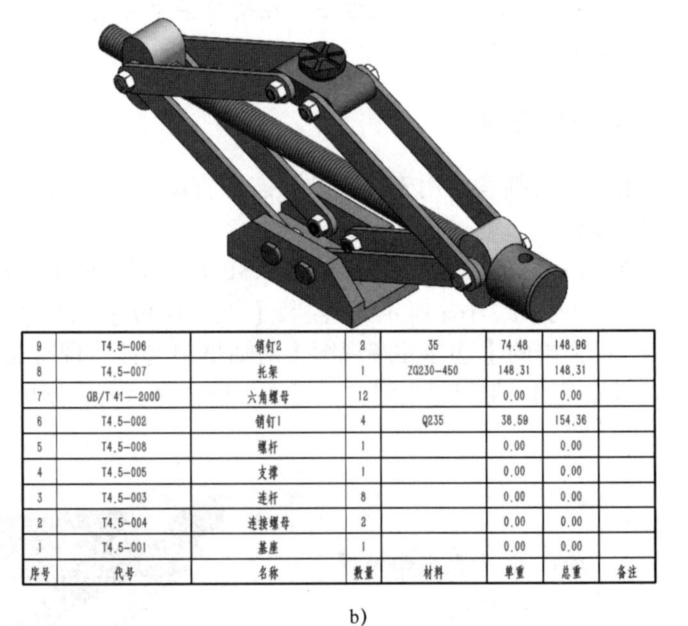

序号	代号	名称	数量	材料	单重	总重	备注
9	T4.5-006	销钉2	2	35	74.48	148.96	
8	T4.5-007	托架	1	ZG230-450	148.31	148.31	
7	GB/T 41—2000	六角螺母	12		0.00	0.00	
6	T4.5-002	销钉1	4	Q235	38.59	154.36	
5	T4.5-008	螺杆	1		0.00	0.00	
4	T4.5-005	支撑	1		0.00	0.00	
3	T4.5-003	连杆	8		0.00	0.00	
2	T4.5-004	连接螺母	2		0.00	0.00	
1	T4.5-001	基座	1		0.00	0.00	

b)

图 7-17　放大明细表

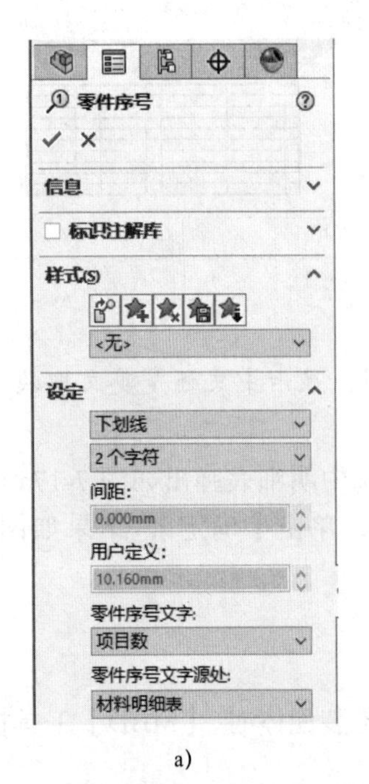

a)

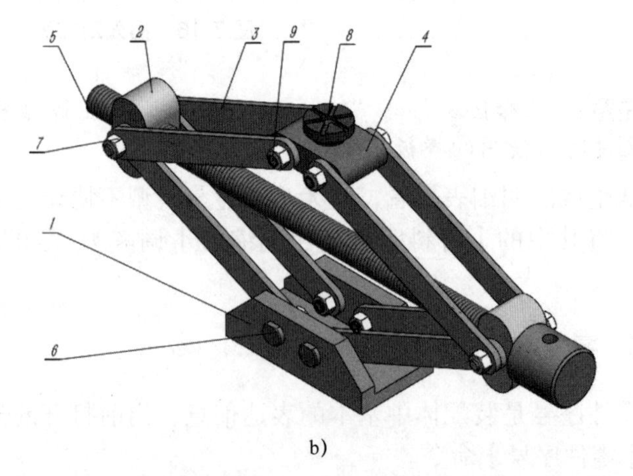

b)

图 7-18　插入零件序号

序号默认放置在“未指派项”的注解视图中，以“Front Plane”基准面为参考新建一注解视图，并将所有序号均转至该视图中，调整序号位置，结果如图 7-19 所示。

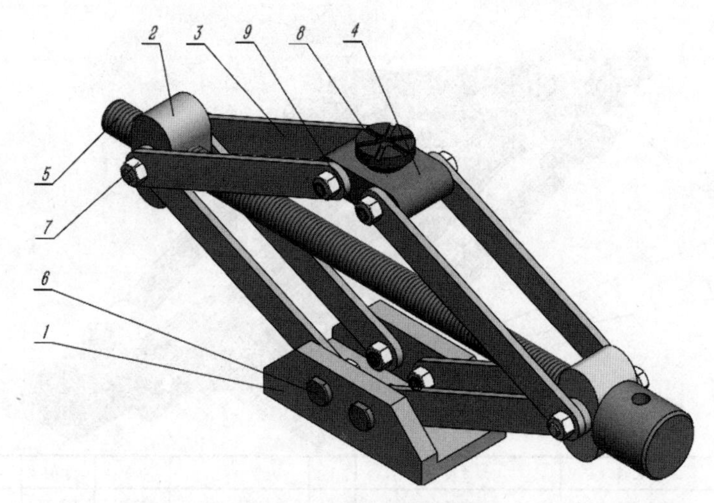

图 7-19　更改注解视图

调整后的序号并没有按顺序排列，这不符合相关规范，此时可以通过调整明细表的零件位置进行调整。选中明细表，在需要调整序号的零件所在行的最左侧按住鼠标进行拖动，如图 7-20 所示，拖动时指标会变成 ↵，移至需要位置再松开鼠标，所选零件序号即移至当前位置，序号也同步更新。

0.5mm　0mm
汉仪长仿宋体　37　10.5mr　0mm　B I U S

A	B	C	D	E	F	G	H
9	T4.5-006	销钉2	2	35	74.48	148.96	
8	T4.5-007	托架	1	ZG230-450	148.31	148.31	
7	GB/T 41—2000	六角螺母	12		0.00	0.00	
6	T4.5-002	销钉1	4	Q235	38.59	154.36	
5	T4.5-008	螺杆	1		0.00	0.00	
4	T4.5-005	支撑	1		0.00	0.00	
3	T4.5-003	连杆	8		0.00	0.00	
2	T4.5-004	连接螺母	2		0.00	0.00	
1	T4.5-001	基座	1		0.00	0.00	
序号	代号	名称	数量	材料	单重	总重	备注

图 7-20　移动明细表序号

对所有顺序不合理的序号进行调整，结果如图 7-21 所示。

MBD 是一种表现形式，不是具体的命令，为达到 MBD 的要求，需要各命令配合对模型进行标注，其最终目的是通过模型就可以了解所有的设计意图及要求。

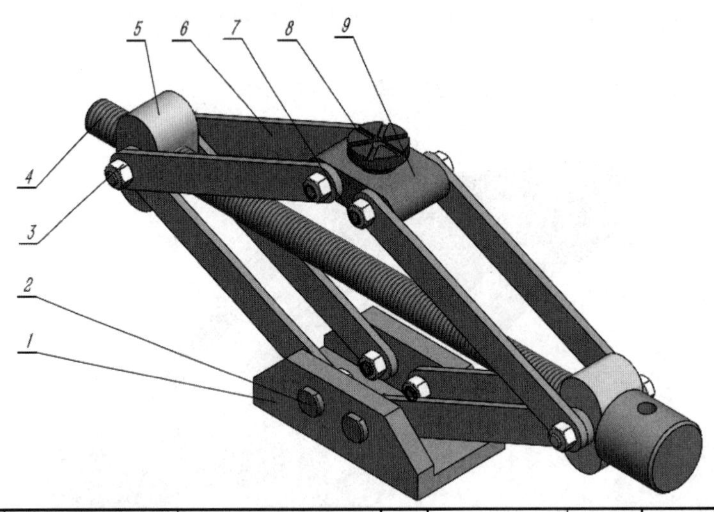

序号	代号	名称	数量	材料	单重	总重	备注
9	T4.5-005	支撑	1		0.00	0.00	
8	T4.5-007	托架	1	ZG230-450	148.31	148.31	
7	T4.5-006	销钉2	2	35	74.48	148.96	
6	T4.5-003	连杆	8		0.00	0.00	
5	T4.5-004	连接螺母	2		0.00	0.00	
4	T4.5-008	螺杆	1		0.00	0.00	
3	GB/T 41—2000	六角螺母	12		0.00	0.00	
2	T4.5-002	销钉1	4	Q235	38.59	154.36	
1	T4.5-001	基座	1		0.00	0.00	

图 7-21　调整完成的序号

7.5　3D 视图

从前面的示例可以看出，只从模型某一个视角显然无法表达清楚模型的所有信息，此时可以通过 3D 视图进行捕获，以通过多个最佳的视图表达模型信息，其作用类似于二维工程图中的多个视图。【3D 视图】可在 SOLIDWORKS 界面左下角进行切换，如图 7-22 所示。【捕获 3D 视图】可以将当前模型区域的显示记录下来，类似于屏幕快照。

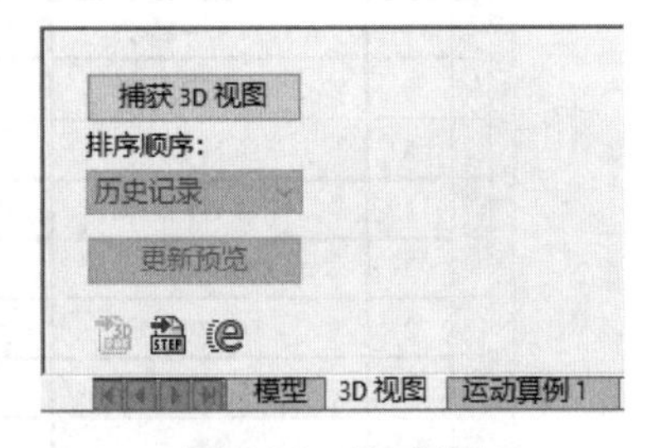

图 7-22　3D 视图

打开示例模型“7.4MBD- 完成 .SLDPRT”，单击【捕获 3D 视图】，弹出如图 7-23a 所示属性栏，在【3D 视图名称】中输入新的名称“默认轴测图”，单击【确定】生成 3D 视图，如图 7-23b 所示。

隐藏注解“Notes Area”，沿 *Z* 向正视，调整尺寸位置如图 7-24 所示，捕获当前显示的 3D 视图，视图名称命名为“主视图”，【注解视图】选择“* 前视”。

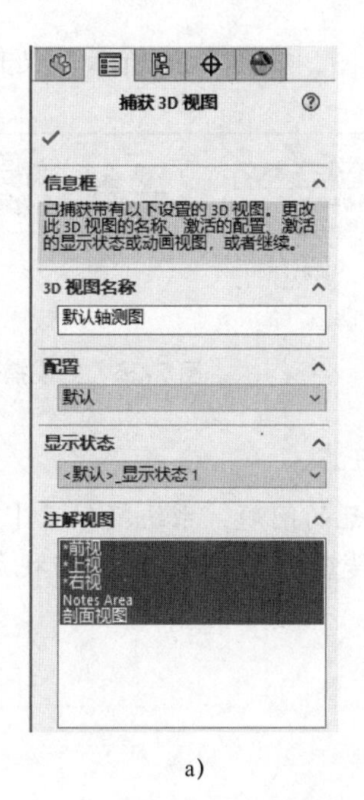

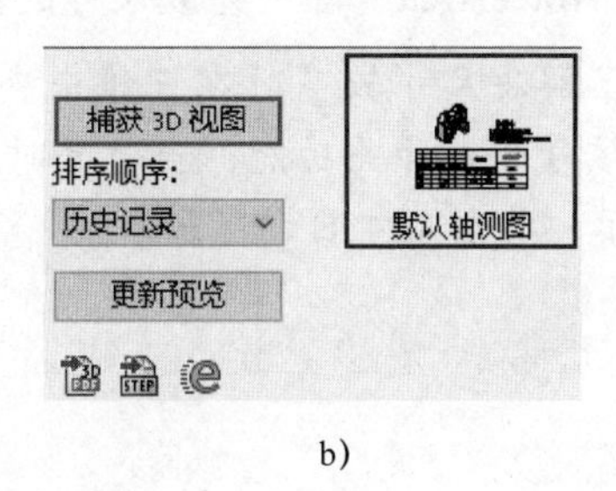

a)　　　　　　　　　　b)

图 7-23　捕获 3D 视图

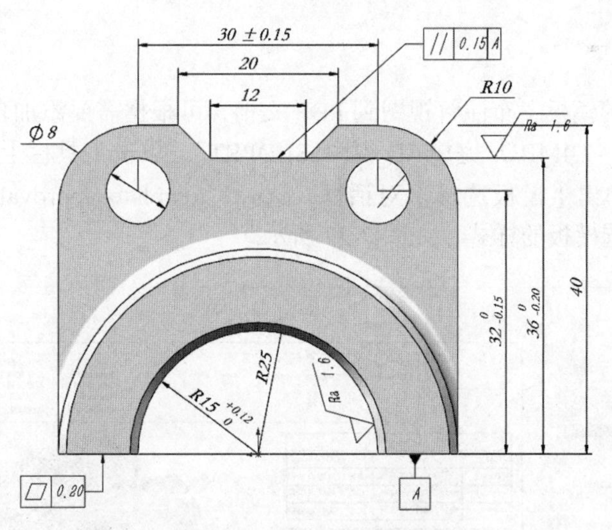

图 7-24　捕获“主视图”

将上视图中的尺寸“D1@ 圆环拉伸”和“D1@ 法兰拉伸”转移至“剖面视图”的注解视图中，激活“剖面视图”并调整相关尺寸位置，如图 7-25 所示，捕获当前 3D 视图，视图名称命名为“剖面视图”，【注解视图】选择“剖面视图”。

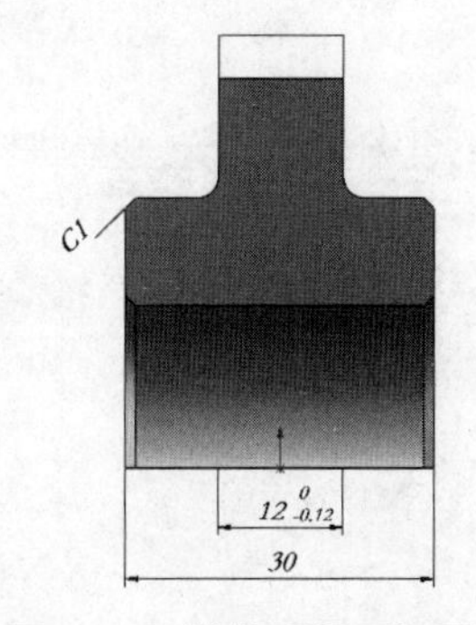

图 7-25　捕获“剖面视图”

技巧：尺寸转移时可以直接按住鼠标在不同的注解视图中拖动，松开鼠标即可完成注解视图的转移。

此时在“3D 视图”区可以看到已生成三个视图，如图 7-26 所示，双击视图可以进行切换。

由于在生成“主视图”和“剖面视图”时对尺寸位置进行了调整，当切换至“默认轴测图”时会发现尺寸较乱。正是因为这种原因，通常在轴测图中不显示尺寸或只显示几个关键尺寸，此时可以在该视图上右击，选择【重新捕获视图】，在属性栏的【注解视图】中仅选择“NotesArea”即可完成尺寸的重新过滤。

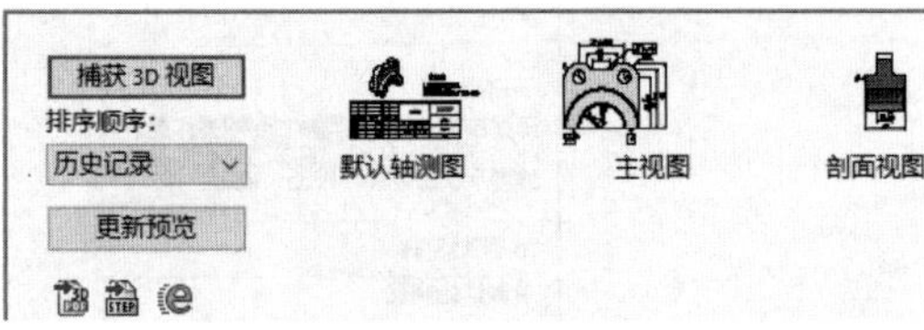

图 7-26　完成捕获

提示：为了解决尺寸较多时在三维中查看较乱的问题，系统提供了【动态注解视图】命令。该命令是开关功能，当打开时，旋转查看模型时，只有与视角接近平行的尺寸才会显示，其余尺寸自动隐藏。

7.6 发布

生成所需的注解视图后需要发布成通用格式，以脱离 SOLIDWORKS 方便查看。MBD 提供了三种发布形式，即 3D PDF、eDrawings 及 STEP 242。

7.6.1 3D PDF

根据预先设定的模板发布注解视图到 PDF 文档，可根据需要添加自定义属性。

打开示例零件“7.4MBD- 完成 3D 视图 .SLDPRT”。单击工具栏上的【MBD】/【出版到 3D PDF】，弹出【模板选择】对话框，选择“template_approvals_notes”模板，【预览】栏中将显示所选模板的样式，如图 7-27 所示。

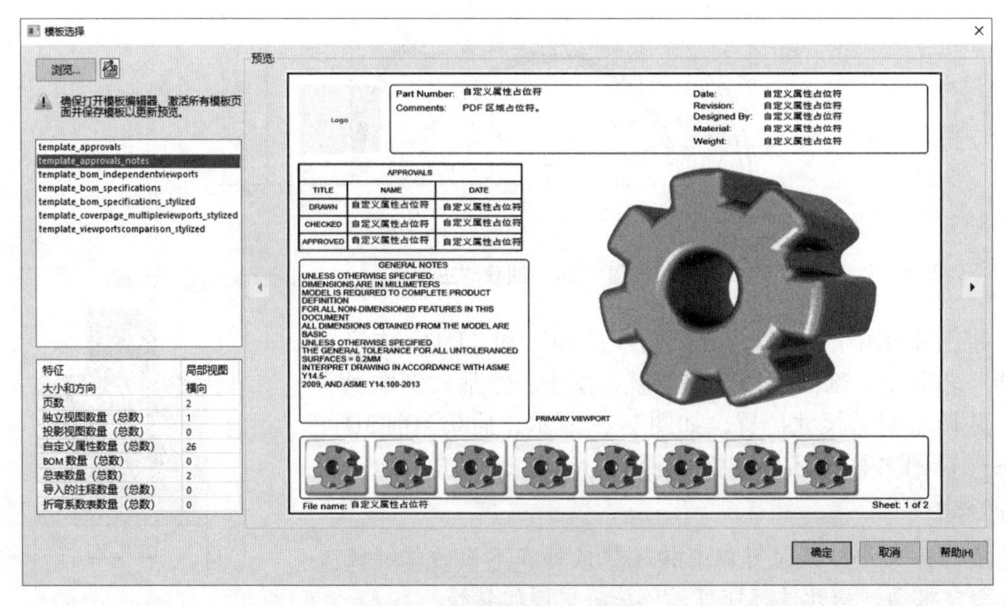

图 7-27　【模板选择】对话框

注意：当计算机上安装了多个版本的 SOLIDWORKS 时，可能会造成此处没有预览，需要用【3D PDF 模板编辑器】逐一打开所带模板，不做更改直接保存，以更新预览信息。

单击【确定】，弹出如图 7-28a 所示属性栏，同时在图形区有结果预览，如图 7-28b 所示。系统默认将第一个 3D 视图作为主视图放在文件的主区域，如需要放置所有的 3D 视图，在【主视图和缩略视图】栏右击，选择【添加所有捕获的 3D 视图】。可以在预览区的表格中输入额外的文字内容。

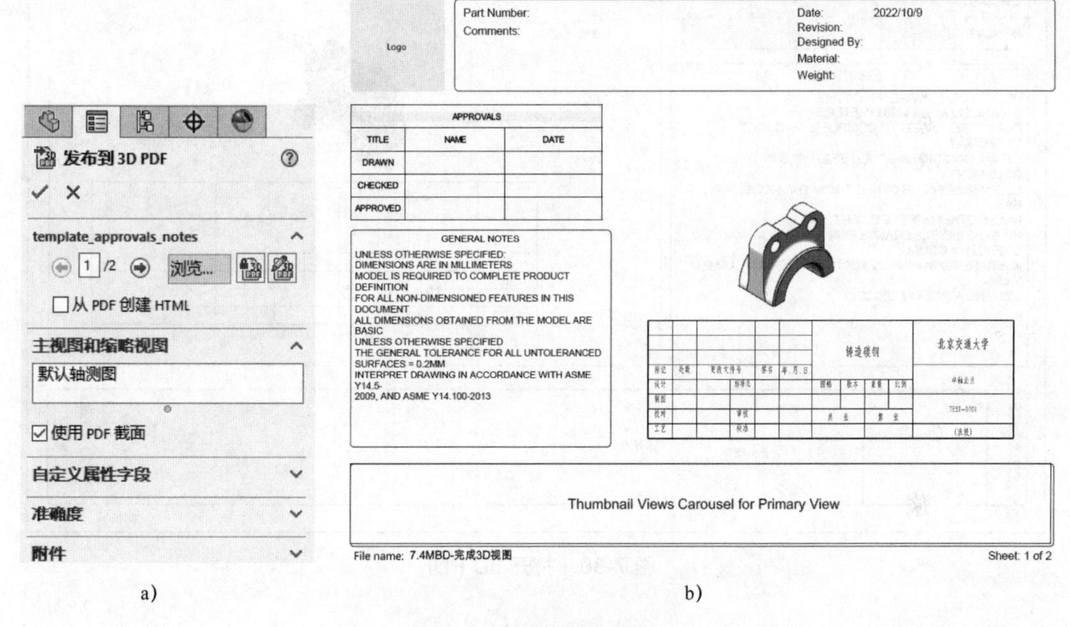

图 7-28　设置输出属性

当输出的 PDF 的安全性要求较高时，选择属性栏中的【安全设置】，弹出如图 7-29 所示对话框，设定安全参数以保护输出的 PDF 文档。

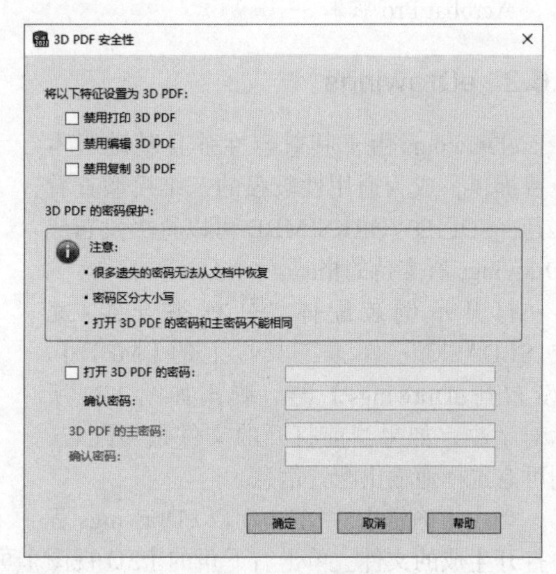

图 7-29　安全设置

单击【下一步】，选择【独立视口】，默认为第二个注解视图，单击【确定】，弹出保存对话框，选择保存的文件夹并输入所需的文件名（默认与当前模型文件同名），单击【保存】完成 PDF 文件的输出。

使用 Adobe Acrobat 打开输出的 PDF 文件，如图 7-30 所示。在下侧可以选择所需查看的注解视图，在模型区域可以对模型进行查看。

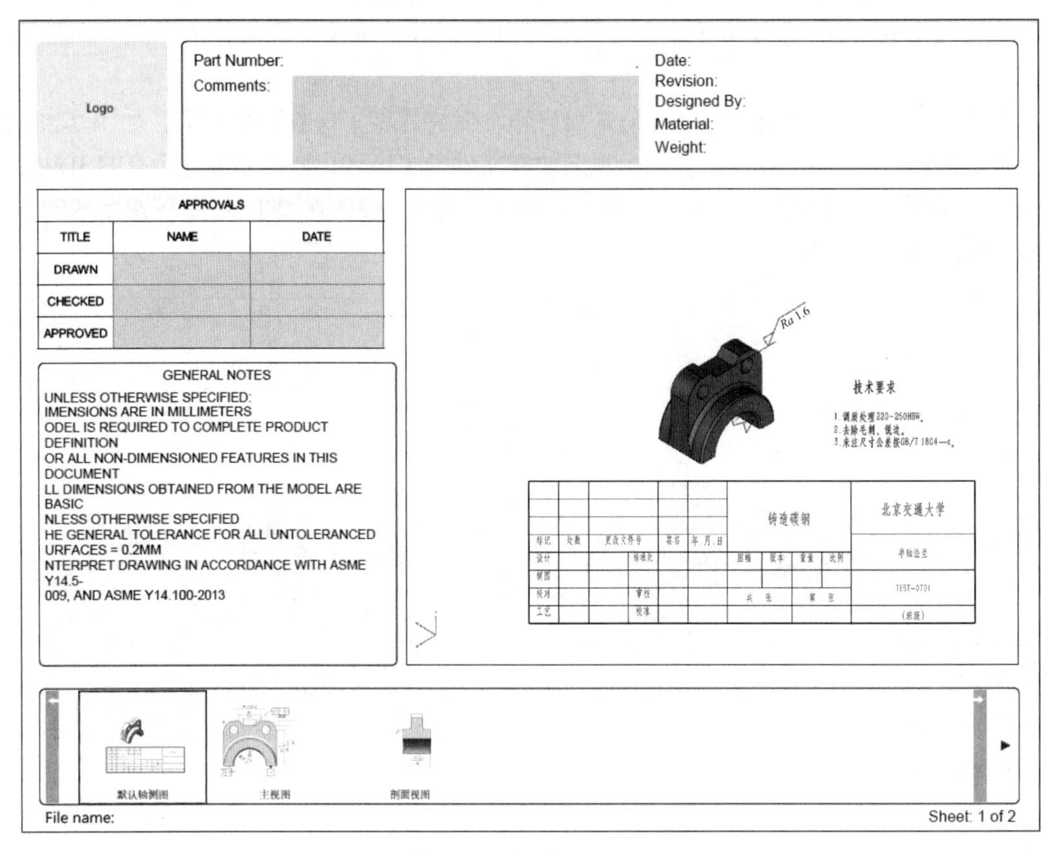

图 7-30　打开 3D PDF

提示：由于 Adobe Acrobat 为功能受限版本，有很多制约限制，建议使用 Adobe Acrobat Pro 版本。

7.6.2　eDrawings

eDrawings 由于其兼容性强且基础版本免费提供，成为通用性较强的三维模型查看工具，SOLIDWORKS MBD 可以直接发布成 eDrawings 所支持的格式。

打开示例装配体“杠杆举升器 - 完成 .SLDASM”。单击工具栏上的【MBD】/【发布到 eDrawings】，弹出如图 7-31 所示对话框，如果当前打开的文件是多配置，则可有选择地输出配置信息。

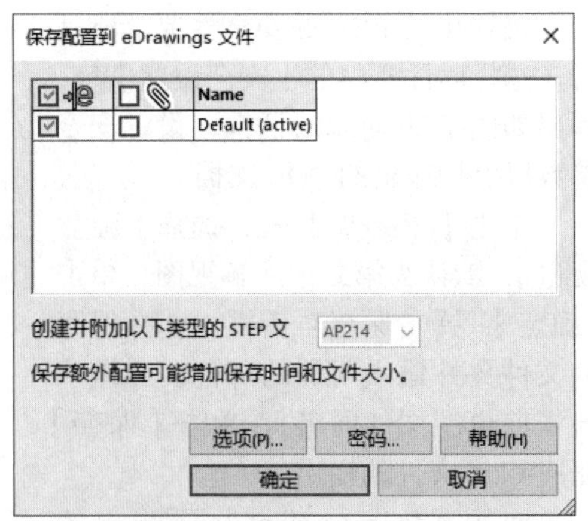

图 7-31　输出 eDrawings

单击【确定】，系统自动以 eDrawings 程序打开生成的文件。单击右下角的【3D 视图】可以展开所有输出的注解视图，单击对应的 3D 视图可切换显示，如图 7-32 所示。

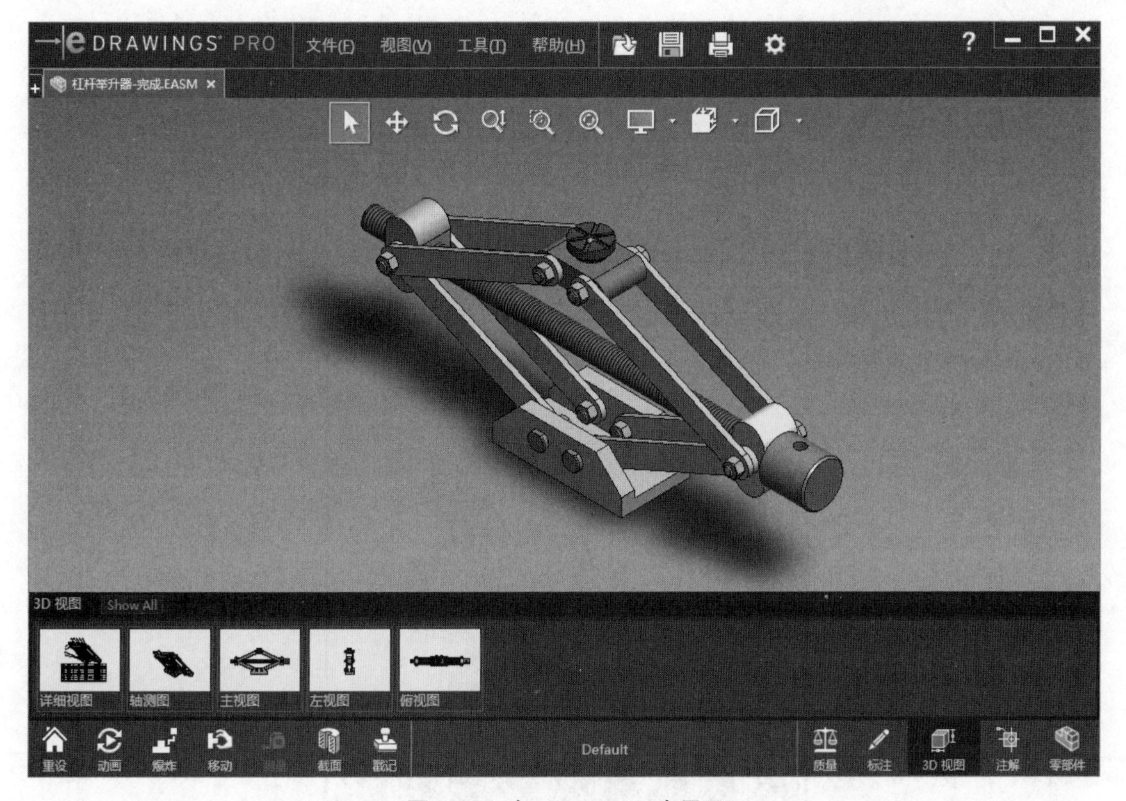

图 7-32　在 eDrawings 中显示

生成的文件需要在 eDrawings 中进行保存。

7.6.3　STEP 242

STEP 242 是兼容性较强的通用三维文件格式，输出操作较简单。单击工具栏上的【MBD】/【发布 STEP 242 文件】，弹出保存对话框，选择保存的文件夹及文件名即可完成输出。

注意：用 SOLIDWORKS 打开 STEP 242 格式文件时，在打开对话框中一定要勾选【包含 PMI】复选框，否则不输入 3D 视图。

7.7　模板定制

3D PDF 是 MBD 输出的主要格式，其输出版式受模板控制。为了输出所需的版式，需要对模板进行定制，SOLIDWORKS 中提供了独立的模板编辑器。

单击工具栏上的【MBD】/【3D PDF 模板编辑器】，打开如图 7-33 所示对话框，可以打开已有的模板在其基础上编辑修改。

注意模板编辑器的【文字】中的【自定义属性字段】，其内容来源于模型的属性信息，如图 7-34 所示，在【自定义属性】中输入模型的属性名称即可实现关联。其余功能均较基础，限于篇幅不再详述。

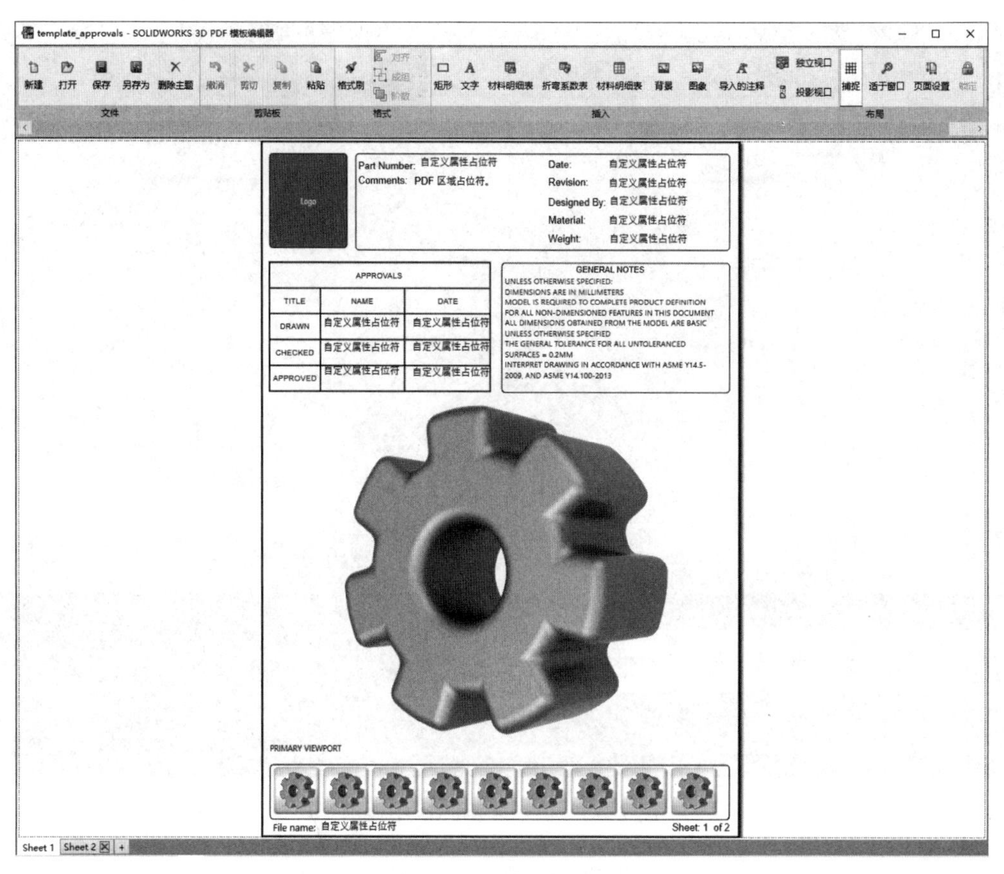

图 7-33　模板编辑器界面

插入文本

文本类型

自定义属性字段

字段名称：

Designed By

说明：

自定义属性

技术支持

配置特定

属性

Arial　12

图 7-34　文本编辑

按图 7-35a 所示版式定义新模板并保存，将零件“7.4MBD- 完成 3D 视图 .SLDPRT”以新模板发布为 3D PDF，结果如图 7-35b 所示。

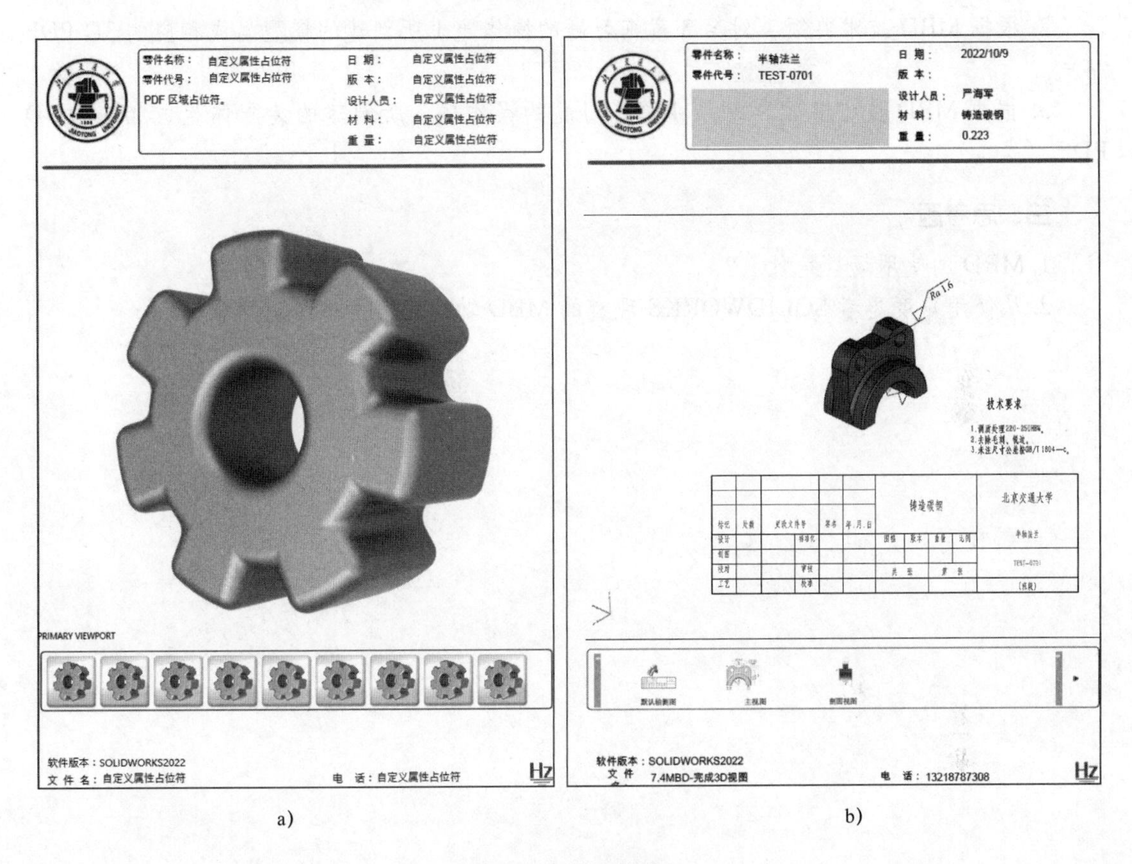

图 7-35　示例模板

企业实际使用时会根据文件类型的不同生成多个模板以供选用，如铸件、钣金件、零件、装配体等，此时需做统一规划，并在使用过程中进行优化以满足实际需求。

MBD 是对传统设计沟通方式的一种革新，MBD 技术将设计、制造、检验、管理信息融为一体，是产品定义方式的革命和未来设计制造技术的发展方向。MBD 的实施是一项长期、复杂而又艰巨的工作，不仅仅要解决技术问题，更主要的是要有效解决由此带来的对企业文化、管理体制、生产方式的冲突。企业在推动 MBD 技术应用时，一定要在典型产品应用成功的基础上，确立相关规范，逐步实现整个企业的扩展应用。

练习题

一、简答题

1. 简述 MBD 的定义及其所包含的内容。
2. 简述 3D 视图的作用。
3. MBD 可发布为哪几种格式？各有什么优缺点？

二、操作题

1. 创建 3D PDF 模板，版式自拟。

2. 根据 MBD 技术要领，对第 3 章练习题的操作题 1 所创建的模型生成相应的 3D PDF 格式。

3. 根据 MBD 技术要领，对第 4 章练习题的操作题 2 所创建的装配体生成相应的 3D PDF 格式。

三、思考题

1. MBD 的使用场景是什么？

2. 从使用角度思考 SOLIDWORKS 现有的 MBD 功能还需哪些革新增强？

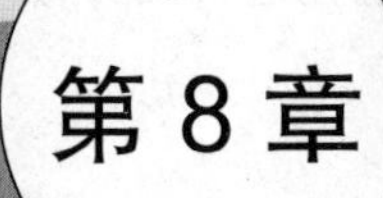

第8章 SOLIDWORKS PDM 产品数据管理

| 学习目标 |

1. 了解 PDM 的定义及其应用场景。
2. 熟悉流程的定义。
3. 熟悉权限的分配。
4. 熟练掌握 PDM 客户端的操作方法。
5. 掌握版本控制方法。

8.1 SOLIDWORKS PDM 功能简介

8.1.1 PDM 基本概念

随着产品项目设计复杂度的提高，单打独斗的设计已无法满足设计周期性要求，需要团队分工协调共同完成，项目不同成员之间的沟通需要一套系统进行管理，以保障信息沟通顺畅、传达及时。对于设计人员个体而言，设计过程中的迭代过程数据如何管理也是非常棘手的问题。随着企业信息化程度的提高，ERP、MRP、MES、CRM 等管理类系统在企业得到了大量的应用，而不同系统、不同部门需要不同的信息数据，其基础来源大多出自设计数据，如何准确及时地让其他系统和部门获得所需的数据，也是企业管理中的难题。PDM 的出现，正是为了解决这些问题，通过 PDM 系统将设计数据进行统一管理，协调流程、数据同步、按需授权，PDM 正成为企业设计部门重要的管理工具，能有效地提高设计、沟通效率。

PDM（Product Data Management）定义为产品数据管理，CIMData 给出的具体含义为“PDM 是一种帮助工程师和其他人员管理产品数据和产品研发过程的工具。PDM 系统确保跟踪那些设计、制造所需的大量数据和信息，并由此支持和维护产品。”从职能范畴上看，PDM 主要是技术研发设计部门，以设计数据为主要管理对象。

随着管理对象的增加、数据链的延长，作为 PDM 的延伸与扩展，业界又提出了 PLM（Product Lifecycle Management）的概念。PLM 定义为产品生命周期管理，CIMData 给出的具体含义为“PLM 是一种战略性的商业方法，它应用一组一致的业务解决方案来支持在扩展企业内创建、管理、分发和使用覆盖产品从概念到消亡整个生命周期的定义信息，它集成了人、过程和信息。”狭义的 PLM 可以看成是“CAX（产品创新的工具类软件）+cPDM（产品创新的管理类软件）+ 咨询服务”；而理想的 PLM 则包含了 PDM、MPM（工艺规划）、

MES（生产执行）、MRO（产品维护），实现以产品为核心的从概念形成到产品消亡全过程的数据流统一，并向其他管理类系统提供有效的数据信息，以支撑企业信息化进程的体系建设。

8.1.2 SOLIDWORKS PDM 简介

SOLIDWORKS PDM 是一款基于 SQL 数据库的设计数据管理系统解决方案，帮助企业对产品设计数据进行有效的管理与共享。通过自动化流程能更好地使设计各个环节及时、有效地获取信息；利用权限管理控制数据的安全性，减少数据安全风险；对 SOLIDWORKS 的全集成能有效地减少因关联问题出现的各种数据报错现象；基于数据库，细化到属性的搜索能快速定位到设计人员所感兴趣的数据。

SOLIDWORKS PDM 产品有两种交付形式，分别为 SOLIDWORKS PDM Standard 和 SOLIDWORKS PDM Professional。SOLIDWORKS PDM Standard 随 SOLIDWORKS Professional 或 SOLIDWORKS Premium 提供，而 SOLIDWORKS PDM Professional 需要单独购买许可。本教材所涉及的内容均以 SOLIDWORKS PDM Professional 为蓝本。

SOLIDWORKS PDM 由管理端与客户端两部分组成。管理端用于对系统进行配置定义，其界面如图 8-1 所示，变量、权限、流程、属性卡、模板等均在管理端进行配置定义，客户端的操作均遵循着管理端的定义规则。

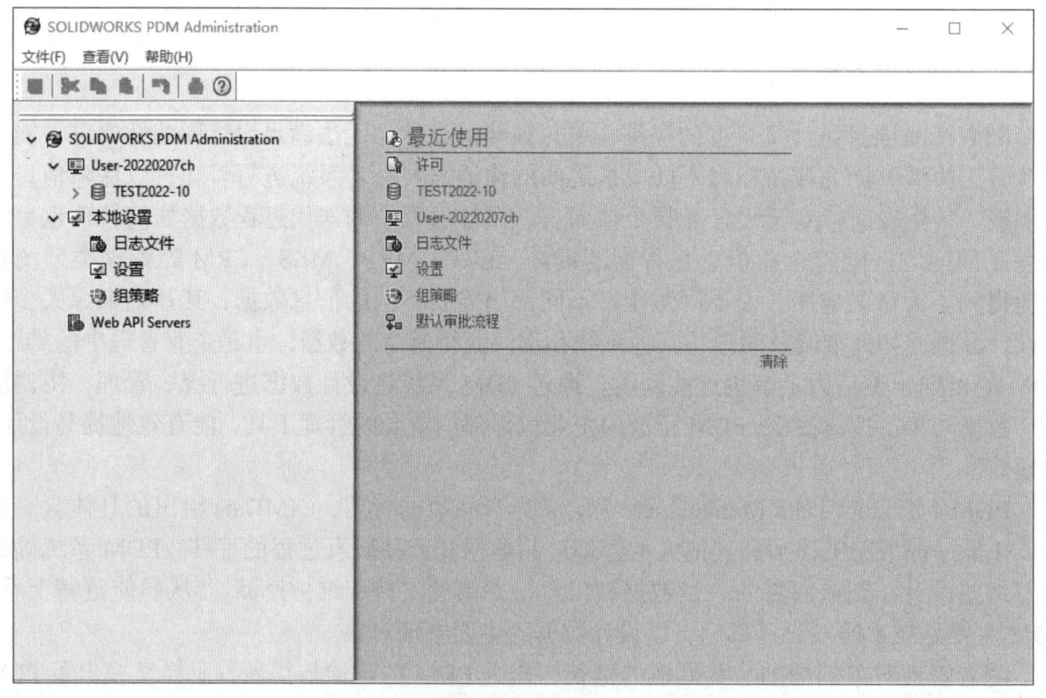

图 8-1 管理端界面

SOLIDWORKS PDM 的客户端界面基于 Windows 资源管理器，如图 8-2 所示，两者融为一体，功能操作、属性查询、模型预览均通过资源管理器完成，这大大降低了 PDM 的学习成本，无须专门学习即可使用，能有效减少系统上线周期，提高操作效率。

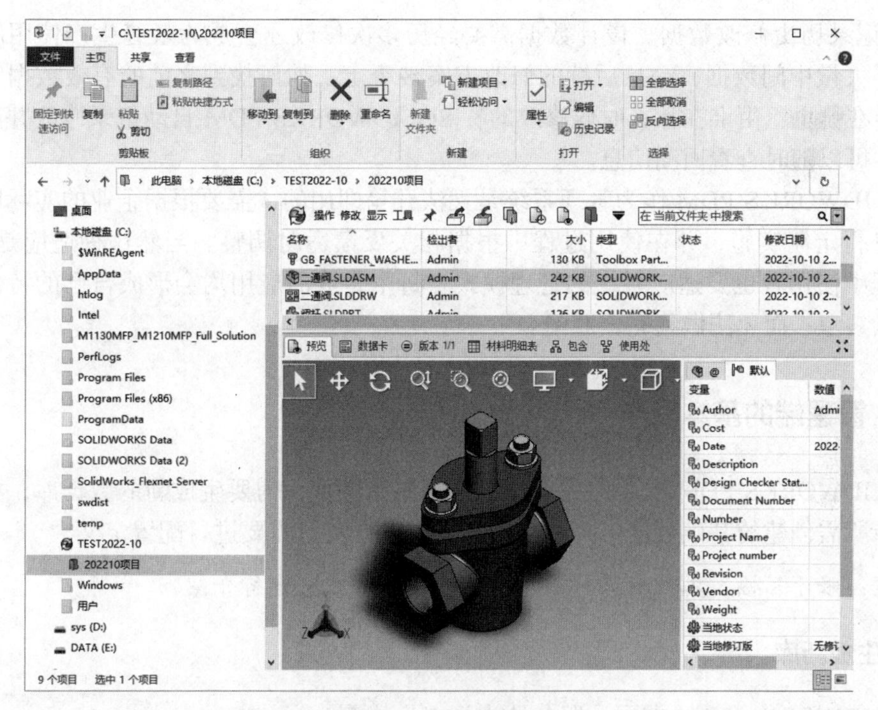

图 8-2　客户端界面

SOLIDWORKS PDM 可以给企业设计流程带来较大的变革，其带来的收益也是非常明显的，主要体现在以下几个方面：

1）迅速地找到需要的数据。从设计效率上看，利用历史数据进行修改，能迅速地完成产品的设计，而要用到历史数据，首先是查找。如何知道是否存在类似的设计？应该去哪儿找？如何知道哪个设计具有满足需求的相似特性？又如何知道这些设计的说明文档、工程图、材料明细表等关联信息？通过传统的文件名搜索显然效率低下，无法快速精准定位。SOLIDWORKS PDM 带有强大的搜索功能，可以按文档的属性进行快速搜索。文档属性可以自定义，根据企业的产品特点添加合适的定义，如气缸设计，可以将缸径、行程、安装方式、接口形式等定义为属性，后续可通过这些自定义的属性在数据库中快速找到所需的数据。

2）控制文档权限按需访问。企业的设计数据总是处于增量状态，人为管理较为困难，而且随着人员的变动，如何确保数据是有效状态？如何确保不会用错误的修订版本覆盖有效文件？是否所有人员都具备查阅、修改的权限？如何杜绝文件不会被无意损坏、删除或更改？ SOLIDWORKS PDM 可以严格地控制修订，对工作流程进行标准化并管理访问权限，确保只有指定的授权人员才可以访问或更改文件，从而确保数据安全，且通过 WEB 服务可以控制全球协作者对数据的访问。

3）优化管理流程。设计过程中产生的数据有多种类型，如模型数据、设计计算书、工艺文档、客户反馈单等，不同数据类型需要不同的流程进行流转，如何让这些数据流程按既定的规则流转？如何让相关人员及时得到关联的信息推送？流程中的意见如何汇总归集？文档修改后如何通知相关人员？这些都是人工管理数据时的难点。SOLIDWORKS PDM 通过流程定义，可以对文档进行分类流程管理，流程需要更改时，只需在管理端对已有的流程进行编辑。

4）记录历史修改数据。设计数据需要经历多次修改才会成为最终生产使用版本，修改产生了大量中间数据，一旦后续的修改方案被否定，如何找到之前的有效数据？两次修改的差异在哪里？由谁在什么时候修改的？SOLIDWORKS PDM 自动记录修改并产生相应的版本，可以随时查看回溯信息。

SOLIDWORKS PDM 作为管理系统是无法开箱即用的，需要根据企业的实际应用场景和需求进行定制实施，并在使用过程中根据相关反馈适时调整。当然这种适应是相互的，使用过程中使用者也要适应系统的管理模式。每个企业的应用均会形成自己的特色，历史经验可以参考，而无法做到完全通用。

8.2 管理端的基本操作

SOLIDWORKS PDM 安装完成后没有任何原始数据，需要生成新的数据库，根据系统模板选择所需创建的基础数据，并在基础数据上根据实际需要进行配置定义。

注意：限于篇幅，本教材只对最基本的管理配置定义进行介绍。

8.2.1 生成新库

SOLIDWORKS PDM 在同一服务器中可以生成多个数据库，这为使用者的学习操作体验提供了便利。

在 Windows 程序组中选择【SOLIDWORKS PDM】/【管理】，出现如图 8-1 所示对话框。在服务器名称上右击，如图 8-3 所示，选择【生成新库】。

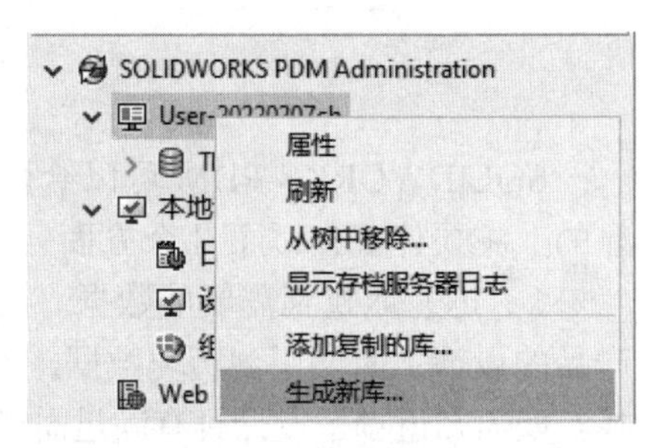

图 8-3 生成新库

弹出如图 8-4a 所示对话框，单击【下一步】，弹出如图 8-4b 所示对话框，选择【SOLIDWORKS PDM Professional 库】。

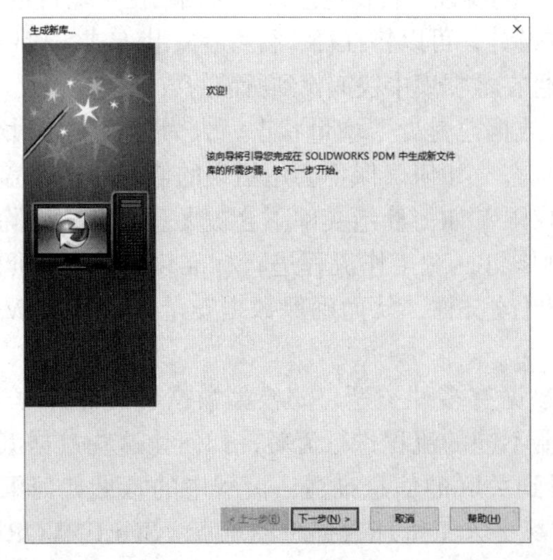

a)

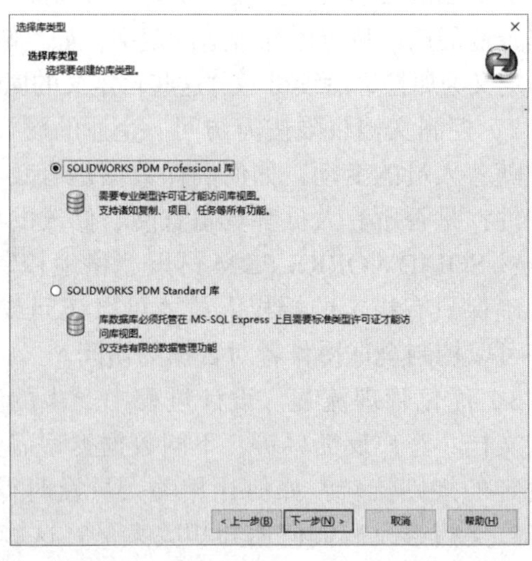

b)

图 8-4 选择库类型

单击【下一步】，输入库名称“数字化智能设计”，如图 8-5a 所示，根据需要输入库说明（库说明只是备注信息，可以省略）。单击【下一步】，如图 8-5b 所示，选择库存档文件夹，当前服务器默认只有一个库存档文件夹。

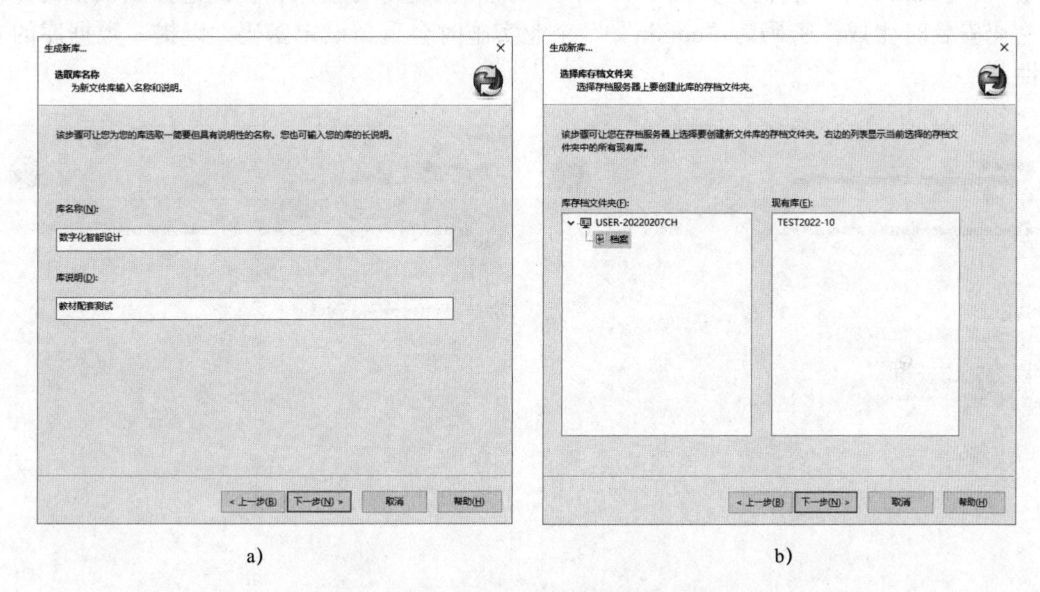

图 8-5　输入库名称并选择库存档文件夹

单击【下一步】，选择 MS-SQL 服务器。在下拉列表中选择可以访问的数据库，也可以输入服务器的 IP 地址，如果是本机作为数据库服务器，可以输入“127.0.0.1”或“(local)”，如图 8-6a 所示。单击【下一步】，确认许可证服务器，如图 8-6b 所示。SOLIDWORKS PDM 许可证服务器与存档服务器可以是不同的计算机，这在企业里是很常见的部署方式。如果可用的许可证服务器不在列表中，可以单击【添加】，输入服务器信息，格式为“25734@服务器 IP 地址”。

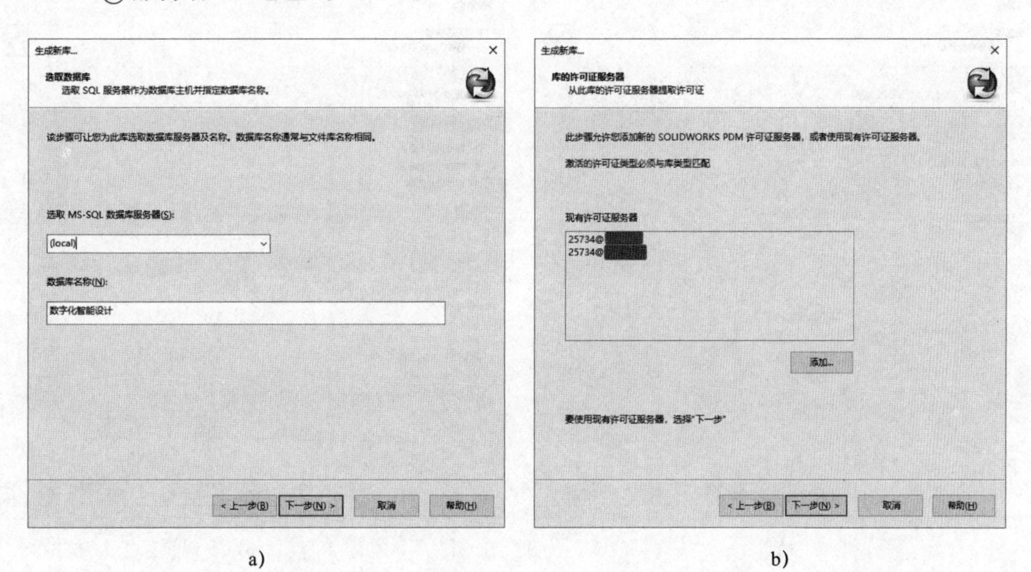

图 8-6　选择服务器

注意：如果没有匹配的许可，后续将无法操作。

单击【下一步】，选择区域设置，如图 8-7a 所示，在此保持默认值即可。单击【下一步】，设定 admin 用户密码，如图 8-7b 所示，此库只是练习使用，在此选择默认密码（默认密码安装时生成，密码为“admin”）。企业实施时会重新设定密码，以提高数据库的安全性。

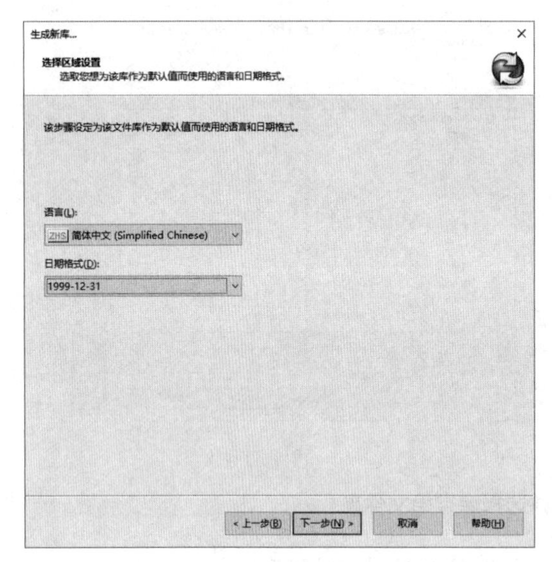

a)

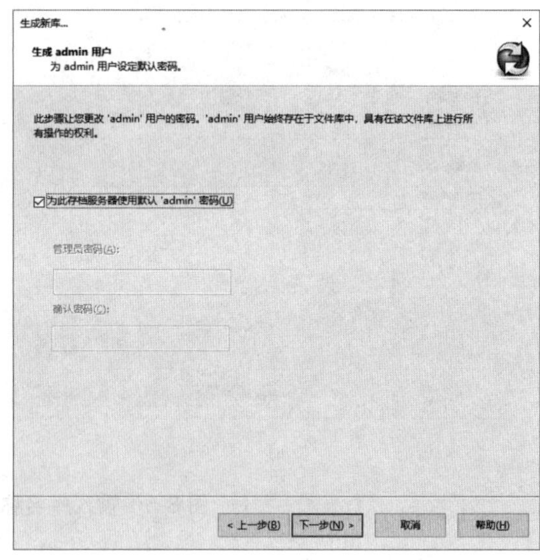

b)

图 8-7　选择区域并设置密码

单击【下一步】，选择库的配置，如图 8-8a 所示，选择【默认】配置。单击【下一步】，可以对配置模板中的信息进行二次选择，如图 8-8b 所示，在此保持默认值。

a)

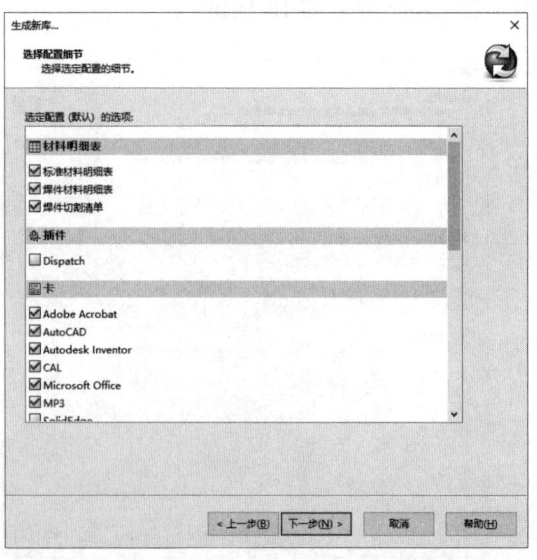

b)

图 8-8　选择配置

提示：SOLIDWORKS PDM 可以将已有的库输出为“cex”配置文件，可以直接引用，以减轻配置定义的工作量。

单击【下一步】，弹出新库的汇总信息，如图 8-9a 所示，单击【完成】，系统根据输入的信息创建新的库。创建完成后在管理端界面可以看到新创建的库，如图 8-9b 所示。

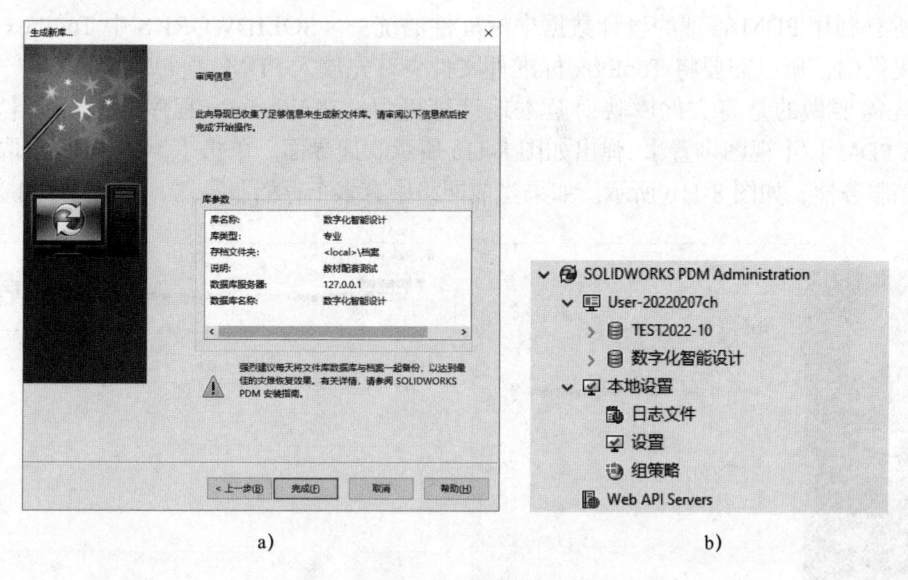

a)　　　　　　　　b)

图 8-9　创建库

创建库是使用 SOLIDWORKS PDM 的第一步，学习时可以创建多个库以熟悉整个创建过程。

8.2.2　登录库

在 PDM 管理端双击新生成的库，弹出如图 8-10a 所示登录框，输入密码后单击【登录】，进入当前所选的库。管理端界面列出了当前账号可用的功能，如图 8-10b 所示。

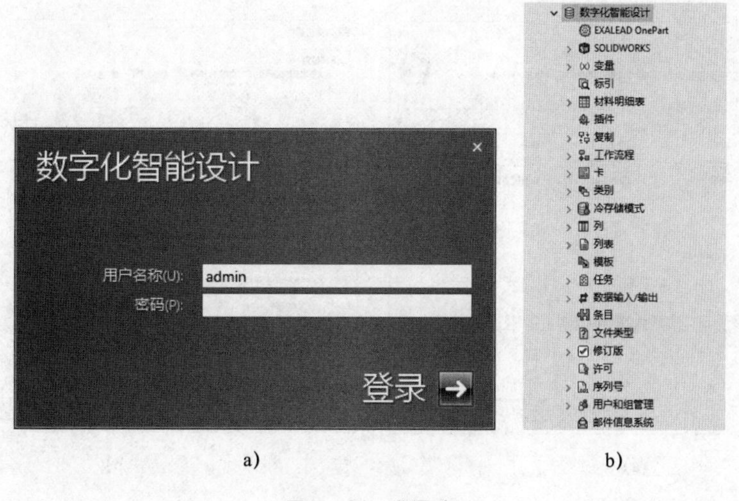

a)　　　　　　　　b)

图 8-10　登录库

8.2.3 配置 Toolbox

产品设计中标准件是必不可少的对象，SOLIDWORKS 通过 Toolbox 提供基本的标准件模型。在没有 PDM 前，标准件分散在每个设计人员的计算机中，在数据交流时会经常出现标准件规格变化、找不到标准件等现象，在使用了 PDM 后可以由 PDM 进行统一管理，以保证所有利用 PDM 管理的设计数据中标准件的统一。SOLIDWORKS 中 Toolbox 是以文件方式提供的，所以需要将 Toolbox 标准件文件夹首先放入 PDM 文件库中。

首先需要做的是将文件库映射至本地计算机中。在 Windows 程序组中选择【SOLIDWORKS PDM】/【视图设置】，弹出如图 8-11a 所示欢迎界面。单击【下一步】，选取需要映射的存档服务器，如图 8-11b 所示。如果当前网络中有多个存档服务器，均会出现在列表中。

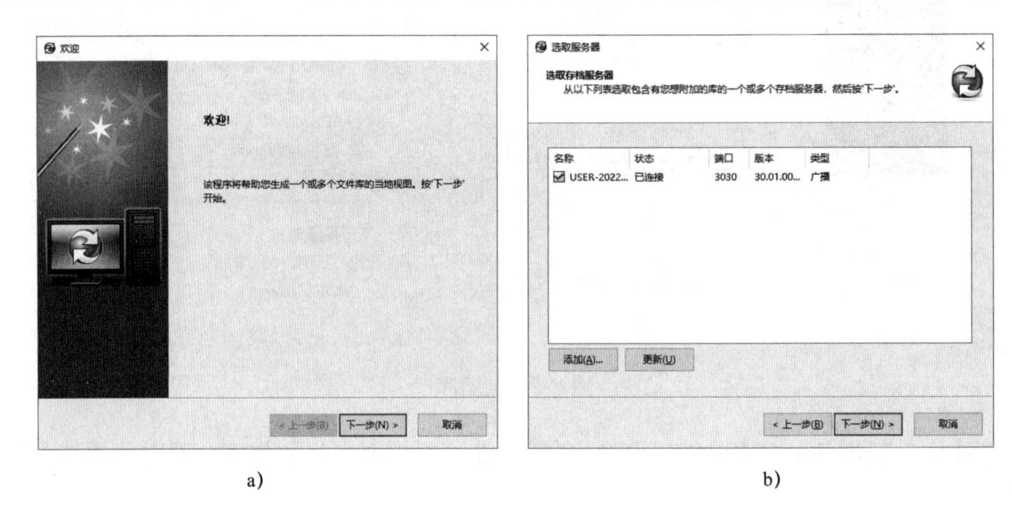

a) b)

图 8-11 选取存档服务器

单击【下一步】，弹出如图 8-12a 所示对话框，选取新创建的库"数字化智能设计"。单击【下一步】，选择文件库视图放置的文件夹位置，如图 8-12b 所示，通常选择根目录作为文件夹位置。

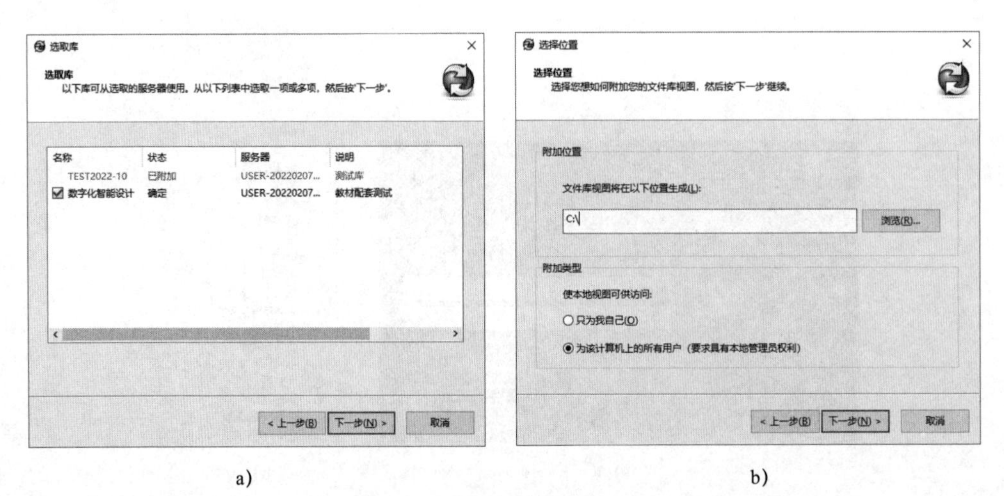

a) b)

图 8-12 选取库并选择位置

单击【下一步】，弹出视图设置汇总信息，如图 8-13a 所示。单击【完成】，系统根据输入的信息完成本地视图的创建，创建完成后可以在资源管理器中看到新映射的文件夹，如图 8-13b 所示。

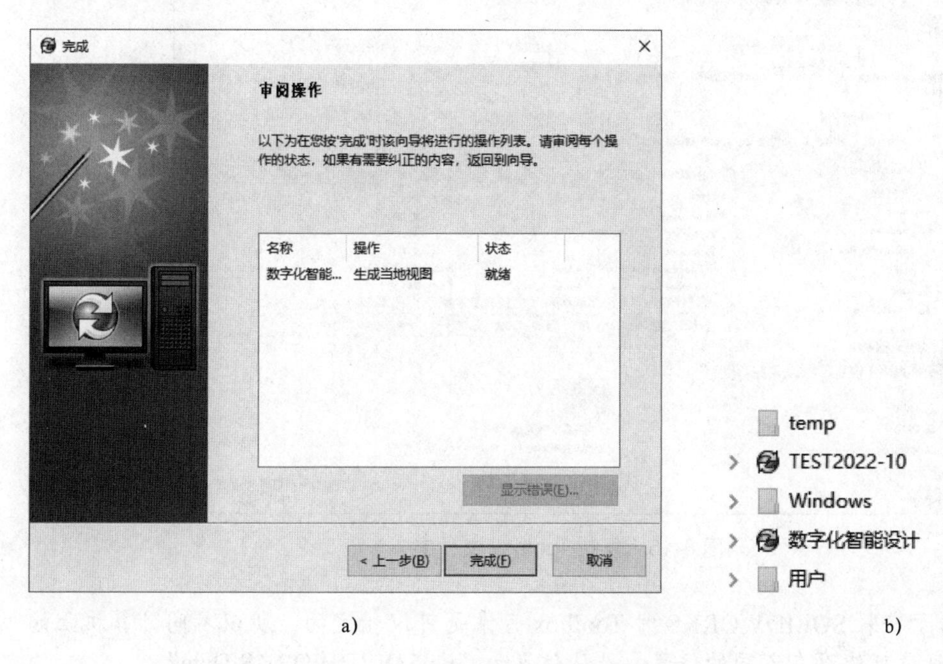

a)　　　　　　　　　　b)

图 8-13　生成本地视图

在资源管理器中单击本地视图文件夹，弹出如图 8-14a 所示登录框，输入用户名及对应的密码，单击【登录】，进入本地视图文件夹，如图 8-14b 所示，该文件夹默认为空白文件夹，没有内容。

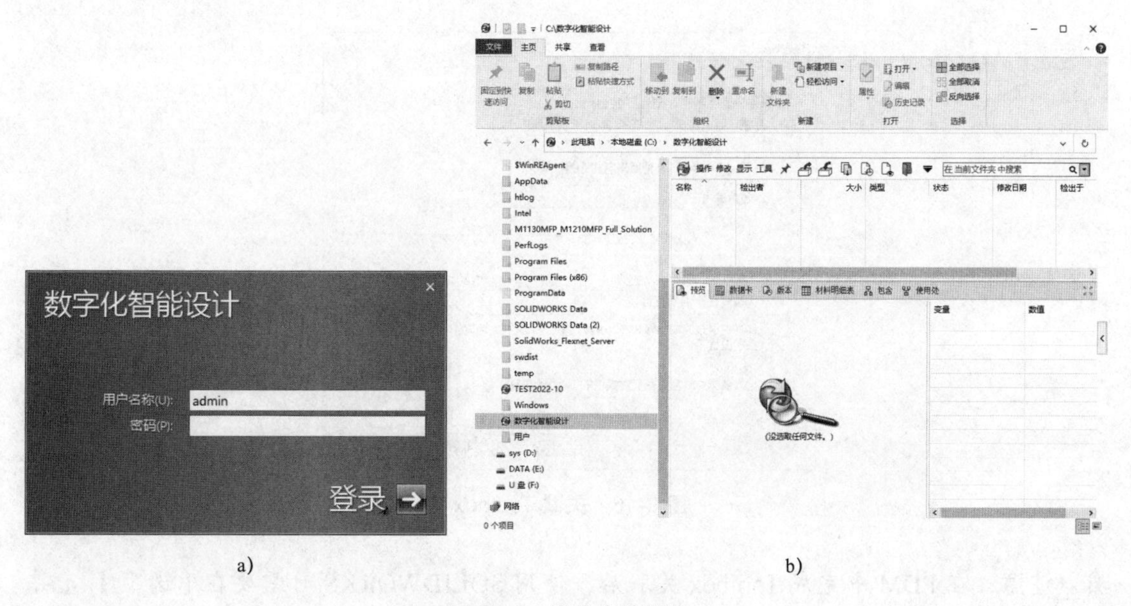

a)　　　　　　　　　　b)

图 8-14　登录本地视图

在该文件夹下新建一个文件夹并命名为“共享文件”，将 SOLIDWORKS 的 Toolbox 文件夹下的所有文件均复制至该文件夹下，如图 8-15 所示。

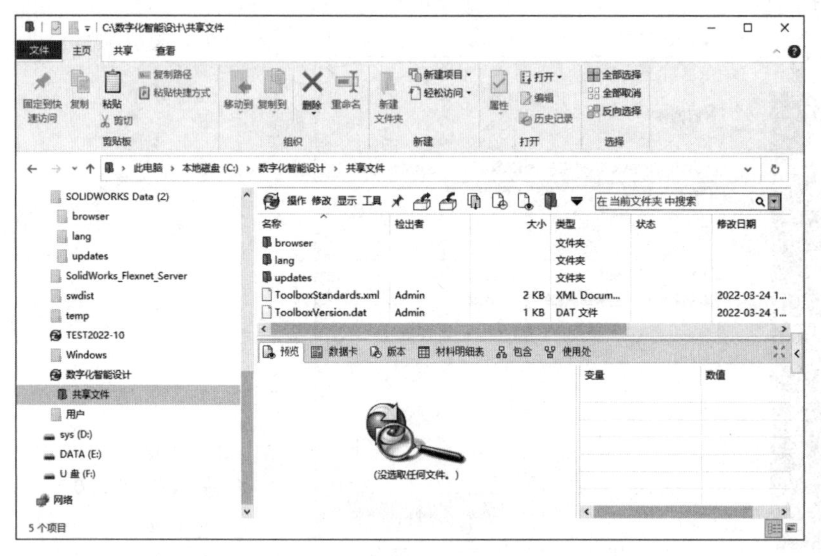

图 8-15　复制 Toolbox 文件夹

提示：由于安装 SOLIDWORKS 时 Toolbox 目录是可以指定的，所以不同计算机上的 Toolbox 目录可能存在不同的位置，默认位置为“C:\SOLIDWORKS Data”。

复制完 Toolbox 文件夹后返回 PDM 管理端，双击“SOLIDWORKS”中的“Toolbox”，弹出如图 8-16 所示对话框，勾选【在库中管理 SOLIDWORKS Toolbox】复选框，此时系统会自动搜索在本地视图中的 Toolbox 文件夹并进行关联。如果【Toolbox 根文件夹路径】中没有出现复制的文件夹，可以单击【…】进行手工添加。单击【确定】完成关联。

Toolbox

☑在库中管理 SOLIDWORKS Toolbox

注意：要求有 SOLIDWORKS 2010 或以后版本

在访问 Toolbox 时，使用来自此处的权限：

<登录的用户>

Toolbox 根文件夹路径：

数字化智能设计\共享文件\

☐允许客户更改 SOLIDWORKS Toolbox 选项“将该文件夹作为 Toolbox 零部件的默认搜索位置”

☑在检入装配体时搜索子文件夹内的 Toolbox 零件

确定　取消　帮助

图 8-16　关联 Toolbox

注意：在 PDM 中完成 Toolbox 关联后，使用 SOLIDWORKS 时需要在【选项】/【异型孔向导】中将 Toolbox 文件夹指定为 PDM 中的文件夹。

8.2.4　变量

变量是 SOLIDWORKS PDM 中的核心项，通过变量的定义与关联来实现数据的互联互通。利用变量可以获取管理对象中的各项数据，包括材料、质量、自定义属性等，融合至 PDM 作为原始数据，并可输出至其他需要的场合，如 ERP 系统等。

提示：这里的管理对象包括 SOLIDWORKS 模型、Office 文档、dwg 二维图等。

系统默认带有常用的变量，对于 SOLIDWORKS 常用的属性如名称、代号等，系统已定义了变量，在此对其进行编辑，以使这些变量值与模型中的相应属性字段关联，这样在模型导入 PDM 时，这些属性将作为数据读入 PDM 系统。双击变量下的“名称”，弹出如图 8-17a 所示对话框，可以看到只定义了变量名称，其他信息均未定义。单击【新属性】，在【块名称】下拉列表中选择“CustomProperty”，在【属性名称】文本框中输入“名称”，在文件扩展列表中选择“sldasm，slddrw，sldprt”，如图 8-17b 所示，单击【确定】，完成名称的属性关联。使用同样的方法对代号属性进行关联。

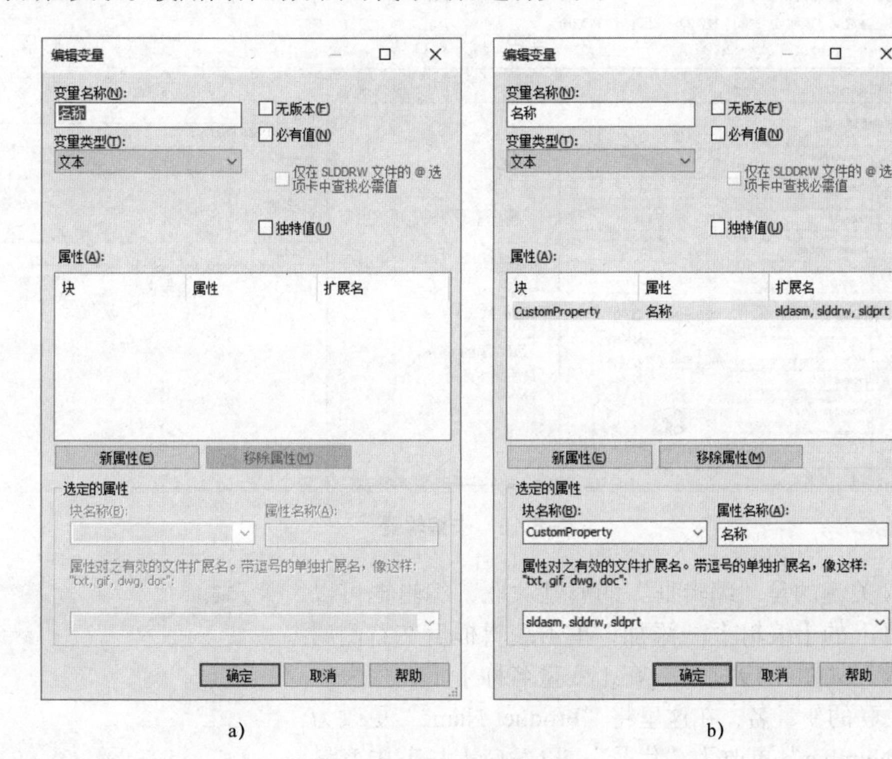

a)　　　　　　b)

图 8-17　编辑变量

提示：很多企业将“代号”属性作为文档唯一识别符，为了防止零部件产生相同的代号，会将代号属性设为【独特值】，这样在有相同代号的零部件导入 PDM 时，系统会给出警告。

在“变量”上右击，在快捷菜单上选择【新变量】，可以根据需要增加新的变量。企业在实施 PDM 时通常会从文档特性、方便管理、其他关联系统的需要等角度对变量进行系统规划。

8.2.5 卡

卡在 SOLIDWORKS PDM 中直接与最终用户互动，客户端在选择文件夹、文件时，卡所定义的内容作为显示信息呈现在使用者面前，对变量值的修改也是通过卡进行交互，卡定义是否合理将直接影响着系统使用的便捷性。

SOLIDWORKS PDM 中卡是按类型分类的，不同类型对象的卡可以定义成不同的版式，使用较多的是文件卡。例如 SOLIDWORKS 装配体与零件所展示的信息会有所不同，装配体关注项目名称、客户信息、装配特性、产品参数等信息，而零件更关注材料、重量、热处理等信息，通常会根据企业产品特点取最大包容的信息，使用时填写实际内容即可。

展开“卡”/“文件卡”，双击“SOLIDWORKS Part Card（eprt,sldprt）”，弹出如图 8-18 所示卡编辑器，编辑卡时首先要确定该卡所针对的文件对象，在右侧【卡属性】中的【文件扩展名】中输入需关联的文件扩展名。

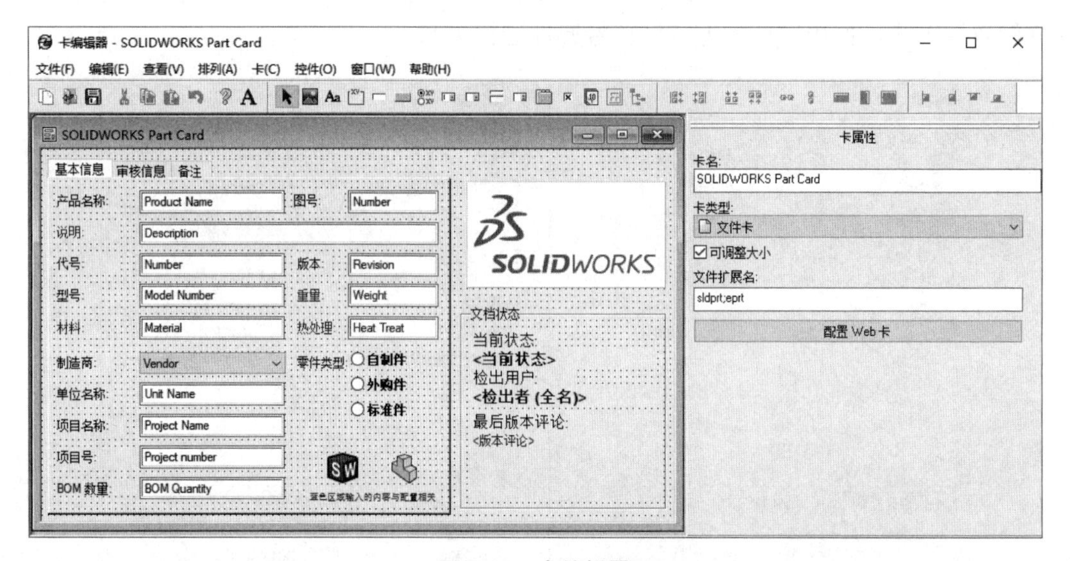

图 8-18 卡编辑器

卡中最关键的是“编辑框”的属性关联，编辑框可以通过工具栏上的【编辑】添加，单击编辑框后在右侧属性栏中修改，如图 8-19 所示，在【变量名称】下拉列表中选择需要关联的变量名，在这里将“Product Name”更改为“名称”，“Number”更改为“代号”，以对应上一节中变量的更改。

提示：练习时注意与变量的对应，可尝试更多属性的更改。

版式中的 SOLIDWORKS LOGO 是图片形式，选择后在属性栏中可以选择新的图片进行替换，结果如图 8-20 所示。系统所支持的格式包括 bmp、ico、avi。编辑完成后保存当前修改并关闭卡编辑器。

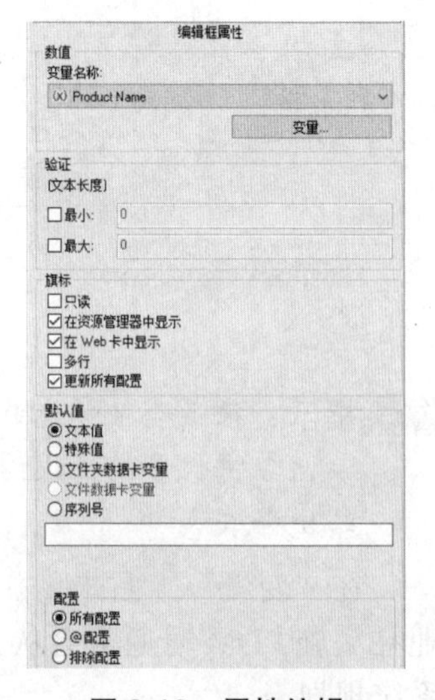

图 8-19 属性编辑

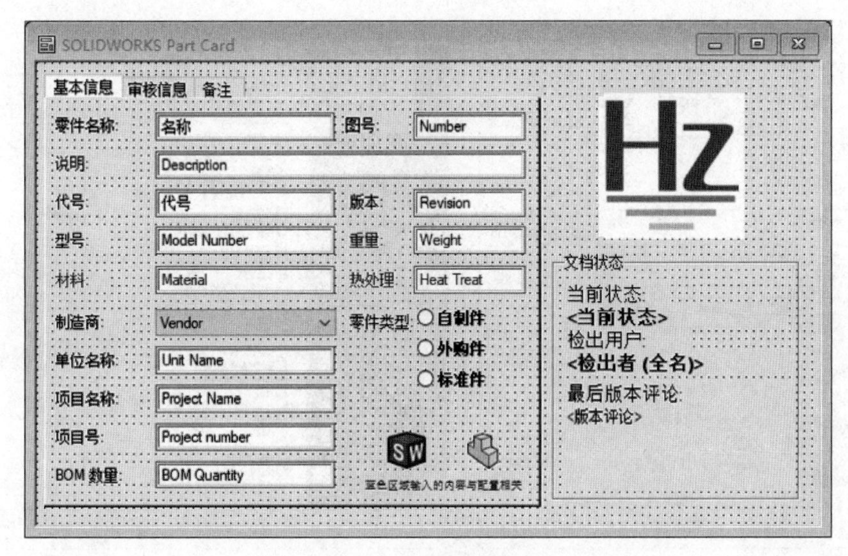

图 8-20　卡编辑结果

使用同样的方法更改装配体的卡，将“Product Name”更改为“名称”，“Number”更改为“代号”。

卡的编辑除了要显示所关心的内容，还要兼顾方便查阅的特性。

8.2.6　用户和组管理

SOLIDWORKS PDM 通过权限的设定来保护库中数据，确保数据被合适的人访问。系统通过用户和组两种形式进行管理，权限既可以分配给具体的用户，也可统一分配给组，组所属成员自动继承组的权限。

在“用户和组管理”/“用户”上右击，选择【新用户】，弹出如图 8-21a 所示对话框，单击【新 SOLIDWORKS PDM 用户】，在弹出的对话框中输入新用户的名称“金杰”，单击【确定】后输入登录密码及其他相关信息。单击【下一步】，弹出如图 8-21b 所示的详细信息设置对话框，主要关注的是【文件夹权限】、【状态权限】和【变换权限】。【文件夹权限】设置时需选择具体的文件夹，以设定读取、检出、删除等权限；【状态权限】是依据流程状态进行设置的，如设计中的文件能否读取、检出、删除等；【变换权限】用于设置流程中的文档是否能更改状态，如由设计提交审核。从安全角度出发，默认新增加的用户不具有任何权限，用户不能管理文件，除非同时拥有文件夹权限和相应的状态权限。例如，要检出文件，用户必须同时拥有文件所在的文件夹的检出文件权限以及文件所处状态的检出文件权限。

提示：关于删除和销毁的权限通常是比较慎重的，只会赋予关键人员，尤其是销毁权限。

为了方便管理，通常会利用“组”对权限进行统一管理，系统默认将新增加的用户自动添加至“设计师”组中，“组”权限的设置方法与“用户”相同。企业使用时通常会随时对权限进行调整，如人员职务变动、调岗、离职等均会适时进行调整，调整后的权限会即时生效。

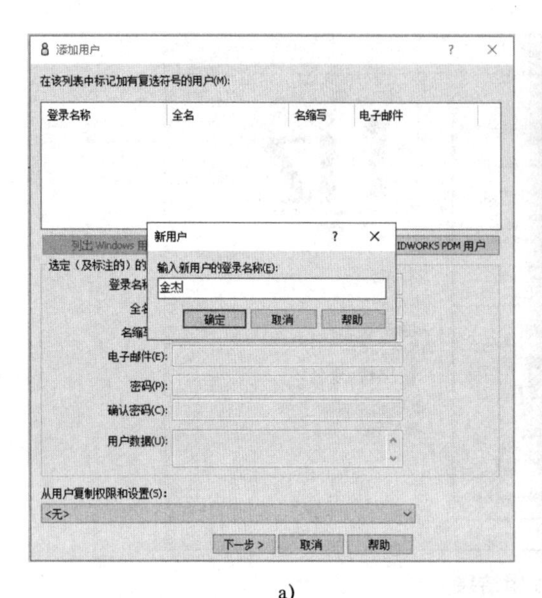

a)

b)

图 8-21　添加用户

请尝试按系统默认的组设置，增加用户金杰（设计师）、李荣华（设计师）、严海军（设计师）、谷佳宾（工艺师）、董向前（标准化）、石岩（审核主管）、冯欣（经理总师），并赋予他们对本地视图文件夹根目录除了删除、销毁、移动、指派之外的所有权限。

8.2.7　工作流程

工作流程通过一系列操作的预先定义可以使设计过程规范化，确保合适的人在正确时间接收到相关信息，并根据这些信息按部就班地完成相关任务，使整个设计流程变得顺畅，提高设计人员的沟通效率，并对整个流程信息进行记录，方便事后追溯。

SOLIDWORKS PDM 带有默认的审批流程，如图 8-22 所示。流程主要由状态与变换组成。状态信息会出现在资源管理器的“状态”栏中，以提示文档当前的状态。变换用于在当前任务完成后提交给后一道流程，而后一道流程的负责人员会自动接收到相关信息，

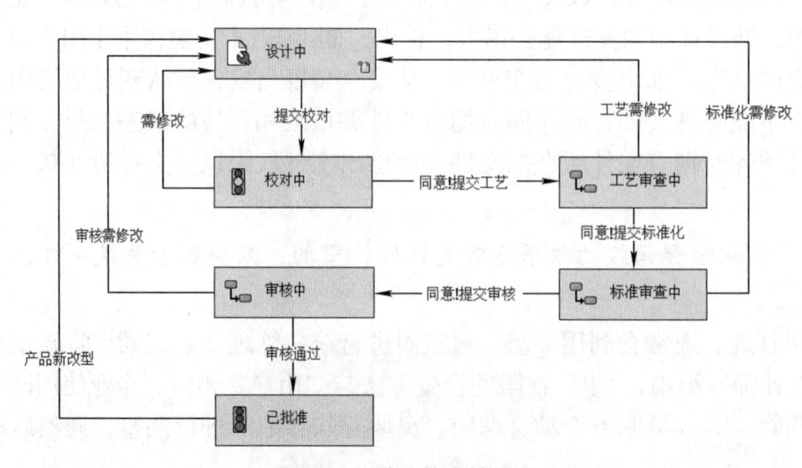

图 8-22　默认的审批流程

根据任务分配完成相应工作。

默认的审批流程由设计中、校对中、工艺审查中、标准审查中、审核中和已批准六个状态及互相间的 10 个变换组成。单击状态弹出如图 8-23 所示对话框，设定所选状态下的权限，这与权限定义中的内容是相关联的，默认是设定到组，也就是权限列表下的组所具有的权限，可对当前状态的授权对象进行增减。

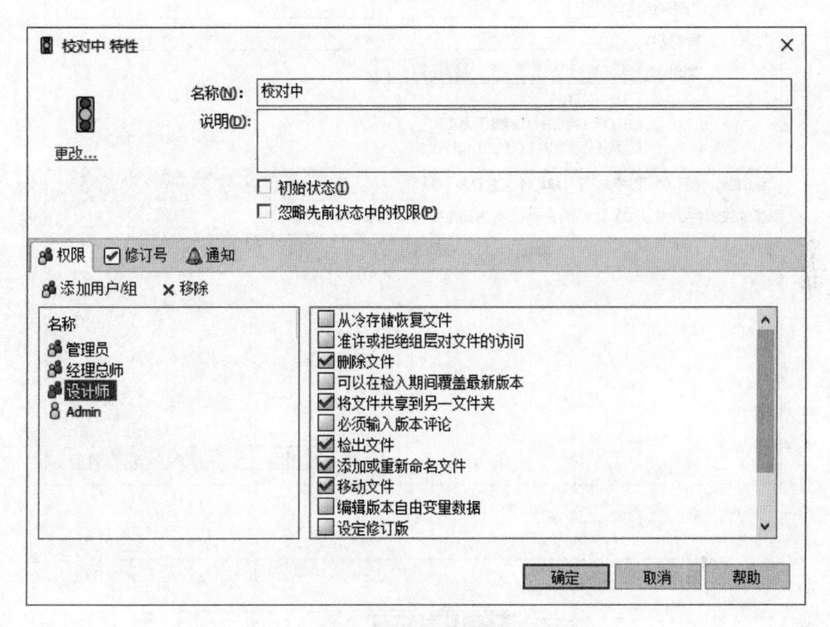

图 8-23　状态设置

单击变换弹出如图 8-24 所示对话框，同样需要进行权限设置，确定可以进行变换的人员，并可通过【条件】进行限定，达到条件方可进行变换。

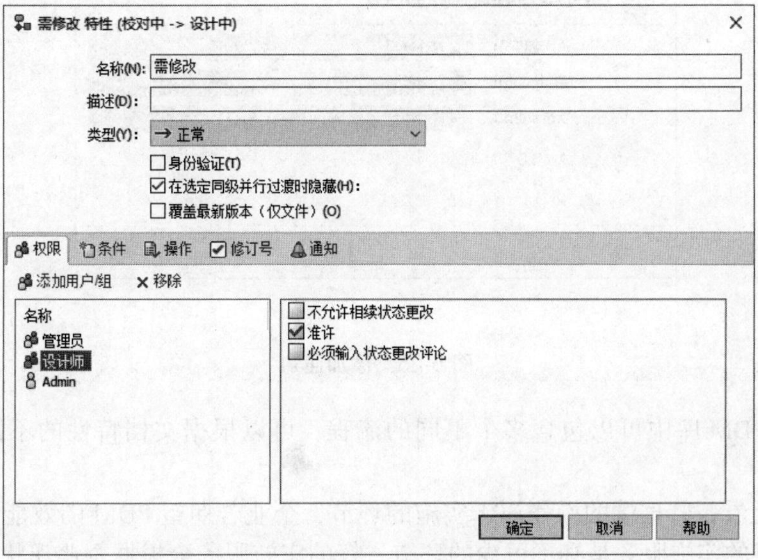

图 8-24　变换设置

为了能在状态变换时自动通知相关人员，在变换设置中切换至【通知】选项卡，如图 8-25a 所示，单击【添加条件通知】，弹出如图 8-25b 所示对话框，在【收件人】选项卡中添加“设计师”组。

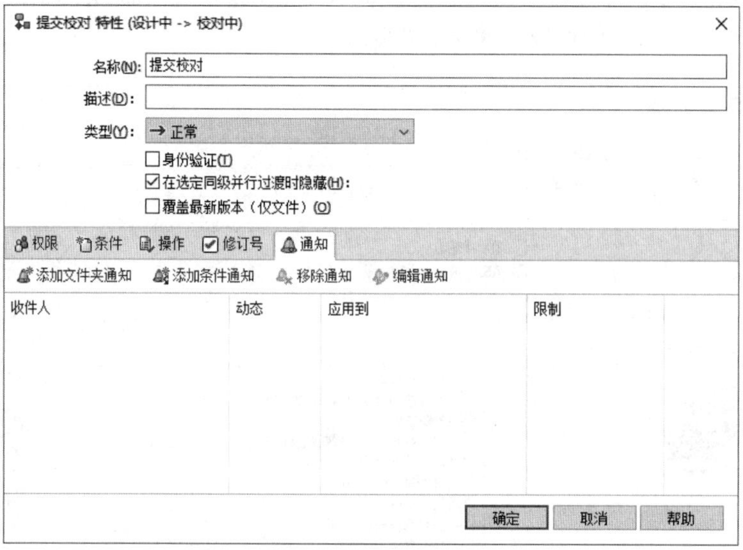

a)

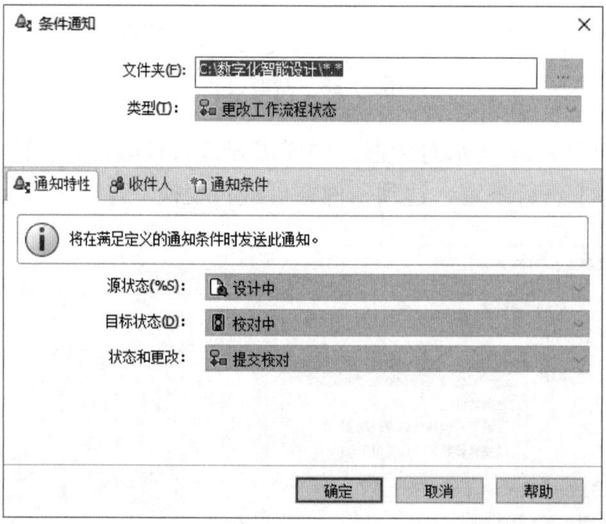

b)

图 8-25　添加通知

同一个 PDM 库中可以包含多个不同的流程，可以根据文档特性的不同选择不同的流程。

从分工上看，管理端的操作属于实施的环节，企业若期望 PDM 的效能得到最大限度的发挥，良好的实施服务是必不可少的环节，好的实施服务会根据企业现状、未来发展给出合理的建议。实施过程中不仅仅是软件去适应企业，企业如何在信息化管理中改变现有不合理的管理模式、设计流程，也是一个优秀的实施服务商需要提供的方案，只有两者结合，才会推动 PDM 的使用，推动信息化的进程，让信息化成为企业发展的助推剂。

提示：管理端的基本配置已保存为“示例配置文件 .cex”，可直接输入当前库中，以与自己的设置对比异同。

8.3　客户端的基本操作

设计人员使用 SOLIDWORKS PDM 时，通常只需要在客户端进行操作。客户端功能均集成在资源管理器中，是否能进行某项功能的操作取决于管理端的权限设置。

8.3.1　登录本地视图

只有登录了本地视图才可以进行相关操作。在资源管理器中找到本地视图的文件夹，文件夹标识符为 ，单击该文件夹，弹出如图 8-26 所示登录框，输入用户名“金杰”，并输入对应的密码，单击【登录】，系统展开本地视图文件夹，即可根据权限对文件夹的内容进行操作。

登录后鼠标指针移至右上角图标上，如图 8-27 所示，会弹出当前登录信息及正在检出修改的文件数量。

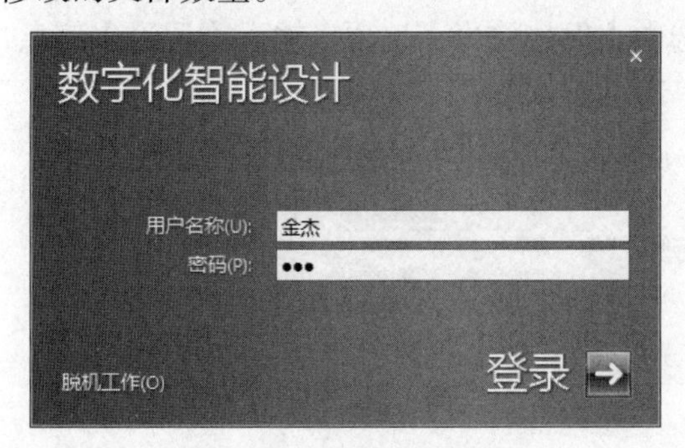

图 8-26　登录本地视图

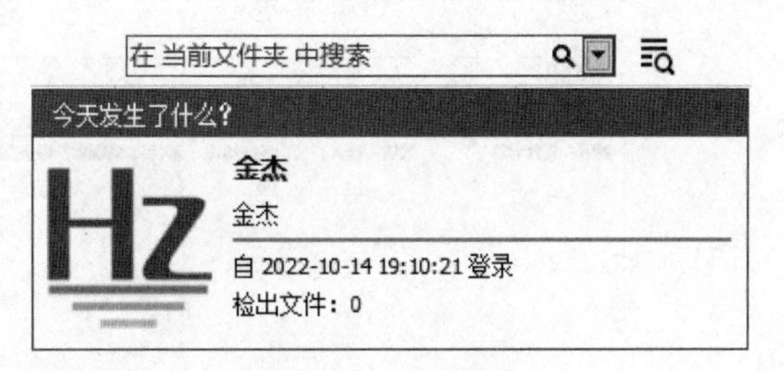

图 8-27　登录信息

8.3.2　新建文件夹

SOLIDWORKS PDM 以文件夹作为文件集合进行管理。默认本地视图为空，8.2 节设置 Toolbox 时已增加了文件夹“共享文件”，再新建两个文件夹，即“零件测试”与“装配体测试”。新建文件夹时在下方的属性栏中切换至【编辑值】选项卡，如图 8-28 所示，输入文件夹的说明性信息，完成后单击【保存】。

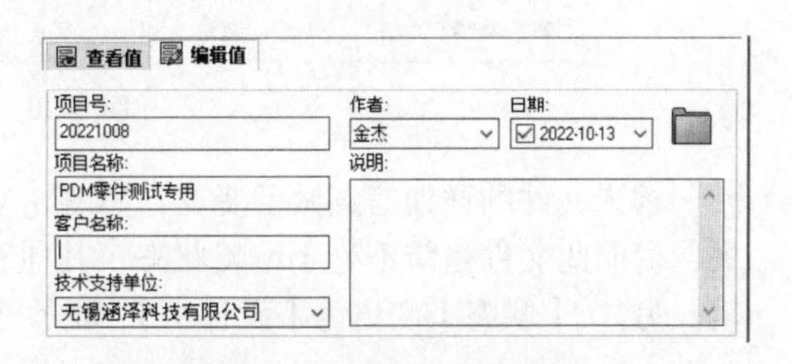

图 8-28　编辑文件夹属性

本地视图通过文件夹的颜色表达其在 PDM 中的基本状态：绿色时表示当前文件夹在文件库中，可以正常访问；蓝色时表示当前文件夹在文件库中，但当前用户为脱机状态，再次联机工作时其会变为绿色；灰色时表示当前文件夹在本地计算机上，文件库中不存在，当脱机工作时新建的文件夹为灰色，当联机工作时，在该文件夹上右击，在快捷菜单上选择【添加到文件库】，会将该文件夹加入文件库中。

提示：若在登录界面中单击左下角的【脱机工作】，进入本地视图后所有操作不会与服务器文件库同步，通常用于客户端网络不通的临时性操作。

8.3.3 导入模型

SOLIDWORKS PDM 可以将已有的文件放入文件库进行管理。将素材零件“双钩.SLDPRT”拖至文件夹“零件测试”，系统复制完成后显示文件的关联信息，如图 8-29 所示。此时文件还属于本地文件，对文件的编辑修改均存在本地，需要【检入】后才能使得所有具备权限的人员看到修改之后的最新状态。

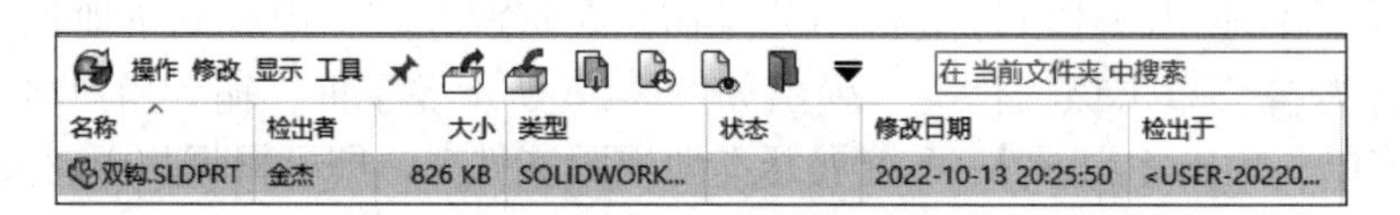

图 8-29 复制文件

选择文件后在工具栏上单击【检入】，弹出如图 8-30 所示对话框，默认【检入】选项为选中状态。如果该文件还需继续修改，可选中【保持检出】选项，输入【评论】信息，评论信息可以使相关人员更好地理解该文件，单击【检入】。

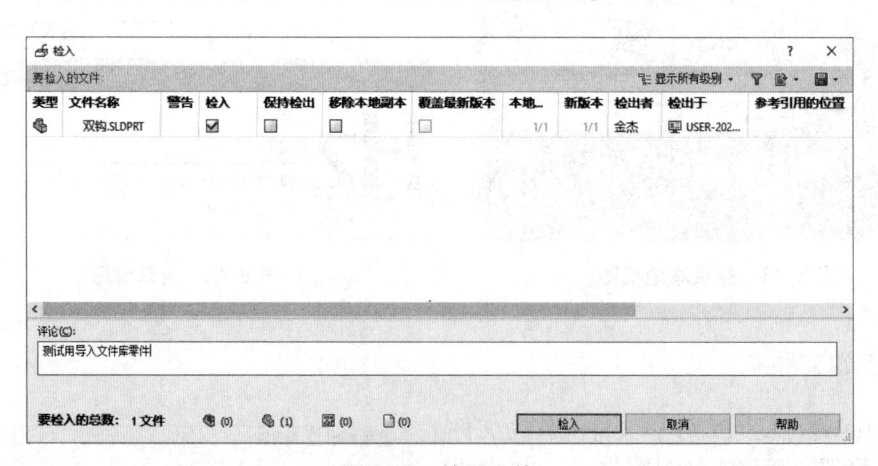

图 8-30 检入文件

检入文件的详细信息做了变更，如图 8-31 所示，可以看到【检出者】栏中的信息已消失，说明此文件当前不处于编辑状态，其他有权限的人员可以在其他计算机中进行检出编辑。另外，【状态】变更为【设计中】，表示已自动进入了审批流程。

图 8-31 检入后信息变化

选择文件后在下方的窗口中可以看到其预览，如图 8-32 所示，可以进行视图查看操控，右侧则显示出基本的变量信息。

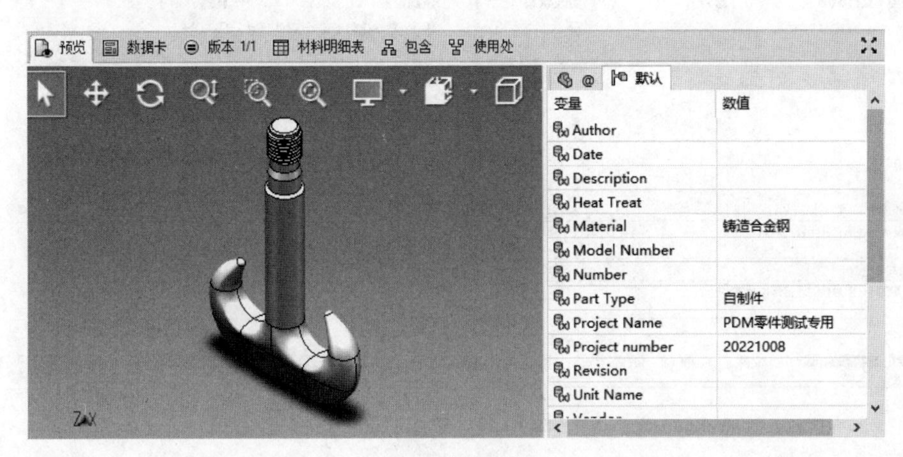

图 8-32　预览

切换至【数据卡】选项卡，如图 8-33 所示，可以看到数据卡的版式为管理端所定义的文件卡模板，而模型的属性信息已对应到了相应的变量并显示在此处。

提示：当文件处于检出状态时，【数据卡】中的信息也可以编辑。

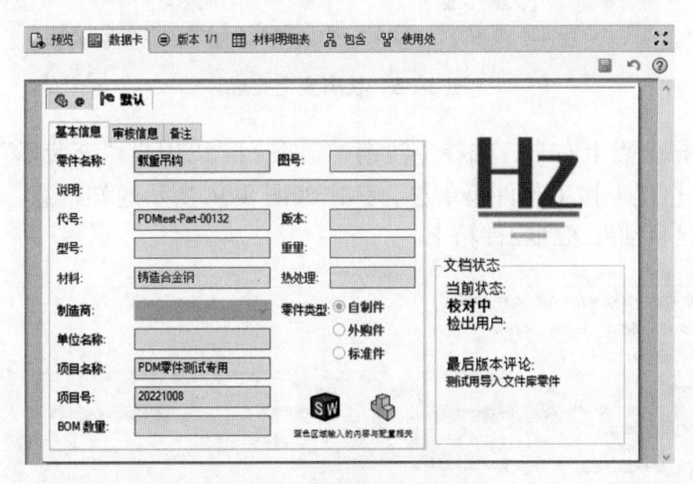

图 8-33　【数据卡】选项卡

只要具有访问当前文件库的权限，在网络中的任何计算机上都可以查看到检入的文件信息。

8.3.4　流程使用

检入的文件自动进入流程的初始状态，在管理端设置流程时，“设计中”为流程的第一节点，所以一旦检入，文件状态即变更为【设计中】。

在文件上右击，在快捷菜单上选择【更改状态】/【提交校对】，弹出如图 8-34 所示对话框，输入评论信息，单击【更改状态】。

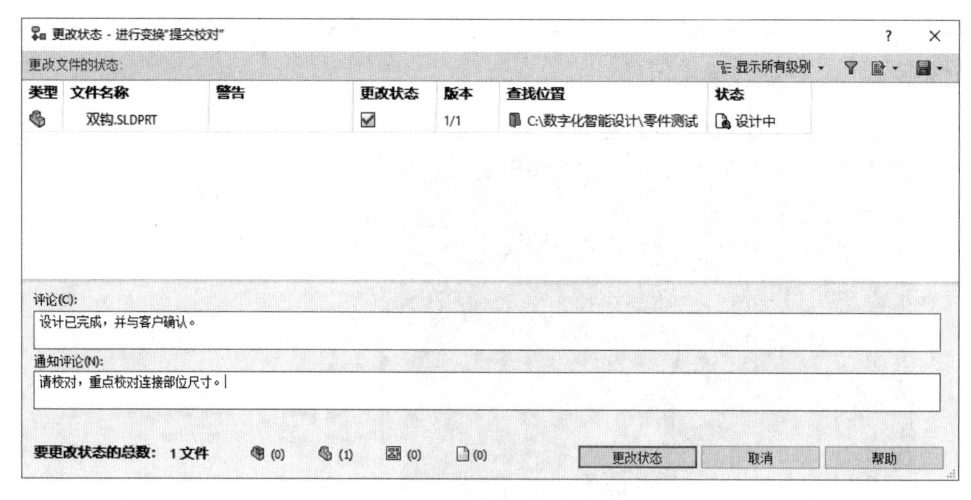

图 8-34　更改状态

提示：评论信息作为流程附加内容用于提高沟通效率，可以在管理端设为必填项。

系统将文件状态更改为【校对中】，如图 8-35 所示。

图 8-35　状态变更完成

在本地视图根节点上右击，选择【注销（金杰）】，以用户“李荣华”登录本地视图。单击工具栏上的【工具】/【收件箱】，弹出如图 8-36 所示通知信息，可以看到流程中定义的通知信息已自动发送到收件箱中。

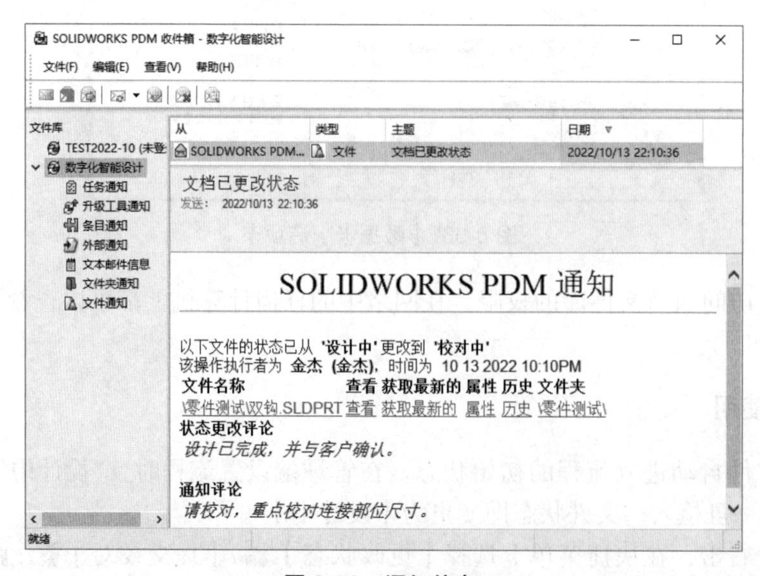

图 8-36　通知信息

提示：如果条件允许，可以在网络上的其他计算机上进行操作，以体验协同设计的流程。

当前用户完成校对后，在右键快捷菜单的【更改状态】下将会出现两个选项，即【同意！提交工艺】与【需修改】，根据校对结果进行选择。选择【需修改】时，文件将退回至原设计人员或其他有权限更改设计的人员以便更改；选择【同意！提交工艺】时，文件将转至流程的下一个节点。

当流程设置符合企业需求时，所有设计参与人员只需要关注自己的工作，无须关注上一流程谁操作、什么时候做完、完成后提交给谁，这一切将由系统辅助完成，什么时候该做什么工作都会自动得到通知，使得协同设计流程变得顺畅，可有效提高沟通效率。

8.3.5　材料明细表

在没有使用 PDM 之前，当要查看装配体材料明细表时，需要生成工程图或通过 MBD 才可以查看材料明细表。当处于设计阶段时，由于设计变更，材料明细表是不断变化的，此时可以在 PDM 中快速查看材料明细表。

注意：在 PDM 中查看材料明细表是需要权限的，在管理端的“材料明细表”/“BOM”中给设计师组添加【查看所计算的材料明细表】权限。

将装配体“杠杆举升器 .SLDASM”及其所有零部件复制到 PDM 的“装配体测试”文件夹，并检入装配体。当检入装配体时，系统默认同步检入其所属的零部件。如图 8-37 所示，选择装配体并将下方的选项卡切换至【材料明细表】，可看到所选装配体的材料明细表清单。

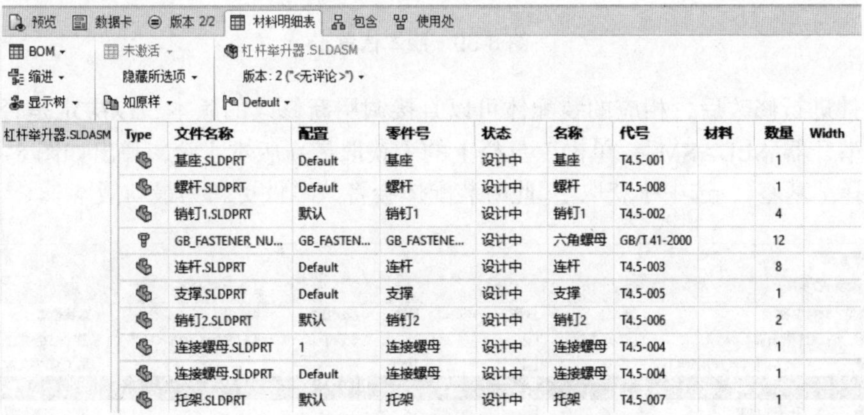

预览　数据卡　版本 2/2　材料明细表　包含　使用处

BOM ▾　未激活 ▾　杠杆举升器.SLDASM
缩进 ▾　隐藏所选项 ▾　版本: 2 ("<无评论>") ▾
显示树 ▾　如原样 ▾　Default ▾

杠杆举升器.SLDASM

Type	文件名称	配置	零件号	状态	名称	代号	材料	数量	Width
	基座.SLDPRT	Default	基座	设计中	基座	T4.5-001		1	
	螺杆.SLDPRT	Default	螺杆	设计中	螺杆	T4.5-008		1	
	销钉1.SLDPRT	默认	销钉1	设计中	销钉1	T4.5-002		4	
	GB_FASTENER_NU...	GB_FASTEN...	GB_FASTENE...	设计中	六角螺母	GB/T 41-2000		12	
	连杆.SLDPRT	Default	连杆	设计中	连杆	T4.5-003		8	
	支撑.SLDPRT	Default	支撑	设计中	支撑	T4.5-005		1	
	销钉2.SLDPRT	默认	销钉2	设计中	销钉2	T4.5-006		2	
	连接螺母.SLDPRT	1	连接螺母	设计中	连接螺母	T4.5-004		1	
	连接螺母.SLDPRT	Default	连接螺母	设计中	连接螺母	T4.5-004		1	
	托架.SLDPRT	默认	托架	设计中	托架	T4.5-007		1	

图 8-37　材料明细表

当装配体有了检入动作后，材料明细表信息会自动更新，系统中所有成员查看的均是最新的材料明细表，材料明细表的显示格式可以在管理端设置。

8.3.6　文件的参考引用

三维软件的模型之间存在的关联性可方便同步信息，同时也带来了弊端。当要修改某个零件时，不知道该零件在哪些地方引用过，如果盲目修改会影响到关联的产品，最后只能复制后更改，这无形中“创造”了零件，对设计管理是相当不利的，后续还会带来工艺、制造、采购等一系列问题。

SOLIDWORKS PDM 会对文件库中所有支持的三维模型文件自动建立关联关系，并记录在数据库中。选择零件“基座”，切换至【使用处】选项卡，如图 8-38 所示，其中列出了所选文件的使用处，包括使用处文件的当前状态。

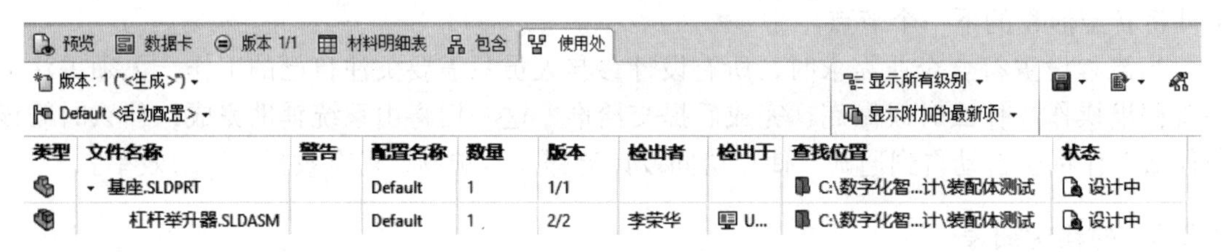

图 8-38 【使用处】选项卡

对零件检出修改后，系统会生成新版本，可以从【版本】选项卡中看到。检出并修改零件“基座”，修改后检入，如图 8-39 所示，“2/2”表示该文件有 2 个版本，当前版本为 2。

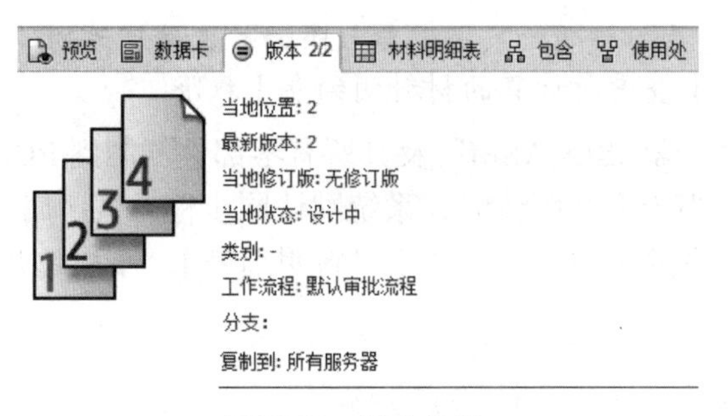

图 8-39 版本信息

对零件进行修改后，相应的装配体可以直接调用新修改的版本，以决定是否采用。选择“杠杆举升器 .SLDASM”，单击工具栏上的【获取最新版本】，弹出如图 8-40 所示对话框，选择“基座”，选中【获取】，此时装配体会将该零件更新为最新版本。

获取

要获取的文件:　　显示所有级别

类型	文件名称	警告	获取	本地...	版本	检出者	检出于	查找位置
	杠杆举升器.SLDASM	文件...	☐	2/2	2/2	李荣华	USER-20220207CH C:\..	C:\数字化智...计
	GB_FASTENER_NUT_SNC1 ...		☐	1/1	1/1			C:\数字化智...计
	基座.SLDPRT		☑	[illegible]	2/2			C:\数字化智...计
	托架.SLDPRT		☐	1/1	1/1			C:\数字化智...计
	支撑.SLDPRT		☐	1/1	1/1			C:\数字化智...计
	螺杆.SLDPRT		☐	1/1	1/1			C:\数字化智...计
	连接螺母.SLDPRT		☐	1/1	1/1			C:\数字化智...计
	连杆.SLDPRT		☐	1/1	1/1			C:\数字化智...计
	销钉1.SLDPRT		☐	1/1	1/1			C:\数字化智...计
	销钉2.SLDPRT		☐	1/1	1/1			C:\数字化智...计

注意:文件列表包含 1 个警告!

要获取的总数: 1 文件 (0) (1) (0) (0)　获取　取消　帮助

图 8-40 获取版本

选择装配体时，其相关信息已更新，预览如图 8-41 所示，基座已显示为新版本的模型。

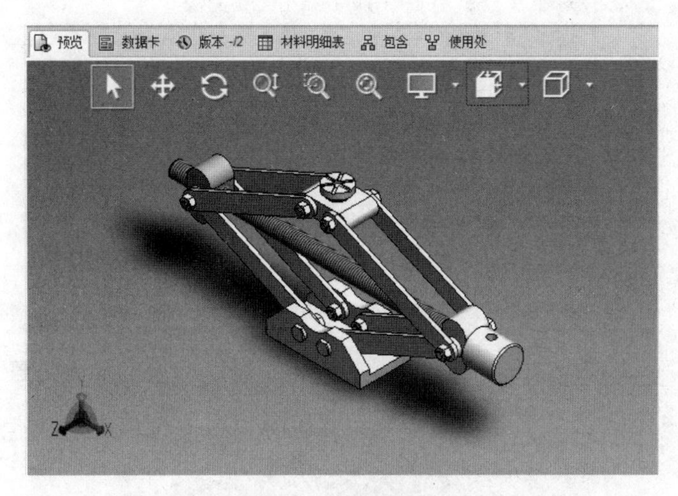

图 8-41　更新预览

注意：预览时若出现提示“此文档可能已超时，因为……”，需要用 SOLIDWORKS 打开所选模型以更新预览信息。

当需要查看文件的历史信息时，选择文件后单击工具栏上的【历史记载】，弹出如图 8-42 所示对话框，其中列出了该文件的历史信息记载，可以很方便地进行信息的追溯。

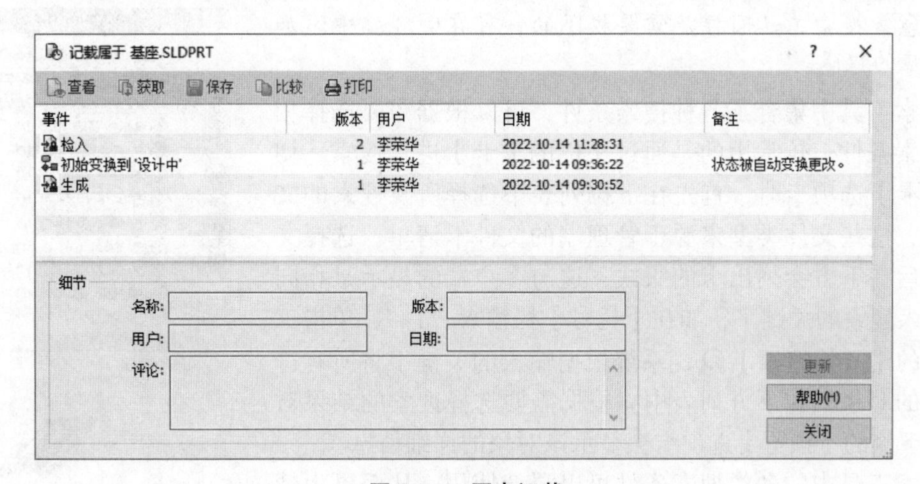

图 8-42　历史记载

引用查询、版本记录是 PDM 中重要的应用功能，能有效地解决设计追溯性问题，保证真实的历史记载。

8.3.7　搜索

SOLIDWORKS PDM 提供了专业的搜索功能，可以快速定位到所需的信息。单击工具栏上的【打开搜索】/【搜索工具】，弹出如图 8-43 所示对话框。

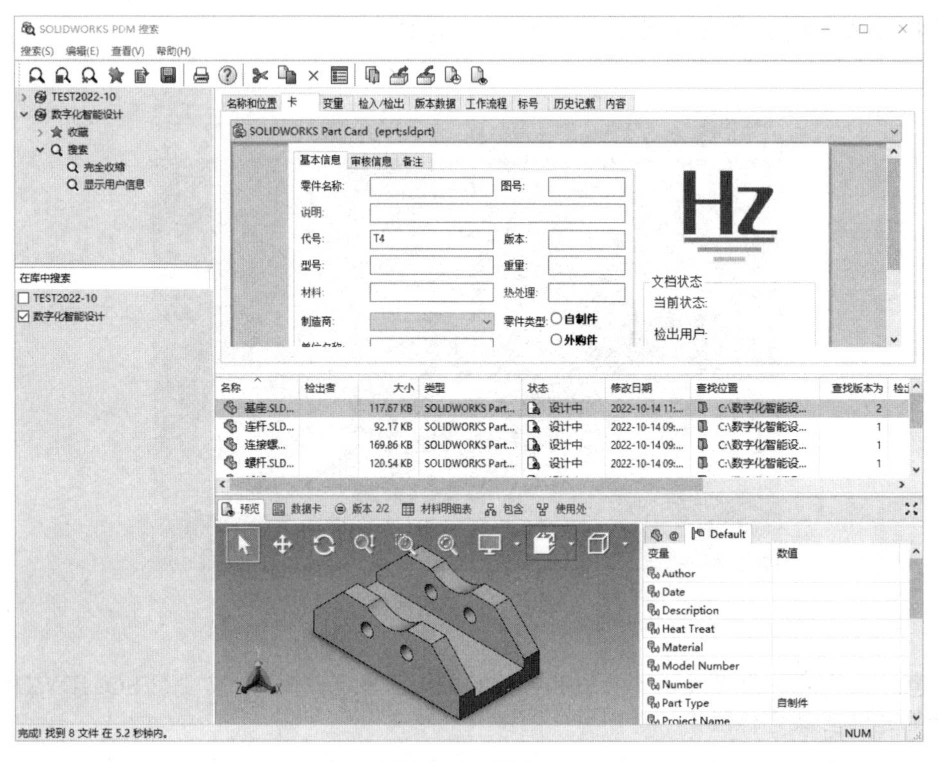

图 8-43 搜索

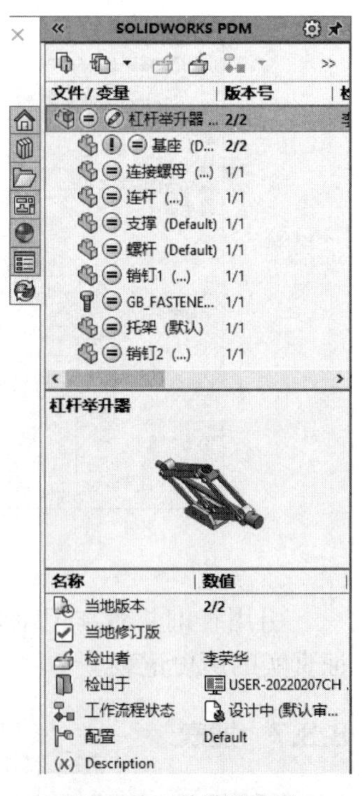

图 8-44 任务栏中的 SOLIDWORKS PDM

注意：搜索工具同样是需要权限的，可在管理端中添加相应的权限。

搜索工具中集合了各种搜索条件，可以根据需要选择相应的搜索条件，较常用的是通过文件的【卡】进行搜索。切换至【卡】选项卡时，首先在下拉列表中选择所要搜索的文件类型，这些文件类型来源于管理端的文件卡清单。选择文件类型后在下方会列出卡的版式，这与客户端的显示是相同的。输入搜索的关键字，如在【代号】栏输入“T4”，单击工具栏上的【开始搜索】，系统根据输入的关键字将所有符合条件的对象列在下方列表中。根据需要选择搜索的结果对象，最下侧的【预览】选项卡会显示该对象的详细信息。

搜索工具中的各类搜索条件可以混合使用，从而更为精确地定位到所需的文件。

8.3.8 在 SOLIDWORKS 中操作

虽然 SOLIDWORKS PDM 的操作已经非常方便了，但对于设计人员而言，日常工作大多是在 SOLIDWORKS 环境中完成。SOLIDWORKS PDM 在 SOLIDWORKS 的任务栏中提供了直接的操作工具，如图 8-44 所示，当打开文件库的文件后，所有的关联信息均在任务栏中显示，而常用工具则显示在任务栏的最上侧，同时在菜单栏的【工具】下也有专用的 SOLIDWORKS PDM 工具。

除了对 SOLIDWORKS 的支持外，SOLIDWORKS PDM 同时还提供对 Office、AutoCAD 等软件的在线操作工具支持。

8.4　PDM 与 ERP 集成简介

PDM 作为企业信息化的一个重要组成部分，需要与其他信息系统进行数据交换，而 ERP 是现今企业使用较多的管理系统，SOLIDWORKS PDM 提供了通用的标准输入 / 输出接口，支持 API 二次开发或使用约定的 XML 数据格式与 ERP 系统进行数据交换，目前已实现了对国内外大多数 ERP 系统的数据接口集成，如 SAP、Oracle、Sage、用友、金蝶、思普等。

系统通过输出规则配置数据以输出到 XML 文件，当文件或材料明细表通过变换过程触发将数据输出到 XML 变换操作时，将运行输出规则。输出规则可以在管理端的“数据输入 / 输出”中进行定义，在“输出规则”上右击，在快捷菜单上选择【新输出规则】，弹出如图 8-45 所示对话框，可在其中设置输出文件夹、文件名规则并选择输出的数据等。

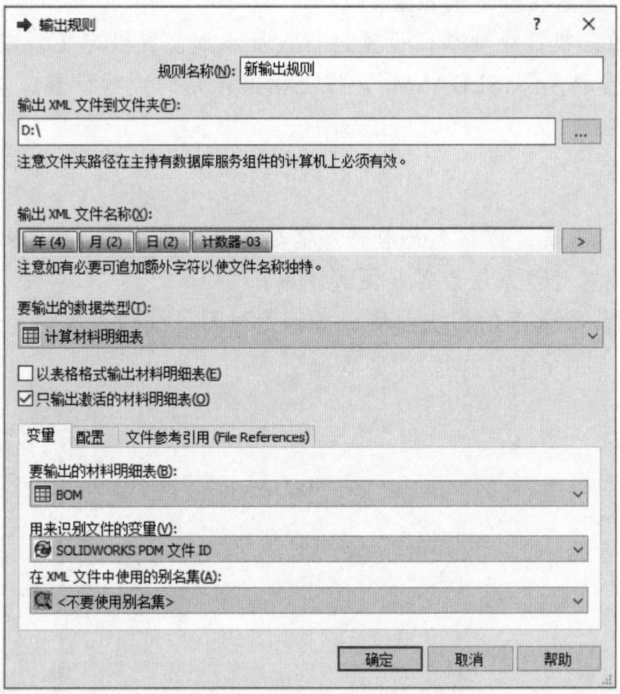

图 8-45 【输出规则】对话框

目前主要有两种集成方法：一是采用 Web Service 技术实现，通过 Web 发布 BOM 数据，由 ERP 系统按其需要调用输出的数据，其优势是程序在服务器后台运行，无须用户界面；二是在 PDM 端采用 ERP 的 API 进行集成，调用 ERP 的标准 API 接口进行数据集成，实现数据系统中的 BOM 数据同步至 ERP，该种方式需要一定的开发能力。

PDM 的实施和使用是系统性工程，企业决定使用 PDM 进行研发管理时需安排配合资源，高度重视其实施过程，并全员参与，不能以工具软件的思维模式进行 PDM 系统的规划。

练习题

一、简答题

1. SOLIDWORKS PDM 主要解决哪些问题？
2. SOLIDWORKS PDM 带来的收益表现在哪几个方面？
3. SOLIDWORKS PDM 管理端可以做哪些配置定义？
4. SOLIDWORKS PDM 客户端操作与资源管理器融合的优势是什么？

二、操作题

1. 创建新库，并以自己的学号命名。
2. 增加变量“支持电话”并关联至装配体卡中，以读取装配体的相关信息。
3. 更改“.SLDASM”的卡模板，将已有的图片 LOGO 更换成自己学校的 LOGO，并将变量“支持电话”放置在合适的位置。
4. 以小组为单位，模拟企业部门设置进行人员添加、权限定义、流程设置。
5. 导入“万向节示教仪 .SLDASM”，按上面第 4 题的流程设置，对零件从设计到批准进行完整的流程操作。

三、思考题

1. PDM 作为管理系统，你认为还有哪些需要革新的方向？
2. 元宇宙的出现对管理系统有哪些促进作用？
3. 讨论 PDM 对设计效率的影响曲线，横轴为时间、纵轴为效率。

第 9 章 实例分析

| 学习目标 |

1. 学会分析不同设计场景的建模、设计思路。
2. 熟悉企业的设计角色分工，并了解各自的基本任务分工及职责。
3. 体验不同的角色，掌握一定的工作分配要领。
4. 体会设计中协同的重要性。

9.1 零件建模

零件建模是学习三维的基础，各类建模比赛、进入企业后老图样抄画、外来产品的借鉴等场合均以建模为最基本操作，而一个零件建模是否满足要求，并不仅仅以模型外形是否准确为评估标准，建模过程合理、设计理念传达清楚、工程图符合标准、编辑方便、兼顾后继其他使用场合均是需要考虑的问题。

图 9-1 所示为用 SOLIDWORKS 制作的一个实际零件的工程图，请按图进行零件建模并生成合理的工程图。

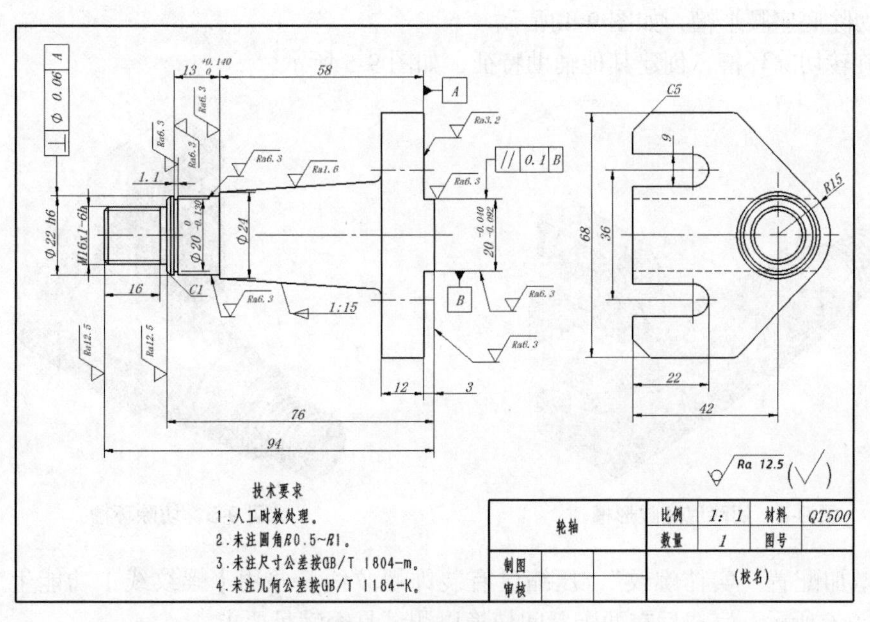

图 9-1 工程图示例

提示：本示例来自于机械工业出版社出版的《现代工程制图》（ISBN：978-7-111-71549-8）。

分析：该零件是较常用的零件类型，建模难度不高，需要注意的是不同的考虑方向其建模过程是不同的。从工艺角度进行建模是比较常用的考虑方向，例如 20mm × 3mm 的凸台应先与本体生成整体，再切除两侧槽来得到；加工的轴部分要分开生成；基本螺纹是按装饰螺纹线形式生成的，如果零件需要效果图，则需要多配置，将工程图用模型与效果模型分成两个配置。零件的材料为 QT500，系统自带材料库中没有该材料，需要查找该材料的参数增加到材料库中。工程图的图框不是标准的，需要自定义模板，定义过程中同时设置好标注的各项参数。概略步骤如下：

1）新建零件，并确定建模的原点基准。

2）创建底座，如图 9-2 所示。

3）创建回转体部分，如图 9-3 所示。

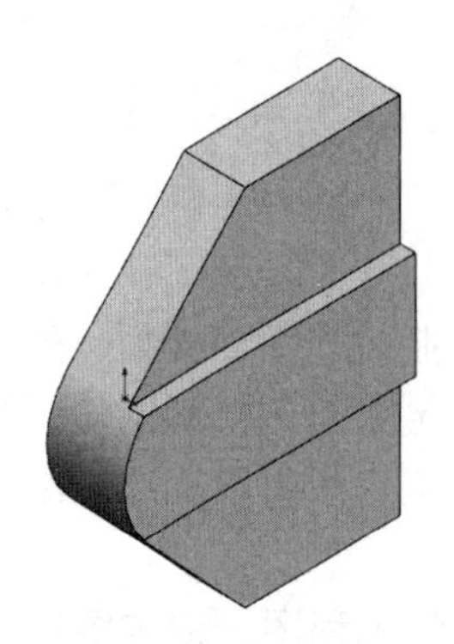

图 9-2 创建底座

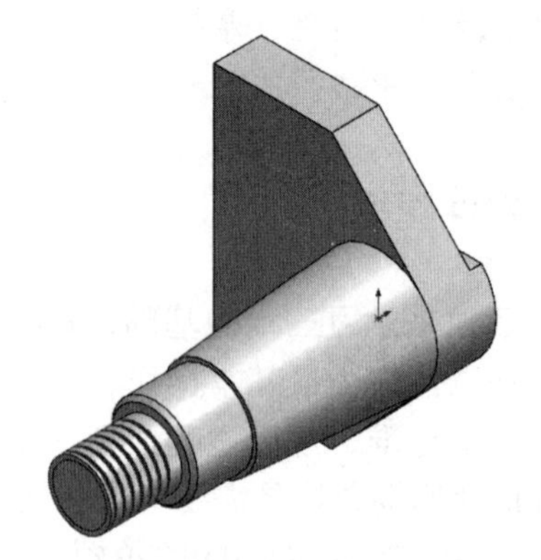

图 9-3 创建回转体部分

4）切除底座腰形槽，如图 9-4 所示。

5）旋转切除环槽，创建其他辅助特征，如图 9-5 所示。

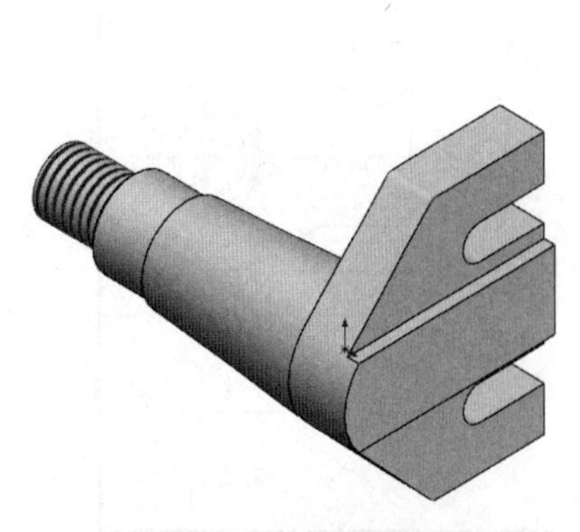

图 9-4 切除底座腰形槽

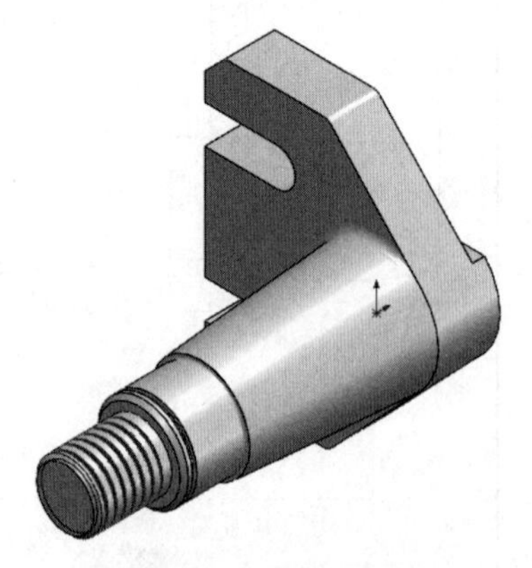

图 9-5 切除环槽

6）增加配置“实体螺纹”，压缩已有装饰螺纹线，并用【螺纹线】功能生成实体螺纹，如图 9-6 所示，完成后在两配置间切换以测试是否满足要求。

7）查阅参数，自定义材料 QT500 并赋予当前零件。

8）按图 9-7 所示定义工程图模板，设置尺寸标注样式，注意标题栏信息与模型信息的关联。

提示：模板具体操作方法可参考机械工业出版社出版的《SOLIDWORKS 参数化建模教程》（ISBN：978-7-111-68573-9）的附录。

9）用新建的模板生成工程图视图，并按标准进行标注。

思考：从比赛、设计、仅建模等不同角度思考该零件采用哪种建模思路比较合适？

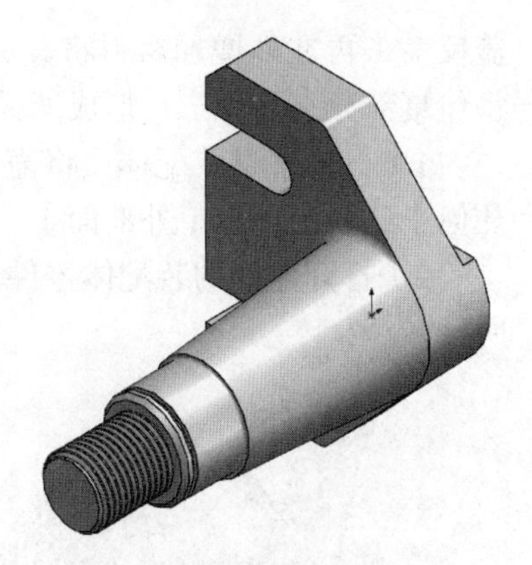

图 9-6　增加配置

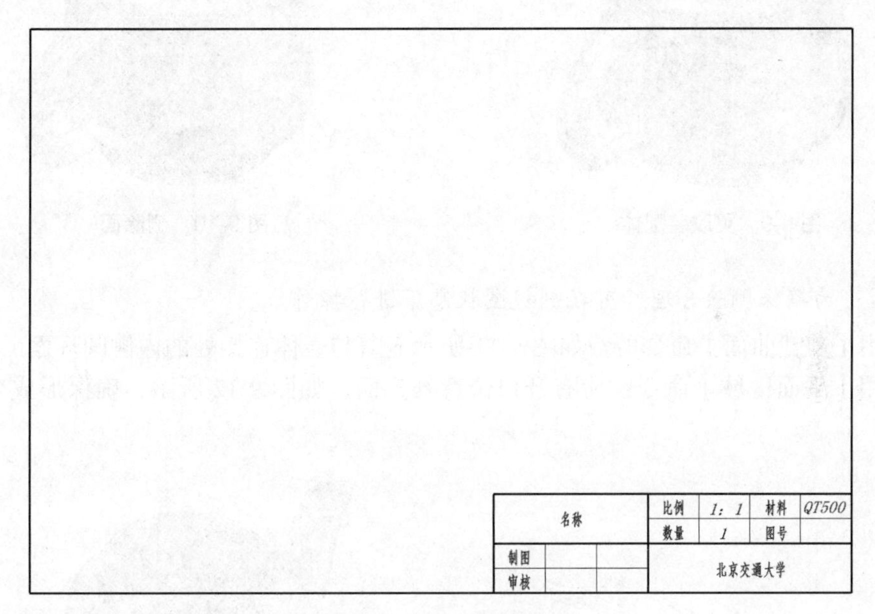

图 9-7　定义工程图模板

9.2　基于已有零件的配套设计

根据已有的部分零部件，按给定的条件进行其余部分的设计，是企业中一类较为常见的设计方式。由于部分条件是限定的，设计时要首先考虑与这些条件的配合，再考虑功能性设计，其中最基本的是尺寸的配合，要求较高的精密设备还要考虑配合关系。协同设计、产品配套、设备修配中都会出现这种设计模式。

图 9-8 所示为一茶壶模型，需要根据其外形设计一个发泡包装。

图 9-8　茶壶模型

分析：该茶壶由两部分组成，为减小包装体积，通常将壶盖反盖，再在外增加材料将其完整包裹。包裹部分要以茶壶的最大外形尺寸去除形腔，再将包裹部分一分为二，形成所需的包装外形。概略步骤如下：

1）打开素材装配体，将壶盖反转装配，如图 9-9 所示。另存为零件，并将【要保存的几何】选项设置为【外部面】。

2）打开保存的装配体零件，用【删除面】命令删除最大体积之外的所有面，如图 9-10 所示。

图 9-9　更改装配体

图 9-10　删除面

提示：为确保删除合理，可在剖视图状态下进行操作。

3）用【剪裁曲面】命令剪裁如图 9-11 所示壶盖与壶体连接处的内侧圆环面。

4）用【平面区域】命令在所有开口位置补充面，如图 9-12 所示，确保形成全包围的形状。

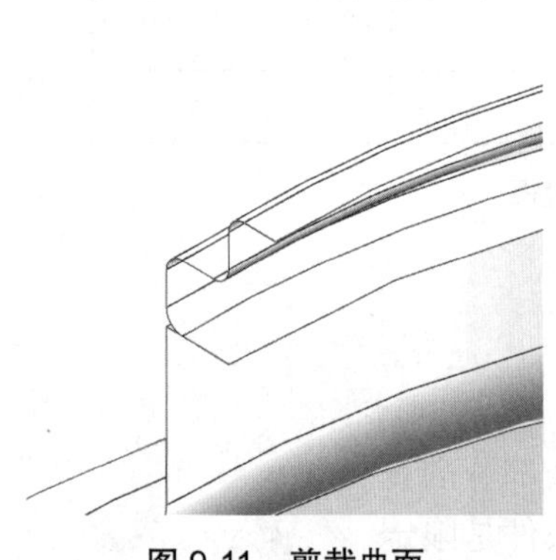

图 9-11　剪裁曲面

图 9-12　补充面

5）用【缝合曲面】命令将所有曲面缝合为一个整体。

6）创建一个包围现有形状的长方体，使其距形状最大外形位置的尺寸为 10mm，如图 9-13 所示。

7）用【使用曲面切除】命令将缝合面作为切除面切除实体，切除完成后隐藏缝合面。

8）用【分割】命令分割实体，剪裁工具选择“前视基准面”，模型被一分为二。分割后隐藏其中一侧，结果如图 9-14 所示。

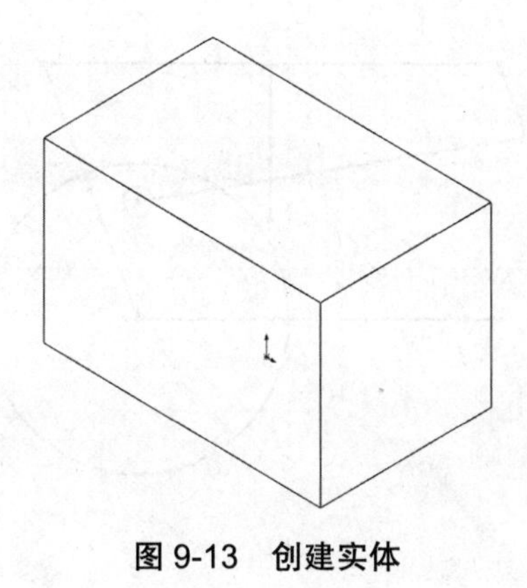

图 9-13　创建实体

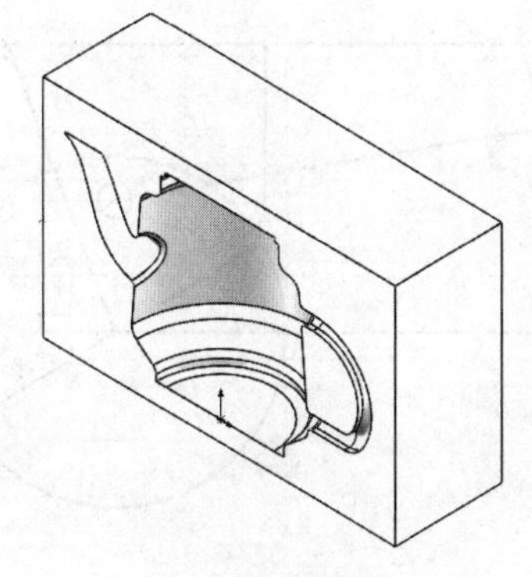

图 9-14　分割

9）将两个实体分别保存，可得到发泡材料所需要的模型。

思考：如何最大化地减少包装整体体积？

9.3　简单产品案例设计流程

新产品设计过程中大多是通过给定要求设计机构，这类设计通常要求先通过布局草图对机构原理进行动作分解、设计验证，确定基本结构后再进行零件的详细设计。

现需要设计一套连续盖章机构，以提高大量盖章场合的工作效率。

分析：连续盖章的基本要求是由驱动的连续运动转化为印章的上下移动。能实现这种动作转换的机构形式有多种，常用的有连杆机构和凸轮机构，而凸轮由于加工较困难在此舍弃，在此使用连杆机构，先在装配体中进行布局设计验证，确定最终方案，再进行零件的细化设计。概略步骤如下：

1）首先确定盖章动作，在这里用平行四边形连杆，这样可以使印章角度不变，始终平行于桌面。绘制如图 9-15a 所示草图，并将四条边均单独定义为块，其中竖直线用于安装印章，与上侧水平线定义在同一块中，如图 9-15b 所示。

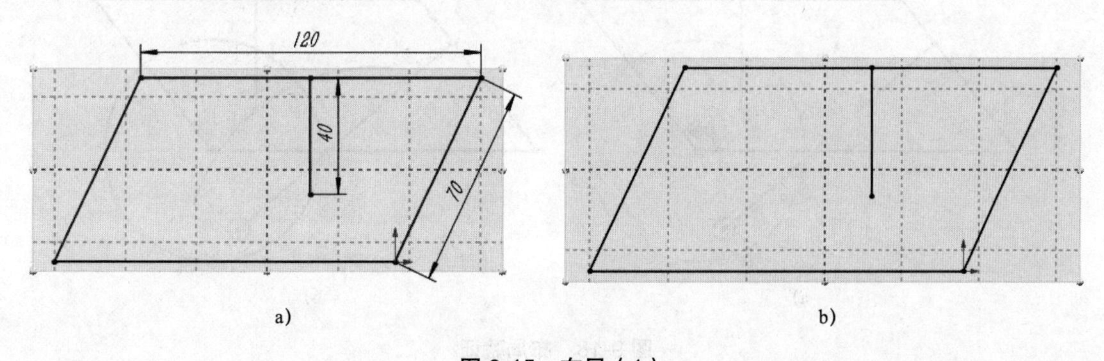

图 9-15　布局（1）

提示：草图约束关系无法全部继承至块，通过拖动块测试后再添加合适的约束关系。

2）创建驱动部分，通过四连杆实现旋转运动转化为往复运动。草图如图 9-16a 所示，将两个圆创建为一个块，斜线创建为一个块，如图 9-16b 所示。

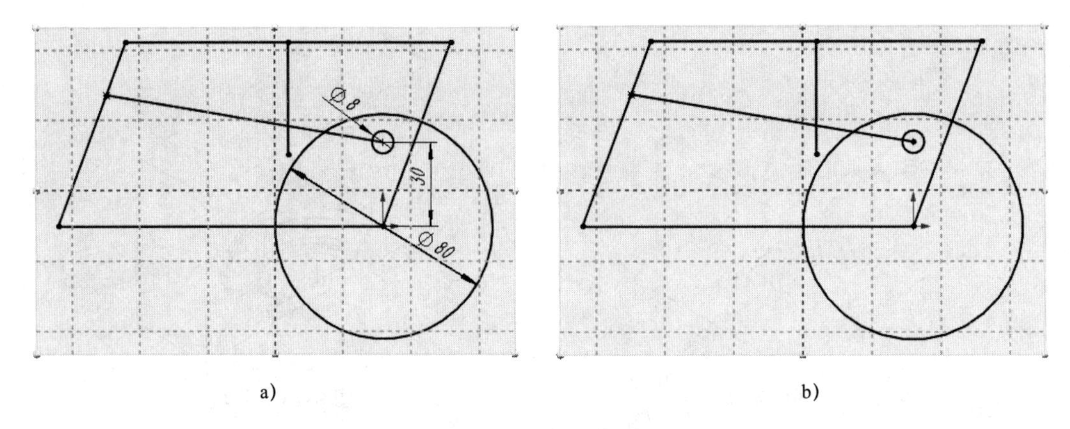

图 9-16　布局（2）

提示：斜线在平行四边形左侧线上的位置可以通过在草图中添加点进行辅助。

3）拖动小圆圆心，验证机构是否合理。如图 9-17 所示为拖动过程中的几个位置。

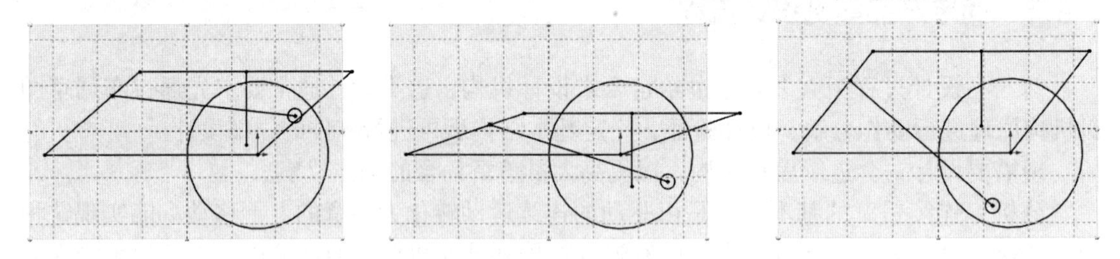

图 9-17　初步验证

4）启用 Motion 插件，给大圆添加【马达】，速度为"30 RPM"，如图 9-18a 所示。为了获得盖章平台的位置，需要求出竖直线的最低点。对竖直线的下侧端点添加"路径跟踪"图解，计算后结果如图 9-18b 所示。

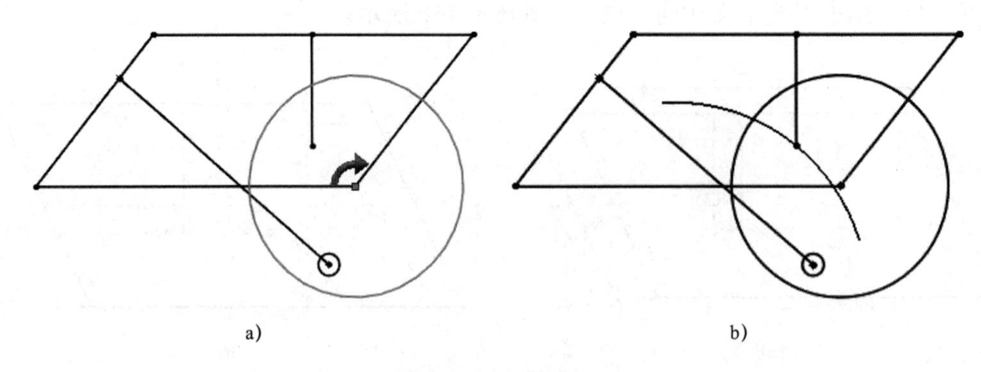

图 9-18　布局验证

提示：可以将跟踪曲线输出为 CSV 文档，用于查看精确的值。

思考：由于 SOLIDWORKS 中不允许自交叉曲线，那么如何获取路径跟踪的草图曲线呢？

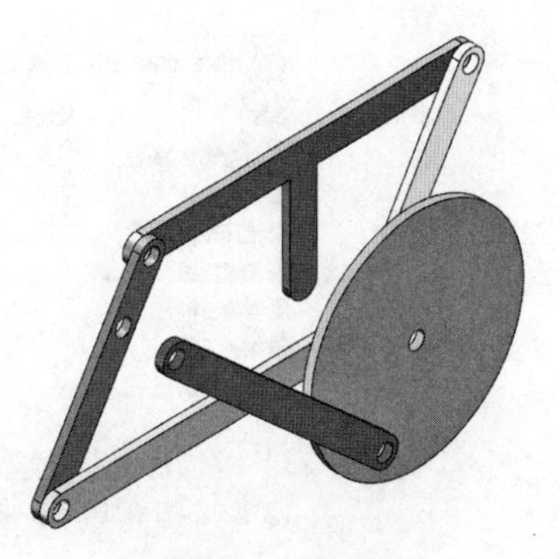
图 9-19　生成零件

5）将所有块均制作为零件，如图 9-19 所示。

6）增加机架，补充结构上的辅助零部件以形成完整的设计。

思考：如果需要使用印泥才可以盖章，结构该如何更改？

9.4　复杂产品案例设计流程

复杂工业产品的设计有着更高的要求、更广泛的协同和更长的流程。工业产品的设计源头可以来自市场调研、特定客户需求或自身前瞻性研发，其研发输入数据非常重要，通常需要准确传达设计要求，设计过程中存在反复验证修改的过程，会存在大量历史数据，而这些数据在后续工作中可能会随时查阅参考，另外新产品通常参与人员较多，且又有一定的保密性要求，所以在这类产品的设计过程中需要使用 PDM 系统进行管理。由于大部分工业产品有着批量生产的需要，其对制造工艺的要求也较高，设计要适应批量生产的方式，所以设计中工艺人员甚至是生产制造人员均会参与到整个设计流程中。所以复杂工业产品的设计会应用到关联设计、运动仿真、应力分析、MBD、PDM 等数字化设计的各类工具。

图 9-20 所示为一款市面上的挖掘机，根据市场调研信息，挖掘机厂商需要将主臂 3600mm 的挖掘臂外包，要求挖斗容积 0.25m^3，主臂需承受 20000N 载荷，请根据此要求进行挖掘机臂的设计。

图 9-20　挖掘机示例

分析：首先需要考虑配套部分的配合问题，也就是安装尺寸要符合配套件要求，再根据设计要求、相关标准、设计经验等进行主体结构的布局设计，布局设计完成后再分配给不同的工程师进行设计，设计完成后进行校对，对关键零部件进行分析，确认设计后由工艺人员通过 MBD 生成相关制造文档，最终由项目负责人进行审核批准，确定最终设计。概略步骤如下：

1）由项目负责人在 PDM 系统中创建项目文件夹，如图 9-21 所示，导入已有的参考资料，并进行权限的设定。

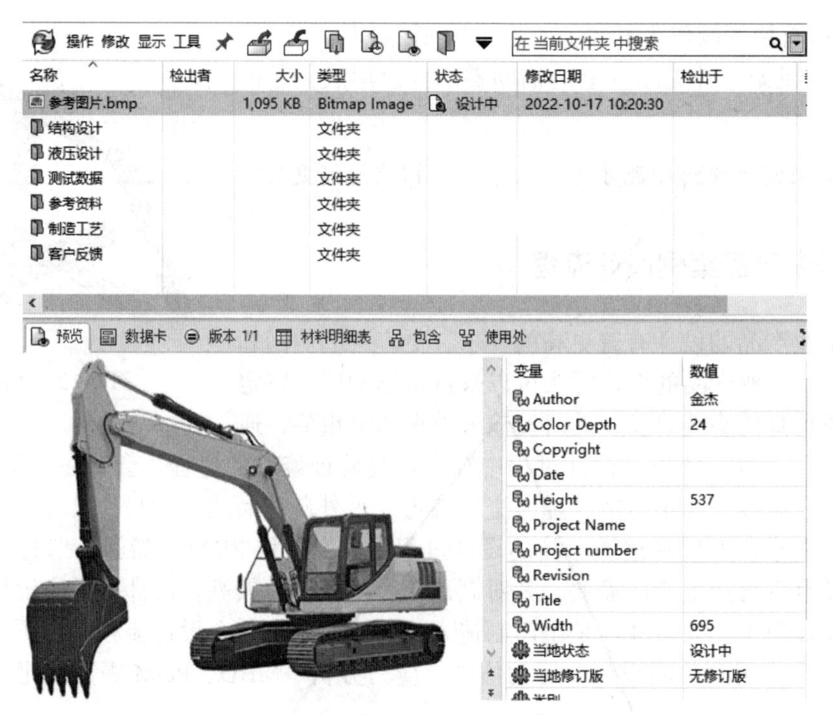

图 9-21 创建项目

2）项目负责人进行整体布局设计，如图 9-22 所示，保存至“结构设计”文件夹并检入。

3）结构负责人将布局导入装配体，生成各主要零件，如图 9-23 所示。

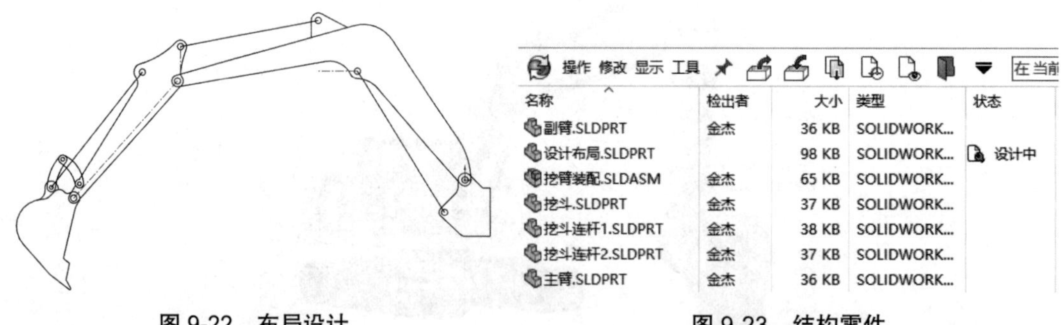

图 9-22 布局设计　　　　图 9-23 结构零件

4）液压负责人根据布局生成液压主要零件，如图 9-24 所示。

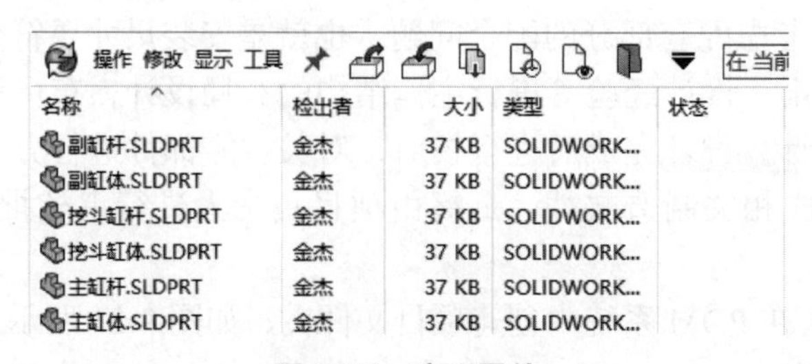

图 9-24 液压零件

5）结构设计人员根据布局导入的草图进行零件设计，如图 9-25 所示。

名称	检出者	大小	类型	状态
副臂.SLDPRT	严海军	106 KB	SOLIDWORK...	设计中
机体.SLDPRT	严海军	108 KB	SOLIDWORK...	设计中
设计布局.SL...	严海军	98 KB	SOLIDWORK...	设计中
挖臂装配.SL...		68 KB	SOLIDWORK...	设计中
挖斗.SLDPRT	严海军	150 KB	SOLIDWORK...	设计中
挖斗连杆1.S...	严海军	71 KB	SOLIDWORK...	设计中
挖斗连杆2.S...	严海军	75 KB	SOLIDWORK...	设计中
主臂.SLDPRT	严海军	121 KB	SOLIDWORK...	设计中

图 9-25　结构件设计

6）液压设计人员根据布局导入的草图进行液压件设计选型，并创建液压件基本外形模型，如图 9-26 所示。

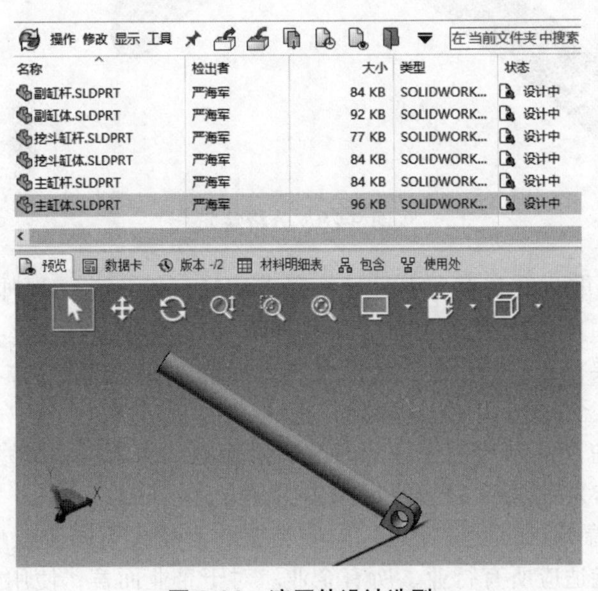

图 9-26　液压件设计选型

7）结构负责人对已完成的零件进行重新装配并验证设计的合理性，结果如图 9-27 所示。

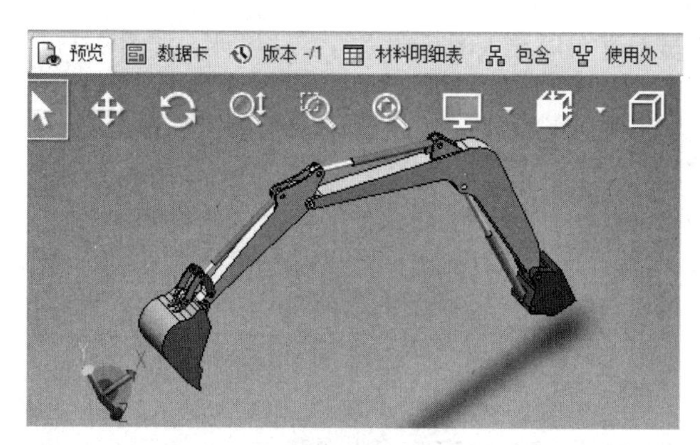

图 9-27　重新装配

思考：为什么要重新装配？

8）确定结构合理后提交给校对工程师进行关键零件的强度校核。如图 9-28 所示，从安全系数判断，最小安全系数为 25，属于过度冗余设计，需返回设计工程师重新设计，并建议将整体结构更改为板材焊接形式。

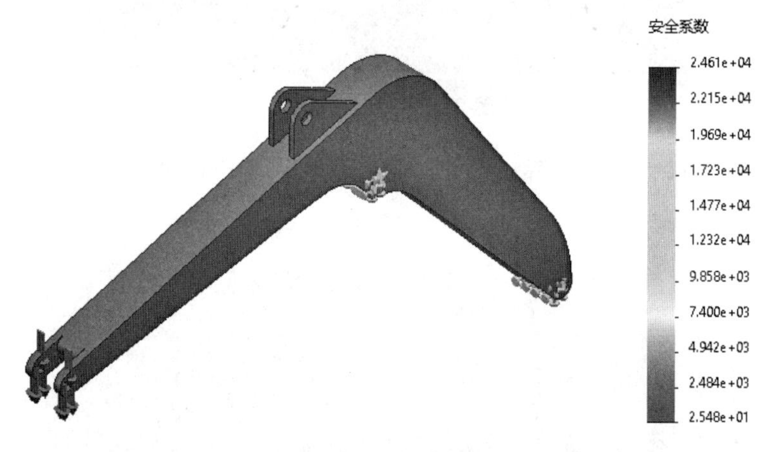

图 9-28　分析验证

9）设计工程师重新更改直至满足设计要求后提交给工艺工程师进行加工图样准备，工艺工程师通过 MBD 对模型进行标注，结果如图 9-29 所示。

10）对标准化要求较高的产品，还需要进行标准化审核，最终由项目负责人进行审核批准，再投入生产，至此产品的设计部分完成。

企业通常会汇总产品制造过程中的问题、检验测试的数据、最终用户的反馈信息等，并纳入项目管理，作为后续产品更新、改型的依据。

不同的产品有着不同的设计流程，同一类型的产品在不同企业也有着不同的设计流程，没有一个流程能适应所有行业、所有企业。对于企业而言，使用什么样的设计流程通常是依据优秀同行的经验和自身历史经验的积累。随着社会分工的细化，出现了大量的企业咨询公司，这些公司对某一领域有着较强的知识积累与管理经验，研发企业在快速发展过程中可以利用这些资源，优化企业设计流程，以减少自身积累而造成的错误成本。

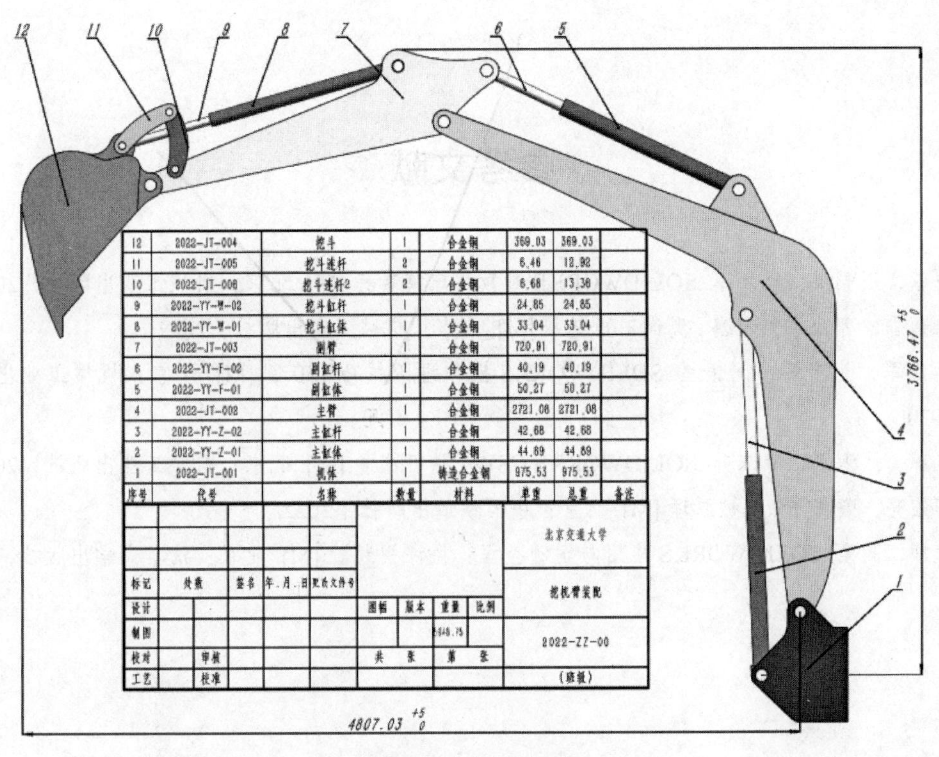

12	2022-JT-004	挖斗	1	合金钢	369.03	369.03	
11	2022-JT-005	挖斗连杆	2	合金钢	6.46	12.92	
10	2022-JT-006	挖斗连杆2	2	合金钢	6.68	13.36	
9	2022-YY-W-02	挖斗缸杆	1	合金钢	24.85	24.85	
8	2022-YY-W-01	挖斗缸体	1	合金钢	33.04	33.04	
7	2022-JT-003	副臂	1	合金钢	720.91	720.91	
6	2022-YY-F-02	副缸杆	1	合金钢	40.19	40.19	
5	2022-YY-F-01	副缸体	1	合金钢	50.27	50.27	
4	2022-JT-002	主臂	1	合金钢	2721.08	2721.08	
3	2022-YY-Z-02	主缸杆	1	合金钢	42.68	42.68	
2	2022-YY-Z-01	主缸体	1	合金钢	44.69	44.69	
1	2022-JT-001	机体	1	铸造合金钢	975.53	975.53	
序号	代号	名称	数量	材料	单重	总重	备注

图 9-29 MBD 标注

练习题

一、操作题

1. 创建 9.1 节零件的铸件毛坯模型。
2. 更改 9.4 节模型的设计布局，并验证更改后对已设计零件的影响。

二、思考题

1. 作为设计项目，任务分配过程中需要注意什么？
2. 通过对本章案例的实操，你能总结出哪些经验和教训？
3. 你对企业设计工作有什么期待？

参考文献

[1] 罗蓉，王彩凤，严海军 .SOLIDWORKS 参数化建模教程 [M]. 北京：机械工业出版社，2021.
[2] 朱菊香，郭业才，李鹏 . 现代工程制图 [M]. 北京：机械工业出版社，2022.
[3] 严海军，肖启敏，闵银星 .SOLIDWORKS 操作进阶技巧 150 例 [M]. 北京：机械工业出版社，2020.
[4] 王琼，严海军，麻东升 .SOLIDWORKS CSWA 认证指导 [M]. 北京：机械工业出版社，2020.
[5] 郭宏亮，袁修华 . 机械原理 [M]. 北京：中国铁道出版社，2022.
[6] 魏峥，高霞 .SOLIDWORKS 应用与案例教程：微课视频版 [M]. 北京：清华大学出版社，2021.